高等职业教育土建类“教、学、做”理实一体化特色教材

城镇给排水技术

主　编　张思梅　葛　军　李敬德

中国水利水电出版社
www.waterpub.com.cn
·北京·

内 容 提 要

本书是安徽省地方技能型高水平大学建设项目重点建设专业——市政工程技术专业的理实一体化教材之一，是以具体工作项目为载体、以工作过程为导向进行开发的。全书内容共分为7个学习项目，主要包括水力学与水泵站基础、城镇给水管网系统、城镇排水管道系统、城镇给排水管道开槽施工、城镇给排水管道不开槽施工、排水管道附属构筑物施工、室外排水管道施工综合实训等内容。

本书可作为高职高专学校市政工程技术专业的教学用书，也可作为给排水工程技术、道路与桥梁工程技术等专业及其他相关专业的教学用书，还可供从事市政工程、路桥工程方面的技术人员与相关人员参考。

图书在版编目（CIP）数据

城镇给排水技术 / 张思梅，葛军，李敬德主编. -- 北京 : 中国水利水电出版社，2017.7
高等职业教育土建类“教、学、做”理实一体化特色教材
ISBN 978-7-5170-5671-3

Ⅰ. ①城… Ⅱ. ①张… ②葛… ③李… Ⅲ. ①城镇－给排水系统－高等职业教育－教材 Ⅳ. ①TU991

中国版本图书馆CIP数据核字(2017)第181130号

书　名	高等职业教育土建类“教、学、做”理实一体化特色教材 **城镇给排水技术** CHENGZHEN JIPAISHUI JISHU
作　者	主　编　张思梅　葛　军　李敬德
出版发行	中国水利水电出版社 （北京市海淀区玉渊潭南路1号D座　100038） 网址：www.waterpub.com.cn E-mail：sales@waterpub.com.cn 电话：（010）68367658（营销中心）
经　售	北京科水图书销售中心（零售） 电话：（010）88383994、63202643、68545874 全国各地新华书店和相关出版物销售网点
排　版	中国水利水电出版社微机排版中心
印　刷	北京市密东印刷有限公司
规　格	184mm×260mm　16开本　19.75印张　493千字
版　次	2017年7月第1版　2017年7月第1次印刷
印　数	0001—1500册
定　价	**47.00**元

前言

本书是安徽省地方技能型高水平大学建设项目重点建设专业——市政工程技术专业建设与课程改革的重要成果，是“教、学、做”理实一体化的特色教材。

它是根据教育部有关指导性的精神和意见，遵循市政工程技术专业的“工学结合——项目导向”人才培养模式，“以工作项目为载体、以工作过程为导向”进行开发的。在校企共同开发的课程标准与教学组织设计、教材编写大纲的基础上编写而成的。培养学生具备城镇给排水管道施工、质量控制与管理的职业能力。

本书突出高等职业技术教育的基于工作过程开发的主要特色，体现“校企合作、工学结合”主要精髓，加大了实践运用力度，其基础内容具有系统性、全面性；重点内容具有针对性、实用性，满足专业特点要求。

近年来，城镇给排水管道技术有了很大的发展，高等职业院校对本课程提出了一些新要求。因此，本书针对高等职业教育的特点和多年来积累的教学经验、施工及管理经验，充分吸收了近年来城镇建设（市政工程建设）中的先进技术和施工方法，较全面地介绍了给排水管道系统新知识和城镇给排水管道施工的新技术、新方法、新工艺等。同时，为了便于学生掌握先进的施工技术和系统的施工内容，提高学生的实践能力，精选了一定数量的、具有一定代表性的工程案例。

本书由张思梅教授、葛军高级工程师和李敬德任主编；赵慧敏、蒋红、常小会任副主编；全书由张思梅负责统稿。合肥工业大学资源与环境工程学院胡淑恒编写学习项目1；安徽水利水电职业技术学院赵慧敏、常小会编写学习项目2；安徽水利水电职业技术学院蒋红、王凤娇、高慧慧编写学习项目3；合肥滨湖投资控股集团有限公司葛军、北京市大兴区水务局李敬德、安徽水利水电职业技术学院王涛、王慧萍、康小燕编写学习项目4；安徽水利水电职业技术学院郑溪、孙梅编写学习项目5；安徽水利水电职业技术学院王丽娟编写学习项目6；安徽水利水电职业技术学院张思梅、安徽省第二建筑工程公司高德扬、合肥市市政集团韩涛编写学习项目7。

全书由安徽水利水电职业技术学院张延副教授、安徽水利水电勘测设计院高级工程师龚宾主审。

限于编者水平，不足之处在所难免，敬请读者对本书的缺点予以批评指正。

编者

2017年4月

目录

前言

学习项目1　城镇给水排水管道工程水力学与水泵站基础

【**学习目标**】 学生通过本学习项目的学习，能够理解各种水流流态的类型和区别。掌握无压圆管的水力计算管道水力计算的方法；常用水泵的类型、原理和特点；给水泵站和排水泵站的类型、特点。了解非满流管渠的计算方法；泵站中的辅助设施。

在自然界和工程实践中，液体常处于运动状态。液体运动受其本身物理性质和边界的影响，其运动状态十分复杂，尽管如此，液体运动仍然遵循物体机械运动的普遍规律。在给水排水管道工程设计中，我们所遇到和解决的问题，最多还是水力计算问题。因此，为了更好地解决工程实际问题，必须熟练掌握水力学的基本概念和基本理论。

水泵和水泵站是给排水工程不可缺少的重要组成部分，是给水排水系统正常运行的水力枢纽。水泵是一种应用广泛的水力通用机械，在航空航天、发电、矿山、冶金、钢铁、机械、造纸、市政工程、建筑以及农林排灌等方面都有着广泛的应用，发挥着非常重要的作用。城市给排水系统中水的循环都是由一系列不同功能的水泵站来完成的。

学习情境1.1　城镇给水排水管道工程水力学基础

1.1.1　基本概念

1.1.1.1　层流和紊流

水的流动有层流、紊流及介于两者之间的过渡流3种流态。当流速较小时，各流层的液体质点是有条不紊地运动，互不混杂，这种形态的流动称为层流。当流速较大时，各流层的液体质点形成涡体，在流动的过程中，互相混掺，这种形态的流动称为紊流。判别流态的标准采用临界雷诺数 Re_k，临界雷诺数大都稳定在2000左右，当计算出的雷诺数 $Re<2000$ 时，一般为层流，当 $Re>4000$ 时，一般为紊流，当 $2000<Re<4000$ 时，水流状态不稳定，属于过渡流态。

对给水排水管道进行水力计算时，管道内流体流态均按紊流考虑。因为绝大多数情况下管渠里水流处于紊流流态。以圆管满流为例，给水排水管网中管道流速一般为0.5～2.5m/s，管径一般为100～1000mm，水温一般为5～25℃，水的动力黏度系数为 $(1.52\sim0.89)\times10^{-6}$，经计算得水流雷诺数一般为33000～2800000，显然处于紊流状态。对于排水管网中常用的非满管流和非圆管流，情况也大致如此。

1.1.1.2　恒定流与非恒定流

流场中任何空间上所有运动要素都不随时间而改变，这种水流称为恒定流。如果流场中任何空间点上有任何一个运动要素是随时间而变化的，这种水流称为非恒定流。

在实际管道系统中，由于组成系统的某一元件工作状态的变更（如阀的开度变化、泵的脉动等）或给水量、排水量的经常性变化，将不可避免地在管道内产生流量和压力的冲击或脉动，形成非恒定流。但是，非恒定流的水力计算特别复杂，在设计时，一般也只能按恒定流（又称稳定流）计算。近年来，采用数值模拟的方法计算给水排水管网非恒定流。由于计算机技术的发展与普及，国内外已经有人开始研究和采用非恒定流计算给水排水管网，而且得到了更接近实际的结果。

1.1.1.3 有压流与无压流

水体沿流程整个周界与固体壁面接触，而无自由液面，这种流动称为有压流或压力流。水体沿流程一部分周界与固体壁面接触，另一部分与空气接触，具有自由液面，这种流动称为无压流或重力流。

压力流输水通过封闭的管道进行，水流阻力主要依靠水的压能克服，阻力大小只与管道内壁粗糙程度、管道长度和流速有关，与管道埋设深度和坡度等无关。重力流输水通过管道或渠道进行，管渠中水面与大气相通，且水流常常不充满管渠、水流的阻力主要依靠水的位能克服，形成水面沿水流方向降低，称为水力坡降。重力流输水时，要求管渠的埋设高程随着水流水力坡度下降。

给水排水管网根据需要和条件，可以采取压力流输水或重力流输水两种方式。给水管网基本上采用压力流输水方式，而排水管网多采用重力流输水方式。但是，在给水长距离输水时，当地形条件允许时也可以采用重力流输水以降低输水成本。对于排水管网，泵站出水管和过河倒虹管均为压力流，排水管道的实际过流超过设计能力时也会形成压力流。

1.1.1.4 均匀流与非均匀流

液体质点流速的大小和方向沿流程不变的流动，称为均匀流；反之，液体质点流速的大小和方向沿流程变化的流动，称为非均匀流。从总体上看，给水排水管道中的水流不但多为非恒定流，且常为非均匀流，即水流参数往往随时间和空间变化。

对于满管流动，如果管道截面在一段距离内不变且不发生转弯，则管内流动为均匀流；而当管道在局部有交汇、转弯与变截面时，管内流动为非均匀流。均匀流的管道对水流的阻力沿程不变，水流的水头损失可以采用沿程水头损失公式进行计算；满管流的非均匀流动距离一般较短，采用局部水头损失公式进行计算。

对于非满管流或明渠流，只要长距离截面不变，也没有转弯或交汇时，也可以近似为均匀流，按沿程水头损失公式进行水力计算，对于短距离或特殊情况下的非均匀流动则运用水力学理论按缓流或急流计算。

1.1.1.5 水流的水头和水头损失

水头是指单位重量的流体所具有的机械能，一般用符号 h 或 H 表示，常用单位为米水柱（mH_2O）（$1mH_2O=9.8kPa$，全书下同），简写为米（m）。水头分为位置水头、压力水头和流速水头3种。位置水头是指因为流体的位置高程所得的机械能，又称位能，用流体所处的高程来度量，用符号 Z 表示；压力水头是指流体因为具有压力而具有的机械能，又称压能，根据压力进行计算，即 p/γ（式中的 p 为计算断面上的压力，γ 为流体的比重）；流速水头是指因为流体的流动速度而具有的机械能，又称动能，根据动能进行计算，即 $v^2/2g$（式中 v 为计算断面的平均流速，g 为重力加速度）。

位置水头和压力水头属于势能，它们两者的和称为测压管水头，流速水头属于动能。流体在流动过程中，3种型式的水头（机械能）总是处于不断转换之中。给水排水管道中的测压管水头较之流速水头一般大得多，在水力计算中，流速水头往往可以忽略不计。

实际流体存在黏滞性，因此在流动中，流体受固定界面的影响（包括摩擦与限制作用），导致断面的流速不均匀，相邻流层间产生切应力，即流动阻力。流体克服阻力所消耗的机械能，称为水头损失。当流体受固定边界限制做均匀流动（如断面大小，流动方向沿流程不变的流动）时，流动阻力中只有沿程不变的切应力，称沿程阻力。由沿程阻力所引起的水头损失称为沿程水头损失。当流体的固定边界发生突然变化，引起流速分布或方向发生变化，从而集中发生在较短范围的阻力称为局部阻力。由局部阻力所引起的水头损失称为局部水头损失。

在城镇给水排水管道中，由于管道长度较大，沿程水头损失一般远远大于局部水头损失，所以在进行管道水力计算时，一般忽略局部水头损失，或将局部阻力转换成等效长度的管道沿程水头损失进行计算。

1.1.2　管渠水头损失计算

1.1.2.1　沿程水头损失计算

给水排水管道的沿程水头损失常用谢才公式计算，其形式为

$$h_f=\frac{v^2}{C^2R}l \tag{1.1}$$

式中　h_f——沿程水头损失，m；

v——过水断面平均流速，m/s；

C——谢才系数；

R——过水断面水力半径，即过水断面面积除以湿周，m，圆管满流时 $R=0.25D$（D 为圆管直径）；

l——管渠长度，m。

对于圆管满流，沿程水头损失也可用达西公式计算：

$$h_f=\lambda\frac{l}{D}\frac{v^2}{2g} \tag{1.2}$$

式中　D——圆管直径，m；

g——重力加速度，m/s^2；

λ——沿程阻力系数，$\lambda=\frac{8g}{C^2}$。

沿程阻力系数或谢才系数与水流流态有关，一般只能采用经验公式或半经验公式计算。目前国内外较为广泛使用的主要有舍维列夫公式、海曾-威廉公式、柯尔勃洛克-怀特公式和巴甫洛夫斯基等公式，其中，国内常用的是舍维列夫公式和巴甫洛夫斯基公式。

1. 舍维列夫公式

舍维列夫公式根据他对旧铸铁管和旧钢管的水力实验（水温 10℃），提出了计算紊流过渡区的经验公式。

当 $v\geqslant1.2$m/s 时

$$\lambda=0.00214\frac{g}{D^{0.3}} \tag{1.3}$$

当 $v<1.2$m/s 时

$$\lambda=0.001824\frac{g}{D^{0.3}}\left(1+\frac{0.867}{v}\right)^{0.3} \tag{1.4}$$

将式（1.3）、式（1.4）代入式（1.2）分别得

当 $v \geqslant 1.2\text{m/s}$ 时

$$h_f = 0.00107 \frac{v^2}{D^{1.3}} l \tag{1.5}$$

当 $v < 1.2\text{m/s}$ 时

$$h_f = 0.000912 \frac{v^2}{D^{1.3}} \left(1 + \frac{0.867}{v}\right)^{0.3} l \tag{1.6}$$

2. 海曾-威廉公式

海曾-威廉公式适用于较光滑的圆管满管紊流计算：

$$\lambda = \frac{13.16 g D^{0.13}}{C_w^{1.852} q^{0.148}} \tag{1.7}$$

式中　q——流量，m^3/s；

C_w——海曾-威廉粗糙系数，其值见表1.1；

其余符号意义同式（1.2）。

表1.1　海曾-威廉粗糙系数 C_w 值

管道材料	C_w	管道材料	C_w
塑料管	150	新铸铁管、涂沥青或水泥的铸铁管	130
石棉水泥管	120～140	使用5年的铸铁管、焊接钢管	120
混凝土管、焊接钢管、木管	120	使用10年的铸铁管、焊接钢管	110
水泥衬里管	120	使用20年的铸铁管	90～100
陶土管	110	使用30年的铸铁管	75～90

将式（1.7）代入式（1.2）得

$$h_f = \frac{10.67 q^{1.852}}{C_w^{1.852} D^{4.87}} l \tag{1.8}$$

3. 柯尔勃洛克-怀特公式

柯尔勃洛克-怀特公式适用于各种紊流：

$$C = -17.7 \lg\left(\frac{e}{14.8R} + \frac{C}{3.53Re}\right) 或 \frac{1}{\sqrt{\lambda}} = -2\lg\left(\frac{e}{3.7D} + \frac{2.51}{Re\sqrt{\lambda}}\right) \tag{1.9}$$

式中　Re——雷诺数，$Re = \frac{4vR}{\upsilon} = \frac{vD}{\upsilon}$（其中 υ 为水的动力黏滞系数，和水温有关，单位为 m^2/s）；

e——管壁当量粗糙度，m，由实验确定，常用管材的 e 值见表1.2。

表1.2　常用管渠材料内壁当量粗糙度 e 值　　单位：mm

管渠材料	光滑	平均	粗糙
玻璃	0	0.003	0.006
钢、PVC或AC	0.015	0.03	0.06
有覆盖的钢	0.03	0.06	0.15
镀锌钢管、陶土管	0.06	0.15	0.3

续表

管　渠　材　料	光滑	平均	粗糙
铸铁管或水泥衬里	0.15	0.3	0.6
预应力混凝土管或木管	0.3	0.6	1.5
铆接钢管	1.5	3	6
脏的污水管道或结瘤的给水主管线	6	15	30
毛砌石头或土渠	60	150	300

该式适用范围广，是计算精度最高的公式之一，但运算较复杂，为便于应用，可简化为直接计算的形式：

$$C=-17.7\lg\left(\frac{e}{14.8R}+\frac{4.462}{Re^{0.875}}\right)\text{或}\frac{1}{\sqrt{\lambda}}=-2\lg\left(\frac{e}{3.7D}+\frac{4.462}{Re^{0.875}}\right) \tag{1.10}$$

4. 巴甫洛夫斯基公式

巴甫洛夫斯基公式适用于明渠流和非满流管道的计算，公式为

$$C=\frac{R^y}{n_b} \tag{1.11}$$

其中 $$y=2.5\sqrt{n_b}-0.13-0.75\sqrt{R}(\sqrt{n_b}-0.10)$$

式中　n_b——巴甫洛夫斯基公式粗糙系数，见表 1.3。

表 1.3　　常用管渠材料粗糙系数 n_b 值

管　渠　材　料	n_b	管　渠　材　料	n_b
铸铁管、陶土管	0.013	浆砌砖渠道	0.015
混凝土管、钢筋混凝土管	0.013～0.014	浆砌块石渠道	0.017
水泥砂浆抹面渠道	0.013～0.014	干砌块石渠道	0.020～0.025
石棉水泥管、钢管	0.012	土明渠（带或不带草皮）	0.025～0.030

将式（1.11）代入式（1.2）得

$$h_f=\frac{n_b^2 v^2}{R^{2y+1}}l \tag{1.12}$$

5. 曼宁公式

曼宁公式是巴甫洛夫斯基公式中 $y=1/6$ 时的特例，适用于明渠或较粗糙的管道计算：

$$C=\frac{\sqrt[6]{R}}{n} \tag{1.13}$$

式中　n——粗糙系数，与式（1.12）中 n_b 相同，见表 1.3。

将式（1.13）代入式（1.1）得

$$h_f=\frac{n^2 v^2}{R^{1.333}}l\text{ 或 }h_f=\frac{10.29n^2 q^2}{D^{5.333}}l \tag{1.14}$$

1.1.2.2　局部水头损失计算

局部水头损失用下式计算：

$$h_j=\zeta\frac{v^2}{2g} \tag{1.15}$$

式中　h_j——局部水头损失，m；

ζ——局部阻力系数，见表1.4。

表1.4　　局部阻力系数 ζ

配件、附件或设施	ζ	配件、附件或设施	ζ
全开闸阀	0.19	90°弯头	0.9
50%开启闸阀	2.06	45°弯头	0.4
截止阀	3～5.5	三通转弯	1.5
全开蝶阀	0.24	直流三通	0.1

在管网系统中，各种配件、附件或设施种类数量繁多，局部水头损失计算起来十分繁复，所以为了简化计算，可以将局部水头损失等效于一定长度的管道（称为当量管道长度）的沿程水头损失，从而可以与沿程水头损失合并计算。

设某管道直径为 d，管道上的局部阻力设施的阻力系数为 ζ，令其局部水头损失与当量管道长度的沿程水头损失相等，则有

$$\zeta\frac{v^2}{2g}=\lambda\frac{l_d v^2}{d2g}=\frac{v^2}{C^2R}l_d$$

经简化得

$$l_d=\frac{d\zeta}{\lambda}=\frac{d\zeta}{8g}C^2 \tag{1.16}$$

式中　l_d——当量管道长度，m。

【案例1.1】　已知某管道直径 $d=800$mm，管壁粗糙系数 $n=0.0013$，管道上有2个45°和1个90°弯头，2个闸阀，2个直流三通，试计算当量管道长度 l_d。

【解】　查表1.4，该管道上总的局部阻力系数：

$$\zeta=2\times0.4+1\times0.9+2\times0.19+2\times0.1=2.28$$

采用曼宁公式计算谢才系数：

$$C=\frac{1}{n}R^{\frac{1}{6}}=\frac{1}{0.013}\times(0.25\times0.8)^{\frac{1}{6}}=58.82$$

求得当量管道长度为

$$l_d=\frac{d\zeta}{8g}C^2=\frac{0.8\times2.28}{8\times9.81}\times58.82^2=80.41(\text{m})$$

在实际中，室外给水排水管网中的局部水头损失一般不超过沿程水头损失的5%，因和沿程水头损失相比很小，所以在管网水力计算中，常忽略局部水头损失的影响，不会造成大的计算误差。

1.1.3　无压圆管的水力计算

所谓无压圆管，是指非满流的圆形管道。在城镇给水排水工程中，圆形断面无压均匀流的例子很多，如城市排水管道中的污水管道、雨水管道以及无压涵管中的流动等。这是因为它们既是水力最优断面，又具有制作方便、受力性能好等特点。由于这类管道内的流动都具有自由液面，所以常用明渠均匀流的基本公式对其进行计算。

圆形断面无压均匀流的过水断面如图1.1所示。设其管径为 d，水深为 h，定义 $\alpha=\frac{h}{d}=$

$\sin^2\dfrac{\theta}{4}$，α 称为充满度，所对应的圆心角 θ 称为充满角。

由几何关系可得各水力要素之间的关系为

过水断面面积：

$$A=\frac{d^2}{8}(\theta-\sin\theta) \tag{1.17}$$

湿周：

$$\chi=\frac{d}{2}\theta \tag{1.18}$$

水力半径：

$$R=\frac{d}{4}\left(1-\frac{\sin\theta}{\theta}\right) \tag{1.19}$$

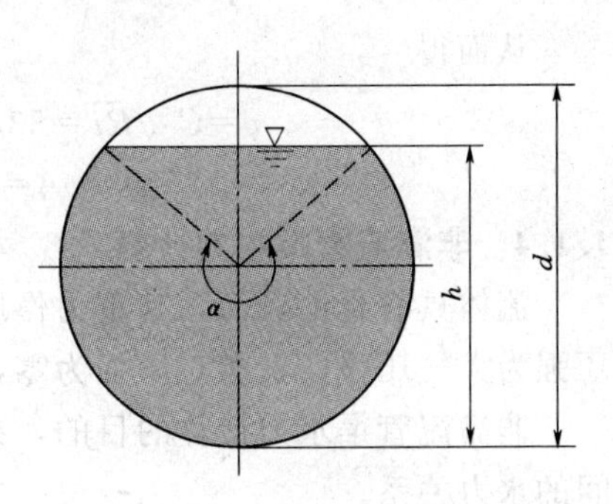

图 1.1　圆形管道充满度示意图
d—管道直径；h—管内水面高度

所以

$$v=\frac{1}{n}\left[\frac{d}{4}\left(1-\frac{\sin\theta}{\theta}\right)\right]^{\frac{2}{3}}i^{\frac{1}{2}}=\frac{1}{n}R^{\frac{2}{3}}i^{\frac{1}{2}} \tag{1.20}$$

$$Q=\frac{d^2}{8}(\theta-\sin\theta)\frac{1}{n}\left[\frac{d}{4}\left(1-\frac{\sin\theta}{\theta}\right)\right]^{\frac{2}{3}}i^{\frac{1}{2}}=\frac{1}{n}AR^{\frac{2}{3}}i^{\frac{1}{2}} \tag{1.21}$$

为便于计算，表 1.5 列出不同充满度时圆形管道过水断面面积 A 和水力半径 R 的值。

表 1.5　不同充满度时圆形管道过水断面面积 A 和水力半径 R 的值（表中 d 以 m 计）

充满度 α	过水断面面积 A/m^2	水力半径 R	充满度 α	过水断面面积 A/m^2	水力半径 R
0.05	$0.0147d^2$	$0.0326d$	0.55	$0.4426d^2$	$0.2649d$
0.10	$0.0400d^2$	$0.0635d$	0.60	$0.4920d^2$	$0.2776d$
0.15	$0.0739d^2$	$0.0929d$	0.65	$0.5404d^2$	$0.2881d$
0.20	$0.1118d^2$	$0.1206d$	0.70	$0.5872d^2$	$0.2962d$
0.25	$0.1535d^2$	$0.1466d$	0.75	$0.6319d^2$	$0.3017d$
0.30	$0.1982d^2$	$0.1709d$	0.80	$0.6736d^2$	$0.3042d$
0.35	$0.2450d^2$	$0.1935d$	0.85	$0.7115d^2$	$0.3033d$
0.40	$0.2934d^2$	$0.2142d$	0.90	$0.7445d^2$	$0.2980d$
0.45	$0.3428d^2$	$0.2331d$	0.95	$0.7707d^2$	$0.2865d$
0.50	$0.3927d^2$	$0.2500d$	1.00	$0.7845d^2$	$0.2500d$

【案例 1.2】　已知圆形污水管道，直径 $d=600$mm，管壁粗糙系数 $n=0.014$，管底坡度 $i=0.0024$。求最大设计充满度时的流速 v 和流量 Q。

【解】　管径 $d=600$mm 的污水管最大设计充满度 $\alpha=\dfrac{h}{d}=0.75$；由表 1.5 查得，$\alpha=0.75$ 时，过水断面上的水力要素为

$$A=0.6319d^2=0.6319\times0.6^2=0.2275(\text{m}^2)$$

$$R=0.3017d=0.3017\times0.6=0.1810(\text{m})$$

$$C=\frac{1}{n}R^{\frac{1}{6}}=\frac{1}{0.014}\times0.181^{\frac{1}{6}}=53.722(\text{m}^{1/2}/\text{s})$$

从而得

$$v=C\sqrt{Ri}=53.722\times\sqrt{0.181\times0.0024}=1.12(\mathrm{m/s})$$

$$Q=vA=1.12\times0.2275=0.2548(\mathrm{m^3/s})$$

1.1.4 非满流管渠水力计算

流体具有自由表面，其重力作用下沿管渠的流动称为非满流。因为在自由水面上各点的压强为大气压强，其相对压强为零，所以又称为无压流。

非满流管渠水力计算的目的，在于确定管渠的流量、流速、断面尺寸、充满度、坡度之间的水力关系。

非满流管渠内的水流状态基本上都处于阻力平方区，接近于均匀流，所以，在非满流管渠的水力计算中一般都采用均匀流公式，其形式为

$$v=C\sqrt{Ri} \tag{1.22}$$

$$Q=Av=AC\sqrt{Ri}=K\sqrt{i} \tag{1.23}$$

其中

$$K=AC\sqrt{R}$$

式中 K——流量模数，其值相当于底坡等于1时的流量；

C——谢才系数或称流速系数。

式（1.22）、式（1.23）中的谢才系数C如采用曼宁公式计算，则可分别写成：

$$v=\frac{1}{n}R^{\frac{2}{3}}i^{\frac{1}{2}} \tag{1.24}$$

$$Q=A\frac{1}{n}R^{\frac{2}{3}}i^{\frac{1}{2}} \tag{1.25}$$

式中 Q——流量，$\mathrm{m^3/s}$；

v——流速，m/s；

A——过水断面面积，$\mathrm{m^2}$；

R——水力半径（过水断面面积A与湿周χ的比值：$R=A/\chi$），m；

i——水力坡度（等于水面坡度，也等于管底坡度），m/m；

n——粗糙系数。

式（1.24）、式（1.25）为非满流管渠水力计算的基本公式。

粗糙系数n的大小综合反映了管渠壁面对水流阻力的大小，是管渠水力计算中的主要因素之一。

管渠的粗糙系数n不仅与管渠表面材料有关，同时还和施工质量以及管渠修成以后的运行管理情况等因素有关。因而，粗糙系数n的确定要慎重。在实践中，n值如选得偏大，即设计阻力偏大，设计流速就偏小，这样将增加不必要的管渠断面面积，从而增加管渠造价，而且，由于实际流速大于设计流速，还可能会引起管渠冲刷。反之，如n选得偏小，则过水能力就达不到设计要求，而且因实际流速小于设计流速，还会造成管渠淤积。通常所采用的各种管渠的粗糙系数见表1.3，或参照有关规范和设计手册。

在非满流管渠水力计算的基本公式中，有q、d、h、i和v共5个变量，已知其中任意3个，就可以求出另外两个。由于计算公式的形式很复杂，所以非满流管渠水力计算比满流管渠水力计算要繁杂得多，特别是在已知流量、流速等参数求其充满度时，需要解非线性方程，手工计算非常困难。为此，必须找到手工计算的简化方法。

应用非满流管渠水力计算的基本公式［式（1.24）和式（1.25）］，制成相应的水力计算图表，将水力计算过程简化为查图表的过程。这是《室外排水设计规范》（GB 50014—2006）和《给水排水设计手册》（第五册　城镇排水）推荐采用的方法，使用起来比较简单。

水力计算图适用于混凝土及钢筋混凝土管道，其粗糙系数 $n=0.013$（也可制成不同粗糙系数的图表）。每张图适用于一个指定的管径。图上的纵坐标表示坡度 i，即是设计管道的管底坡度，横坐标表示流量 Q，图中的曲线分别表示流量、坡度、流速和充满度间的关系。当选定管材与管径后，在流量 Q、坡度 i、流速 v、充满度 h/d 4 个因素中，只要已知其中任意两个，就可由图查出另外两个。参见附录 1.1、设计手册或其他有关书籍，这里不详细介绍。

学习情境 1.2　水 泵 与 水 泵 站

城市的水源水（天然水体）需要通过给水系统上的取水泵站、送水泵站、一级加压泵站的连续工作（增压），才能够被输送到城市的各个用水户。对于城市中排泄的生活污水和工业废水，经排水管渠系统汇集后，必须由中途提升泵站、总提升泵站将污水和工业废水抽送至污水处理厂，经过处理后的污水再由另外一个排水泵站（或用重力自流）排放入江河湖海中去，或者排入农田作灌溉之用。

1.2.1　水泵

水泵是输送液体或使液体增压的机械。它将原动机的机械能或其他外部能量传送给液体，使液体能量增加。

1.2.1.1　水泵的分类

1. 叶片式水泵

叶片式水泵（图 1.2）对液体的抽送是靠装有叶片的叶轮的高速旋转来完成的。根据叶轮出水的水流方向可以将叶片式水泵分为径向流、轴向流和斜向流 3 种。有径向流叶轮的水泵称为离心泵，液体质点在叶轮中流动主要受到离心力的作用；有轴向流叶轮的水泵称为轴流泵，液体质点在叶轮中流动时主要受到轴向升力的作用；有斜向流叶轮的水泵称为混流泵，它是上述两种叶轮的过渡形式，液体质点在叶轮中流动时，既受到离心力的作用，又受到轴向升力的作用。

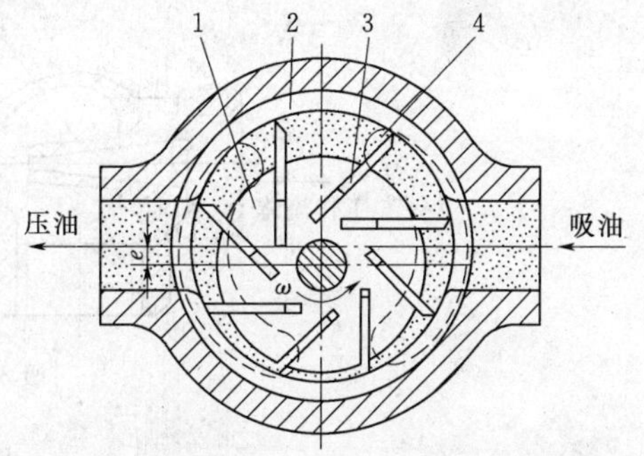

图 1.2　叶片式水泵示意图

1—转子；2—定子；3—叶片；4—配流盘

2. 容积式水泵

容积式水泵对液体的压送是靠水泵内部工作室的容积变化来完成的。一般使工作室容积改变的方式有往复运动和旋转运动两种。属于往复运动的容积式水泵有活塞式往复泵、柱塞式往复泵等；属于旋转运动的容积式水泵有转子泵等。容积式水泵的工作原理如图 1.3 所示。当活塞向右拉动时、工作室容积增大，压力降低，进水阀打开，出水阀关闭，吸水池中水在大气压力作用下，通过进水管进入工作室；当活塞向左推动时，进水阀关闭，出水阀打开，工作室内水流进入压水管，如此循环进行连续工作。

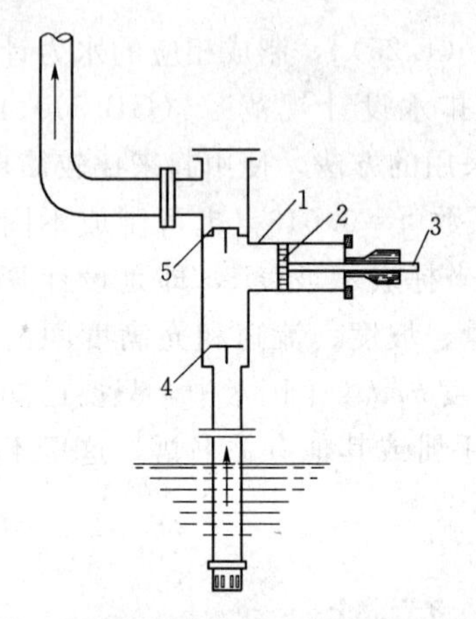

图 1.3 容积式水泵工作原理示意图

1—泵缸；2—活塞；3—活塞杆；4—吸入阀；5—排出阀

3. 其他水泵

其他水泵是指除叶片式水泵和容积式水泵以外的特殊泵。其他水泵主要有螺杆泵（图 1.4）、射流泵（又称水射器，图 1.5）、水锤泵、水轮泵以及气升泵（又称空气扬水机）等。这些水泵当中，除螺旋泵是利用螺旋推进原理来提高液体的位能以外，其他水泵都是利用高速液流或气流（即高速射流）的动能来输送液体的。这些水泵的应用虽然没有叶片式水泵那样广泛，但在给水排水工程中，结合具体条件，应用这些特殊的水泵来输送液体，常常会获得良好的效果。例如，在城市污水处理厂中，二沉池的沉淀污泥回流至曝气池时，常常采用螺杆泵或气升泵来提升；射流泵在给水处理厂投药方面的应用也比较多，通常用来投加混凝剂或消毒剂等。

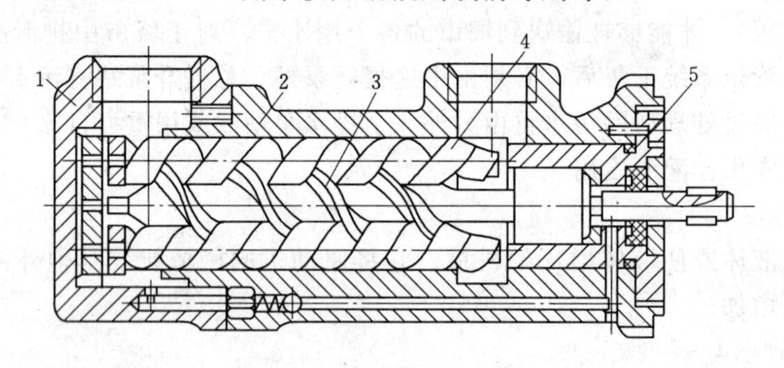

图 1.4 螺杆泵

1—后盖；2—泵体；3—主动螺杆；4—从动螺杆；5—前盖

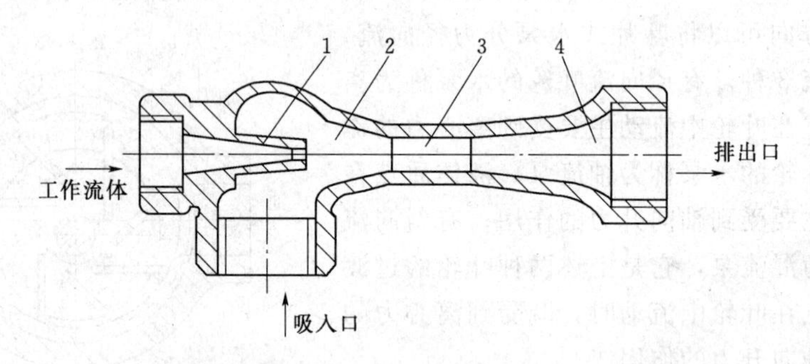

图 1.5 射流泵

1—喷嘴；2—混合室；3—喉管；4—扩散管

1.2.1.2 离心泵

离心泵是利用叶轮旋转而使水发生离心运动来工作的。水泵在启动前，必须使泵壳和吸水管内充满水，然后启动电机，使泵轴带动叶轮和水做高速旋转运动，水发生离心运动，被甩向叶轮外缘，经蜗形泵壳的流道流入水泵的压水管路，如图 1.6 所示。

1. 离心泵的基本构造

(1) 叶轮。叶轮是离心泵的核心部分，叶轮上的叶片又起到主要作用，叶轮在装配前要

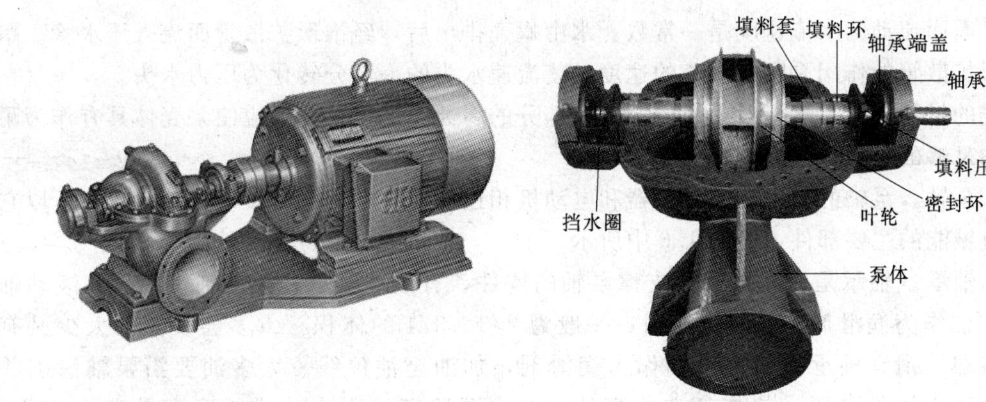

(a) 离心泵外形图　　(b) 离心泵剖面结构图

图 1.6　离心泵

通过静平衡实验。叶轮上的内外表面要求光滑，以减少水流的摩擦损失。叶轮一般由两个圆形盖板以及盖板之间若干片弯曲的叶片和轮毂所组成。叶轮按吸入口数量可分为单吸式（图1.7）与双吸式（图1.8）两种；叶轮按其盖板情况可分为封闭式、敞开式和半开式叶轮3种型式，如图1.9所示。

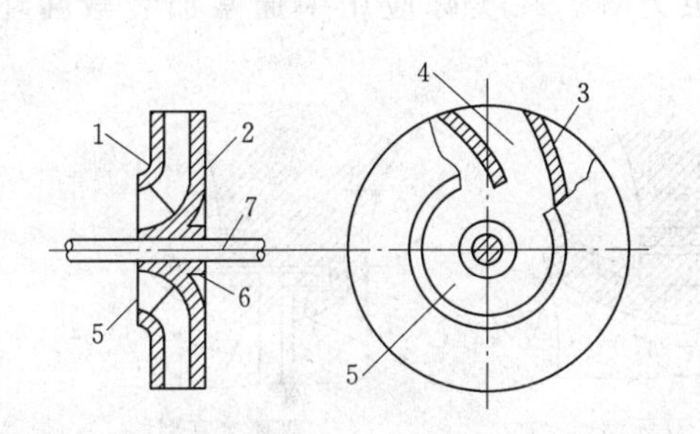

图 1.7　单吸式叶轮

1—前盖板；2—后盖板；3—叶片；4—叶槽；5—吸水口；6—轮毂；7—泵轴

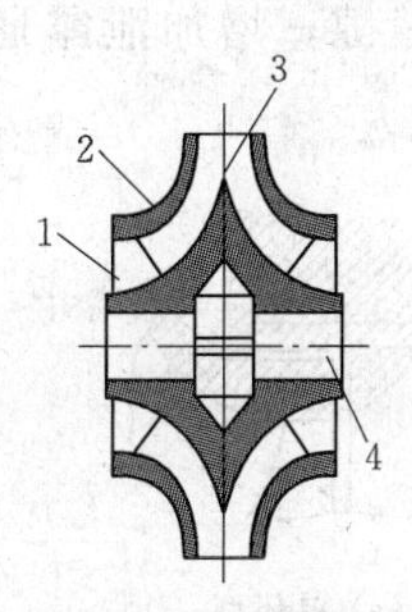

图 1.8　双吸式叶轮

1—吸水口；2—盖板；3—叶片；4—轴孔

(a) 封闭式　　(b) 敞开式　　(c) 半开式

图 1.9　叶轮型式

（2）泵壳。离心泵的泵壳通常铸成蜗壳形，其过水部分要求有良好的水力条件。叶轮工作时，沿蜗壳的渐扩断面上，流量是逐渐增大的，为了减少水力损失，在水泵设计中应使沿

蜗壳渐扩断面流动的水流速度是一常数。水由蜗壳排出后，经锥形扩散管而流入压水管。蜗壳上锥形扩散管的作用是降低水流的速度，使流速水头的一部分转化为压力水头。

泵壳的材料选择，除了考虑介质对过流部分的腐蚀和磨损外，还应使泵壳体具有作为耐压容器的足够的机械强度。

（3）泵轴。泵轴的作用是借联轴器和电动机相连接，将电动机的转矩传给叶轮，所以它是传递机械能的主要部件，如图1.6中所示。

（4）轴承。轴承是套在泵轴上支撑泵轴的构件，有滚动轴承和滑动轴承两种。滚动轴承使用牛油作为润滑剂，加油要适当，一般为2/3～3/4的体积，太多会发热，太少又有响声并发热。滑动轴承使用透明油作为润滑剂，加油至油位线。太多油要沿泵轴渗出并且漂失，太少轴承又要过热烧坏造成事故。在水泵运行过程中轴承的温度最高在85℃，一般运行在60℃左右，如果高了就要查找原因（是否有杂质，油质是否发黑，是否进水）并及时处理。

（5）减漏环。叶轮吸入口的外圆与泵壳内壁的接缝处存在一个转动接缝，它正是高低压交界面，且具有相对运动的部位，很容易发生泄漏。间隙过大会造成泵内高压区的水经此间隙流向低压区，影响泵的出水量，效率降低，间隙过小会造成叶轮与泵壳摩擦产生磨损。为了增加回流阻力减少内漏，延缓叶轮和泵壳的所使用寿命，一般在水泵构造上采用两种减漏方式：减小接缝缝隙；增加泄露通道中的阻力等。在实际应用中通常加装减漏环，如图1.10所示。

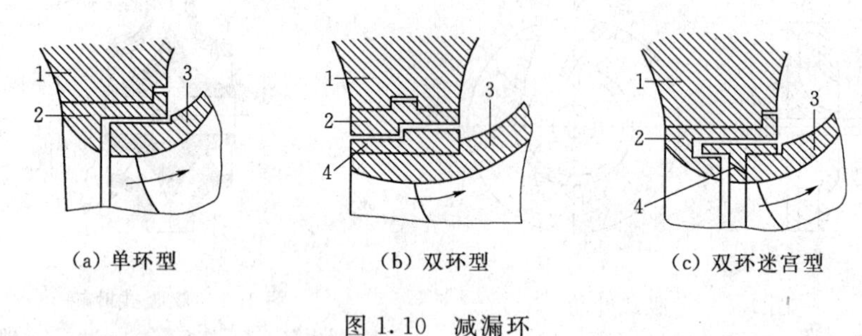

图1.10　减漏环

1—泵壳；2—镶在泵壳上的减漏环；3—叶轮；4—镶在叶轮上的减漏环

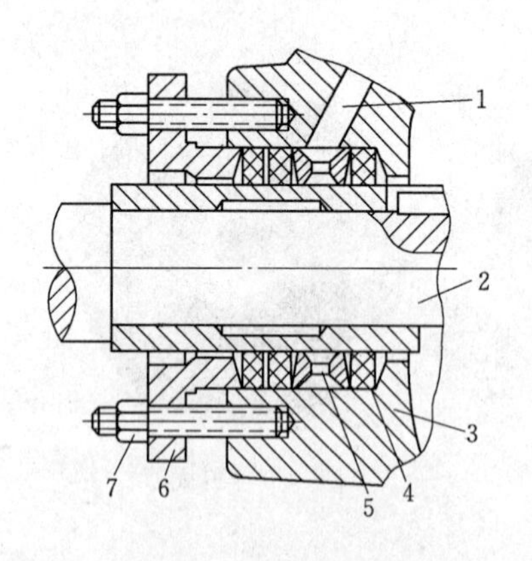

图1.11　填料函结构图

1—引水管；2—泵轴；3—盒体（后盖）；4—填料；5—水封环；6—填料压盖；7—螺钉、螺母

（6）填料函。填料函主要由填料、水封环、填料筒、填料压盖、水封管组成，如图1.11所示。填料函的作用主要是为了封闭泵壳与泵轴之间的空隙，不让泵内的水流到外面来也不让外面的空气进入到泵内。始终保持水泵内的真空。当泵轴与填料摩擦产生热量就要靠水封管住水到水封圈内使填料冷却，保持水泵的正常运行。所以在水泵的运行巡回检查过程中对填料函的检查要特别注意，在运行600个小时左右就要对填料进行更换。

（7）联轴器。水泵联轴器用来连接电动机和泵体两根轴（主动轴和从动轴）使之共同旋转以

传递扭矩的机械零件，有刚性和柔性两种。

(8) 轴向力平衡措施。单级离心泵，由于其叶轮缺乏对称性，离心泵工作时，叶轮工作两侧作用的压力不相等。因此，在水泵叶轮上作用有一个推向吸入口的轴向力。这种轴向力特别对于多级式的离心泵来讲，数值相当大，必须采用专门的轴向力平衡装置来解决。对于单级单吸离心泵而言，一般采用在叶轮的后盖板上钻开平衡孔，并在后盖板上加装减漏环，如图 1.12 所示。压力水经此减漏环时压力下降，并经平衡孔流回叶轮中去，使叶轮后盖板上的压力与前盖板相接近，这样就消除了轴向推力。

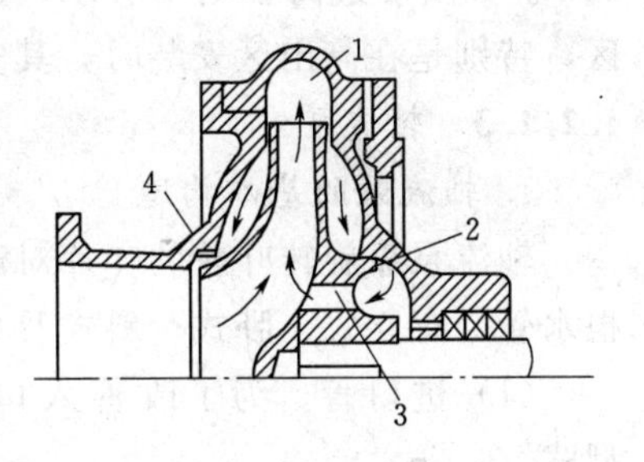

图 1.12 平衡孔

1—排除压力；2—加装的减漏环；3—平衡孔；4—泵壳上的减漏环

2. 离心泵的工作原理

如图 1.13 所示为给水排水工程中常用的单级单吸式离心泵的基本构造。泵包括蜗壳形的泵壳和装于泵轴上旋转的叶轮。蜗壳形泵壳的吸水口与泵的吸水管相连，出水口与泵的压水管相连接。泵的叶轮一般是由两个圆形盖板所组成，盖板之间有若干片弯曲的叶片，叶片之间的槽道为过水的叶槽，如图 1.13 所示，叶轮的前盖板上有一个大圆孔，这就是叶轮的进水口，它装在泵壳的吸水口内，与泵吸水管路相连通。离心泵在启动之前，应先用水灌满泵壳和吸水管道，然后，驱动电机，使叶轮和水作高速旋转运动，此时，水受到离心力作用被甩出叶轮，经蜗形泵壳中的流道而流入泵的压水管道，由压水管道而输入管网中去。在这同时，泵叶轮中心处由于水被甩出而形成真空，吸水池中的水便在大气压力作用下，沿吸水管而源源不断地流入叶轮吸水口，又受到高速转动叶轮的作用，被甩出叶轮而输入压水管道。这样，就形成了离心泵的连续输水。

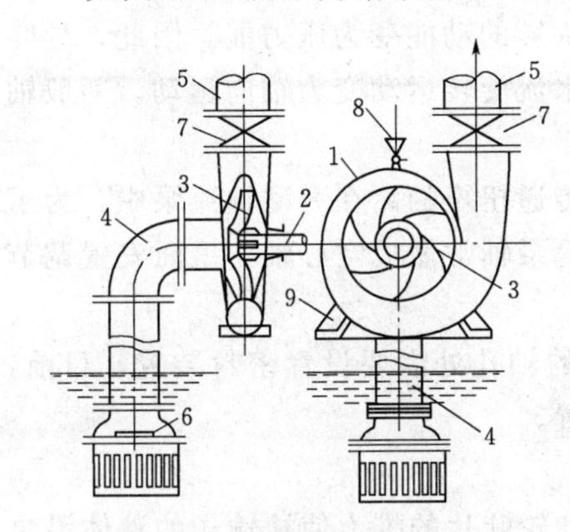

图 1.13 单机单吸式离心泵

1—泵壳；2—泵轴；3—叶轮；4—吸水管；5—压水管；6—底阀；7—闸阀；8—灌水漏斗；9—泵座

由上所述可知，离心泵的工作过程，实际上是一个能量的传递和转化的过程，它把电动机高速旋转的机械能转化为被抽升液体的动能和势能。在这个传递和转化过程中，就伴随着许多能量损失，这种能量损失越大，该离心泵的性能就越差，工作效率就越低。

3. 离心泵的一般特点

(1) 水沿离心泵的流经方向是沿叶轮的轴向吸入，垂直于轴向流出，即进出水流方向互成 90°。

(2) 由于离心泵靠叶轮进口形成真空吸水，因此在启动前必须向泵内和吸水管内灌注引水，或用真空泵抽气，以排出空气形成真空，而且泵壳和吸水管路必须严格密封，不得漏气，否则形不成真空，也就吸不上水来。

(3) 由于叶轮进口不可能形成绝对真空，因此离心泵吸水高度不能超过 10m，加上水流经吸水管路带来的沿程损失，实际允许安装高度（水泵轴线距吸入水面的高度）远小于

10m。如安装过高，则不吸水；此外，由于山区比平原大气压力低，因此同一台水泵在山区，特别是在高山区安装时，其安装高度应降低，否则也不能吸上水来。

1.2.1.3 轴流泵

1. 轴流泵的基本构造

轴流泵靠旋转叶轮的叶片对液体产生的作用力使液体沿轴线方向输送的泵，外形很像一根水管，有立式、卧式、斜式及贯流式数种，结构如图1.14所示。

(1) 进口管。为了改善入口处水力条件，常采用符合流线型的喇叭管或做成流道型式。

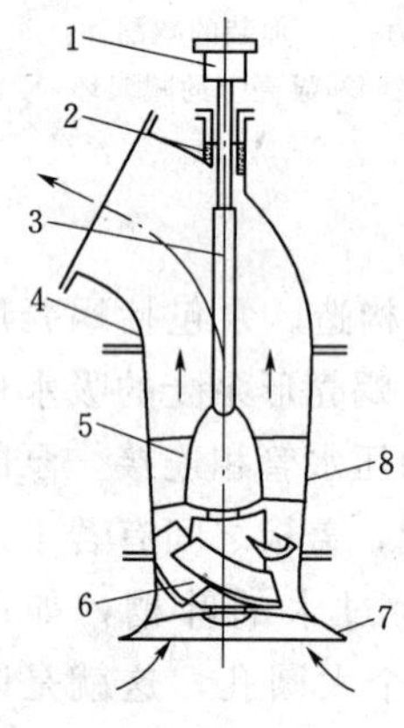

图1.14 立式轴流泵结构

1—联轴器；2—轴承；3—泵轴；4—出口管；5—导叶装置；6—叶轮；7—进口管；8—泵体

(2) 叶轮。是轴流泵的主要工作部件，其性能直接影响到泵的性能。叶轮按其调节的可能性，可以分为固定式、半调式和全调式3种。

(3) 导叶装置。在轴流泵中，液体运动沿螺旋面的运动，液体除了轴向前进外，还有旋转运动。导叶是固定在泵壳上不动的，水流经过导叶时就消除了旋转运动，把旋转的动能变为压力能。因此，导叶的作用就是把叶轮中向上流出的水流旋转运动变为轴向运动。一般轴流泵中有6～12片导叶。

(4) 轴和轴承。泵轴是用来传递扭矩的。在大型轴流泵中，为了在轮毂体内布置调节、操作机构，泵轴常做成空心轴，里面安置调节操作油管。

(5) 轴封。轴流泵出水弯管的轴孔处需要设置密封装置，目前，一般仍常用压盖填料型的密封装置。

2. 轴流泵的基本原理

轴流泵输送液体是利用旋转叶轮叶片的推力使被输送的液体沿泵轴方向流动，而不是依靠叶轮对液体的离心力。当泵轴由电动机带动旋转后，由于叶片与泵轴轴线有一定的螺旋角，所以对液体产生推力（或称为升力），将液体推出从而沿排出管排出。这和电风扇运行的道理相似：靠近风扇叶片前方的空气被叶片推向前面，使空气流动。轴流泵的液体被推出后，原来的位置便形成局部真空，外面的液体在大气压的作用下，将沿进口管被吸入叶轮中。只要叶轮不断旋转，泵便能不断地吸入和排出液体。

3. 轴流泵的一般特点

(1) 水在轴流泵的流经方向是沿叶轮的轴相吸入、轴相流出，因此称轴流泵。

(2) 扬程低（1～13m）、流量大、效益高，适于平原、湖区、河网区排灌。

(3) 启动前不需灌水，操作简单。

1.2.1.4 混流泵

1. 混流泵的构造

混流泵根据其压水室的不同，通常可分为蜗壳式（图1.15）和导叶式（图1.16）两种。混流泵从外形上看，蜗壳式与单吸式离心泵相似，导叶式与立式轴流泵相似。其部件也无多大区别，所不同的仅是叶轮的形状和泵体的支承方式。混流泵叶轮的工作原理是介于离心泵和轴流泵之间的一种过渡型式。

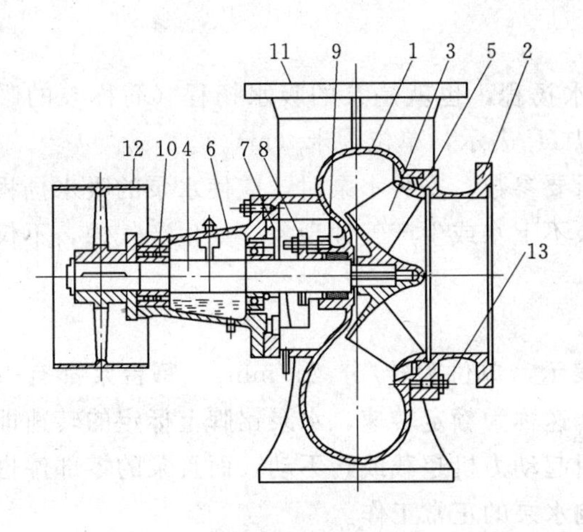

图 1.15 蜗壳式混流泵构造装配图

1—泵壳；2—泵盖；3—叶轮；4—泵轴；5—减漏环；6—轴承盒；7—轴套；8—填料压盖；9—填料；10—滚动轴承；11—出水口；12—皮带轮；13—双头螺丝

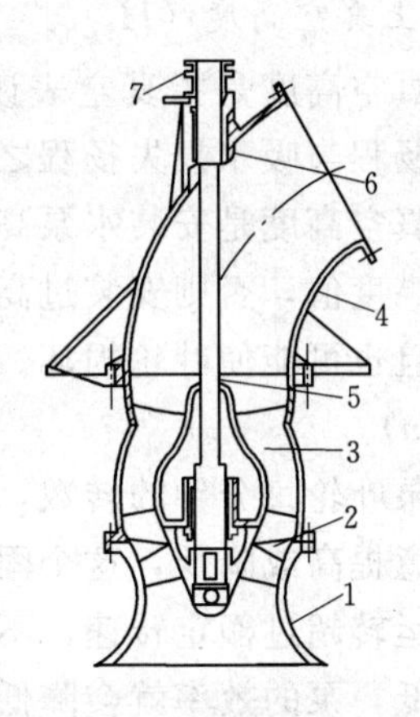

图 1.16 导叶式混流泵结构图

1—进水喇叭；2—叶轮；3—导叶体；4—出水弯管；5—泵轴；6—橡胶轴承；7—填料函

2. 混流泵的工作原理

由于混流泵的叶轮形状介于离心泵叶轮和轴流泵叶轮之间，因此，混流泵的工作原理既有离心力又有升力，靠两者的综合作用，水则以与轴组成一定角度流出叶轮，通过蜗壳室和管路把水提向高处。

3. 混流泵的一般特点

(1) 混流泵与离心泵相比，扬程较低，流量较大，与轴流泵相比，扬程较高，流量较低。适用于平原、湖区排灌。

(2) 水沿混流泵的流经方向与叶轮轴成一定角度而吸入和流出的，故又称斜流泵。

1.2.1.5 水泵的参数及性能

水泵参数是指泵工作性能的主要技术数据，包括流量、扬程、转速、效率和比转速等。

1. 流量（Q）

泵的流量即为离心泵的送液能力，是指单位时间内泵所输送的液体体积。泵的流量取决于泵的结构尺寸（主要为叶轮的直径与叶片的宽度）和转速等。操作时，泵实际所能输送的液体量还与管路阻力及所需压力有关。以Q来表示，单位一般为m^3/h或m^3/s。

2. 扬程（H）

泵的扬程是指单位重量的液体通过泵所增加的能量。实质上就是水泵能够扬水的高度，又称为总扬程或全扬程。单位为米液柱高度，习惯上省去“液柱”，以米（m）表示。

由于水泵铭牌上标明的扬程是上述水泵的总扬程，因此不能误认为铭牌上的扬程是实际扬程数值，水泵的实际扬程都比水泵铭牌上的扬程数值小。因此在确定水泵扬程时，这一点要特别注意。否则，如果只按实际扬程来确定水泵的扬程，订购的水泵扬程就低了，那可能会降低水泵的效率，甚至打不上水来。损失扬程与管路上的水管和附件种类（低阀、闸阀、逆止阀、直管、弯管）、数量、水管内径、管长、水管内壁粗糙程度以及水泵流量等都有密切关系，这一点在管路设计和选配水管和附件时也应注意。

3. 允许吸上真空高度（H_s）

允许吸上真空高度是指真空表读数吸水扬程，也就是泵的吸水扬程（简称泵的吸程），包括实际吸水扬程与吸水损失扬程之和，以 H_s 表示，单位为米（m）。

允许吸上真空高度是安装水泵高度的重要参数，安装水泵时，应使水泵的吸水扬程小于允许吸上真空高度值，否则安装过高，就吸不上水或生产气蚀现象。如生产气蚀，不仅水泵性能变坏，而且也可能使叶轮损坏。

4. 转速（n）

转速是指泵叶轮每分钟的转数，以 n 表示，单位为转/分（r/min）。每台泵都有一定的转速，不能随意提高或降低，这个固定的转速称为额定转速，水泵铭牌上标定的转速即为额定转速。如泵运转超过额定转速，不但会引起动力机超载或转不动，而且泵的零部件也容易损坏；转速降低，泵的效率就会降低，影响水泵的正常工作。

5. 比转数（n_s）

在前述水泵型号中，有些型号的组成部分有比转数这个参数。比转数与转速是两个概念，水泵的比转数，简称比速，常用符号为 n_s。叶轮形状相同或相似的水泵比转数相同，叶轮形状不相同或不相似的水泵比转数不相同。如轴流泵比转速比混流泵大，混流泵比转速也是反映水泵特性的综合性指标。此外，要注意比转数大的水泵，其转速不一定高；比转数小的，转速不一定低。大流量、低扬程的水泵，比转速大，反之则小。一般比转数较低的离心泵，其流量小、扬程高；而比转数较高的轴流泵，其流量大、扬程低。

6. 功率（P）

功率是指机组在单位时间内做功的大小，用符号 P 表示，常用单位为 W（瓦特）。水泵功率可分为有效功率、轴功率和配套功率 3 种。

7. 效率（η）

泵在输送液体过程中，轴功率大于排送到管道中的液体从叶轮处获得的功率，因为容积损失、水力损失物机械损失都要消耗掉一部分功率，而泵的效率即反映泵对外加能量的利用程度。常用符号为 η，其大小用百分数表示。

泵的效率值与泵的类型、大小、结构、制造精度和输送液体的性质有关。大型泵效率值高些，小型泵效率值低些。

1.2.2 水泵站

水泵是不能自己单独工作的，它必须和管道、电机组合成一体才能工作，水泵、管道、电机构成了泵站的主要工艺部分。因而，要正确设计和管理水泵站不但需要掌握水泵工作原理和安装要求，还要掌握泵站的设计和管理技术，如选泵、水泵布置、基础设计、吸压水管路设计、阀门及管配件安装等技术。

水泵站中的核心就是水泵，所以水泵的作用就是泵站的作用，即给水增加能量，达到输送水的目的。另外，为了保证水泵平稳工作，水泵站往往设有一定容积的蓄水池，所以泵站还有能调节水量的作用。

1.2.2.1 给水泵站

1. 给水泵站的组成

给水泵站主要由以下几部分组成。

（1）进水构筑物。进水构筑物包括前池和吸水井，其作用是为水泵或水泵吸水管道的吸

水喇叭口提供良好的进水条件。

(2) 泵房。泵房是安装水泵、电动机、管道及其辅助设施的构筑物。其主要作用是为主机组的安装、检修和运行管理提供良好的工作条件。

(3) 主机组。包括水泵和电动机，是泵站中的主要设备。

(4) 管道。是指水泵的吸水管道和压水管道，水泵的吸水管道从进水构筑物吸水，经水泵后通过压水管道和管网系统将水送至用户。

(5) 计量设备。包括流量计、真空表、压力表、温度计等。

(6) 充水设备。当水泵为吸入式工作时，启动前需用充水设备进行充水。充水设备主要包括真空泵、气水分离器、循环水箱。

(7) 排水设施。用以排除泵房内的积水，以保持泵房内环境整洁和运行安全。主要包括排水泵、集水坑、排水沟等。

(8) 起重设备。为水泵、电动机及其他设备的安装、检修而设置的起重设备。起重设备主要有三脚架装手动葫芦、单轨悬挂吊车、桥式起重机等。

(9) 通风采暖设备。指泵房的通风设备和采暖系统。

(10) 防水锤设备。指防治水锤的有关设备。

(11) 电气设备。指变电设备、高压配电设备、低压配电设备等。

(12) 其他设施。主要包括通信、安全、防火、照明等。

2. 给水泵站的分类

水泵、管道及电机3者构成了泵站中的主要工艺设施。为了掌握泵站设计与管理技术，对于泵站中的选泵依据、选泵要点、水泵机组布置、基础安装要求、吸压水管径确定、闸阀布置与管道安装要求以及电机电器设备的选用等方面的知识，是必须有深入的了解和掌握。此外，对于保证泵、管、机正常运行与维护所必需的辅助设施：计量、充水、起重、排水、通风、减噪、采光、交通以及水锤消除等方面的设备与措施的选用也必须有基本的了解与掌握。

(1) 按照水泵机组设置的位置与地面的相对标高关系可分为地面式泵站、地下式泵站与半地下式泵站。

(2) 按照操作条件及方式可分为人工手动控制、半自动化、全自动化和遥控泵站。

(3) 在给水工程中，按泵站在给水系统中的作用可分为取水泵站、送水泵站、加压泵站及循环泵站。

1) 取水泵站。取水泵站在水厂中也称一级泵站，在地面水水源中，取水泵站一般主要由吸水井、泵房及闸阀井等3部分组成，如图1.17所示。

2) 送水泵站。送水泵站在水厂中也称为二级泵站，通常是建在水厂内。由净化构筑物处理后的出厂水，由清水池流入吸水井，送水泵站中的水泵从吸水井中吸水，通过输水干管将水输往管网，如图1.18所示。一般为长方形，吸水井也为长方形，吸水水位变化范围小，

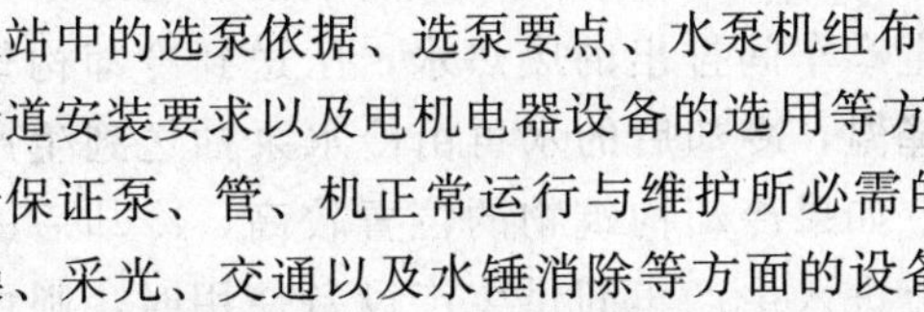

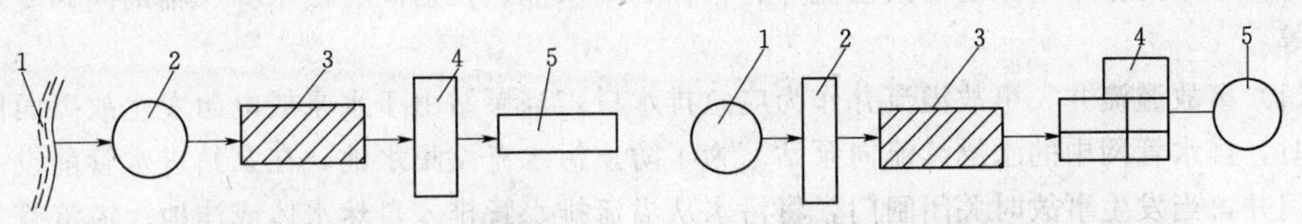

图1.17 地面水取水泵站工艺流程

1—水源；2—吸水井；3—取水泵房；4—闸阀井（即切换井）；5—净化厂

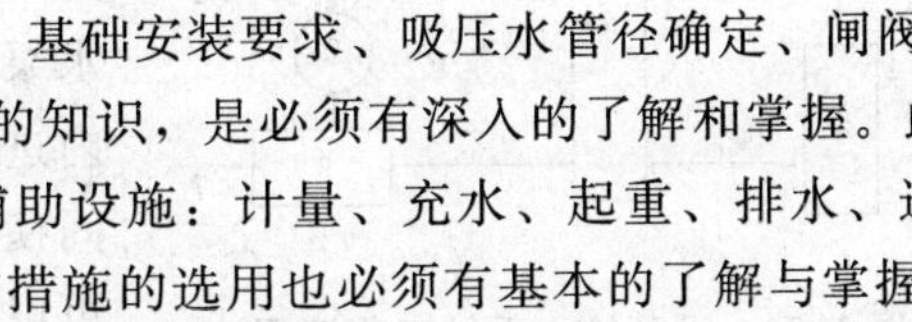

图1.18 送水泵站工艺流程

1—清水池；2—吸水井；3—送水泵站；4—管网；5—高地水池（水塔）

通常不超过3～4m，所以其埋深较浅，一般可建成地面式或半地下式。

3）加压泵站。城市给水管网面积大，输配水管线长，或给水对象所在地的地势很高，城市内地形起伏较大的情况下，通过技术经济比较，可以在城市管网中增设加压泵站。在近代大中城市给水系统中实行分区分压供水方式时，设置加压泵站已十分普遍。加压泵站的工况取决于加压所用的手段，一般有两种方式：采用在输水管线上直接串联加压，这种方式，水厂内送水泵站和加压泵站将同步工作；采用清水池及泵站加压供水方式（又称水库泵站加压供水方式），即水厂内送水泵站将水输入远离水厂、接近管网起端处的清水池内，由加压泵站将水输入管网，如图1.19所示。

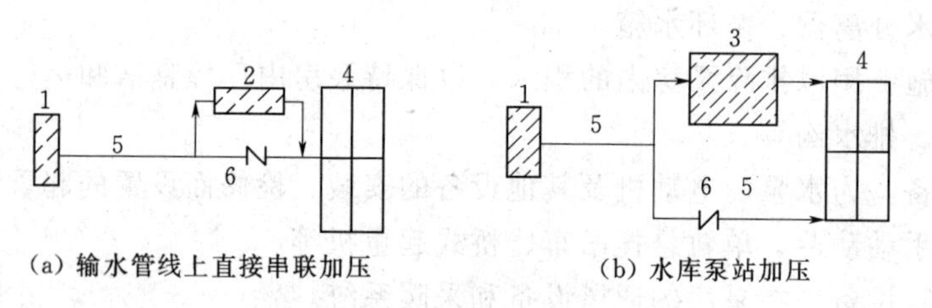

(a) 输水管线上直接串联加压　　(b) 水库泵站加压

图1.19　加压泵站供水方式

1—二级泵站；2—增压泵站；3—水库泵站；4—配水管网；5—输水管；6—逆止阀

4）循环水泵站。在某些工业企业中，生产用水可以循环使用或经过简单处理后回用。在循环系统的泵站中，一般设置输送冷、热水的两组水泵，热水泵将生产车间排出的废热水，压送到冷却构筑物内进行降温，冷却后的水再由冷水泵抽送到生产车间使用。如果冷却构筑物的位置较高，冷却后的水可以自流进入生产车间供生产设备使用时，则可免去一组冷水泵。有时生产车间排出的废水温度并不高，但含有一些机械杂质，需要把废水先送到净水构筑物进行处理。然后再用水泵送回车间使用，这种情况下就不设热水泵、有时生产车间排出的废水，既升高了温度又含有一定量的机械杂质，其处理工艺流程如图1.20所示。

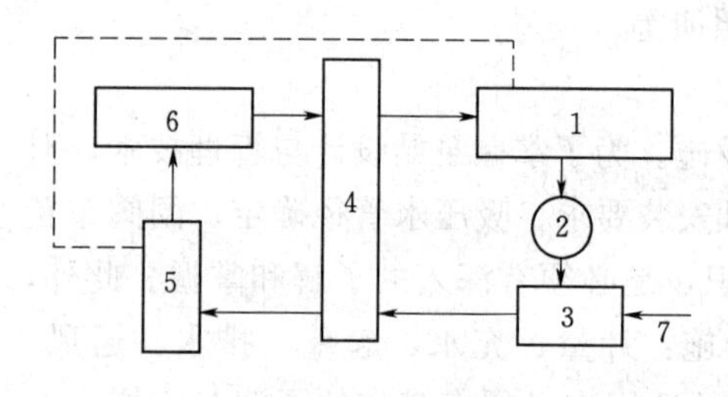

图1.20　循环给水系统工艺流程

1—生产车间；2—净水构筑物；3—热水井；4—循环泵站；5—冷却构筑物；6—集水池；7—补充新鲜水

1.2.2.2　排水泵站

排水泵站的工作特点是它所抽升的水是不干净的，一般含有大量的杂质，而且来水的流量逐日逐时都在变化。

1. 排水泵站的组成

排水泵站的基本组成有事故溢流井、格栅、集水池、机器间、出水井、辅助间和专用变电所等。

(1) 事故滥流井。事故溢流井作为应急排水口，当泵站由于水泵或电源发生故障面停止工作时，排水管网中的水继续流向泵站。为了防止污水淹没集水池，在泵站进水管前设一专用闸门井，当发生事故时关闭闸门，将污水从溢流排水管排入自然水体或洼地。溢流管上可据需要设置阀门，通常应关闭。事故排水应取得当地卫生监督部门同意。

(2) 格栅。格栅用来拦截雨水、生活污水和工业废水中大块的悬浮物或漂浮物，用以保

护水泵叶轮和管道配件，避免堵塞和磨损，保证水泵正常运行，如图1.21所示。

图1.21 格栅

格栅一般设在泵前的集水池内，安装在集水池前端。有条件时，宜单独设置格栅间，以利于管理和维修。小型格栅拦截的污物可采用人工清除，大型格栅采用机械消除。

（3）集水池。集水池的功能是在一定程度上调节来水量的不均匀，以保证水泵在较均匀的流量下高效率工作。集水池的尺寸应满足水泵吸水装置和格栅的安装要求。

（4）水泵间（机器间）。水泵间用来安装水泵机组和有关辅助设备。

（5）辅助间。为满足泵站运行和管理的需要，所设的一些辅助性用房称为辅助间。主要有修理间，储藏室、休息室、卫生间等。

（6）出水井。出水井是一座把水泵压水管和排水明渠相衔接的构筑物，主要起消能稳流的作用，同时还有防止停泵时水倒流至集水池中的作用。压水管路的出口设在出水井中，这样可以省去阀门，降低造价及运行管理费用。

（7）专用变电所。专用变电所的设置应根据泵站电源的具体情况确定。

2. 排水泵站的分类

排水泵站的类型取决于进水管渠的埋设深度、来水流量、泵机组的型号与台数、水文地质条件以及施工方法等因素。选择排水泵站的类型应从造价、布置、施工、运行条件等方面综合考虑。

（1）排水泵站按其排水的性质，一般分为污水（生活污水、生产污水）泵站、雨水泵站、合流泵站和污泥泵站。

（2）按其在排水系统中的作用，可分为中途泵站（或称为区域泵站）和终点泵站（又称为总泵站）。中途泵站通常是为了避免排水干管埋设太深而设置的。终点泵站就是将整个城镇的污水或工业企业的污水抽送到污水处理厂或将处理后的污水进行农田灌溉或直接排入水体。

（3）按泵启动前能否自流充水分为自灌式泵站和非自灌式泵站。

（4）按泵房的平面形状分为圆形泵站和矩形泵站。

（5）按泵的特殊性分为潜水泵站和螺旋泵站。

（6）按照控制方式分为人工控制、自动控制和遥控3类。

（7）按集水池与机器间的组合情况分为合建式泵站和分建式泵站。

图1.22为合建式圆形排水泵站，装设卧式泵，进行自灌式工作，适合于中、小型排水量，泵不超过4台。圆形结构的优点是：受力条件好，便于采用沉井法施工，可降低工程造价，泵启动方便，易于根据吸水井中水位实现自动操作；缺点是：机器内机组与附属设备布置较困难，当泵房很深时，工人上下不便，且电动机容易受潮。由于电动机深入地下，需考虑通风设施，以降低机器间的温度。若将此种类型泵站中的卧式泵改为立式离心泵（也可用轴流泵），就可避免上述缺点。但是，立式离心泵安装技术要求较高，特别是泵房较深，传

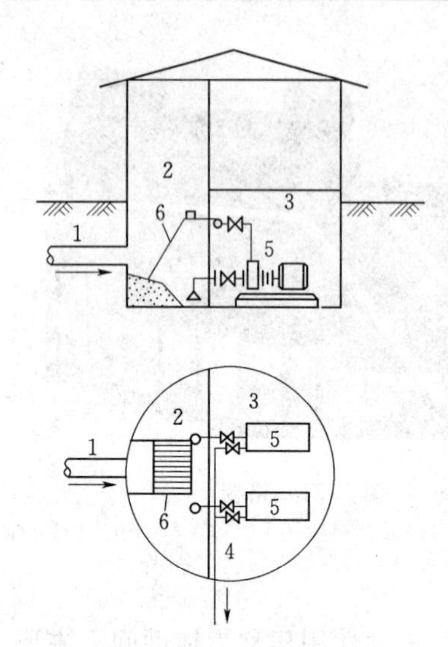

图 1.22 合建式圆形排水泵站

1—排水管渠；2—集水池；3—机器间；4—压水管；5—卧式污水泵；6—格栅

动轴甚长时，须设中间轴承及固定支架，以免泵运行时传动轴发生振荡。由于这种类型能减少泵房面积，降低工程造价，并使电气设备运行条件和工人操作条件得到改善，故在我国仍广泛采用。

图 1.23 为合建式矩形排水泵站，装设立式泵，进行自灌式工作。大型泵站用此种类型较合适。泵台数为 4 台或更多时，采用矩形机器间，在机组、管道和附属设备的布置方面较为方便，启动操作简单，易于实现自动化。电气设备置于上层，不易受潮，工人操作管理条件良好。缺点是建造费用高。当土质差、地下水位高时，因不利施工而不宜采用。

图 1.24 为分建式排水泵站。当土质差、地下水位高时，为了减少施工困难和降低工程造价，将集水池与机器间分开修建是合理的。将一定深度的集水池单独修建，施工上相对容易些。为了减小机器间的地下部分深度，应尽量利用泵的吸水能力，以提高机器间标高。但是，应注意泵的允许吸上真空高度不要利用到极限，以免泵站投入运行后吸水发生困难。因为在设计当中对施工时可能发生的种种与设计不符情况和运动后管道积垢、泵磨损、电源频率降低等情况都无法事先准确估计，所以适当留有余地是必要的。

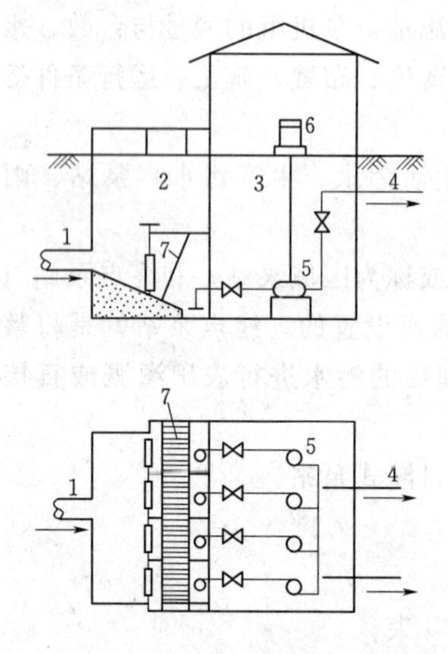

图 1.23 合建式矩形排水泵站

1—排水管渠；2—集水池；3—机器间；4—压水管；5—立式污水泵；6—立式电动机；7—格栅

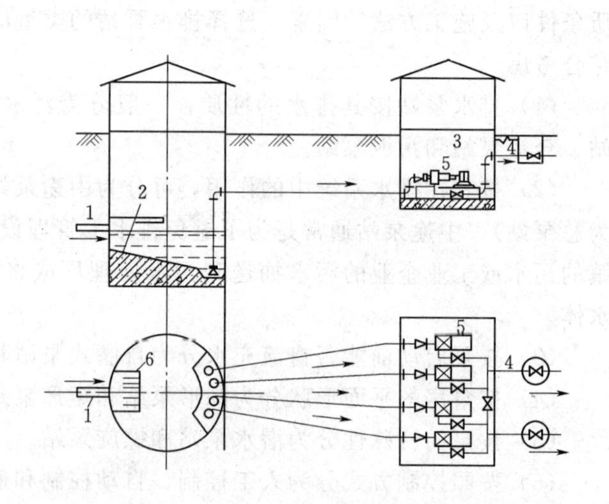

图 1.24 分建式圆形排水泵站

1—排水管渠；2—集水池；3—机器间；4—压水管；5—水泵机组；6—格栅

分建式泵站的主要优点是结构上处理比合建式简单，施工较方便，机器间没有污水渗透和被污水淹没的危险。它的最大缺点是启动泵较频繁，给运行操作带来困难。

3. 排水泵站的一般规定

(1) 排水泵站的规模应按排水工程总体规划所划分的远近期规模设计，应满足流量发展

的需要。排水泵站的建筑物宜按远期规模设计，水泵机组可按近期水量配置，根据当地的发展，随时增装水泵机组。

(2) 泵站的占地面积与泵站性质、规模以及所处的位置有关。

(3) 城市排水泵站一般规模较大。对周围环境影响较大，因此宜采用单独的建筑物。工业企业及居住小区的排水泵站是否与其他建筑物合建，可视污水性质及泵站规模等因素确定，例如抽送会产生易燃易爆和有毒气体的污水泵站，必须设计为单独的建筑物，并应采取相应的防护措施。

(4) 排水泵站的位置应视排水系统上的需要而定，通常建在需要提升的管（渠）段，并设在距排放水体较近的地方。并应尽量避免拆迁，少占耕地。由于排水泵站一般埋深较大。且多建在低洼处，因此，泵站位置要考虑地址条件和水文地址条件，要保证不被洪水淹没，要便于设置事故排放口和减少对周围环境的影响，同时，也要考虑交通，通信、电源等条件。单独设立的泵站，根据废水对大气的污染程度，机组噪声等情况，结合当地环境条件，应与居住房屋和公共建筑保持必要距离，四周应设置围墙，并应绿化。

(5) 水泵台数不多于4台的污水泵站和3台或以下的雨水泵站，其地下部分结构采用圆形最为经济，其地面以上构筑物的型式，必须与周围建筑物相适应。当水泵台数超过4台时，地下及地上部分都可以采用矩形或由矩形组合成的多边形；地下部分有时为了发挥圆形结构比较经济和便于沉井施工的优点，也可以采取将集水池和机器间分开为两个构筑物的布置方式，或者将水泵分设在两个地下的圆形构筑物内，地上部分可以处理为矩形或腰圆形。这种布置适用于流量较大的雨水泵站或合流泵站。

1.2.2.3 泵站水锤及其防护

1. 停泵水锤

在压力管道中，由于流速的剧烈变化而引起一系列急剧的压力交替升降的水力冲击现象，称为水锤。所谓停泵水锤是指水泵机组因突然失电或其他原因，造成开阀停车时，在水泵及管路中水流速度发生递变而引起压力递变现象。

停泵水锤的特点是：突然停电（泵）后，水泵工作特性开始进入水力暂态过程。在此阶段中，由于停电主驱动力矩消失，机组失去正常运行时的力矩平衡状态，由于惯性作用仍继续正转，但转速降低。机组转速的突然降低导致流量减少和压力降低，所以先在泵站处产生压力降低。这点和水力学叙述的关阀水锤显然不同。此压力降以波的方式由泵站及管路首端向末端的高位水池传播，并在高位水池处引起升压波（反射波），此反射波由水池向管路首端及泵站传播。由此可见，停泵水锤和关阀水锤的技术（边界）条件不同，而水锤在管路中的传播、反射与相互作用等，则和关阀水锤中的情况完全相同。

2. 停泵水锤的防护措施

(1) 防止水柱分离。减小管道的铺设坡度；增加翻越点以下管线长度；减小管径、增加管壁厚度；在管线上增加孔板消能装置。

(2) 防止升压过高。

1) 设置水锤消除器，如图1.25所示。

2) 设空气缸，如图1.26所示。

3) 采用缓闭阀。通过缓闭，减少管路系统中水的倒流和消除水锤压力波动。

4) 取消止回阀。需进行停泵水锤计算；采取相应措施。

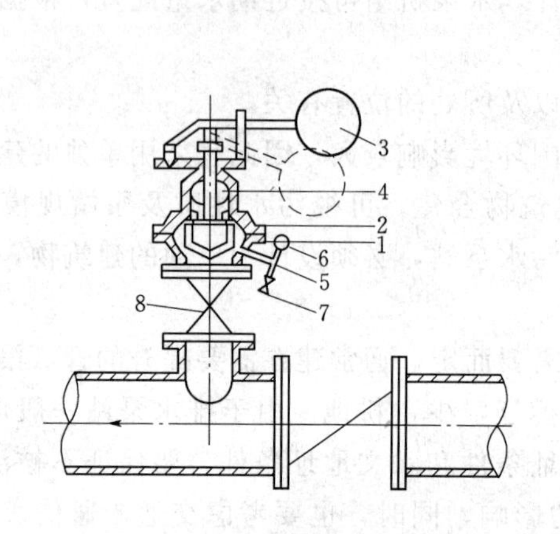

图 1.25　下开式水锤消除器

1—阀板；2—分水锥；3—重锤；4—排水口；5—三通管；6—压力表；7—放气门；8—闸阀

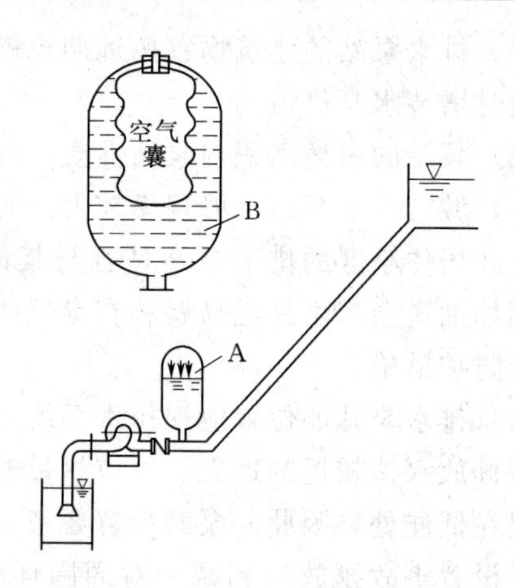

图 1.26　空气缸

A—没有气囊；B—有气囊

1.2.2.4　泵站噪声及其消除

1. 泵站中噪声源

泵站中噪声源有电机噪声、泵和液力噪声、风机噪声、阀门噪声和变压器噪声等。其中以电机转子高速转动时，引起与定子间的空气振动而发出的高频声响为最大。

2. 泵站内的噪声防治

泵站内的噪声防治一般采用吸音、消音、隔音、隔振等噪声控制技术。吸音是用吸音材料装饰在水泵房的内表面，将室内的声音吸掉一部分，以降低噪声。消音可采用消声器，它是消除空气动力性噪声的重要技术措施，把消声器安装在气体通道上，噪声被降低，而气体可以通过。隔音是把发音的物体或者需要安静的场所封闭在一定的空间内，使其与周围环境隔绝，如做成隔音罩或隔音间。隔振是在机组下装置隔振器，使振动不至传递到其他结构体而产生辐射噪声。

1.2.2.5　泵站中的辅助设施

1. 计量

为了有效地调度泵站的工作，并进行经济核算，泵站内必须设置计量设施。目前，泵站中常用的计量设施有电磁流量计、超声波流量计、涡轮流量计（图 1.27）以及均速流量计

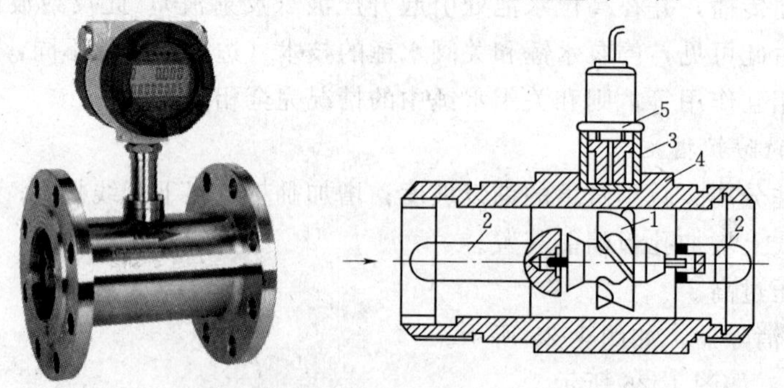

图 1.27　涡轮流量计

1—涡轮；2—导流器；3—磁电感应转换器；4—外壳；5—前置放大器

等。这些流量计的工作原理虽然各不相同，但它们基本上都是由变送器（传感元件）和转换器（放大器）两部分组成。传感元件在管流中所产生的微电信号或非电信号，通过变送、转换放大为电信号在液晶显示仪上显示或记录。

2. 引水

水泵的工作有自灌式和吸入式两种方式。装有大型水泵，自动化程度高、供水安全要求高的泵站，宜采用自灌式工作。自灌式工作的水泵外壳顶点应低于吸水池内的最低水位。当水泵在吸入式工作时，在启动前必须引水。引水方法可分为两类：①吸水管带有底阀；②吸水管不带底阀。

3. 起重

泵房中必须设置起重设备以满足安装与维修需要。它的服务对象主要为水泵、电机、阀门及管道。常用的起重设备有移动吊架、单轨吊车梁和桥式行车（包括悬挂起重机）3种，除吊架为手动外，其余两种既可手动，也可电动，如图1.28和图1.29所示。

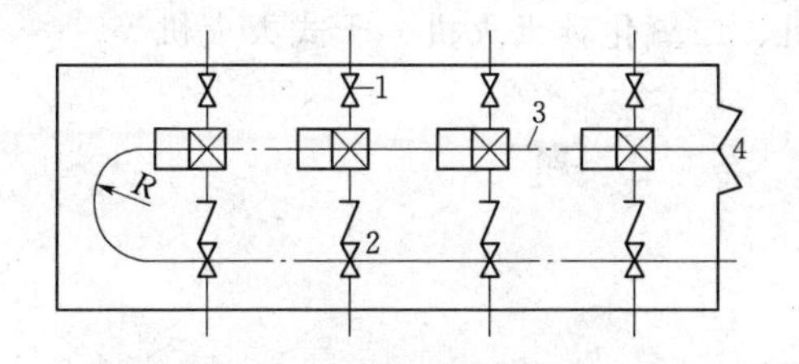

图1.28 U形单轨吊车梁布置图
1—进水阀门；2—出水阀门；
3—单轨吊车梁；4—大门

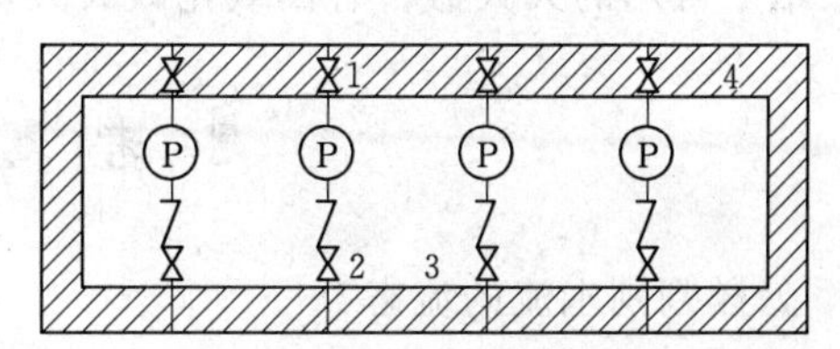

图1.29 桥式行车工作范围图
1—进水阀门；2—出水阀门；3—吊车边缘工作点轨迹；4—死角区

起重设备的布置主要是根据起重机的设置高度和作业面来进行。

4. 通风与采暖

泵房内一般采用自然通风。当泵房为地下式或电动机功率较大，自然通风不够时，宜采用机械通风。机械通风分抽风式与排风式。泵房通风设计主要是布置风道系统与选择风机。选择风机的依据是风量和风压。

在寒冷地区，泵房应考虑采暖设备。泵房采暖温度：对于自动化泵站，机器间为5℃，非自动化泵站，机器间为16℃。在计算大型泵房采暖时，应考虑电动机所散发的热量；但也应考虑冬季天冷停机时可能出现的低温。辅助房间室内温度在18℃以上。对于小型泵站可用火炉取暖，我国南方地区多用此法。大中型泵站中亦可考虑采取集中采暖的方法。

5. 其他设施

泵站的其他设施包括排水、通信、安全与防火设施。

(1) 排水。泵房内由于水泵填料盒滴水、闸阀和管道接口的漏水、拆修设备时泄放的存水以及地沟渗水等，常须设置排水设备，以保持泵房环境整洁和安全运行（尤其是电缆沟不允许积水)。地下式或半地下式泵房，一般设置手摇泵、电动排水泵或水射器等排除积水。地面式泵房，积水就可以自流入室外下水道。另外，无论是自流或提升排水，在泵房内地面上均需设置地沟集水；排水泵也可采用液位控制自动启闭。

(2) 通信。泵站内通信十分重要，一般是在值班室内安装电话机，供生产调度和通信之用。电话间应具有隔音效果，以免噪声干扰。

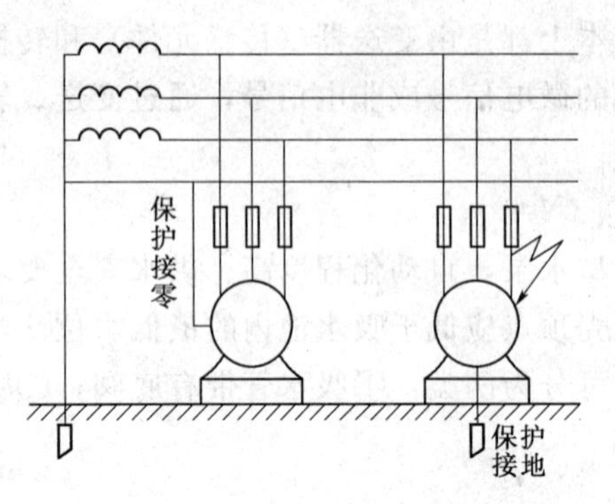

图 1.30　保护接零和保护接地

（3）防雷。泵房中防火主要是防止用电起火以及雷击起火。起火的原因可能是用电设备过负荷超载运行、导线接头接触不良，电阻发热使导线的绝缘物或沉积在电气设备上的粉尘自燃。短路的电弧能使充油设备爆炸等。设在江河边的取水泵房，可能是雷击较多的地区，泵房上如果没有可靠的防雷保护措施，便有可能发生雷击起火。泵站中防雷保护设施常用的是避雷针、避雷线和避雷器 3 种。

（4）安全与防火。泵站安全设施中除了防雷保护外，还有接地保护和灭火器材的使用。接地保护是接地线和接地体的总称，当电线设备绝缘破损，外壳接触漏了电，接地线便把电流导入大地，从而消除危险，保证安全，如图 1.30 所示。

泵站中常用的灭火器材有四氧化碳灭火机、二氧化碳灭火机、干式灭火机等。

思考题与习题

1. 怎样判别水流的流态？
2. 什么是恒定流与非恒定流？
3. 谢才公式是什么？各个符号代表的含义是什么？
4. 排水管道水力计算图表是根据哪些公式制成的？
5. 水泵按照叶轮出水的水流方向分为哪几种类型？
6. 离心式水泵的构造有哪些？简要叙述之。
7. 在给水工程中，按泵站在给水系统中的作用可分为哪些种类？
8. 什么叫停泵水锤？其防护措施有哪些？

学习项目2　城镇给水管网系统

【学习目标】 学生通过本学习项目的学习，能够掌握城镇给水管网的分类与组成；用水定额、设计用水量的组成和计算方法；城镇给水管网设计方法思路；城镇给水管网的计算；城镇给水管道所常用的管材、附件及管网的附属构筑物。

城镇给水管网系统为居民和厂、矿等企业供应生活、生产用水的工程以及消防用水、道路绿化用水，由水源、取水构筑物、给水处理厂和给水管网组成。城镇给水管网系统是供应城镇生活用水，生产用水及消防用水各项构筑物和输配水管网组成的系统。要做好这项工作，必须根据城镇规划、水源情况、当地的地形、用户对水量、水质和水压的要求等因素综合考虑。给水的型式有多种多样，既要满足近期城市建设需要，也要考虑今后的发展，做到全面规划，分期施工，安全可靠，经济合理。

学习情境2.1　城镇给水管网系统概论

2.1.1　城镇给水管网的分类和组成

2.1.1.1　城镇给水管网的分类

给水系统是保证城市、工矿企业等用水的各项构筑物和输配水管网的组成系统。根据系统的性质，可分类如下。

1. 按水源种类

分为地表水（江河、湖泊、蓄水库、海洋等）和地下水给水系统（浅层地下水、深层地下水、泉水等）。

2. 按供水方式

分为自流供水系统（重力供水）、水泵供水系统（压力供水）和混合供水系统。

3. 按使用目的

分为生活给水系统、生产给水系统、消防给水系统和其他用水。

4. 按综合条件

根据区域、地形条件、水质、水压要求及系统归属的不同，给水系统可分为统一给水管网系统、分系统给水管网系统（分质给水系统、分压给水系统）、区域给水管网系统。

（1）统一给水管网系统。根据向管网供水的水源数目，统一给水管网系统可分为单水源给水管网系统和多水源给水管网系统两种型式。

1）单水源给水管网系统。即只有一个水源地，处理过的清水经过泵站加压后进入输水管和管网，所有用户的用水来源于一个水厂清水池（清水库），较小的给水管网系统，如企事业单位或小城镇给水管网系统，多为单水源给水管网系统，系统简单，管理方便。如图2.1（a）所示。

2）多水源给水管网系统。有多个水厂的清水池（清水库）作为水源的给水管网系统，清水从不同的地点经输水管进入管网，用户的用水可以来源于不同的水厂。较大的给水管网系统，如中大城市甚至跨城镇的给水管网系统，一般是多水源给水管网系统，如图2.1（b）所示。多水源给水管网系统的特点是，调度灵活、供水安全可靠（水源之间可以互补），就近给水，动力消耗较小；管网内水压较均匀，便于分期发展，但随着水源的增多，管理的复杂程度也相应提高。

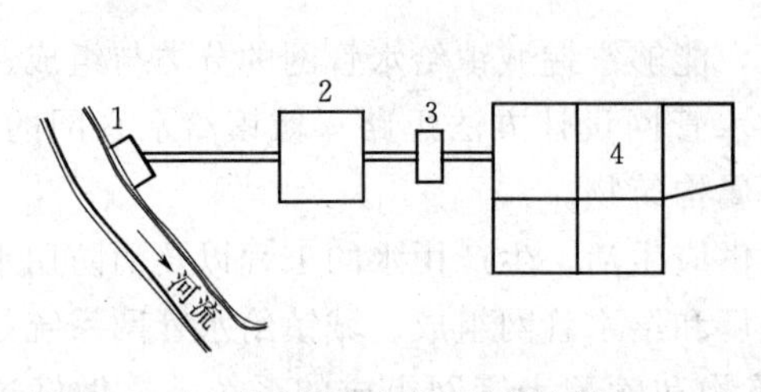

(a) 单水源给水管网系统示意图

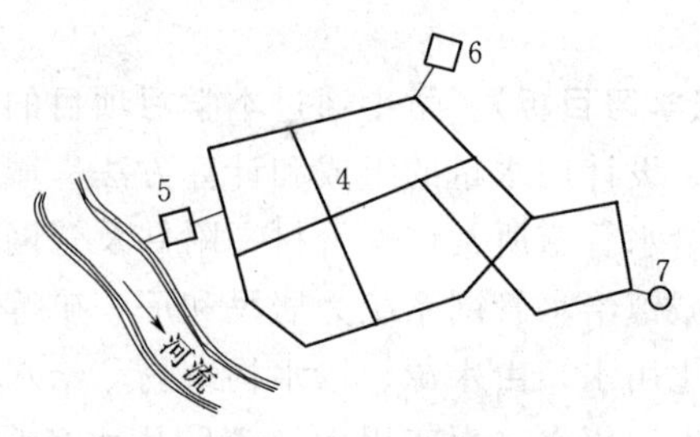

(b) 多水源给水管网系统示意图

图2.1 给水管网系统示意图

1—取水设施；2—给水处理厂；3—加压泵站；4—给水管网；
5—地表水水源；6—地下水水源；7—水塔

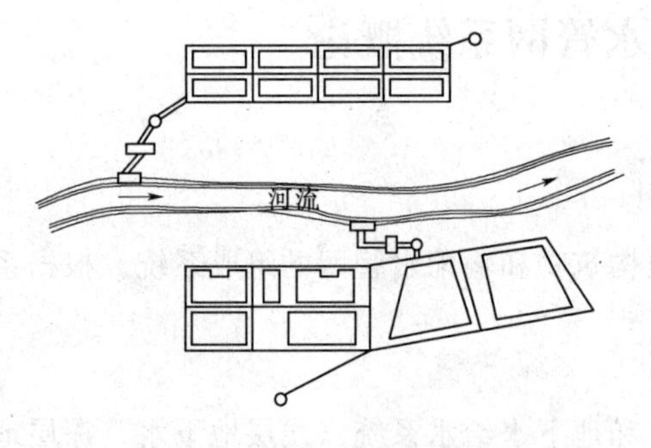

图2.2 分区给水管网系统图

（2）分系统给水管网系统。分系统给水管网系统和统一给水管网系统一样，也可采用单水源或多水源供水。根据具体情况，分系统给水管网系统又可分为分区给水管网系统、分压给水管网系统和分质给水管网系统。

1）分区给水管网系统。管网分区的方法有两种：一种是城镇地形较平坦，功能分区较明显或自然分隔而分区，如图2.2所示，城镇被河流分隔，两岸工业和居民用水分别供给，自成给水系统，随着城镇发展，再考虑将管网相互沟通，成为多水源给水系统。另一种是因地形高差较大或输水距离较长而分区，又有串联分区和并联分区两类：采用串联分区，设泵站加压（或减压措施）从某一区取水，向另一区供水，如图2.3（a）所示；采用并联分区，不同压力

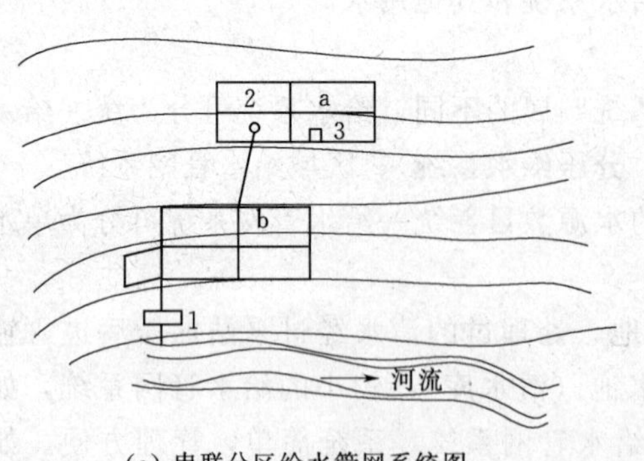

(a) 串联分区给水管网系统图

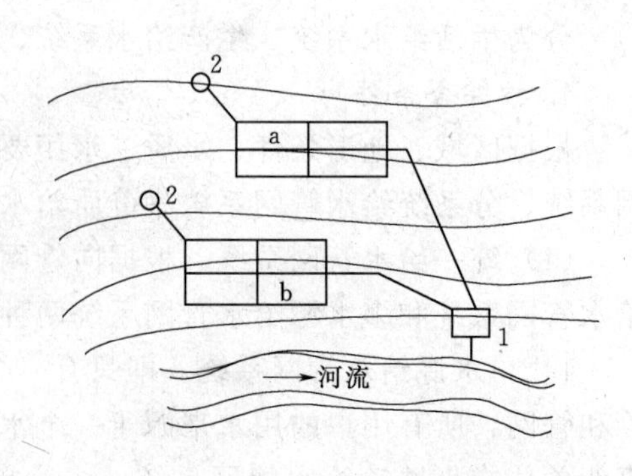

(b) 并联分区给水管网系统图

图2.3 分区给水管网系统图

a—高区；b—低区；1—净水厂；2—水塔；3—加压泵站

要求的区域有不同泵站（或泵站中不同水泵）供水，如图 2.3（b）所示。大型管网系统可能既有串联分区又有并联分区，以便更加节约能量。

2）分压给水管网系统。由于用户对水压的要求不同而分成两个或两个以上的系统给水，如图 2.4 所示。符合用户水质要求的水，由同一泵站内的不同扬程的水泵分别通过高压、低压输水管网送往不同用户。

3）分质给水管网系统。因用户对水质的要求不同而分成两个或两个以上系统，分别供给各类用户，称为分质给水管网系统，如图 2.5 所示。

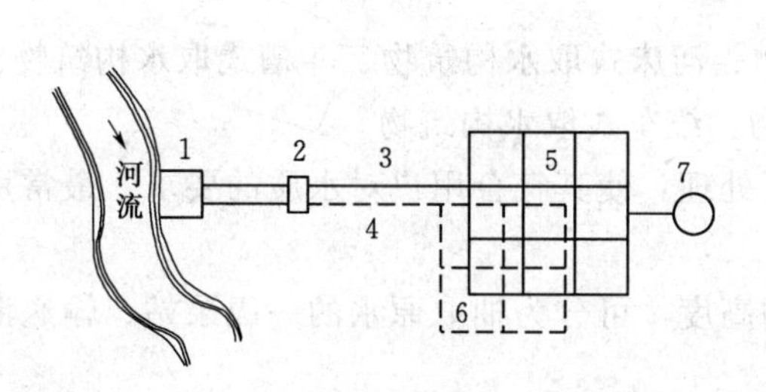

图 2.4　分压给水管网系统图

1—净水厂；2—二级泵站；3—低压输水管；4—高压输水管；5—低压管网；6—高压管网；7—水塔

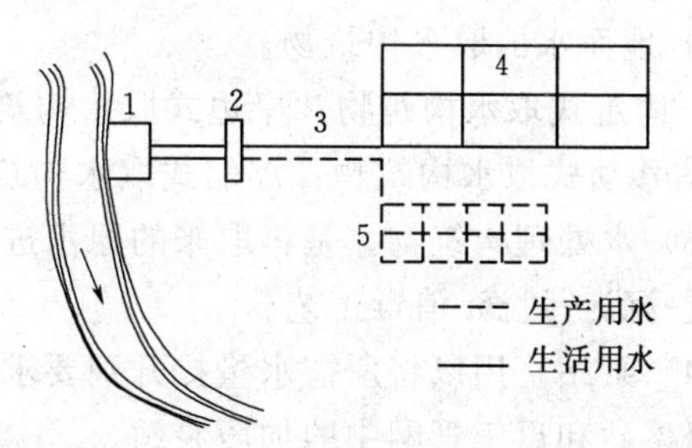

图 2.5　分质给水管网系统图

1—分质净水厂；2—二级泵站；3—输水管；4—居住区；5—工厂区

(3) 区域给水管网系统。由于水源等因素，需同时考虑向几个城镇或工业区供水的大范围的给水系统，称为区域给水系统。对于水源缺乏地区，尤其是城市化密集地区较为适用，可以发挥系统规模效应，降低供水成本。

2.1.1.2　城镇给水管网系统的组成

给水系统通常由水源、取水构筑物、水处理构筑物、泵站、输水管渠和管网、调节构筑物等组成，如图 2.6 所示。

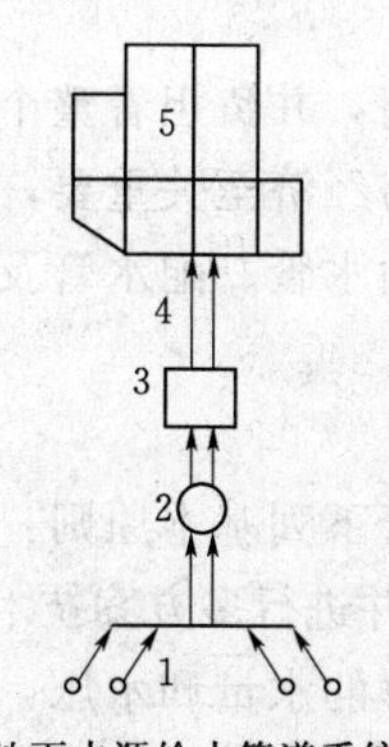

(a) 地下水源给水管道系统示意图

1—地下水取水构筑物；2—集水池；3—泵站；4—输水管；5—管网

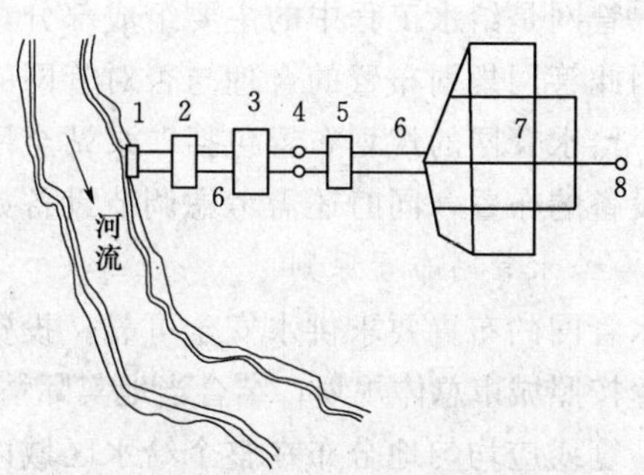

(b) 地表水源给水管道系统示意图

1—取水构筑物；2—一级泵站；3—水处理构筑物；4—清水池；5—二级泵站；6—输水管；7—管网；8—水塔

图 2.6　给水管道系统示意图

(1) 水源。水源的选用应通过技术经济比较后综合考虑确定，并应具有水量充沛可靠；原水水质符合要求；取水、输水、净化设施安全经济和维护方便等特点。

1）地面水，如江、河、湖、泊、水库及海洋等。特点：易受污染，水量较大；但一般水质较差，不能直接使用，必须进行适当净化来改善水质。

2）地下水，如井、泉等。特点：地下水埋藏于地下，流动于地层之中，水质较地面水为佳，有时不经净化或经简单净化即可供使用，因此具有经济安全的特点；但一般水量较小。

（2）取水构筑物。用以从选定的水源（包括地下水源和地表水源）取水，取水构筑物是给水工程的起端，它关系到整个给水工程的成败，必须安全可靠、经济合理。

1）地下水取水构筑物，如管井、大口井、渗渠、辐射井、复合井等。

2）地面水的取水构筑物。

a. 固定式取水构筑物：岸边式取水构筑物、河床式取水构筑物、斗槽式取水构筑物。

b. 移动式取水构筑物：浮船式取水构筑物、缆车式取水构筑物。

（3）水处理构筑物。是将取来的原水进行处理，使其符合用户对水质的要求。最常用的是混凝-沉淀-过滤-消毒工艺。

（4）泵站。用以将所需水量提升到要求的高度，可分为抽取原水的一级泵站、输送清水的二级泵站和设于管网中的加压泵站。

（5）输水管渠和管网。输水管是将原水输送到水厂的管渠，当输水距离 10km 以上时为长距离输送管道；配水管网则是将处理后的水配送到各个给水区的用户。

（6）调节构筑物。它包括高地水池、水塔、清水池等。用以储存和调节水量。

建于高地的水池其作用和水塔相同，既能调节流量，又可保证管网所需的水压。当城市或工业区靠山或有高地时，可根据地形建造高地水池。如城市附近缺乏高地，或因高地离给水区太远，以致建造高地水池不经济时，可建造水塔。中小城镇和工矿企业等常用建造水塔以保证水压。

清水池，为储存水厂中净化后的清水，以调节水厂制水量与供水量之间产差额，并为满足加氯接触时间而设置的水池。为了使清水池内空气流通，保证水质新鲜，在清水池顶部设通气孔。

2.1.2 城镇给水管网系统规划布置

给水管网是给水工程中的主要组成部分，按投资比例为最高，并负担着整个区域的供水任务。因此管网规划布置的合理与否对管网的运行安全、适用与经济至关重要，必须做好这项工作，给水管网的规划布置包括二泵站至用水点之间的所有输水管、配水管及闸门消火栓等附属设备的布置，同时还需考虑调节设备如水塔或水池等。

2.1.2.1 给水管网布置原则

给水管网的布置要求供水安全可靠，投资节约，一般应符合下列基本原则：

（1）按照城市总体规划，结合当地实际情况布置给水管网，并进行多方案技术经济比较。

（2）管线应均匀地分布在整个给水区域内，保证用户有足够的水量和水压，并保持输送的水质不受污染。

（3）力求以最短距离敷设管线，并尽量减少穿越障碍物等。

（4）必须保证供水安全可靠。

（5）尽量减少拆迁，少占农田或不占农田。

（6）管渠的施工、运行和维护方便。

（7）规划布置时应远近期相结合，考虑分期建设的可能性，并留有充分的发展余地。

2.1.2.2　给水管网布置的基本型式

1. 树状管网

管网的干管和配水管的布置形似树枝［图 2.7（a）］，干线向供水区延伸，管径随用水量的减少而逐渐缩小，这种管网的管线长度最短，供水直接，投资最省；但供水可靠性较差，树枝管线末端水流停滞，可能影响水质。

2. 环状管网

管线间连接成环网，每条管线均可由两个方向来水，如果一个方向发生故障，还可由另一方向供水，因此供水较为安全可靠。一般在较大城市或供水要求较高不能断水的地区，均应采用环状管网［图 2.7（b）］。环状管网还有降低水头损失，节省能量、缩小管径以及减小水锤威胁等优点；但环式管网的管线长，初期建设投资和后续保养维护造价较高。一般在小城市中供水要求又不太严格时，可以采用树枝式管网，或者在建设初期，可先用树枝管网型式，以后再按发展规划逐步形成环状网。

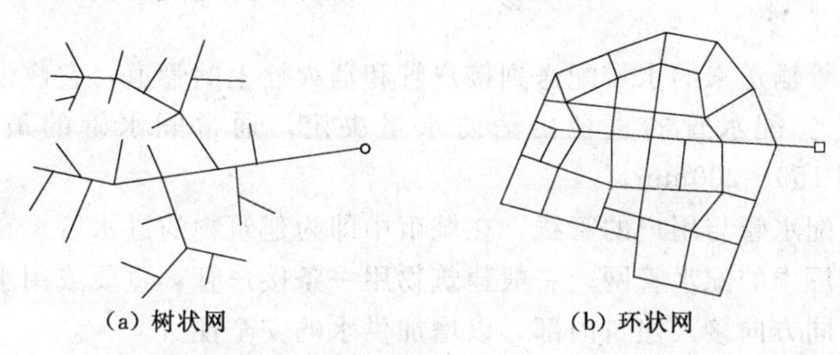

（a）树状网　　（b）环状网

图 2.7　给水管网布置的基本型式

2.1.2.3　给水管网的定线

给水管网是各种大小不同的管段所组成，包括输水管、干管、配水管、接户管等。

1. 输水管

输水管是指水源到水厂或由水厂至供水区间的输送水流的干管，它不中途配水。水源到水厂的输水管可以用重力输水也可以用压力输水。输水管定线原则如下：

（1）线路简短，可保证供水安全，减小工程量，有利施工并节省投资。管线尽可能沿公路敷设，便于施工和维护工作。

（2）输水管线应尽量避免穿越铁路、公路、河流、沼泽、山谷、滑坡、洪水淹没区、侵蚀性土区及地质不良地段等。如遇上述困难情况，应权衡轻重可以考虑绕行，如必须穿越时，需要采取有效措施，保证安全供水。

（3）输水管线的走向、平面和高程布置应符合城市或工业企业对管线的规划要求，有条件时最好沿现有道路或规划道路敷设。

（4）根据发生事故时，是否允许减少水量及减少的程度，有无调节设备，管线的长短等因素。输水管可以敷设为单线或双线。为了供水可靠，还可在双线输水管间装设连通管（联络管），把管线分成几个环网，并装设闸门，控制事故断水。

（5）输水管应有坡度，坡度小于 1%时，应每隔 1000m 左右，在高处管顶装设排气阀，在低处装设排水阀，以利输水通畅和方便检修。在严寒地区需要注意防止管子冻坏。

2. 干管

城市给水干管的主要任务，是沿各用水区输水供应给各配水管，它是敷设在各供水区主要管线。管网的定线和计算，一般限于干管。干管的定线应考虑以下的问题：

(1) 干管应按供水的主要流向延伸，而供水流向取决于最大用水户或水塔等调节构筑物的位置。在供水区范围内可以布置几条并行的干管，干管间的距离视供水区域的大小和供水情况而不同。

(2) 干管应尽可能布置在较高位置，这样可以保证用户附近配水管中有足够的压力，以增加管道的供水安全性。

(3) 干管的布置必须根据地区规划，沿规划道路布置，尽量避免在重要道路或高级路面下敷设。管线在路下的平面和剖面位置应符合该地区地下建筑规划的规定，这样对施工和管网的运行管理都有利。

(4) 干管应隔一定距离设有连接管，以保证在干管发生故障时，关闭部分管段，仍能供应大部分地区用水。

(5) 干管的布置还要考虑将来发展和分期建设，要留有余地。

3. 配水管和接户管

配水管是把干管输送来的水量配送到接户管和消火栓上的管道，它敷设在每一条街道或工厂车间的路边上。配水管的直径由消防水量决定，通常配水管的最小管径为 100～150mm，大城市用 150～200mm。

接户管是连接配水管与用户的管线，在城市中即为建筑物的进水管。在较大工厂中接户管进入工厂后还有厂中的配水管网。一般建筑物用一条接户管，重要或用水量较大的建筑物可用两条，并由不同方向接入建筑内部，以增加供水的安全性。

学习情境 2.2 城镇给水管网系统设计

给水工程总投资中，管道工程的建设投资占整个给水系统总投资的 60%～80%，输配水所需的动力费用占给水系统运行总费用的 40%～70%，因此必须进行多种方案的比较，以得到经济合理地满足近期和远期用水的最佳方案。

2.2.1 设计用水量

城市用水量计算是给水系统规划和设计的主要内容之一。设计用水量的大小决定着整个给水系统中取水、净水、调节构筑物的大小、加压设备的规模以及管网系统的规格。设计用水量偏大，工程规模过大，工程投产后在较长时间内不能发挥作用，造成资金浪费；设计用水量偏小，不能满足生活和生产的用水要求，出现年年需要扩建的被动局面。

设计用水量通常由下列各项组成：

(1) 综合生活用水，包括居民生活用水和公共建筑及设施用水。

(2) 工业企业生产用水和职工生活用水。

(3) 消防用水。

(4) 浇洒道路和绿地用水等市政用水。

(5) 管网漏失水量及未预计水量。

在确定设计用水量时，应根据各种供水对象的使用要求及发展规划和现行用水定额，计算出相应的用水量，最后加以综合作为设计的依据。

1. 用水量定额

用水量定额是确定设计用水量的主要依据，它影响给水系统相应设施的规模、工程投

资、工程扩建的期限、今后水量的保证等方面，所以必须结合规划区的现状、发展、布局、类似城市调查等，确定用水量定额。

用水量定额是指设计年限内达到的用水水平，因此须从城市规划、工业企业生产情况、居民生活条件和气象条件等方面，结合现状用水调查资料分析，进行远近期水量预测。城市生活用水和工业用水的增长速度，在一定程度上是有规律的，但如对生活用水采取节约用水措施，对工业用水采取计划用水，提高工业用水重复利用率等措施，可以影响用水量的增长速度，在确定用水量定额时应考虑这种变化。

(1) 生活用水定额。

1) 居民生活用水定额和综合生活用水定额。居民生活用水定额包括城市中居民的饮用、烹调、洗涤、冲厕等日常生活用水，但是不包括居民在城市的公共建筑及公共设施中的用水(指各种娱乐场所、病馆、浴室、商场和机关办公楼等)。

综合生活用水定额包括了城市居民的日常生活用水和公共建筑及设施用水两部分的总水量，但不包括城市浇洒道路、绿地和市政等方面的用水。

设计时应根据当地国民经济、城市发展规划和水资源充沛程度，在现有用水定额基础上，结合给水专业规划和给水工程发展条件综合分析确定。如缺乏实际用水资料，则居民生活用水定额和综合生活用水定额可参照现行《室外给水设计规范》(GB 50013—2006) 的规定，见附录2.1和附录2.2。

2) 公共建筑用水定额。可参照现行《建筑给水排水设计规范》(GB 50015—2010) 的规定，见附录2.3。

3) 职工生活用水定额。工业企业职工生活及淋浴用水定额是指工业企业职工在从事生产活动时所消费的生活及淋浴用水量，以L/(cap·班) 计，设计时可按《工业企业设计卫生标准》(GBZ 1—2010) 的规定，见附录2.4。

(2) 工业企业生产用水定额。工业生产用水一般是指工业企业在生产过程中的用水，包括直接冷却水、工艺用水（产品用水、洗涤用水、直接冷却水、锅炉用水)、空调用水等方面。在城市给水中，工业用水占很大比例。生产用水中，特别是火力发电、冶金和化工等工业，冷却用水量是大量的；空调用水则以纺织、电子仪表和精密机床生产等工业用得较多。

工业企业生产用水定额通常采用以下3种表示方法：

1) 以万元产值用水量表示，不同类型的工业，万元产值用水量不同。

2) 按单位产品用水量表示，如每生产1t钢要多少水。

3) 按每台设备每天用水量表示，可参照有关工业用水量定额。

生产用水量通常由企业的工艺部门提供。在缺乏资料时，可参考同类型企业用水指标。在估计工业企业生产用水量时，可以根据工业用水的以往资料，按历年工业用水增长率以推算未来的水量，或根据单位工业产值的用水量、工业用水量增长率与工业产值的关系，或单位产值用水量与用水重复利用率的关系加以预测。

(3) 消防用水定额。消防用水是指在发生火灾的情况下用于灭火所需的水量。消防用水量、水压和火灾延续时间等，应按照《建筑设计防火规范》(GB 50016—2014) 执行。

城镇、居住区、工厂、仓库和民用建筑的室外消防用水量按同一时间内的火灾次数和一次灭火用水量确定，见附录2.5和附录2.6。城镇室外消防用水量包括工厂、仓库和民用建筑的室外消火栓用水量，见附录2.7。

(4) 其他用水。浇洒道路和绿化用水量应根据路面种类、绿化面积、气候和土壤等条件确定。浇洒道路用水量一般为每平方米路面每次 1.0～2.0L，每日 2～3 次。大面积绿化用水量可采用 1.5～4.0L/(m²·d)。

城市的未预见水量和管网漏失水量可按最高日用水量的15%～25%合并计算，工业企业自备水厂的上述水量可根据工艺和设备情况确定。

2. 用水量变化

无论是生活或生产用水，用水量经常在变化，生活用水量随着生活习惯和气候而变化，如假期比平日高，夏季比冬季用水量多。从我国大中城市的用水情况可以看出：在一天内又以早晨起床后和晚饭前后用水量最多。工业企业生产用水量的变化取决于工艺、设备能力、产品数量、工作制度等因素，如夏季的冷却用水量就明显高于冬季。某些季节性工业，用水量变化就更大。前面述及的用水定额只是一个长期统计的平均值，而在给水系统设计时，除了正确地选定用水定额外，还必须了解供水对象（如城镇）的逐日逐时用水量变化情况，以便合理地确定给水系统及各单项工程的设计流量，使给水系统能经济合理地适应供水对象在各种用水情况下对供水的要求。

(1) 变化系数。城镇给水工程系统设计需要考虑日与日、时与时之间的差别，即逐日逐时用水量变化情况。为了反映用水量逐日逐时的变化幅度大小，在给水工程中，引入了两个重要的特征系数：日变化系数和时变化系数。

1) 日变化系数。在一年中，每天用水量的变化可以用日变化系数表示，即最高日用水量与平均日用水量的比值，称为日变化系数，记作 K_d，即

$$K_d=\frac{Q_d}{\overline{Q}_d} \tag{2.1}$$

或

$$K_d=365\frac{Q_d}{Q_y} \tag{2.2}$$

式中 Q_d——最高日用水量，m³/d；

Q_y——全年用水量，m³/a；

$\overline{Q}_d$——平均日用水量，m³/d。

2) 时变化系数。在1日内，每小时用水量的变化可以用时变化系数表示，设计时一般计最高日用水量的时变化系数。最高 1h 用水量与平均时用水量的比值，称为时变化系数，记作 K_h，即

$$K_h=\frac{Q_h}{\overline{Q}_h} \tag{2.3}$$

或

$$K_d=24\frac{Q_h}{Q_d} \tag{2.4}$$

式中 Q_h——最高日最高时用水量，m³/h；

$\overline{Q}_h$——最高日平均时用水量，m³/h。

在缺乏实际用水资料情况下，最高日城市综合用水的时变化系数 K_h 宜采用 1.3～1.6，大中城市的用水比较均匀，K_h 值较小，可取下限，小城市可取上限或适当加大。日变化系数 K_d，根据给水区的地理位置、气候、生活习惯和室内给水排水设施完善程度，其值为 1.1～1.8，可根据《城市给水工程规划规范》(GB 50282—98) 选用。

(2) 用水量变化曲线。在设计给水系统时，除了求出设计年限内最高日用水量和最高日的最高 1h 用水量外，还应知道 24h 的用水量变化，以确定各种给水构筑物的大小，这种用水量变化规律，通常以用水量时变化曲线表示。

图 2.8 中每小时用水量按最高日用水量的百分数计，图形面积等于 $\sum Q_i = 100\%$，Q_i(%) 是以最高日用水量百分数计的每小时用水量：

平均时用水量百分数：　　$(Q_d/24)\times 100\% = 4.17\%$

时变化系数：　　$K_h = Q_h/\overline{Q}_h = 5.81/4.17 = 1.39$

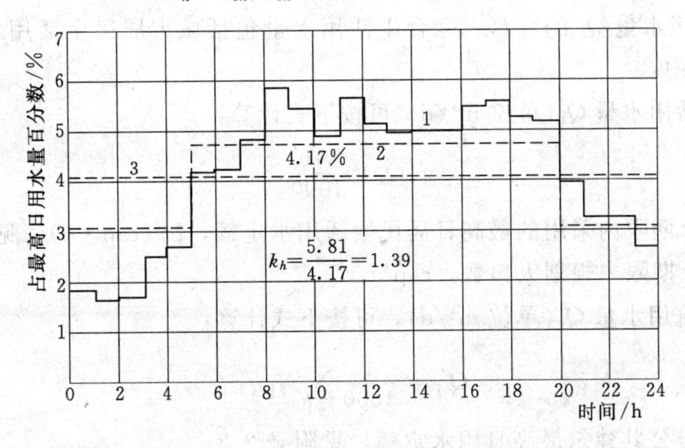

图 2.8　某大城市用水量变化曲线

1—用水量变化曲线；2—二级泵站设计供水线；3—一级泵站设计供水线

图 2.9 为小城镇最高日用水量时变化系数曲线，一日内出现几个高峰，且用水量变化幅度大，$K_h = Q_h/\overline{Q}_h = 14.60/4.17 = 3.50$，而村镇、集体生活区的用水量变化幅度将会更大。

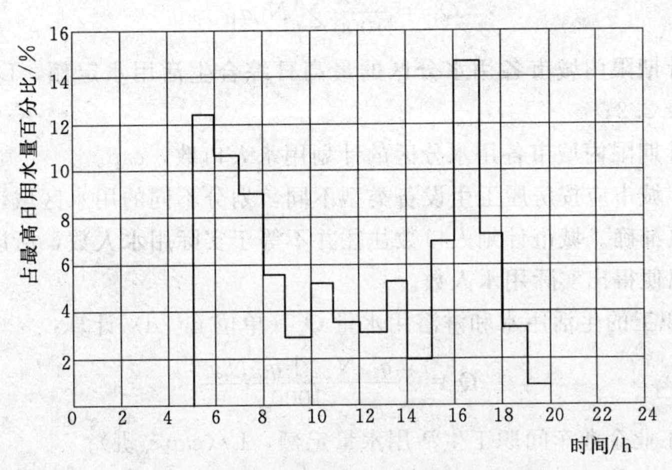

图 2.9　某小城镇最高日用水量变化曲线

用水量变化曲线是多年统计资料整理的结果，资料统计时间越长，数据越完整，用水量变化曲线与实际用水情况就越接近。对于新设计的给水工程，用水量变化规律只能按该工程所在地区的气候、人口、居住条件、工业生产工艺、设备能力、产值情况，参考附近城市的实际用水资料确定。对于扩建改建工程，可进行实地调查，获得用水量及其变化规律的资料。

3. 用水量计算

城市总用水量的计算，应包括设计年限内该给水系统所供应的全部用水：居住区综合生活用水、工业企业职工生活用水、淋浴用水和生产用水、浇洒道路和绿地用水等市政用水以及未预见水量和管网漏失水量等。由于用水集中且历时短暂，消防用水量不累计到总用水量中，仅做设计校核。

（1）最高日设计用水量计算。

1）生活用水量计算。

a. 综合生活用水量 Q_1 的计算。综合生活用水量包括城市居民生活用水量 Q_1' 和公共建筑用水量 Q_1''，其中：

（a）居民生活用水量 Q_1'（单位 m^3/d）可按下式计算：

$$Q_1' = \frac{N_1 q_1'}{1000} \tag{2.5}$$

式中 q_1'——设计期限内采用的最高日居民生活用水定额，L/(cap·d)，见附录 2.1；

N_1——设计期限内规划人口数，cap。

（b）公共建筑用水量 Q_1''（单位 m^3/d），可按下式计算：

$$Q''_1 = \frac{1}{1000}\sum_{i=1}^{n} N_{1i} q''_{1i} \tag{2.6}$$

式中 q_{1i}''——某类公共建筑最高日用水定额，见附录 2.3；

N_{1i}——对应用水定额用水单位的数量（人、床位等）。

因此

$$Q_1 = Q_1' + Q_1'' \tag{2.7}$$

综合生活用水量 Q_1（单位 m^3/d）也可直接按下式计算：

$$Q_1 = \frac{1}{1000}\sum_{i=1}^{n} N_{1i} q_{1i} \tag{2.8}$$

式中 q_{1i}——设计期限内城市各用水分区的最高日综合生活用水定额，L/(cap·d)，参见附录 2.2；

N_{1i}——设计期限内城市各用水分区的计划用水人口数，cap。

一般情况下，城市应按房屋卫生设备类型不同，划分不同的用水区域，以分别选用用水量定额，使计算更准确。城市计划人口数往往并不等于实际用水人数，所以应按实际情况考虑用水普及率，以便得出实际用水人数。

b. 工业企业职工的生活用水和淋浴用水量 Q_2（单位 m^3/d）计算：

$$Q_2 = \sum \frac{q_{2ai} N_{2ai} + q_{2bi} N_{2bi}}{1000} \tag{2.9}$$

式中 q_{2ai}——各工业企业车间职工生活用水量定额，L/(cap·班)；

q_{2bi}——各工业企业车间职工淋浴用水量定额，L/(cap·班)；

N_{2ai}——各工业企业车间最高日职工生活用水总人数，cap；

N_{2bi}——各工业企业车间最高日职工淋浴用水总人数，cap。

注意：N_{2ai} 和 N_{2bi} 应计算全日各班人数之和，不同车间用水量定额不同时，应分别计算。

2）工业企业生产用水量 Q_3（单位 m^3/d）计算：

$$Q_3 = \sum q_{3i} N_{3i}(1-n) \tag{2.10}$$

式中　q_{3i}——各工业企业最高日生产用水量定额，m^3/万元、m^3/产品单位或 m^3/(生产设备单位·d)；

N_{3i}——各工业企业产值，万元/d，或产量，产品单位/d，或生产设备数量，生产设备单位；

n——各工业企业生产用水重复利用率。

3）市政用水量计算 Q_4（单位 m^3/d）计算：

$$Q_4=\frac{q_{4a}N_{4a}n_4+q_{4b}N_{4b}}{1000} \tag{2.11}$$

式中　q_{4a}——城市浇洒道路用水量定额，L/(m^2·次)；

q_{4b}——城市大面积绿化用水量定额，L/(m^2·d)；

N_{4a}——城市最高日浇洒道路面积，m^2；

n_4——城市最高日浇洒道路次数；

N_{4b}——城市最高日大面积绿化面积，m^2。

除上述各种用水量外，未预见水量及管网漏失水量，一般按上述各项用水量之和的15%～25%计算。

因此，设计年限内城镇最高日设计用水量 Q_d（单位 m^3/d）为

$$Q_d=(1.15\sim1.25)(Q_1+Q_2+Q_3+Q_4) \tag{2.12}$$

（2）最高日平均时和最高时用水量计算。

1）最高日平均时用水量 $\overline{Q}_h$（单位 m^3/d）为

$$\overline{Q}_h=\frac{Q_d}{24} \tag{2.13}$$

2）最高日最高时设计用水量（$Q_{\max}$ 单位 m^3/d，Q_h 单位 L/s）为

$$Q_{\max}=\frac{K_hQ_d}{24} \tag{2.14}$$

或

$$Q_h=\frac{1000\times K_hQ_d}{24\times3600}=\frac{K_hQ_d}{86.4} \tag{2.15}$$

式中　k_h——时变化系数；

Q_d——最高日设计用水量，m^3/d。

由于各种用水的最高时用水量并不一定同时发生，因此不能简单将其叠加，一般是通过编制整个给水区域的逐时用水量计算表，从中求出各种用水按各自用水规律合并后的最高时用水量或时变化系数 K_h，作为设计依据。

（3）消防用水量计算。由于消防用水量是偶然发生的，不累计到设计总用水量中，所以消防用水量 Q_x 仅作为给水系统校核计算之用，Q_x 可按下式计算：

$$Q_x=N_xq_x \tag{2.16}$$

式中　N_x、q_x——同时发生火灾次数和一次灭火用水量，按国家《建筑设计防火规范》（GB 50016—2014）的规定确定。

【案例 2.1】 某城市位于江苏北部，城市近期规划人口 20 万人，规划工业产值为 32 亿元/年。根据调查，该市的自来水用水普及率为 85%，工业万元产值用水量为 95m^3（这里包括企业内生活用水量），工业用水量的日变化系数为 1.15，城市道路面积为 185hm^2，绿地面积 235hm^2，均一天浇洒一次。试计算该城市的近期最高日供水量至少为多少？

【解】（1）综合生活用水量。该市属于一分区中小城市，根据附件相似区域的用水水平，取居民的综合生活用水定额（最高日）的低限为220L/(人·d)。最高日综合生活用水量为

$$Q_1 = \frac{1}{1000}\sum_{i=1}^{n} N_{1i}q_{1i} = \frac{200000 \times 0.85 \times 220}{1000} = 37400\ (\mathrm{m^3/d})$$

（2）工业企业用水量。采用万元产值用水量估计。该市的年工业最高日工业用水量为

$$Q_2=(95\times320000)/365\times1.15=95780(\mathrm{m^3/d})$$

（3）浇洒道路和绿地用水量。浇洒道路用水量按 2.0L/(m^2·d) 计算，浇洒绿地用水量按 1.0L/(m^2·d) 计算：

$$Q_3=\frac{q_{4a}N_{4a}n_4+q_{4b}N_{4b}}{1000}=\frac{2\times1850000}{1000}+\frac{1\times2350000}{1000}=3700+2350=6050(\mathrm{m^3/d})$$

（4）管网漏失水量。取 $Q_1+Q_2+Q_3$ 的 10%计算：

$$Q_4=(37400+95780+6050)\times10\%=13923(\mathrm{m^3/d})$$

（5）未预见用水量。取 $Q_1+Q_2+Q_3+Q_4$ 的 8%计算，即管网漏失水量为

$$Q_5=(37400+95780+6050+13923)\times8\%=12252(\mathrm{m^3/d})$$

则该城市近期最高日设计供水量为

$$\begin{aligned}Q_d&=Q_1+Q_2+Q_3+Q_4+Q_5\\&=37400+95780+6050+13923+12252=165405(\mathrm{m^3/d})\end{aligned}$$

2.2.2 给水系统的流量关系

为了保证供水的可靠性，给水系统中所有构筑物都应以最高日设计用水量 Q_d 为基础进行设计计算。但是，给水系统中各组成部分的工作特点不同，其设计流量也不同。

1. 取水构筑物、一级泵站和给水处理构筑物

取水构筑物、一级泵站和水厂是连续、均匀地运行。从水厂运行角度，这样运行流量稳定，有利于水处理构筑物稳定运行和管理；从工程造价角度，每日均匀工作，平均每小时的流量将会比最高时流量有较大的降低，同时又能满足最高日供水要求，这样，取水和水处理系统的各项构筑物尺寸、设备容量及连接管直径等都可以最大限度地缩小，从而降低工程造价。取水和水处理工程的各项构筑物、设备及其连接管道，以最高日平均时设计用水量加上水厂的自用水量作为设计流量（单位 m^3/d），即

$$Q_1=\frac{\alpha Q_d}{T} \tag{2.17}$$

式中 α——考虑水厂本身用水量系数，以供沉淀池排泥、滤池冲洗等用水。其值取决于水处理工艺、构筑物类型及原水水质等因素，一般为1.05～1.10；

T——每日工作小时数。水处理构筑物不宜间歇工作，一般按24h均匀工作考虑，只有夜间用水量很小的县镇、农村等才考虑一班或两班制运转。

取用地下水若仅需在进入管网前消毒而无须其他处理时，一级泵站可直接将井水输入管网，但为提高水泵的效率和延长井的使用年限，一般先将水输送到地面水池，再经二级泵站将水池水输入管网。因此，取用地下水的一级泵站计算流量（单位 m^3/d）为

$$Q_1=\frac{Q_d}{T} \tag{2.18}$$

和式（2.17）不同的是，水厂本身用水量系数 α 为1。

2. 二级泵站

二级泵站的工作情况与管网中是否设置流量调节构筑物（水塔或高地水池等）有关。当管网中无流量调节构筑物时，任 1h 的二级泵站供水量应等于用水量。这种情况下，二级泵站最大供水流量，应等于最高日最高时设计用水量 Q_h；为使二级泵站在任何时候既能保证安全供水，又能在高效率下经济运转，设计二级泵站时，应根据用水量变化曲线选用多台大小搭配的水泵（或采用改变水泵转速的方式调节水泵装置的工况）来适应用水量变化。实际运行时，由管网的压力进行控制。例如，管网压力上升时，表明用水量减少，应适当减开水泵或大泵换成小泵（或降低水泵转速）；反之，应增开水泵或小泵换成大泵（或提高水泵转速）。水泵切换（或改变转速）均可自动控制。这种供水方式，完全通过二级泵站的工况调节来适应用水量的变化，使二级泵站供水曲线符合用户用水曲线。目前，大中城市一般不设水塔，均采用此种供水方式。

管网内设有水塔或高地水池时，由于它们能调节水泵供水和用水之间的流量差，因此，二级泵站每小时的供水量可以不等于用水量，但一天的泵站总供水量等于最高日用水量。如图 2.8 所示的二级泵站设计供水线看出，水泵工作情况分成两级：从 5 时到 20 时，一组水泵运转，流量为最高日用水量的 5.00％；其余时间的水泵流量为最高日用水量的 3.20％，即 3.2％×12＋4.9％×12＝97.2％，约为 100％。

二级泵站的设计供水线应根据用水量变化曲线拟定。拟定时应注意以下几点：①泵站各级供水线尽量接近用水线，以减小水塔的调节容积，但从泵站运转管理的角度来说，分级数又不宜过多，一般不应多于 3～5 级；②分级供水时，应注意每级能否选到合适的水泵，以及水泵机组的合理搭配，并尽可能满足目前和今后一段时间内用水量增长的需要；③设计的水泵分级供水线应满足一天的泵站总供水量等于最高日用水量的供水平衡要求。

3. 输水管和配水管网

输水管和配水管网的计算流量均应按输配水系统在最高日最高用水时工作情况确定，并与管网中有无水塔（或高地水池）及其在管网中的位置有关。

(1) 当管网中无水塔时，泵站到管网的输水管和配水管网都应以最高日最高时设计用水量 Q_h 作为设计流量。

(2) 管网起端设水塔时（网前水塔），泵站到水塔的输水管直径应按泵站分级工作的最大一级供水流量计算，水塔到管网的输水管和配水管网仍按最高时用水量 Q_h 计算。

(3) 管网末端设水塔时（对置水塔或网后水塔），因最高时用水量必须从二级泵站和水塔同时向管网供水，泵站到管网的输水管以泵站分级工作的最大一级供水流量作为设计流量，水塔到管网的输水管流量按照水塔输入管网的流量进行计算。

(4) 设有网中水塔时，有两种情况：一种是水塔靠近二级泵站，并且泵站的供水流量大于泵站与水塔之间用户的用水流量，此种情况类似于网前水塔；另一种是水塔离泵站较远，以致泵站的供水流量小于泵站与水塔之间用户的用水流量，在泵站与水塔之间将出现供水分界线，情况类似于对置水塔。这两种情况下的设计流量确定问题可参见前文所述。

4. 清水池

一级泵站通常均匀供水，而二级泵站一般为分级供水，所以一级、二级泵站的每小时供水量并不相等。为了调节两泵站供水量的差额，必须在一级、二级泵站之间建造清水池。

图 2.10 中，实线 2 表示二级泵站工作线，虚线 1 表示一级泵站工作线。一级泵站供水

量大于二级泵站供水量这段时间内，图中为20时到次日5时，多余水量在清水池中储存；而在5～20时，因一级泵站供水量小于二级泵站，这段时间内需取用清水池中存水，以满足用水量的需要。但在一天内，储存的水量刚好等于取用的水量。清水池所需调节容积＝累计储存水量B＝累计取用水量A。

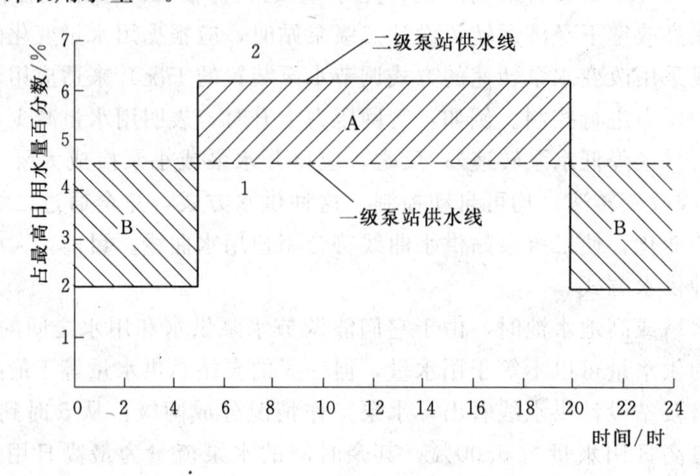

图2.10 清水池的调节容积计算

2.2.3 给水系统的水压关系

为供给用户足够的生活用水或生产用水，给水系统应保证一定的水压，通常称为自由水压，即从地面算起的水压。城市给水管网需保持最小的自由水压为：1层10m，2层12m，2层以上每层增加4m。至于城市内个别高层建筑物或建筑群，或建筑在城市高地上的建筑物等所需的水压，不应作为管网水压控制的条件。为满足这类建筑物的用水，可单独设置局部加压装置，这样比较经济。泵站、水塔或高地水池是给水系统中保证水压的构筑物，因此需了解水泵扬程和水塔（或高地水池）高度的确定方法，以满足设计的水压要求。

1. 一级泵站水泵扬程确定

水泵扬程H_p等于静扬程和水头损失之和：

$$H_p = H_0 + \sum h \tag{2.19}$$

静扬程H_0需根据抽水条件确定。一级泵站静扬程是指水泵吸水井最低水位与水厂的前端处理构筑物（一般为絮凝池）最高水位的高程差。在工业企业的循环给水系统中，水从冷却池（或冷却塔）的集水井直接送到车间的冷却设备，这时静扬程等于车间所需水头（车间地面标高加所需服务水压）与集水井最低水位的高程差。

水头损失$\sum h$包括水泵吸水管、压水管和泵站连接管线的水头损失。

所以一级泵站的扬程如图2.11所示：

$$H_p = H_0 + h_s + h_d \tag{2.20}$$

式中 H_0——静扬程，m；

h_s——由最高日平均时供水量加水厂自用水量确定的吸水管路水头损失，m；

h_d——由最高日平均时供水量加水厂自用水量确定的压水管和泵站到絮凝池管线中的水头损失，m。

2. 二级泵站水泵扬程确定

二级泵站是从清水池取水直接送向用户或先送入水塔，而后流进用户。大中城市一般不

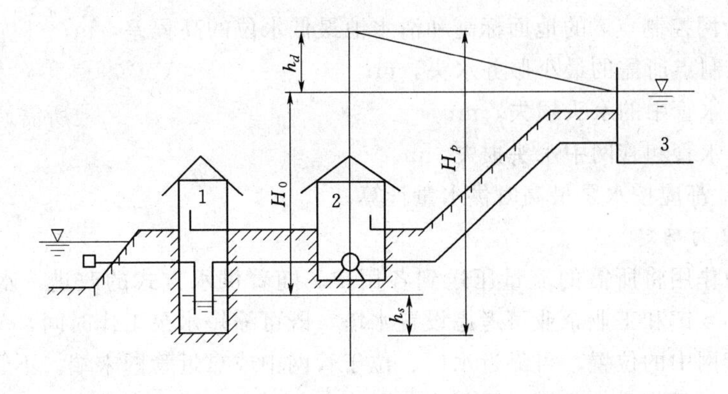

图 2.11　一级泵站扬程计算

1—吸水井；2—一级泵站；3—絮凝池

设水塔，无水塔的管网（图 2.12）由泵站直接输水到用户时，静扬程等于清水池最低水位与管网控制点所需水压标高的高程差。所谓的控制点是指整个给水系统中水压最不容易满足的地点（又称最不利点），用以控制整个供水系统的水压，只要该点的压力在最高用水量时可以达到最小服务水头的要求，整个管网就不会存在低水压区。该点对供水系统起点（泵站或水塔）到最小服务水头的要求，整个管网就不会存在低水压区。该点对供水系统起点（泵站或水塔）的供水压力要求最高，这一特征是判断某点是不是控制点的基本准则。正确地分析确定系统的控制点非常重要，它是正确进行给水系统水压分析的关键。一般情况下，控制点通常在系统的下列地点：地形最高点；距离供水起点最远点；要求自由水压最高点。

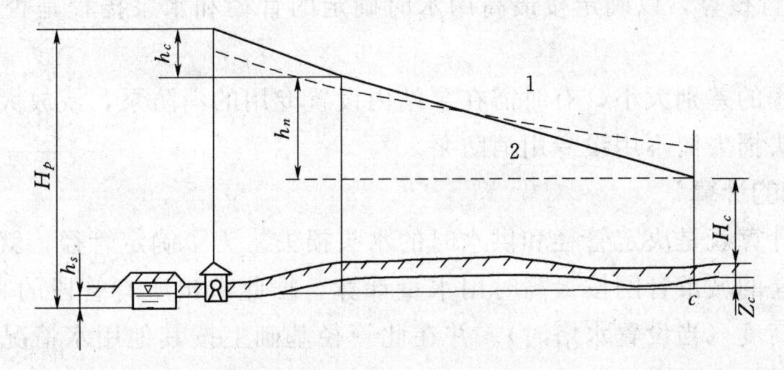

图 2.12　无水塔管网的水压线

1—最小用水时；2—最高用水时

当然，若系统中某一地点能同时满足上述条件，这一地点一定是控制点，但实际工程中，往往不是这样，多数情况下只具备其中的一个或两个条件，这时需选出几个可能的地点通过分析比较才能确定。另外，选择控制点时，应排除个别对水压要求很高的特殊用户（如高层建筑、工厂等），这些用户对水压的要求应自行加压解决，对于同一管网系统，各种工况（最高时、消防时、最不利管段损坏时、最大转输时等）的控制点往往不是同一地点，需根据具体情况正确选定。

水头损失包括吸水管、压水管、输水管和管网等水头损失之和。故无水塔时二级泵站扬程为

$$H_p = Z_c + H_c + h_s + h_c + h_n \tag{2.21}$$

式中 Z_c——管网控制点 c 的地面标高和清水池最低水位的高程差，m；

H_c——控制点所需的最小服务水头，m；

h_s——吸水管中的水头损失，m；

h_c、h_n——输水管和管网中水头损失，m。

h_s、h_c 和 h_n 都应按水泵最高时供水量计算。

3. 水塔高度的确定

水塔靠重力作用将所需的流量压送到各用户。随着供水方式的改进，水塔已经很少使用，但是一些小乡镇和工业企业可考虑设置水塔，既可缩短水泵工作时间，又可保证恒定的水压。水塔在管网中的位置，可靠近水厂、位于管网中或靠近管网末端。不管哪类水塔，水塔高度（单位 m）是指水柜底面或最低水位离底面的高度，按式（2.22）计算：

$$H_t = H_c + \sum h' - (Z_t - Z_c) \tag{2.22}$$

式中 H_t——水塔高度，m；

H_c——控制点要求的自由水压，m；

$\sum h'$——按最高时用水量计算的从水塔至控制点之间管路的水头损失，m；

Z_t——水塔处的地形标高，m；

Z_c——控制点处的地形标高，m。

2.2.4 消防时的水压关系

二级泵站的扬程除了满足最高用水的水压外，还应满足消防流量时的水压要求。消防时管网通过的总流量按最高时设计用水量加消防流量（$Q_h + Q_x$），管网的自由水压值应保证不低于 $10mH_2O$ 进行核算，以确定按最高用水时确定的管径和水泵扬程是否能适应这一工作情况的需要。

根据两种扬程的差别大小，有时需在泵站内设置专用的消防泵，或放大管网中个别管段的管径以减少水头损失而不用设专用消防泵。

2.2.5 给水管网的计算

给水管网的计算就是决定管径和供水时的水头损失。为了确定管径，就必须先确定设计流量。新建和扩建的城市管网按最高时用水量计算，据此求出所有管段的直径、水头损失、水泵扬程和水塔高度（当设置水塔时）。并在此管径基础上按其他用水情况，如消防时、事故时、对置水塔系统在最大转输时各管段的流量和水头损失，从而可以知道按最高用水时确定的管径和水泵扬程能否满足其他用水时的水量和水压要求。

对于改建和扩建的管网，因现有管线遍布在街道下，不但管线太多，而且不同管径交接，计算时比新设计的管网较为困难。其原因是由于生活和生产用水量不断增长，水管结垢或腐蚀等，使计算结果易于偏离实际，这时必须对现实情况进行调查研究，调查用水量、节点流量、不同材料管道的阻力系数和实际管径、管网水压分布等，才能使计算结果接近于实际。

1. 管网图形的性质与简化

（1）管网图形的性质。给水管网是由管段和节点构成的有向图，管网图形中每个节点通过一条或多条管段与其他节点相连接。

1）节点。有集中流量进出、管道合并或分叉以及边界条件发生变化的地点，如图 2.13 所示的 1，2，3，…，8 节点。

2）管段。两个相邻节点之间的管道管线：顺序相连的若干管段，如图 2.13 所示的管段 3～6。

3）环。起点与终点重合的管线，如图 2.13 所示的 2～3～6～5～2。

a. 基环。不包含其他环的环，如图 2.13 所示的环 2～3～6～5～2，即图中的环Ⅰ。

b. 大环。包含两个或两个以上基环的环，如图 2.13 所示的环Ⅰ、环Ⅱ合成的大环 2～3～4～7～6～5～2。

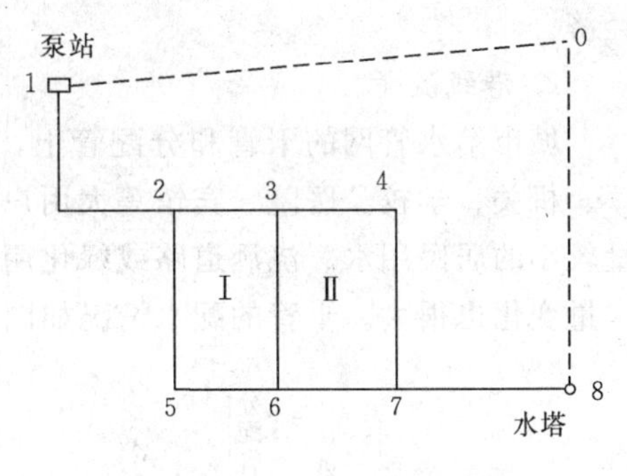

图 2.13　干管网的组成

c. 虚环。多水源的管网，为了计算方便，有时将两个或多个水压已定的水源节点（泵站、水塔等）用虚线和虚节点 0 连接起来，也形成环，因实际上并不存在，所以称为虚环，如图 2.13 所示的 1～0～8～7～4～3～2～1 大环。

（2）管网图形的简化。

1）简化目的及原则。由于给水管线遍布在街道下，不但管线很多而且管径差别很大，若计算全部管线，实际上既无必要，也不大可能。对于新设计的管网，因为定线和计算仅限于干管网，所以管网设计计算相对简单，而对城镇管网的现状核算以及管网的扩建或改建往往需要将实际的管网加以简化，保留主要的干管，略去一些次要的、水力条件影响较小的管线，使简化后的管网基本上能反映实际用水情况，大大减轻计算工作量。通常管网越简化，计算工作量越小。但过分简化的管网，计算结果难免与实际用水情况的差别增大。所以，管网图形简化是保证计算结果接近于实际情况的前提下，对管线进行的简化。

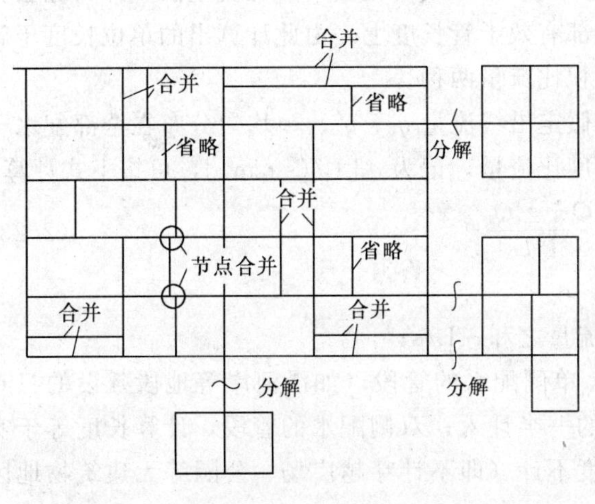

图 2.14　管网简化

2）简化方法。在进行管网简化时，应先对实际管网的管线情况进行充分了解和分析，然后采用分解、合并、省略等方法进行简化。图 2.14 为某城市管网管线布置，共计 42 个环。

a. 分解。只有一条管线连接的两个管网，可以把连接管线断开，分解成为两个独立的管网；有两条管线连接的分支管网，若其位于管网的末端且连接管线的流向和流量可以确定时，也可以进行分解；管网分解后即可分别计算。

b. 合并。管径较小、相互平行且靠近的管线可考虑合并。如管线交叉点很近时，可以将其合并为同一交叉点。相近交叉点合并后可以减少管线数目，使系统简化。在给水管网中，为了施工方便和减小水流阻力，管线交叉处往往用两个三通代替四通（实际工程中很少使用四通），不必将两个三通认为是两个交叉点，仍应简化为四通交叉点。

c. 省略。管线省略时，首先略去水力条件影响较小的管线，即省略管网中管径相对较小的管线。管线省略后的计算结果是偏于安全的，但是由于流量集中，管径增大，并不

经济。

2. 沿线流量

城市给水管网的干管和分配管上，承接了许多用户，沿线配水情况比较复杂，既有工厂、机关、学校、医院、宾馆等大用户，其用水流量称为集中流量，又有数量很多、但用水量较小的居民用水、浇洒道路或绿化用水等沿线流量，以致不但沿线所接用户很多，而且用水量变化也很大。干管的配水情况如图 2.15 所示。

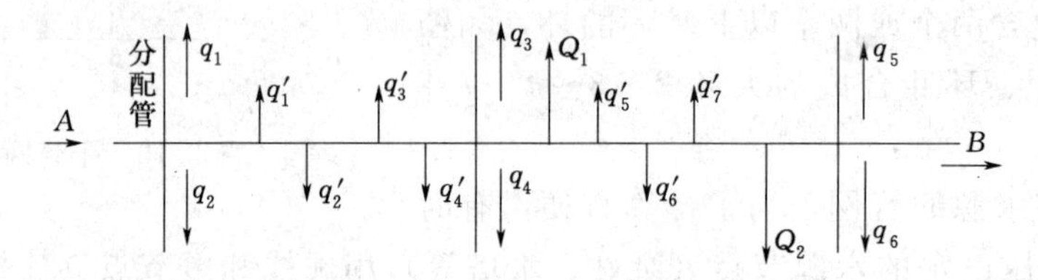

图 2.15 干管配水情况

从图 2.15 中可以看出，干管除供沿线两旁为数较多的居民生活用水 q_1'、q_2'、q_3'、…外，还要供给分配管流量 q_1、q_2、q_3 等，还有可能给少数大用水户供应集中流量 Q_1、Q_2、Q_3、…。由于用水点多，用水量经常变化，所以按实际情况进行管网计算是非常繁杂的，而且在实际工程中也无必要。所以，为了计算方便，常采用简化法——比流量法，即将除去大用户集中流量以外的用水量均匀地分配在全部有效干管长度上，由此计算出的单位长度干管承担的供水量。比流量法有长度比流量和面积比流量两种。

（1）长度比流量。所谓长度比流量法是假定沿线流量 q_1'、q_2'、…均匀分布在全部配水干管上，则管线单位长度上的配水流量称为长度比流量，记为 q_s[L/(s·m)]，可按下式计算：

$$q_s=\frac{Q-\sum Q_i}{\sum L} \tag{2.23}$$

式中 Q——管网总用水量，L/s；

$\sum Q_i$——工业企业及其他大用户的集中流量之和，L/s；

$\sum L$——管网配水干管总计算长度，m；单侧配水的管段（如沿河岸等地段敷设的只有一侧配水的管线）按实际长度的一半计入；双侧配水的管段，计算长度等于实际长度；两侧不配水的管线长度不计（即不计穿越广场、公园等无建筑物地区的管线长度）。

比流量的大小随用水量的变化而变化。因此，控制管网水力情况的不同供水条件下的比流量（如在最高用水时、消防时、最大转输时的比流量）是不同的，须分别计算。另外，若城市内各区人口密度相差较大时，也/应根据各区的用水量和干管长度，分别计算其比流量。

长度比流量按用水量全部均匀分布在干管上的假定来求比流量，忽视了沿管线供水人数和用水量的差别，存在一定的缺陷，因此计算出来的配水量可能和实际配水量有一定差异。为接近实际配水情况，也可按面积比流量法计算。

（2）面积比流量。假定沿线流量 q_1'、q_2'、…均匀分布在整个供水面积上，则单位面积上的配水流量称为面积比流量，记作 q_A ［单位 L/(s·m^2)］，按下式计算：

$$q_A=\frac{Q-\sum Q_i}{\sum A} \tag{2.24}$$

式中　$\sum A$——给水区域内沿线配水的供水面积总和，m²；

其余符号意义同前。

干管每一管段所负担的供水面积可按分角线或对角线的方法进行划分，如图 2.16 所示。在街坊长边上的管段，其单侧供水面积为梯形；在街坊短边上的管段，其单侧供水面积为三角形。

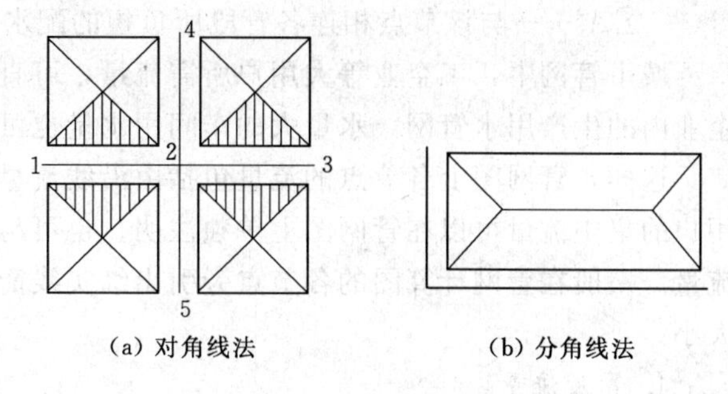

(a) 对角线法　　(b) 分角线法

图 2.16　供水面积划分

面积比流量因考虑了管线供水面积（人数）多少对管线配水流量的影响，故计算结果更接近实际配水情况，但计算复杂。当供水区域的干管分布比较均匀，管距大致相同时，两者计算结果相差很小，采用长度比流量简便。当供水区域内各区卫生设备情况或人口密度差异较大时，各区比流量应分别计算。同一管网，比流量大小随用水流量变化而变化，故管网在不同供水条件下的比流量需分别计算。

由比流量 q_s、q_A 可计算出各管段的沿线配水流量即沿线流量，记作 q_y，则任一管段的沿线流量 q_y（单位 L/s）可按下式计算：

$$q_y = q_s L_i \tag{2.25}$$

或

$$q_y = q_A A_i \tag{2.26}$$

式中　L_i——该管段的计算长度，m；

A_i——该管段所负担的供水面积，m²。

3. 节点流量

管网中任一管段的流量，包括两部分：一部分是沿本管段均匀泄出供给各用户的沿线流量 q_y，流量大小沿程直线减小，到管段末端等于零；另一部分是通过本管段流到下游管段的流量，沿程不发生变化，称为转输流量 q_{zs}。从管段起端 A 到末端 B 管段内流量由 $q_{zs}+q_y$ 变为 q_{zs}，如图 2.17 所示。对于流量变化的管段，难以确定管径和水头损失，因此，需对其进一步简化。简化的方法是化渐变流为均匀流，即以变化的沿线流量折算为管段两端节点流出的流量，亦即节点流量。全管段引用一个不变的流量，称为折算流量，记为 q_{if}，使它产生的水头损失与实际上沿线变化的流量产生的水头损失完全相同，从而得出管线折算流量的计算公式为

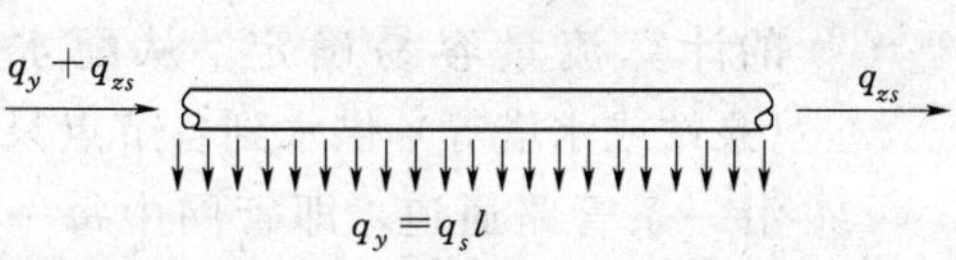

q_y+q_{zs}　　q_{zs}

$q_y=q_s l$

图 2.17　转输流量示意图

$$q_{if} = q_{zs} + \alpha q_y \tag{2.27}$$

式中　α——折减系数，通常统一采用 0.5，即将管段沿线流量平分到管段两端的节点上。

因此管网任一节点的节点流量为

$$q_i = 0.5 \sum q_y \tag{2.28}$$

即管网中任一节点的节点流量 q_i 等于与该节点相连各管段的沿线流量总和的一半。

当整个给水区域内管网的比流量 q_{cb} 或 q_{mb} 相同时，由式（2.25）和式（2.26）可得节点流量计算式（2.28）的另一种表达形式：

$$q_i = 0.5 q_s \sum L_i \tag{2.29}$$

或
$$q_i = 0.5 q_A \sum A_i \tag{2.30}$$

式中 $\sum L_i$——与该节点相连各管段的计算长度之和，m；

$\sum A_i$——与该节点相连各管段所负担的配水面积之和，m^2。

城市管网中，工企业等大用户所需流量，可直接作为接入大用户节点的节点流量。工业企业内的生产用水管网，水量大的车间用水量也可直接作为节点流量。

这样，管网图上各节点的流量包括由沿线流量折算的节点流量和大用户的集中流量。大用户的集中流量可以在管网图上单独注明，也可与节点流量加在一起，在相应节点上注出总流量。一般在管网计算图的各节点旁引出细实线箭头，并在箭头的前端注明该节点总流量的大小。

4. 管段流量

管网各管段的沿线流量简化成各节点流量后，可求出各节点流量，并把大用水户的集中流量也加于相应的节点上，则所有节点流量的总和，便是由二级泵站送来的总流量，即总供水量。按照质量守恒原理，每一节点必须满足节点流量平衡条件：流入任一节点的流量必须等于流出该节点的流量，即流进等于流出。

若规定流入节点的流量为负，流出节点为正，则上述平衡条件可表示为

$$q_i + \sum q_{ij} = 0 \tag{2.31}$$

式中 q_i——节点 i 的节点流量，L/s；

q_{ij}——连接在节点 i 上的各管段流量，L/s。

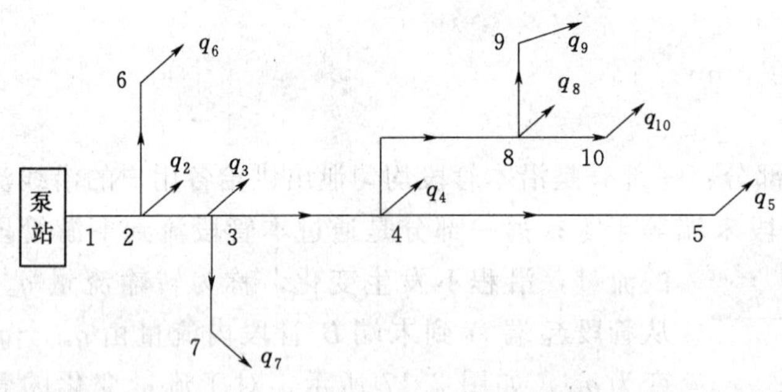

图 2.18 枝状管网管段流量计算

依据式（2.31），用二级泵站送来的总流量沿各节点进行流量分配，所得出的各管段所通过的流量，就是各管段的计算流量。

在单水源枝状管网中，各管段的计算流量容易确定。从配水源（泵站或水塔等）供水到各节点只能沿一条管路通道，即管网中每一管段的水流方向和计算流量都是确定的。每一管段的计算流量等于该管段后面（顺水流方向）所有节点流量和大用户集中用水量之和。因此，对于枝状管网，若任一管段发生事故，该管段以后地区就会断水。

如图 2.18 所示的一枝状管网，部分管段的计算流量为

$$q_{4\sim5} = q_5$$

$$q_{8\sim10} = q_{10}$$

$$q_{3\sim4} = q_4 + q_5 + q_8 + q_9 + q_{10}$$

5. 管径计算

确定管网中每一管段的直径是输水和配水系统设计计算的主要课题之一。管段的直径应按分配后的流量确定。因为

$$q = Av = \frac{\pi D^2}{4} v \tag{2.32}$$

所以在设计中，各管段的管径按下式计算：

$$D=\sqrt{\frac{4q}{\pi v}} \tag{2.33}$$

式中　q——管段流量，m^3/s；

A——水管断面面积，m^2；

D——管段直径，m；

v——流速，m/s。

由式（2.33）可知，管径不但和管段流量有关，而且还与流速有关。因此，确定管径时必须先选定流速。

为了防止管网因水锤现象而损坏，在技术上最大设计流速限定在 2.5～3.0m/s 范围内；在输送浑浊的原水时，为了避免水中悬浮物质在水管内沉积，最低流速通常应大于 0.60m/s，由此可见，在技术上允许的流速范围是较大的。因此，还需在上述流速范围内，根据当地的经济条件，考虑管网的造价和经营管理费用，来选定合适的流速。

从式（2.33）可以看出，流量一定时，管径与流速的平方根成反比。如果流速选用的大一些，管径就会减小，相应的管网造价便可降低，但水头损失明显增加，所需的水泵扬程将增大，从而使经营管理费（主要指电费）增大，同时流速过大，管内压力高，因水锤现象引起的破坏作用也随之增大。相反，若流速选用小一些，因管径增大，管网造价会增加。但因水头损失减小，可节约电费，使经营管理费降低。因此，管网造价和经营管理费（主要指电费）这两项经济因素是决定流速的关键。按一定年限 t（称为投资偿还期）内，管网造价和经营管理费用之和为最小的流速，称为经济流速，以此来确定的管径，称为经济管径。

若管网造价为 C，每年的经营管理费用为 M，包括电费 M_1 和折旧、大修费 M_2，因 M_2 和管网造价有关，故可按管网造价的百分数计，表示为 $p\%C$，那么在投资偿还期 t 年内，总费用为

$$W_t=C+tM=C+\left(M_1+\frac{p}{100}C\right)t \tag{2.34}$$

式中　p——管网的折旧和大修率，以管网造价的百分比计。

式（2.34）除以投资偿还期 t，则得年折算费用 W：

$$W=\frac{C}{t}+M=\left(\frac{1}{t}+\frac{p}{100}\right)C+M_1 \tag{2.35}$$

总费用 W 曲线的最低点表示管网造价和经营管理费用之和为最小时的流速，称为经济流速 v_e，如图 2.19 所示。

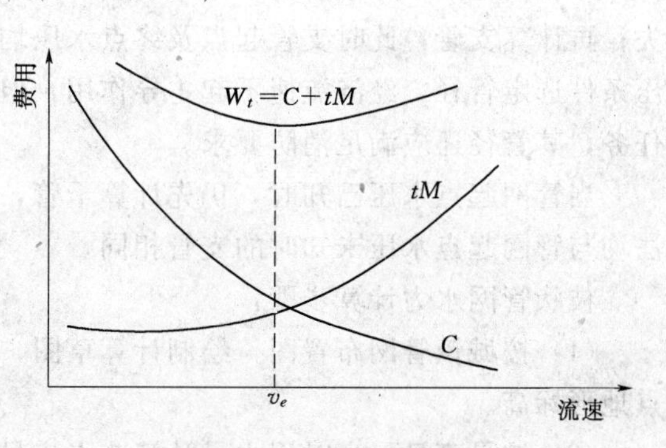

图 2.19　流速和费用的关系

各城市的经济流速值应按当地条件，如水管材料和价格、施工条件、电费等来确定，不能直接套用其他城市的数据。另外，管网中各管段的经济流速也不一样，须随管网图形、该管段在管网中的位置、该管段流量和管网总流量的比例等决定。因为计算复杂，有时简便地应用“界限流量表”确定经济管径，见表 2.1。

表 2.1 界限流量表

管径/mm	界限流量/(L/s)	管径/mm	界限流量/(L/s)
100	<9	450	130～168
150	9～15	500	168～237
200	15～28.5	600	237～355
250	28.5～45	700	355～490
300	45～68	800	490～685
350	68～96	900	685～822
400	96～130	1000	822～1120

由于实际管网的复杂性，加上情况在不断地变化，例如，流量在不断增加，管网逐步扩展，诸多经济指标如水管价格、电费等也随时变化，要从理论上计算管网造价和年管理费用相当复杂且有一定难度。在条件不具备时，设计中也可采用由各地统计资料计算出的平均经济流速来确定管径，得出的是近似经济管径，见表 2.2。

表 2.2 平均经济流速

管径/mm	平均经济流速 v_e/(m/s)	管径/mm	平均经济流速 v_e/(m/s)
$D=100\sim400$	0.6～0.9	$D\geqslant400$	0.9～1.4

2.2.6 枝状管网水力计算

枝状管网中的计算比较简单，因为水从供水起点到任一节点的水流路线只有一个，每一管段也只有唯一确定的计算流量。因此，在枝状管网计算中，应首先计算对供水经济性影响最大的干管，即管网起点到控制点的管线，然后再计算支管。

当管网起点水压未知时，应先计算干管，按经济流速和流量选定管径，并求得水头损失；再计算支管，此时支管起点及终点水压均为已知，支管计算应按充分利用起端的现有水压条件选定管径，经济流速不起主导作用，但需考虑技术上对流速的要求，若支管负担消防任务，其管径还应满足消防要求。

当管网起点水压已知时，仍先计算干管，再计算支管，但注意此时干管和支管的计算方法均与管网起点水压未知时的支管相同。

枝状管网水力计算步骤：

(1) 按城镇管网布置图，绘制计算草图，对节点和管段顺序编号，并标明管段长度和节点地形标高。

(2) 按最高日最高时用水量计算节点流量，并在节点旁引出箭头，注明节点流量。大用户的集中流量也标注在相应节点上。

(3) 在管网计算草图上，从距二级泵站最远的管网末梢的节点开始，按照任一管段中的流量等于其下游所有节点流量之和的关系，逐个向二级泵站推算每个管段的流量。

(4) 确定管网的最不利点（控制点），选定泵房到控制点的管线为干线。有时控制点不明显，可初选几个点作为管网的控制点。

(5) 根据管段流量和经济流速求出干线上各管段的管径和水头损失。

(6) 按控制点要求的最小服务水头和从水泵到控制点管线的总水头损失，求出水塔高度和水泵扬程。(若初选了几个点作为控制点，则使二级泵站所需扬程最大的管路为干线，相应的点为控制点)。

(7) 支管管径参照支管的水力坡度选定，即按充分利用起点水压的条件来确定。

(8) 根据管网各节点的压力和地形标高，绘制等水压线和自由水压线图。

【案例 2.2】 某城镇有居民 6 万人，用水量定额为 120L/(cap·d)，用水普及率为 83%，时变化系数为 1.6，要求达到的最小服务水头为 20m。管网布置如图 2.20 所示。用水量较大的一工厂和一公共建筑集中流量分别为 25.0L/s 和 17.4L/s，分别有管段 3～4 和 7～8 供给，其两侧无其他用户。城镇地形平坦，高差极小。节点 4、5、8、9 处的地面标高分别为 56.0m、56.1m、55.7m、56.0m。水塔处地面标高为 57.4m，其他点的地形标高见表 2.3，管材选用给水铸铁管。试完成枝状给水管网的设计计算，并求水塔高度和水泵扬程。

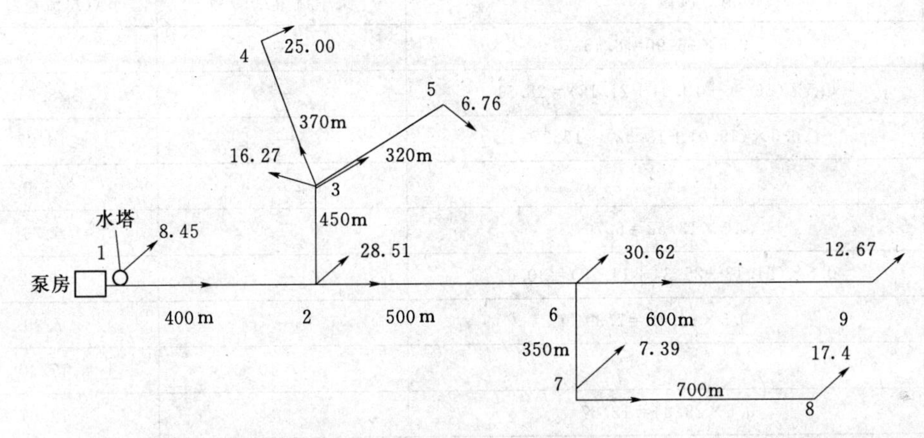

图 2.20　枝状管网计算（流量单位：L/s）

表 2.3　　**节 点 地 形 标 高**

节点	2	3	6	7
地形标高/m	56.6	56.3	56.3	56.2

【解】

1. 计算节点流量

(1) 最高日最高时流量：

$$Q=\frac{6000\times 120\times 83\%\times 1.6}{24\times 3600}+25.0+17.4=153.07(\text{L/s})$$

(2) 比流量：

$$q_s=\frac{153.07-25.0-17.4}{2620}=0.04224[\text{L/(s·m)}]$$

(3) 沿线流量（表 2.4)。

表 2.4　　　　沿线流量计算表

管段	长度/m	沿线流量/(L/s)
1～2	400	16.90
2～3	450	19.01
2～6	500	21.12
3～5	320	13.52
6～7	350	14.78
6～9	600	25.34
合计	2620	110.67

(4) 节点流量（表 2.5）。

表 2.5　　　　节点流量计算表

节点	节点流量/(L/s)	集中流量/(L/s)	节点总流量/(L/s)
1	0.5×16.90＝8.45	—	8.45
2	0.5×(16.90＋19.01＋21.12)＝28.51	—	28.51
3	0.5×(19.01＋13.52)≈16.27	—	16.27
4	—	25.0	25.0
5	0.5×13.52＝6.76	—	6.76
6	0.5×(21.12＋25.34＋14.78)＝30.62	—	30.62
7	0.5×14.78＝7.39	—	7.39
8	—	17.40	17.40
9	0.5×25.34＝12.67	—	12.67
合计	110.67	42.40	153.07

各节点流量标注如图 2.20 所示。

2. 选择控制点，确定干管和支管

由于各节点要求的自由水压相同，根据地形和用水量情况，控制点选为节点 9，干管定为1～2～6～9，其余为支管。

3. 编制干管和支管水力计算表格，见表 2.6 和表 2.7。

表 2.6　　　　干管水力计算表

节点	地形标高/m	管段编号	管段长度/m	流量/(L/s)	管径/mm	1000i	流速/(m/s)	水头损失/m	水压标高/m	自由水压/m
(1)	(2)	(3)	(4)	(5)	(6)	(7)	(8)	(9)	(10)	(11)
9	56.0	6～9	600	12.67	150	7.20	0.73	4.32	76.0	20.2
6	56.3	2～6	500	68.08	300	4.90	0.96	2.45	80.3	24.0
2	56.6	1～2	400	144.62	500	1.53	0.73	0.61	82.7	26.1
1	57.4								83.3	25.9

表 2.7　　　　　　　　　　支管水力计算表

节点	地形标高 /m	管段编号	管段长度 /m	管段流量 /(L/s)	允许 1000*i*	管段管径 /mm	实际 1000*i*	水头损失 /m	水压标高 /m	自由水压 /m
(1)	(2)	(3)	(4)	(5)	(6)	(7)	(8)	(9)	(10)	(11)
6	56.3	6～7	350	24.79	4.4	200	5.88	2.06	80.32	24.02
7	56.2								78.26	22.06
8	55.7	7～8	700	17.4	3.66	200	2.99	2.09	76.17	20.47
2	56.6	2～3	450	48.03	8.7	250	6.53	2.94	82.77	26.17
3	56.3								79.83	23.53
3	56.3	3～5	320	6.76	11.65	150	2.31	0.74	79.83	23.53
5	56.1								79.09	22.99
3	56.3	3～4	370	25.00	10.35	200	5.98	2.21	79.83	23.53
4	56.0								77.62	21.62

注　管段 7～8、3～5 按现有水压条件均可选用 100mm 管径，但考虑到消防流量较大（q_x＝35L/s），管网最小管径定为 150mm。

4. 将节点编号、地形标高、管段编号和管段长度等已知条件分别填于表 2.6 和表 2.7 中的第（1）～(4）项。

5. 确定各管段的计算流量

按 $q_i+\sum q_{ij}=0$ 的条件，从管线终点（包括和支管）开始，同时向供水起点方向逐个节点推算，即可得到各管段的计算流量：

由 9 节点得：　　　　$q_{6\sim9}=q_9=12.67(\text{L/s})$

由 6 节点得：

$$q_{2\sim6}=q_6+q_{6\sim9}+q_7+q_{7\sim8}=30.62+12.67+7.39+17.4=68.08(\text{L/s})$$

同理，可得其余各管段计算流量，计算结果分别列于表 2.6 和表 2.7 中第（5）项。

6. 干管水力计算

(1) 由各管段的计算流量，查铸铁管水力计算表（附录 2.8)，参照经济流速 v，确定各管段的管径和相应的 1000i 及流速。

管段 6～9 的计算流量 12.67L/s，由铸铁管水力计算表查得：当管径为 125mm、150mm、200mm 时，相应的流速分别 1.04m/s、0.72m/s、0.40m/s。前已指出，当管径 $D<400$mm 时，平均经济流速为 0.6～0.9m/s，所以管段 6～9 的管径应确定为 150mm，相应的 $1000i=7.20$、$v=0.73$m/s。同理，可确定其余管段的管径和相应的 1000i 和流速，其结果见表 2.6 中第（6）～(8）项。

(2) 根据 $h=iL$ 计算出各管段的水头损失，即表 2.6 中第（9）项等于$\left[\frac{(7)}{1000}\times(4)\right]$，则 $h_{6\sim9}=\frac{7.20}{1000}\times600=4.32(\text{m})$。

同理，可计算出其余各管段的水头损失，计算结果见表 2.6 中第（9）项。

(3) 计算干管各节点的水压标高和自由水压。因管段起端水压标高 H_i 和终端水压标高 H_j 于该管段的水头损失 h_{ij} 存在下列关系：

$$H_i=H_j+h_{ij} \tag{2.36}$$

节点水压标高 H_i、自由水压 H_{0i} 与该处地形标高 Z_i 存在下列关系：

$$H_{0i}=H_i-Z_i \tag{2.37}$$

由于控制点 9 节点要求的水压标高为已知：

$$H_9=Z_9+H_{09}=56.0+20=76.0(\mathrm{m})$$

因此，在本例中要从节点 9 开始，按式（2.36）和式（2.37）逐个向供水起点推算：

节点 4：
$$H_6=H_9+h_{6\sim9}=76.0+4.32=80.32(\mathrm{m})$$
$$H_{06}=H_6-Z_6=80.32-56.3=24.02(\mathrm{m})$$

同理，可得出干管上各节点的水压标高和自由水压。计算结果见表 2.6 中第（10）、（11）项。

7. 支管水力计算

由于干管上各节点的水压已经确定，见表 2.6，即支管起点的水压已定，因此支管各管段的经济管径选定必须满足：从干管节点到该支管的控制点（常为支管的终点）的水头损失之和应等于或小于干管上此节点的水压标高与支管控制点所需的水压标高之差。即按平均水力坡度确定管径。但当支管由两个或两个以上管段串联而成时，各管段水头损失之和可有多种组合能满足上述要求。现以支管 6～7～8 为例说明。

首先计算支管 6～7～8 的平均允许水力坡度，即

$$\text{允许 }1000i=1000\times\frac{80.32-(55.7+20.0)}{350+700}=4.4$$

由 $q_{6\sim7}=24.79\mathrm{L/s}$，查铸铁管水力计算表（附录 2.8），参照允许 $1000i=4.4$，得 $D_{6\sim7}=200\mathrm{mm}$，相应的实际 $1000i=5.88$，则

$$h_{6\sim7}=\frac{5.88}{1000}\times350=2.06(\mathrm{m})$$

按式（2.32）和式（2.33）计算节点 7 得水压标高和自由水压：

$$H_7=H_6-h_{6\sim7}=8032-2.06=78.26(\mathrm{m})$$
$$H_{07}=H_7-Z_7=78.26-56.2=22.06(\mathrm{m})$$

由节点 7 的水压标高即可计算管段 7～8 的平均允许 $1000i$ 为

$$\text{允许 }1000i=1000\times\frac{78.26-(55.7+20.0)}{700}=3.66$$

由 $q_{7\sim8}=17.4\mathrm{L/s}$，查铸铁管水力计算表（附录 2.8），参照允许 $1000i=3.66$，得 $D_{7\sim8}=200\mathrm{mm}$，相应的实际 $1000i=2.99$，则

$$h_{7\sim8}=\frac{2.99}{1000}\times700=2.09(\mathrm{m})$$

同理，可计算出节点 8 的水压标高和自由水压：

$$H_8=H_7-h_{7\sim8}=78.26-2.09=76.17(\mathrm{m})$$
$$H_{08}=H_8-Z_8=76.17-55.7=20.47(\mathrm{m})$$

按上述方法可计算出所有支管管段，计算结果见表 2.7 和图 2.21。

8. 确定水塔高度

由表 2.6 可知，水塔高度应为 $H_t=25.98\mathrm{m}$。

9. 确定二级泵站所需的总扬程

设吸水井最低水位标高 $Z_p=53.00\mathrm{m}$，泵站内吸、压水管的水头损失取 $\sum h_p=3.0\mathrm{m}$，水

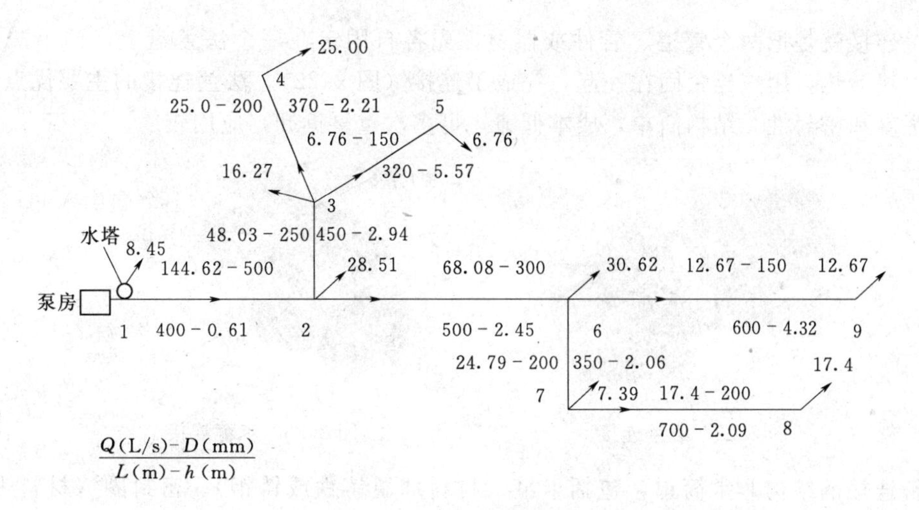

图 2.21　枝状管网计算

塔水柜深度为 4.5m，水泵至节点 1 间的水头损失为 0.5m，则二级泵站所需总扬程为

$$
\begin{aligned}
H_P &= H_{ST} + \sum h + \sum h_p = (Z_t + H_t + H_0 - Z_P) + h_{泵\sim 1} + \sum h_p \\
&= (57.4 + 25.98 + 4.5 - 53.0) + 0.5 + 3.0 = 38.38(\mathrm{m})
\end{aligned}
$$

学习情境 2.3　城镇给水管道材料、附件及附属构筑物

2.3.1　给水管道材料与配件

给水管道的根本任务是向用户提供清洁的饮用水，连续供应有压力的水，同时降低供水费用。为此，给水管网作为供水系统的重要环节，对于它的硬件有以下要求：封闭性能高、输送水质佳、设备控制灵、水力条件好、建设投资省。

1. 城镇给水管道材料

常用于城镇给水管道的材料常可以分为金属管、非金属管和复合管材料 3 大类。

（1）金属管。

目前城镇给水常用的金属管主要有钢管和铸铁管。

1）钢管。钢管分为焊接钢管和无缝钢管两大类。焊接钢管也称焊管，是用钢板或钢带经过卷曲成型后焊接制成的钢管。焊接钢管生产工艺简单，生产效率高，品种规格多，设备投资少，但强度一般低于无缝钢管。焊接钢管按焊缝的型式分为直缝焊管和螺旋焊管。较小口径的焊管大都采用直缝焊，大口径焊管则大多采用螺旋焊。无缝钢管是用钢锭或实心管坯经穿孔制成毛管，然后经热轧、冷轧或冷拔制成。

钢管的优点是强度高、抗震性能好、重量比铸铁管轻、接头少、内外表面光滑、容易加工和安装。缺点是抗腐蚀性能差。

室外给水常用钢管用焊接或者法兰接口，中小口径的可用卡箍连接。所用配件可用钢板卷焊而成，或直接用标准铸铁配件连接。

焊接，也称为熔接、镕接，是一种以加热、高温或者高压的方式接合金属或其他热塑性材料。焊接连接主要优点是接口牢固耐久，不易渗漏，接头强度和严密性高，使用后不需要经常管理。

法兰连接就是把两个管道、管件或器材，先各自固定在一个法兰盘上，两个法兰盘之间，加上法兰垫，用螺栓紧固在一起，完成了连接（图 2.22）。法兰连接的主要优点是：有较好的强度和密封性，结构简单，成本低廉，可多次重复拆卸，应用较广。

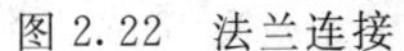

图 2.22 法兰连接

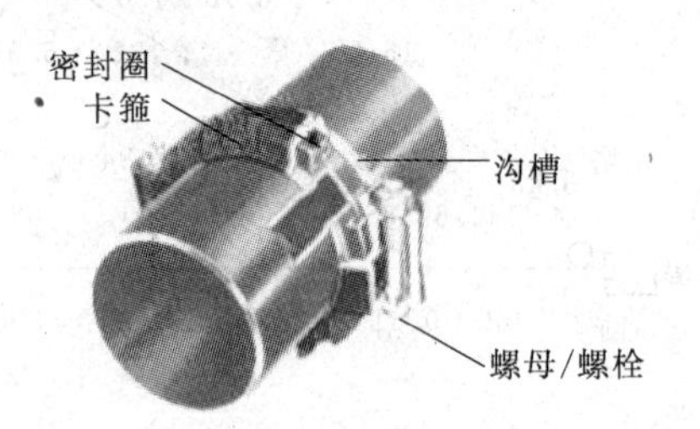

图 2.23 卡箍连接

卡箍连接的结构非常简单，包括卡箍（材料球墨铸铁或铸钢）、密封圈（材料为橡胶）和螺栓紧固件（图 2.23）。卡箍连接具有快速、简易、安全、可靠、经济、免电焊、无污染的优点，而且可以吸收管路噪声、震动传播及热胀冷缩，便于管路的维修与保养，不受安装场所限制，易于控制预算成本，具有极大的推广价值。

2）铸铁管。用铸铁浇铸成型的管子。铸铁管材质可分为灰铸铁管和球墨铸铁管。

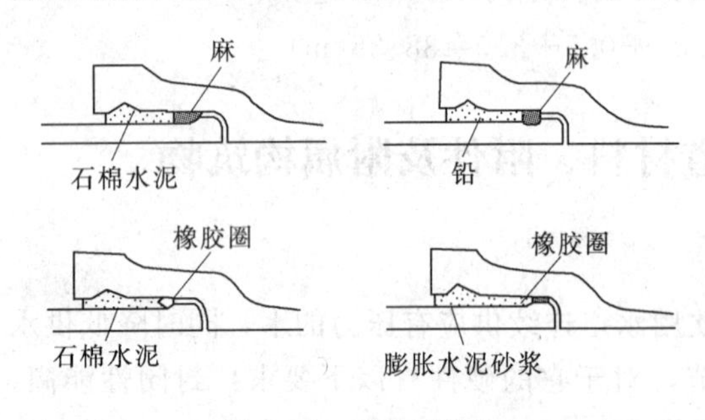

图 2.24 承插式连接

铸铁管接口有两种型式：承插式（图 2.24）和法兰式（同钢管）。水管接头应紧密不漏水且稍带柔性，特别是沿管线的土质不均匀而有可能发生沉陷时。承插式接口适用于埋地管线，安装时将插口接入承口内，两口之间的环形空隙用接头材料填实，接口时施工麻烦，劳动强度大。接口材料一般可用橡胶圈、膨胀水泥砂浆或石棉水泥，特殊情况下也可用铅接口。当承插式铸铁管采用橡胶圈接口时，安装时无需敲打接口，可减轻劳动强度，加快施工进度。

（2）非金属管。在给水工程建设中，有条件时宜以非金属管代替金属管，对于加快工程建设和节约金属材料都有现实意义。

1）塑料管。塑料管一般是以塑料树脂为原料，加入稳定剂、润滑剂等，以“塑”的方法在制管机内经挤压加工而成。虽然它具有质轻、耐腐蚀、外形美观、无不良气味、加工容易、施工方便等优点，但是管材的强度较低，膨胀系数较大，用作长距离管道时，需考虑温度补偿措施，例如伸缩节和活络接口。

塑料管有多种，如硬聚氯乙烯管（UPVC 管）、聚乙烯管（PE 管）、聚丁烯管（PB 管）、交联聚乙烯（PEX）管、聚丙烯共聚物 PP－R、PP－C 管等，城镇室外给水管道常用的塑料管是聚乙烯管（PE 管）。常用的连接方式有热熔连接（图 2.25）、电熔连接和法兰连接（图 2.22）。

热熔连接是将聚乙烯管端界面，利用加热板加热熔融后相互对接融合，经冷却固定连接在一起的方法。该方法经济可靠，其接口在承拉和承压时都比管材本身具有更高的强度。

电熔其实也是热熔的一种，材料中已预设加热线圈，连接时通电加热熔融，熔接质量好

但材料较贵，适用于不方便使用器具热熔，或熔接要求高的场合。

2）钢筋混凝土管。钢筋混凝土管分为普通钢筋混凝土管、自应力钢筋混凝土管；预应力钢筋混凝土管。

a. 自应力钢筋混凝土管。自应力管是用自应力混凝土并配置一定数量的钢筋制成的。制管工艺简单，成本较低。制管用的自应力水泥是水泥和二水石膏，按适当比例加工制成，所用钢筋为低碳冷拔钢丝或钢丝网。但由于容易出现二次膨胀及横向断裂，目前主要用于小城镇及农村供水系统中。

图 2.25　热熔连接

b. 预应力钢筋混凝土管。用于给水的预应力混凝土管道，目前国内使用的有两种：一种是预应力钢筋混凝土管；另一种是钢套筒预应力混凝土管（简称 PCCP 管）。其特点是造价低，抗震性能强，管壁光滑，水力条件好，耐腐蚀，爆管率低，但重量大，不便于运输和安装。

预应力钢筋混凝土管在设置阀门、弯管、排气、放水等装置处，须采用钢管配件。顶应力钢筒混凝土管是在预应力钢筋混凝土管内放入钢筒，其用钢量比钢管省。接口为承插式，承口环和插口环均用扁钢压制成型，与钢筒焊成一体。

（3）复合管。

1）玻璃钢管（FRP 管）。主要以玻璃纤维及其制品为增强材料，以高分子成分的不饱和聚酯树脂、环氧树脂等为基本材料，以石英砂及碳酸钙等无机非金属颗粒材料为填料作为主要原料玻璃钢管属热固性塑料管。玻璃钢管重量轻（约为钢管的 1/2），承压能力高、内壁光滑、耐腐蚀、施工安装方便，但价格高于钢管（约 1.5 倍）。玻璃钢管采用对接胶合连接、承插胶合连接、橡胶圈承插连接、法兰连接等型式。

2）耐冲击 UPVC 管。耐冲击 UPVC 管是将已有的 UPVC 管通过物理和化学处理，形成具有高密度硬质中心层和耐冲击内外硬质属的三层结构，用以改善普通 UPVC 管抗低温冲击强度低的缺陷，试验证实这种三层结构的管道比铸铁给水管有更高的耐冲击强度和拉伸强度。

3）钢骨架塑复合管。钢丝网骨架塑料复合管是一款改良过的新型的钢骨架塑料复合管，这种管材又称为 srtp 管。这种新型管道是用高强度过塑钢丝网骨架和热塑性塑料聚乙烯为原材料，钢丝缠绕网作为聚乙烯塑料管的骨架增强体，以高密度聚乙烯（HDPE）为基体，采用高性能的 HDPE 改性黏结树脂将钢丝骨架与内、外层高密度聚乙烯紧密地连接在一起，使之具有优良的复合效果。因为有了高强度钢丝增强体被包覆在连续热塑性塑料之中，因此这种复合管克服了钢管和塑料管各自的缺点，而又保持了钢管和塑料管各自的优点。钢骨架塑料复合管克服了钢管耐压不耐腐、塑料管耐腐不耐压、钢塑管易脱层等缺陷。

2. 给水配件

在管线转弯、分支、直径变化以及连接其他附属设备处，须采用各种标准水管配件。例如，承接分支用三通；管线转弯处采用各种角度的弯管；变换管径处采用渐缩管；改变接口型式处采用短管，如连接法兰用承盘短管；还有修理管线时用的配件，接消火栓用的配件等，如图 2.26 所示。

(a) 承插 45°弯头　(b) 承插 90°弯头　(c) 承插 22.5°弯头　(d) 双承 90°弯头

(e) 双盘 90°弯头　(f) 承盘短管　(g) 插盘短管　(h) 套管

(i) 承插三通　(j) 承插盘三通　(k) 三盘三通　(l) 承插内丝三通

图 2.26　铸铁给水配件

水管及配件是安装给水管网的主要材料，选用时应综合考虑管网中所承受的压力、敷设地点的土质情况、施工方法和可取得的材料等因素。正确的选用管道材料，对工程质量、供水的安全可靠性及维护保养均有很大关系。因此，给水工程技术人员必须重视和掌握水管材料的种类、性能、规格、使用经验、价格和供应情况，才能做到合理选用水管材料，做出正确的设计。

2.3.2　城镇给水管网附件

给水附件指给水管道上的调节水量、水压、控制水流方向以及断流后便于管道、仪器和设备检修用的各种阀门。

1. 阀门

在给水管网的运行中，阀门起着对流体介质的开通、截断和调节流量、压力和改变流向的控制作用，阀门的这些作用是保证管网中自来水畅通输配，以及配合管网维修改造施工的必要条件，因此阀门的功能实现，将直接影响正常供水和安全供水。

安装阀门的位置：一是在管线分支处；二是在较长管线上；三是穿越障碍物时。因阀门的阻力大，价格昂贵，所以阀门的数量应保持调节灵活的前提下尽可能的少。阀门的口径一般和水管的直径相同，但当管径较大阀门价格较高时，为降低造价可安装 0.8 倍水管直径的阀门。

(1) 闸阀。用闸板作启闭件并沿阀座轴线垂直方向移动，以实现启闭动作的阀门。闸阀的启闭件是闸板，闸板的运动方向与流体方向相垂直，闸阀只能作全开和全关，不能作调节和节流。因为当闸阀处于半开位置时，闸板会受流体冲蚀和冲击而使密封面破坏，还会产生振动和噪声，如图2.27所示。

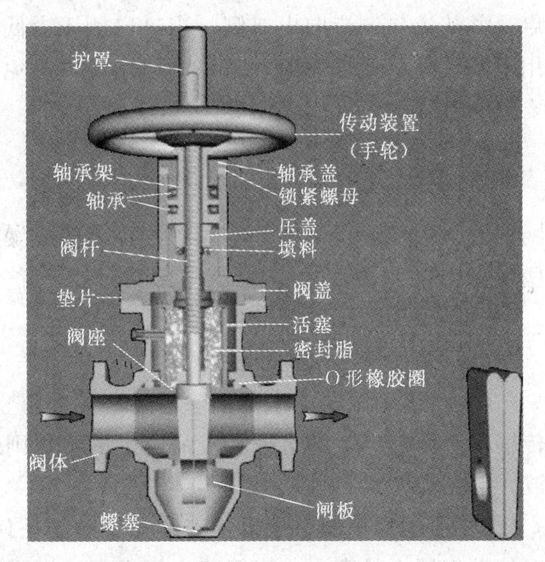

图2.27 闸阀

闸阀的主要优点是流道通畅，流体阻力小，启闭扭矩小；主要缺点是密封面易擦伤，启闭时间较长，体形和重量较大。闸阀在管道上的应用很广泛，常应用于$DN50$以上的管道中。

(2) 截止阀。截止阀是用于截断介质流动的，截止阀的阀杆轴线与阀座密封面垂直，通过带动阀芯的上下升降进行开断，如图2.28所示。截止阀一旦处于开启状态，它的阀座和阀瓣密封面之间就不再有接触，并具有非常可靠的切断动作，因而它的密封面机械磨损较小，由于大部分截止阀的阀座和阀瓣比较容易修理或更换密封元件时无需把整个阀门从管线上拆下来，这对于阀门和管线焊接成一体的场合是很适用的。常应用于$DN50$以下的管道中。

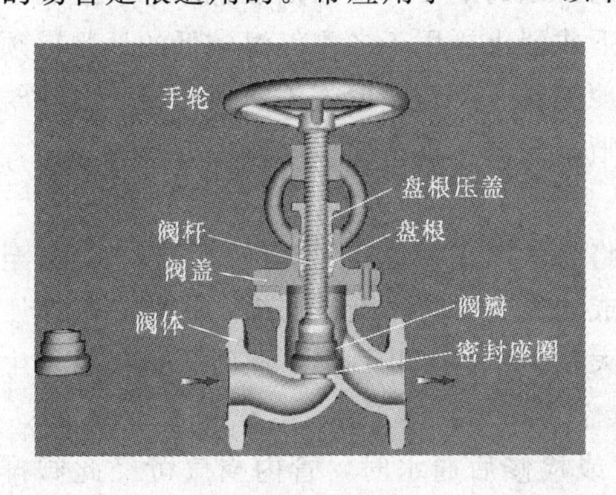

图2.28 截止阀

(3) 蝶阀。蝶阀的启闭件是一个圆盘形的蝶板，在阀体内绕其自身的轴线旋转，从而达到启闭或调节的目的。其结构简单，开启方便，旋转90°就可全开或全关。蝶阀宽度较一般阀门为小，但闸板全开时占据上下游管道的位置，因此不能紧贴楔式和平行式阀门旁安装。蝶阀可用在中、低压管线上，例如，水处理构筑物和泵站内。

(4) 安全阀。安全阀是启闭件受外力作用下处于常闭状态，当设备或管道内的介质压力升高超过规定值时，通过向系统外排放介质来防止管道或设备内介质压力超过规定数值的特殊阀门。安全阀属于自动阀类，主要用于锅炉、压力容器和管道上，控制压力不超过规定值，对人身安全和设备运行起重要保护作用。注意安全阀必须经过压力试验才能使用。

(5) 浮球阀。浮球阀是由由曲臂和浮球等部件组成的阀门，可用来自动控制水塔或水池的液面。具有保养简单，灵活耐用，液位控制准确度高，水位不受水压干扰且开闭紧密不漏水等特点。浮漂始终都要漂在水上，当水面上涨时，浮漂也跟着上升，浮漂上升就带动连杆也上升，连杆与另一端的阀门相连，当上升到一定位置时，连杆支起橡胶活塞垫，封闭水源。当水位下降时，浮漂也下降，连杆又带动活塞垫开启。

(6) 止回阀。止回阀又称单向阀，它用来限制水流朝一个方向流动。一般安装在水泵出水管，用户接管和水塔进水管处，以防止水的倒流。通常，流体在压力作下使阀门的阀瓣开启，并从进口侧流向出口侧。当进口侧压力低于出口侧时，阀瓣在流体压力和本身重力的作用下自动地将通道关闭，阻止流体逆流，避免事故的发生。按阀瓣运动方式不同，止回阀主要分为升降式、旋启式两类。

2. 水锤消除设备

水锤是供水装置中常见的一种物理现象，它在供水装置管路中的破坏力是惊人的，对管网的安全平稳运行是十分有害的，容易造成爆管事故。水锤消除的措施通常可以采用以下一些设备：

(1) 采用恒压控制设备。

(2) 采用泄压保护设备。

1) 水锤消除器。水锤消除器能在无需阻止流体流动的情况下，有效地消除各类流体在传输系统可能产生的水锤和浪涌发生的不规则水击波震荡，从而达到消除具有破坏性的冲击波，起到保护之目的。

2) 泄压保护阀。该设备安装在管道的任何位置，和水锤消除器工作原理一样，只是设定的动作压力是高压，当管路中压力高于设定保护值时，排水口会自动打开泄压。

(3) 采用控制流速设备。

(4) 在管路中各峰点安装可靠的排气阀也是必不可少的措施。

3. 消火栓

消火栓有地上式消火栓、地下式消火栓和墙壁式消火栓3类。

地上式消火栓，一般布置在交叉路口消防车可以驶近的地方，并涂以红色标志，适用于不冰冻地区，或不影响城市交通和市容的地区。地下式消火栓用于冬季气温较低的地区，须安装在阀门井内，不影响市容和交通，但使用不如地上式方便。墙壁式消防栓，安装在建筑墙根外，墙壁上只露两个接口和装饰标牌，目标清晰，美观，不占面位，使用方便。

4. 排气阀和泄水阀

(1) 排气阀。管道在运行过程中，水中的气体将会逸出在管道高起部位积累起来，甚至形成气阻，当管中水流发生波动时，隆起的部位形成的气囊，将不断被压缩、扩张，气体压缩后所产生的压强，要比水被压缩后所产生的压强大几十倍甚至几百倍，此时管道极易发生破裂。这就需要在管网中设置排气阀。

排气阀安装在管线的隆起部分，使管线投产时或检修后通水时，管内空气可经此阀排出。长距离输水管一般随地形起伏敷设，在高处设排气阀。

(2) 泄水阀。为了排除管道内沉积物或检修放空及满足管道消毒冲洗排水要求，在管道下凹处及阀门间管段最低处，施工时应预留泄水口，用以安装泄水阀。确定泄水点时，要考虑好泄水的排放方向，一般将其排入附近的干渠、河道内，不宜将泄水通向污水渠，以免污水倒灌污染水源。

泄水阀和排水管的直径，由所需放空时间决定。放空时间可按一定工作水头下孔口出流公式计算。为加速排水，可根据需要同时安装进气管或进气阀。水平横管宜有0.002～0.005的坡度坡向泄水阀。

2.3.3 城镇给水管网附属构筑物

1. 阀门井

地下管线及地下管道（如自来水管道等）的阀门为了在需要进行开关操作或者检修作业

时方便，就设置了类似小房间的一个井，将阀门等布置在这个井里，这个井就称为阀门井。

管网中的附件一般应安装在阀门井内。为了降低造价，配件和附件应布置紧凑，阀门井的平面尺寸，取决于水管直径以及附件的种类和数量，但应满足阀门操作和安装拆卸各种附件所需的最小尺寸。阀门井一般用砖砌、混凝土砌块砌筑或钢筋混凝土建造，也可用塑料复合材料制成的成品阀门井，如图 2.29 所示。

图 2.29　阀门井

阀门井的型式根据所安装的附件类型、大小和路面材料而定。例如，直径较小、位于人行道上或简易路面以下的阀门，可采用阀门套筒，但在寒冷地区，因阀杆易被渗漏的水冻住，因而影响开启，所以一般不采用阀门套筒，安装在道路下的大阀门，可采用混凝土砌块阀门井。位于地下水位较高处的阀门井，井底和井壁应不透水，在水管穿越井壁处应保持足够的水密性。阀门井应有抗浮的稳定性。

2. 给水管网管道支墩

承插式接口的管线，在弯管处、三通处、水管尽端的盖板上以及缩管处，都会产生拉力，接口可能因此松动脱节而使管线漏水，因此在这些部位须设置支墩以承受拉力和防止事故。

根据异形管在管网中布置的方式，支墩有以下几种常用类型：

(1) 水平支墩。又分为弯头处支墩、堵头处支墩、三通处支墩。

(2) 上弯支墩。管中线由水平方向转入垂直向上方向的弯头支墩。

(3) 下弯支墩。管中线由水平方向转入垂直向下方向的弯头支墩。

3. 城镇给水管网穿越障碍物

(1) 给水管通过铁路、公路。管线穿过铁路时，其穿越地点、方式和施工方法，应严格按照铁路部门穿越铁路的技术规范。根据铁路的重要性，采取以下措施：穿越临时铁路或一般公路，或非主要路线且水管埋设较深时，可以不设套管，但应尽量将铸铁管接口放在两股道之间，并用青铅接头，钢管则应有相应的防腐措施；穿越较重要的铁路或交通频繁的公路时，水管须放在钢筋混凝土套管内，套管直径根据施工方法而定，大开挖施工时应比给水管直径大 300mm，顶管法施工时应比给水管的直径大 600mm。穿越铁路或公路时，水管管顶应在铁路路轨底或公路路面以下 1.2m 左右。管道穿越铁路时，两端应设检查井，井内设阀门或排水管等，如图 2.30 所示。

(2) 管线穿越河川山谷。管线穿越河川山谷时，可利用现有桥梁架设水管，或敷设倒虹管，或建造水管桥，应根据河道特性、通航情况、河岸地质地形条件、过河管道材料和直径、施工条件选用。

给水管架设在现有桥梁下穿越河流最为经济，施工和检修比较方便，通常水管架在桥梁的人行道下。

若无桥梁可以利用，则可考虑设置倒虹管或架设管桥。倒虹管（图 2.31）从河底穿越，其优点是隐蔽，不影响航运，但施工和检修不便。倒虹管设置一条或两条，在两岸应设阀门井。阀门井顶部标高应保证洪水时不致淹没。井内有阀门和排水管等。倒虹管顶在河床下的深度，一般不小于 0.5m，但在航道线范围内不应小于 1m。倒虹管一般用钢管，并须加强防

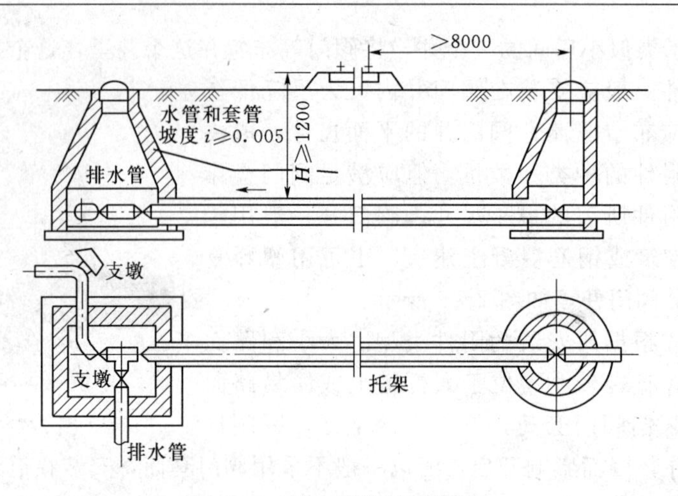

图 2.30　给水管穿越铁路图

腐措施。当管径小、距离短时用铸铁管，但应采用柔性接口。倒虹管直径按流速大于不淤流速计算，通常小于上下游的管线直径，以降低造价和增加流速，减少管内淤积。

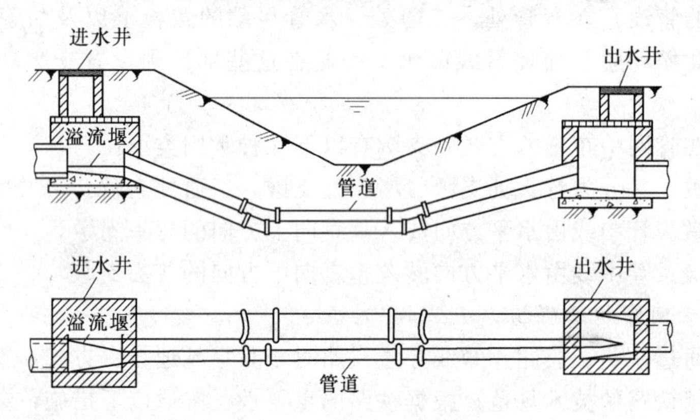

图 2.31　倒虹管示意图

大口径水管由于重量大，架设在桥下有困难时，或当地无现成桥梁可利用时，可建造直管桥（图 2.32），架空跨越河道。直管桥应有适当高度以免影响航行。架空管一般用钢管或铸铁管，为便于检修可以用青铅接口，也有采用承插式预应力钢筋混凝土管。在过桥水管或水管桥的最高点，应安装排气阀，并且在桥管两端设置伸缩接头。在冰冻地区应有适当的防冻措施。

钢管过河时，本身也可作为承重结构，称为拱管（图 2.33），施工简便，并可节省架设

图 2.32　直管桥

图 2.33　拱管桥

水管桥所需的支承材料。拱管一般由每节长度为 1～1.5m 的短管焊接而成，焊接的要求较高，以免吊装时拱管下垂或开裂。拱管在两岸有支座，以承受作用在拱管上的各种作用力。

思考题与习题

1. 根据用户用水的目的，通常将水分为哪几类？

2. 给水管道系统的组成有哪些？

3. 给水管网布置的两种基本型式是什么？试比较它们的优缺点？

4. 设计城镇给水系统时应考虑哪些用水量？

5. 说明日变化系数 K_d 和时变化系数 K_h 的意义，并解释其符号的意义？

6. 某城镇平均日用水量为 1.5 万 m^3/d，日变化系数为 1.4，时变化系数为 1.8，求该城镇最高日平均时和最高时设计流量。

7. 什么是长度比流量、面积比流量？怎样计算？各有什么优缺点及适用条件？

8. 为什么要进行管网图形的简化？怎样进行管网图形的简化？

9. 某城市供水区总用水量为 93.75L/s，如图 2.34 所示节点 4 接某工厂，工业用水量为 6.94L/s，节点 1～2～3 单边供水，其余两边供水，求沿线流量。

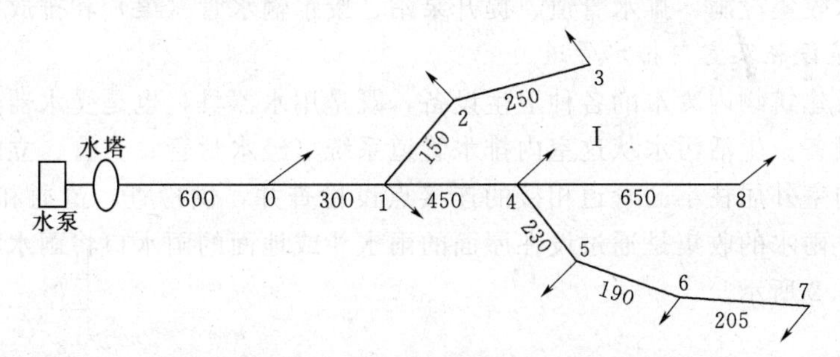

图 2.34　某城市供水区管网计算

10. 某城镇最高时总用水量为 284.7L/s，其中集中供应工业用水量为 189.2L/s。干管各管段编号及长度如图 2.35 所示，管段 4～5、1～2 及 2～3 为单侧配水，其余为两侧配水。试求：(1) 干管的比流量；(2) 各管段的沿线流量；(3) 各节点流量。

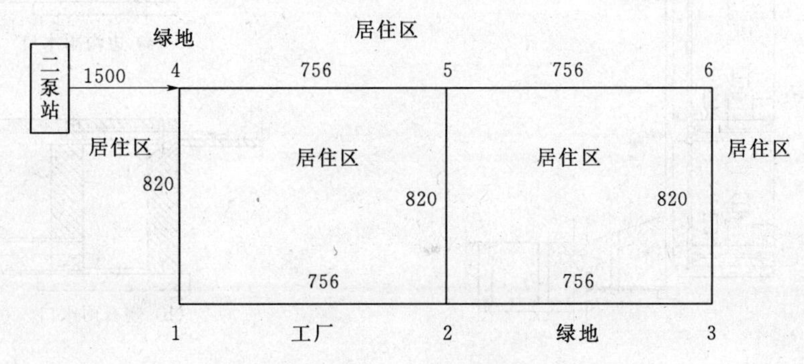

图 2.35　某城镇供水管网计算

学习项目3　室外排水管道基本知识

【学习目标】 学生通过本学习项目的学习，掌握顶管测量与校正的思路；掌握排水管道不开槽施工各个方法（掘进顶管、挤出土顶管、盾构法施工、水平定向钻施工）的主要施工工序与施工技术；掌握采用不开槽施工方法安装后的管道进行检查和验收的主要方法；理解盾构推进时系统的顶力计算步骤。

学习情境3.1　排水管道系统的组成

排水管道系统是指排水的收集、输送、处理、利用及排放等设施以一定方式组合的总体。

3.1.1　城镇污水排水管道系统的组成

城镇污水排水管道系统承担污水和废水的收集、输送的任务，起到防止环境污染的作用。一般由废水收集设施、排水管道、提升泵站、废水输水管（渠）和排放口等组成。

1. 废水收集设施及室内排水管道

收集住宅及建筑物内废水的各种卫生设备，既是用水器具，也是受水器具，又是污水排水系统的起点设备。生活污水从这室内排水管道系统（经水封管、支管、立管和出户管等）。在每一出户管与室外居住小区管道相接的连接点设检查井，供检查、清通和衔接管道之用，如图3.1所示。雨水的收集是通过设在屋面的雨水斗或地面的雨水口将雨水收集到雨水排水管道的，如图3.2所示。

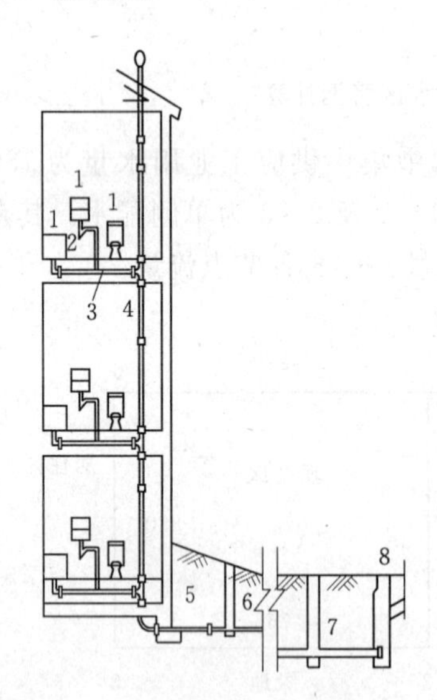

图3.1　生活污水收集系统

1—房屋卫生设备；2—水封；3—支管；4—竖管；5—出户管；6—庭院污水管道；7—连接支管；8—检查井

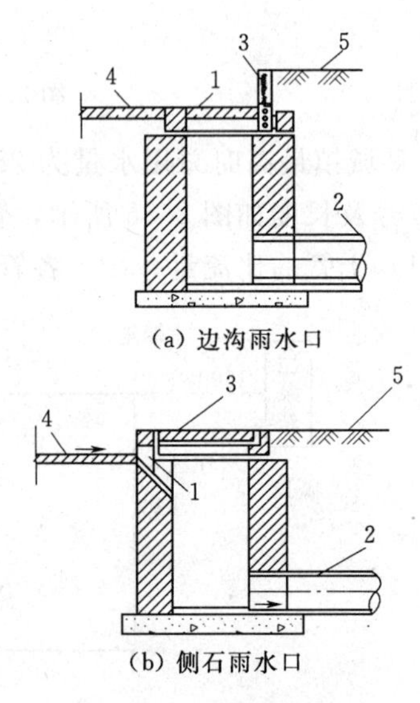

图3.2　街道路面雨水排水口

1—雨水进口；2—连接管；3—侧石；4—道路；5—人行道

2. 排水管道

这是指分布于排水区域内的排水管道（渠），其功能是将收集到的污水、废水和雨水等输送到处理地点或排放口，以便集中处理或排放。它又分为居住小区管道系统和街道管道系统。

（1）居住小区管道系统。敷设在居住小区内，连接各建筑物出户管和雨水口的管道系统。它分小区支管和小区干管。小区支管是指布置在居住组团内与接户管连接的排水管道，一般布置在组团内道路下。小区干管是指居住小区内，接纳居住组团内小区支管流来的废水或雨水的排水管道，一般布置在小区道路或市政道路下。

（2）街道排水管道系统。敷设在街道下，用以排除居住小区管道流来的废水或雨水。在一个小区内它是由支管、干管、主干管等组成。一般沿着地面高程由高向低布置成树状管网。由于污水含有大量的漂浮物和气体，所以污水管道一般采用非满流管道，以保留漂浮物和气体的流动空间。雨水管道一般采用满流管道。

3. 排水管道系统上的构筑物

排水管道系统中设置有雨水口、检查井、跌水井、溢流井、水封井、换气井、倒虹管等附属构筑物及流量等检测设施，便于系统的运行与维护管理。

4. 排水调节池

这是指拥有一定容积的污水、废水和雨水储存设施。用于调节排水管道流量或处理水量的差值。通过水量调节池可以降低其下游高峰排水量，从而减少输水管渠或污水处理设施的设计规模，降低工程造价。

水量调节池还可以在系统事故时储存短时间的排水量，以降低造成环境污染的危害。水量调节池也能起到均和水质的作用，特别是工业废水，不同工厂和不同车间排水的水质不同，不同时段排水的水质也会变化，不利于净化处理，调节池可以中和酸碱，均化水质。

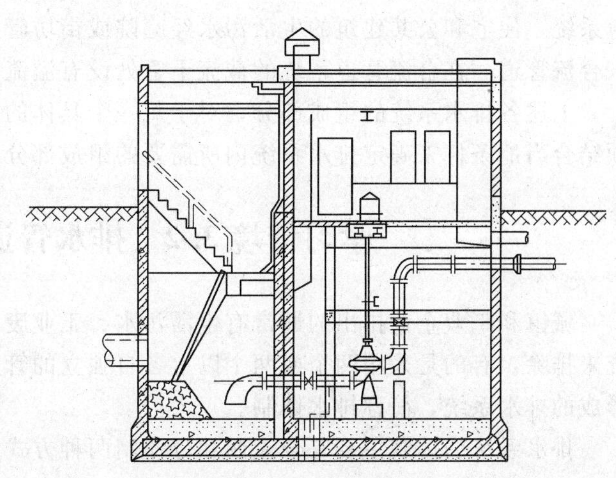

图 3.3　排水提升泵站

5. 提升泵站及压力管道

室外排水一般按重力流输送，因此管道一般按一定坡度敷设，但往往由于受到地形等条件的限制而需要把低处的水向高处提升，这时就需要设置泵站。泵站分为中途泵站、局部泵站和总泵站。压送从泵站出来的水至高地自流管道或至污水处理厂的承压管段称为压力管道，某排水提升泵站如图 3.3 所示。

提升泵站应根据需要设置，当管道系统的规模较大或需要长距离输送时，可能需要设置多座泵站。因雨水的径流量较大，一般应尽量不设或少设雨水泵站，但在必要时也要设置。

6. 废水输水管（渠）

这是指长距离输送废水的压力管道或渠道。为了保护环境，污水处理设施往往建在离城市较远的地区，排放口也选在远离城市的水体下游，都需要长距离输送。

7. 出水口及事故排出口

排水管道的末端是废水排放口，与接纳废水的水体连接。为了保证排放口的稳定，或者使废水能够比较均匀地与接纳水体混合，需要合理设置排放口。事故排出口是指在排水系统发生故障时，把废水临时排放到天然水体或其他地点的设施，通常设置在某些易于发生故障的构筑物面前（如在总泵站的前面）。

3.1.2　城镇雨水排水管道系统的组成

城镇雨水排水管道系统主要由下列几个部分组成：

（1）建筑物的雨水管道系统和设备。主要是收集工业、公共或大型建筑的屋面雨水，并将其排入室外的雨水管渠中去。

（2）居住小区或工厂雨水管渠系统。

（3）街道雨水管渠系统。

（4）排洪沟。

（5）出水口。

收集屋面的雨水用雨水斗或天沟，收集地面的雨水用雨水口。地面上的雨水经雨水口流入居住小区、厂区或街道的雨水管渠系统。雨水排水系统的室外管渠系统基本上和污水排水系统相同。同样，在雨水管渠系统也设有检查井等附属构筑物。雨水一般既不处理也不利用，直接排入水体。此外，因雨水径流较大，一般应尽量不设或少设雨水泵站，但在必要时也要设置。

合流制排水系统的组成与分流制相似，同样有室内排水设备、室外居住小区以及街道管道系统。住宅和公共建筑的生活污水经庭院或街坊管道流入街道管道系统。雨水经雨水口进入合流管道。在合流管道系统的截流干管处设有溢流井。

上述各排水系统的组成部分，对于每一个具体的排水系统来说并不一定都完全具备，必须结合当地条件来确定排水系统内所需要的组成部分。

学习情境 3.2　排水管道系统的体制

城镇和工业企业排出的通常有生活污水、工业废水与雨水，它们有的是采用同一管道系统来排除，有的是采用两个或两个以上各自独立的管渠系统来排除。这种不同的排除方式所形成的排水系统，简称排水体制。

排水系统的体制主要有合流制和分流制两种方式。

3.2.1　合流制排水系统

合流制排水系统就是采用同一管渠来收集和输送生活污水、工业废水和雨水的系统。根据污水汇集后的处置方式不同，一般又分为3种情况。

1. 直排式合流制排水系统

管道系统的布置就进坡向水体，混合的污水未经任何处理直接排入水体。国内外老城市的旧城区因为工业不发达、废水量小几乎都是采用这种排水体制。

2. 截流式合流制排水体制

该系统是沿河岸边敷设一条截流干管，同时在截留干管上设置溢流井，并在下游设置污水处理厂（图 3.4）。这种排水体制虽比直排式有了较大的改进，但在雨天雨量较大时，将

会有部分污水经溢流井直接流入水体，使得水体遭到一定程度的污染。这种体制适用于国内外对老城区的旧合流制的改造。

3. 完全合流制排水体制

该系统是将生活污水、工业废水和雨水通过一条管渠排除，并全部送至污水处理厂进行处理。这种排水体制对保护城市的水环境有利，在接到下管道综合也较方便，但工程量大、初期投资大、污水处理厂运行管理不便。目前国内采用者不多。

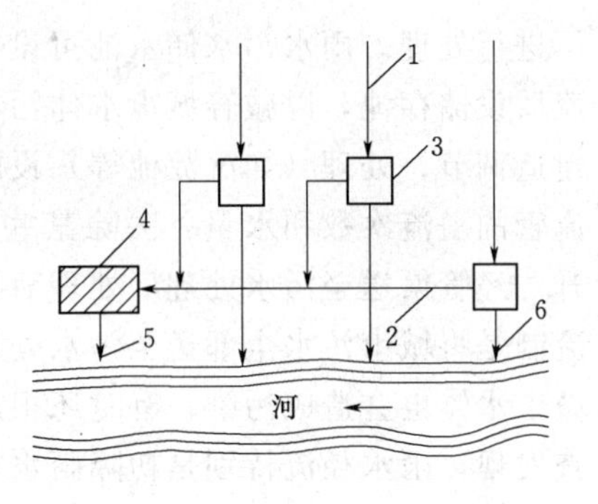

图 3.4 截流式合流制排水系统
1—干管；2—截流主干管；3—溢流井；
4—污水处理厂；5—出水口；
6—溢流出水口

3.2.2 分流制排水系统

分流制排水系统就是采用不同管渠来收集和输送生活污水、工业废水和雨水的系统。根据雨水的排除方式不同，一般又分为两种情况。

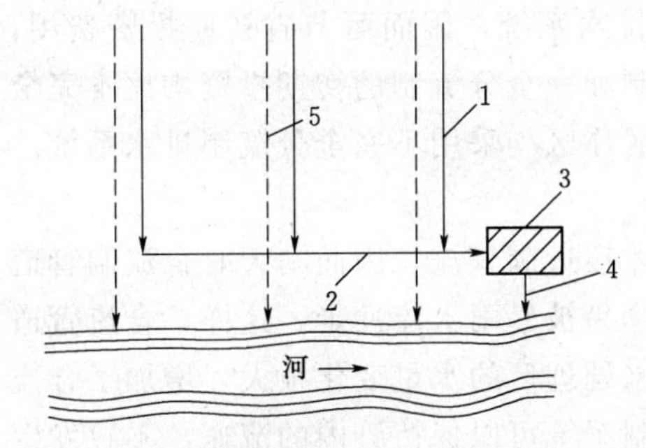

图 3.5 分流制排水系统
1—污水干管；2—污水主干管；
3—污水处理厂；4—出水口；
5—雨水干管

1. 完全分流制排水系统

生活污水和工业废水通过污水管道系统送至污水处理厂，经处理后再排入水体；雨水是通过雨水管道系统直接排入水体（图 3.5）。这种排水系统比较符合环境保护的要求，但一次性投资较大。

2. 不完全分流制排水系统

生活污水和工业废水通过污水管道系统送至污水处理厂，经处理后再排入水体；雨水没有完整的排水系统，是沿着地面、道路边沟、明渠和小沟进入水体。这种排水体制可以节省初期投资，可分期建设，有利于城镇的逐步发展。

3.2.3 排水体制的选择

合理地选择排水系统的体制，是城市和工业企业排水系统规划和设计的重要问题。它不仅从根本上影响排水系统的设计、施工、维护管理，而且对城市和工业企业的规划和环境保护影响深远，同时也影响排水系统工程的总投资和初期投资费用以及维护管理费用。通常，排水系统体制的选择应满足环境保护的需要，根据当地条件，通过技术经济比较确定。而环境保护应是选择排水体制时所考虑的主要问题。下面从不同角度来进一步分析各种体制的使用情况。

1. 环境保护方面

如果采用合流制将城市生活污水、工业废水和雨水全部截流送往污水处理厂进行处理，然后再排放，从控制和防止水体的污染角度看是较好的；但这时截流主干管尺寸很大，污水处理厂容量也增加很多，建设费用也相应地增高。采用截流式合流制时，在暴雨径流之初，原沉淀在合流管渠的污泥被大量冲起，经溢流井溢入水体，即所谓的“第一次冲刷”。同时，雨天时有部分混合污水经溢流井溢入水体。实践证明，采用截流式合流制的城市，水体仍然遭受污染，甚至达到不能容忍的程度。为了改善截流式合流制这一严重缺点，今后探讨的方向是应将雨天时溢出的混合污水予以储存，待晴天时再将储存的混合污水全部送至污水处理厂进行处理。雨水污水储水池可设在溢流出水口附近，或者设在污水处理厂附近，这是在溢流后设储存池，以减轻城市水体污染的补充设施。有时是排水系统的中、下游沿线适当地点建造调节、处理（如沉淀池等）设施，对雨水径流或雨污混合污水进行储存调节，以减少合流管的溢流次数和水量，去除某些污染物以改善出流水质，暴雨过后再由重力流或泵站提升，经管渠送至污水处理厂处理后再排放水体。或者将合流制改建成分流制排水系统等。分流制是将城市污水全部送至污水处理厂进行处理。但初雨径流未加处理就直接排放水体，对城市水体也会造成污染，有时还很严重，这是它的缺点。近年来，国外对雨水径流的水质调查发现，雨水径流特别是初降雨水径流对水体的污染相当严重，甚至提出对雨水径流也要严格控制。分流制虽然具有这一缺点，但它比较灵活，比较容易适应社会发展的需要，一般又能符合城市卫生的要求，所以在国内外获得了较广泛应用。

2. 工程造价方面

据国外有的经验认为合流制排水管道的造价比完全分流制一般要低20%～40%，可是合流制的泵站和污水处理厂比分流制的造价要高。从总造价来看完全分流制比合流制可能要高。从初期投资来看，不完全分流制因初期只建污水排水系统，因而可节省初期投资费用，此外，又可缩短施工期，发挥工程效益也快。而合流制和完全分流制的初期投资均比不完全分流制要大。所以，我国过去很多新建的工业基地和居住区均采用不完全分流制排水系统。

3. 维护管理方面

晴天时污水在合流制管道中只是部分流，雨天时才接近满管流，因而晴天时合流制管道内流速较低，易于产生沉淀。但据经验，管中的沉淀物易被暴雨水流冲走，这样，合流管道维护管理费用可以降低。但是，晴天和雨天时流入污水处理厂的水量变化很大，增加了合流制排水系统污水处理厂运行管理中的复杂性。而分流制系统可以保持管内的流速，不致发生沉淀。同时，流入污水处理厂的水量和水质比合流制变化小得多，污水处理厂的运行易于控制。混合制排水系统的优缺点，是介于合流制和分流制排水系统两者之间。

学习情境3.3　排水管道系统的布置

3.3.1　城镇排水管道系统的布置型式

城镇排水管道系统在平面上的布置，应根据地形、竖向规划、污水处理厂的位置、河流情况以及污水种类等因素而定。下面主要介绍几种常用的以地形为主要考虑因素的布置型式。

1. 正交式布置

在地势向水体有适当倾斜的地区，各排水流域的干管可以最短距离沿与水体垂直相交的方向布置，这种布置称为正交式布置［图3.6（a）］。正交布置的干管长度短、管径小，因而较经济，污水和雨水的排出也直接、迅速。但由于污水未经处理就直接排放，会使水体遭受严重污染。因此，在现代城镇中这种布置型式仅用于排除雨水。

2. 截流式布置

这是正交式发展的结果，在正交式管网布置的基础上，沿低边再敷设主干管，并将各干管的污水截流送至污水处理厂［图3.6（b）］。这种布置型式减轻了水体污染，对改善与保护环境有重大作用。

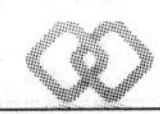

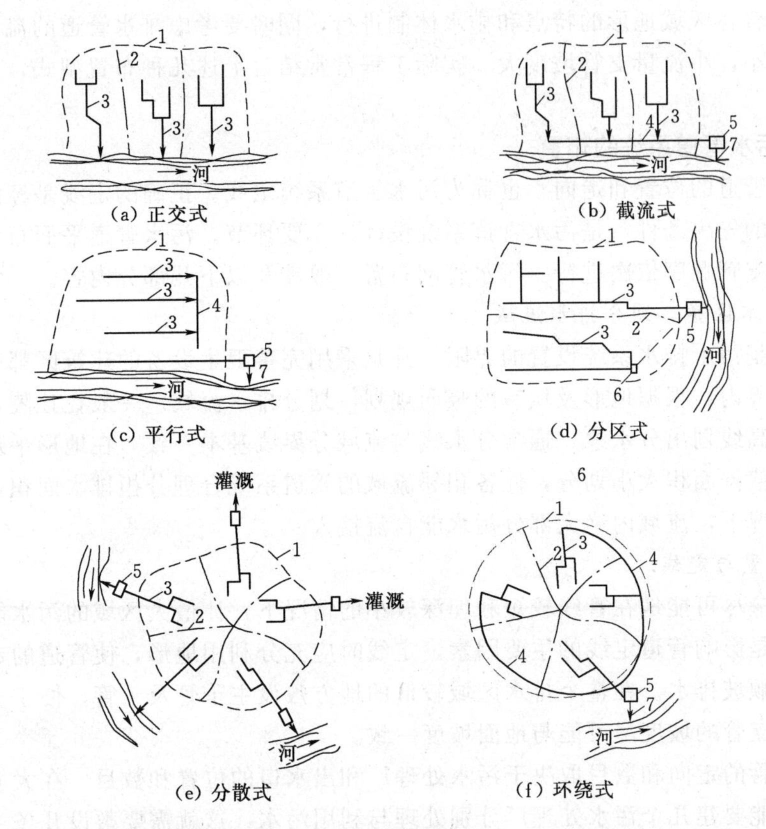

图 3.6　城镇排水管道系统布置型式

1—城镇边界；2—排水流域分界线；3—干管；4—主干管；5—污水处理厂；6—泵站；7—出水口

3. 平行式布置

在地势向河流有较大倾斜的地区，为了避免因干管坡度过大而导致管内流速过大，使管道受到严重冲刷或跌水井过多，同时使干管的水力条件得到改善可使干管与等高线及河道基本平行，主干管与等高线及河道成一倾斜角敷设，这种布置称为平行式布置［图 3.6（c）］。

4. 分区式布置

在地势高低相差很大的地区，当污水或雨水不能靠重力流至污水处理厂或出水口时，可采取分区布置型式［图 3.6（d）］。高地区的污水或雨水靠重力流直接流入污水处理厂或出水口；而低地区的污水或雨水用水泵抽送高地区污水处理厂或干管。

5. 分散式布置

当城镇中央部分地势高，且向周围倾斜，四周又有多处排水出路时，各排水流域的干管常采用辐射状分散布置型式［图 3.6（e）］，各排水流域具有独立的排水系统。这种布置具有干管长度短、管径小、管道埋深浅、便于污水灌溉等优点，但污水处理厂和泵站的数量可能增多。在地势平坦的大城市，采用这种布置型式可能是相对有利的。

6. 环绕式布置

沿四周布置主干管，将各干管的污水截流送至污水处理厂集中处理（雨水就进排入水体），即是由分散式发展为环绕式布置［图 3.6（f）］。

因为各城镇地形存在很大差异，大中城市不同区域的地形条件也不尽相同，排水管道的

布置应紧密结合各区域地形的特点和排水体制进行，同时要考虑排水管道的流动特点，即大流量干管坡度小，小流量支管坡度大。实际工程常常结合上述几种布置型式，形成丰富的管网布置型式。

3.3.2 城镇污水管道系统的布置

确定污水管道的位置和走向，也称为污水管道系统定线。正确的定线是经济、合理设计污水管道系统的先决条件，是污水管道系统设计的重要环节。污水管道平面布置，一般按主干管、干管、支管顺序依次进行。污水管网布置一般涉及以下几部分内容。

1. 确定排水区界，划分排水流域

排水区界是污水排水系统设置的界限。凡是采用完善卫生设备的建筑区都应设置污水管道。在排水区界内，根据地形及城镇的竖向规划，划分排水流域。一般在丘陵及地形起伏的地区，可按等高线划出分水线，通常分水线与流域分界线基本一致。在地形平坦无显著分水线的地区，可依据面积大小划分，使各相邻流域的管道系统合理分担排水面积，使干管在最大合理埋深情况下，流域内绝大部分污水能自流接入。

2. 管道布置与定线

管道定线应尽可能地在管线较短和埋深较小的情况下，让最大区域的污水能自流排出。

地形一般是影响管道定线的主要因素。定线时应充分利用地形，使管道的走向符合地形趋势，一般宜顺坡排水。在整个排水区域较低的地方敷设主干管及干管，便于支管的污水自流接入，而横支管的坡度尽可能与地面坡度一致。

污水主干管的走向和数目取决于污水处理厂和出水口的位置和数目。在大城市或地形复杂的城市，可能要建几个污水处理厂分别处理与利用污水，这就需要敷设几条主干管。在小城市或地形倾向一方的城市，通常只设一个污水处理厂，则只需敷设一条主干管。若相邻城镇联合建造污水处理厂，则需建造相应的区域污水管道系统。

为了增大上游干管的直径，减小敷设坡度，以致能减少整个管道系统的埋深。将产生大流量污水的工厂或公共建筑物的污水排出口接入污水干管起端是有利的。

管道定线时还应考虑街道宽度及交通情况。污水干管一般不宜敷设在交通繁忙而狭窄的街道下。若街道宽度超过 40m 时，为了减少连接支管的数目和减少与其他地下管线的交叉，可考虑设置两条平行的污水管道。

污水支管的平面布置取决于地形及街坊建筑规划，并应便于用户接管排水。当街坊面积不太大，街坊污水管网可采用集中出水方式时，街道支管敷设在服务街坊较低侧的街道下，如图 3.7（a）所示，称为低边式布置。当街坊面积较大且地势平坦时，宜在街坊四周的街道敷设污水支管，如图 3.7（b）所示，称为周边式布置。街坊内污水管网按各建筑的需要设计，组成一个系统，再穿过其他街坊并与所穿街坊的污水管网相连，如图 3.7（c）所示，

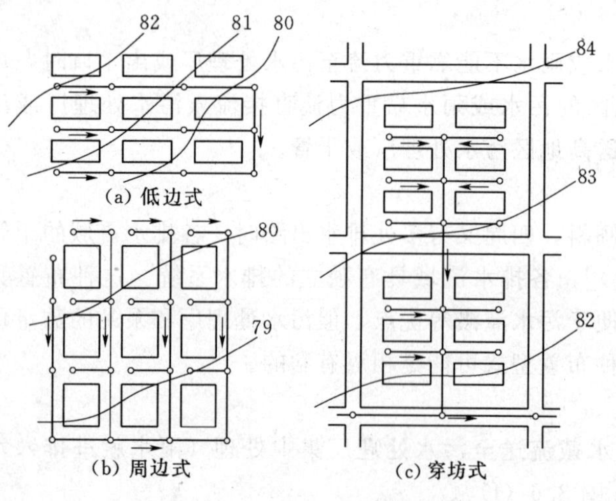

图 3.7 污水支管的布置型式

称为穿坊式布置。

3. 确定污水管道系统的控制点

控制点是指在污水排水区域内，对管道系统的埋深起控制作用的点。各条干管的起点一般都是这条管道的控制点。这些控制点中离出水口最远最低的点，通常是整个管道系统的控制点。具有相当深度的工厂排出口也可能成为这个管道系统的控制点，它的埋深影响整个管道系统的埋深。

确定控制点的管道埋深，一方面应保证排水区域内各点的污水能按重力流排出，并考虑发展留有适当的余地；另一方面不能因照顾个别点而增加整个管道系统的埋深。对于这些点，可采取加强管材强度、增设保温材料、局部填土或设置泵站提高管位等措施，以减小控制点的埋深，从而减小整个管道系统的埋深，降低工程造价。

4. 确定污水管道在街道下的具体位置

在城市和工厂的道路下，常有各种管线工程和地下设施，由于污水管道是重力流管道，管道（尤其是干管和主干管）的埋设深度较大且有很多连接支管，若管线位置安排不当，将会造成施工和维修的困难。所以必须在各种地下设施、管线工程综合规划的基础上合理安排其在街道横断面上的空间位置。所有地下管线应尽量布置在人行道、非机动车道和绿带下，只有在不得已时，才考虑将埋深大、修理次数较少的污水、雨水管布置在机动车道下。管线布置的顺序一般是，从建筑红线向道路中心线方向为：电力电缆—电信电缆—煤气管道—热力管道—给水管道—污水管道—雨水管道。若各种管线布置发生矛盾时，处理的原则是，新建让已建的，临时让永久的，小管让大管，压力管让无压管，可弯让不可弯的，检修次数少的让检修次数多的。

图 3.8 为某市街道下地下管线布置实例。

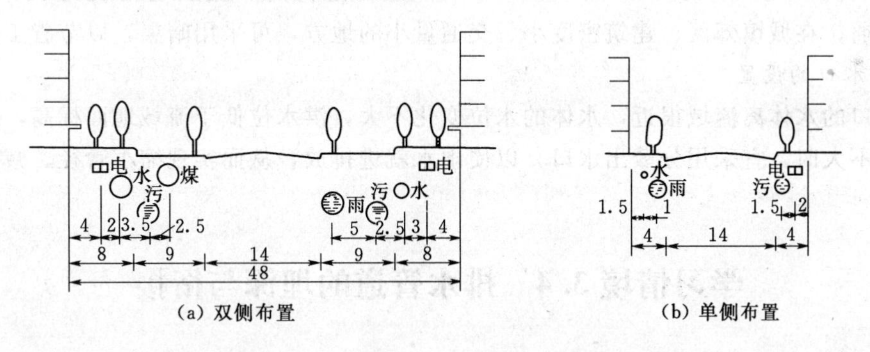

(a) 双侧布置　　(b) 单侧布置

图 3.8　某市街道地下管线布置（单位：m）

3.3.3　雨水管渠系统的布置

城镇雨水管渠系统的布置与污水管道系统的布置相近，但也有它自己的特点。雨水管渠系统的布置，要求使雨水能顺畅及时地从城镇和厂区内排出去。一般可从以下几方面考虑。

1. 充分利用地形，就近排入水体

根据分散和直捷的原则，尽量利用自然地形坡度，多采用正交式布置，以最短的距离按重力流方式排入附近的池塘、河流、湖泊等水体。一般情况下，当地形坡度较大时，雨水干管宜布置在地形地处；当地形平坦时，雨水干管宜布置在排水流域的中间，以便尽可能扩大重力流排出雨水的范围。

2. 根据街坊及道路规划布置雨水管道

通常根据建筑物的分布、道路的布置以及街坊或小区内部的地形、出水口的位置等布置雨水管道，使街坊和小区内大部分雨水以最短距离排入雨水管道。道路边沟最好低于相邻街坊地面标高，尽量利用道路两侧边沟排除地面径流。雨水管道宜布置在人行道或草地下，且与道路平行敷设。当路宽大于40m时，应考虑在道路两侧分别设置雨水管道。同时，雨水干管的平面与竖向布置应考虑与其他地下管线和构筑物在相交处相互协调，以满足其最小净距的要求。

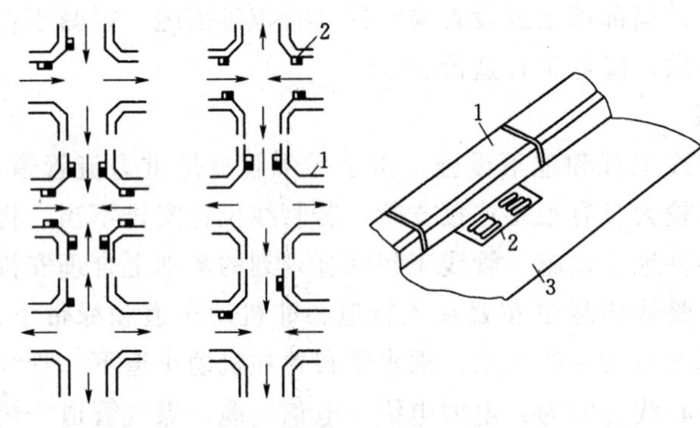

(a) 雨水口在道路上的布置　(b) 道路边雨水口布置

图3.9　道路交叉口雨水口的布置

1—路边石；2—雨水口；3—道路路面

3. 合理布置雨水口，保证路面雨水顺畅排除

雨水口的布置应根据地形和回水汇水面积确定，以使雨水不至漫过路口。一般在道路交叉口的汇水点、低洼地段均应设置雨水口。另外，在道路上每隔25～50m也应设置雨水口。道路交叉口雨水口布置如图3.9所示。

4. 采用明渠与暗渠相结合的型式

在城镇中心区、建筑密度大、交通繁忙段，应采用暗管排除雨水，虽造价高，但卫生情况好、养护方便、不影响交通；在城镇郊区、建筑密度小、交通量小的地方，可采用暗渠，以节省工程造价。

5. 出水口的设置

当出口的水体离流域很近，水体的水位变化不大，洪水位低于流域地面标高，出水口的建筑费用不大时，宜采用分散出水口，以便雨水就进排放，从而实现缩小管径、减小管长的目的。

学习情境3.4　排水管道的埋深与衔接

3.4.1　排水管道的埋设深度

排水管网占排水工程总投资的50%～75%，但合理地确定管道埋深对于降低工程造价是十分重要的。在土质较差、地下水位较高的地区，若能设法降低管道埋深，对于降低工程造价尤为重要。

管道埋深有以下两个意义：

(1) 覆土厚度，指管道外壁顶部到地面的距离，如图3.10所示。

(2) 埋设深度，指管道内壁底到地面的距离，如图3.10所示。

这两个数值都能说明管道的埋设深度。为了降低造价，缩短施工期，管道埋深越小越好。但覆土厚度应有一个最小的现值，否则就不能满足技术上的要求。这个最小限值称为最小覆土厚度。污水管道的最小覆土厚度，一般应满足下述3个因素的要求。

1. 必须防止管道内污水冰冻和因土壤冻胀而损坏管道

《室外排水设计规范》（GB 50014—2006）规定：无保温措施的生活污水管道或水温与生活污水接近的工业废水管道，管底可埋设在冰冻线以上 0.15m。有保温措施或水温较高的管道，管底在冰冻线以上的距离可以加大，其数值应根据该地区或条件相似地区的经验确定。

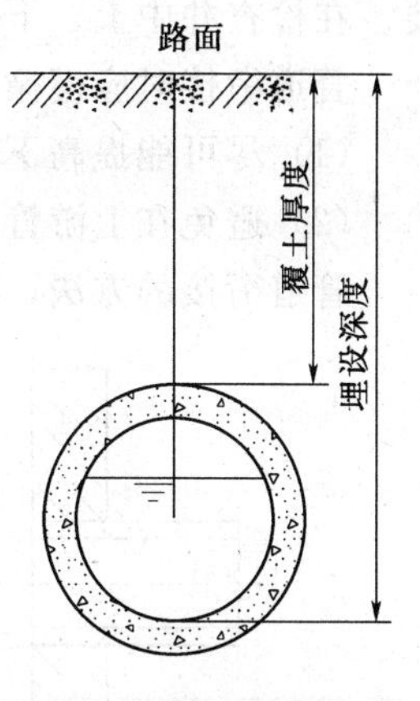

图 3.10　覆土厚度

2. 必须防止管壁因地面荷载而受到破坏

埋设在地面下的污水管道承受着管顶覆盖土壤静荷载和地面上车辆运行产生的动荷载。为防止管道因外部荷载影响而损坏，首先要注意管材质量，另外必须保证管道有一定的覆土厚度。《室外排水设计规范》（GB 50014—2006）规定，在车行道下管顶最小覆土厚度一般不小于 0.7m；在管道保证不受地面荷载损坏时，最小覆土厚度可适当减少。

3. 必须满足街坊污水连接管衔接的要求

为了使住宅和公共建筑内产生的污水能顺利排入街道污水管网，就必须保证街道污水管道起点的埋深大于或等于街坊污水管终点的埋深，而街坊污水管起点的埋深又必须大于或等于建筑物污水出户管的埋深（图 3.11）。这对于确定在气候温暖又地势平坦地区街道管网起点的最小埋深或覆土厚度是很重要的因素。从安装技术方面考虑，要使建筑物首层卫生设备的污水能顺利排出，污水出户管的最小埋深一般采用 0.5～0.7m，所以街坊污水管道起点最小埋深也应有 0.6～0.7m。

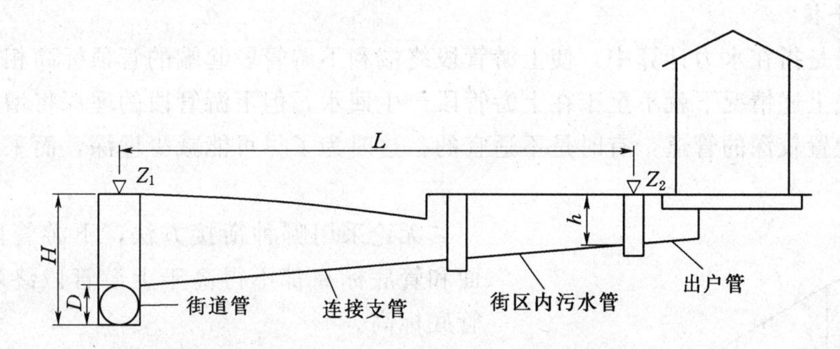

图 3.11　街道污水管最小埋深

对每一个具体管道，从上述 3 个不同的因素出发，可以得到 3 个不同的管底埋深或管顶覆土厚度值，这 3 个数值中的最大一个值就是这一管道的允许最小覆土厚度或最小埋设深度。当管道的坡度大于地面坡度时，管道的埋深就越来越大，尤其在地形平坦的地区更为突出。埋深越大，则造价越高，施工期也越长。管道埋深允许的最大值称为最大允许埋深。该值的确定应根据技术经济指标及施工方法而定，一般在干燥土壤中，最大埋深不超过 7～8m；在多水、流沙、石灰岩地层中，一般不超过 5m。当超过最大埋深时，应考虑建设提升泵站，减小下游管道埋深。

3.4.2　排水管道的衔接

排水管道系统中的检查井是清通维护管道的设施，也是管道的衔接设施。一般在管道管径、坡度、高程、方向发生变化及管道交汇时，必须设置检查井以满足结构和维护管理的需

要。在检查井中上、下游管段必须有较好的衔接，以保证管道顺利运行。

管道衔接时应遵循以下两个原则：

(1) 尽可能提高下游管道的高程，以减小管道埋深、降低造价。

(2) 避免在上游管段中形成回水而造成淤积。

管道衔接的方法，通常有水面平接和管顶平接两种，如图 3.12 所示。

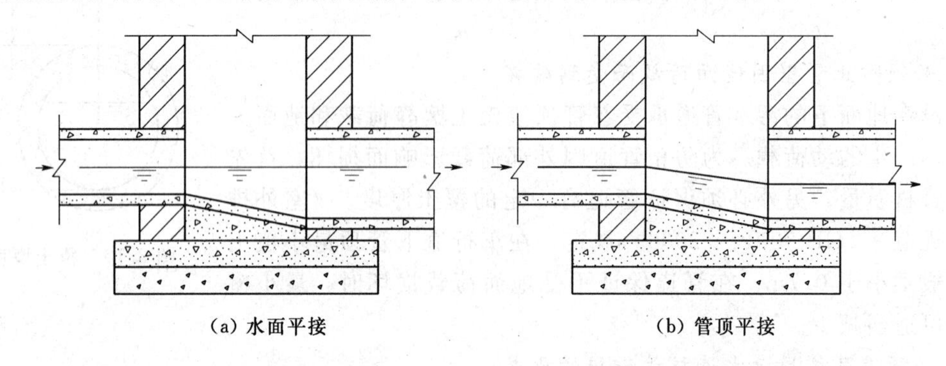

(a) 水面平接　　(b) 管顶平接

图 3.12　污水管道的衔接

1. 水面平接

水面平接是指在水力计算中，使上游管段终端和下游管段起端在指定的设计充满度下的水面相平，即上游管段终端与下游管段起端的水面标高相同。由于上游管段的水面变化较大，水面平接时在上游管段中易形成回水。这种平接方式一般用于上下游管径相同的污水管道的衔接。

2. 管顶平接

管顶平接是指在水力计算中，使上游管段终端和下游管段起端的管顶标高相同。采用管顶平接时，在上述情况下就不至于在上游管段产生回水，但下游管段的埋深将增加。这对于平坦地区或设置较深的管道，有时是不适宜的。这时为了尽可能减少埋深，而采用水面平接的方法。

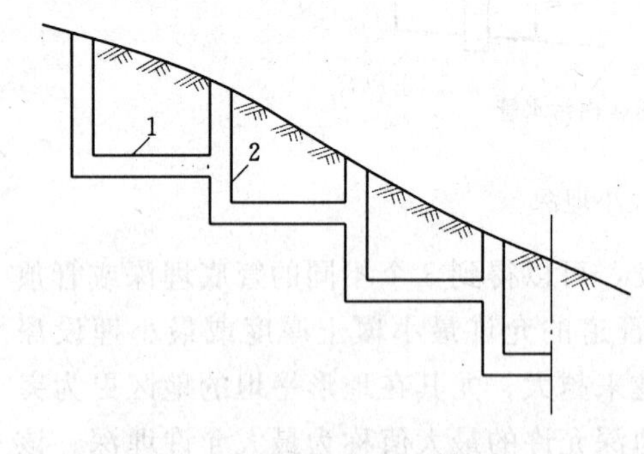

图 3.13　管段跌水连接

1—管段；2—跌水井

无论采用哪种衔接方法，下游管段起端的水面和管底标高都不得高于上游管段终端的水面和管底标高。

在地形坡度较大地区，为了调整管内流速所采用的管道坡度将会小于地面坡度。为了保证下游管段的最小覆土厚度和减少上游管段的埋深，可根据地面坡度采用跌水连接，如图 3.13 所示。

在地势平坦地区，管道坡度大于地面坡度，当管道埋深达到允许最大埋深时，必须减小下游管道埋深，这时上、下游管道采用提升泵站衔接。

在旁侧支管与干管交会处，支管接入干管的转弯角度，与下游管道的夹角一般应大于 90°，以防止在上游管道中产生回水。支管接入交会检查井时，应避免与干管底有较大落差，若落差不足 1m，可在支管上设斜坡；若落差大于 1m 以上，可在支管上设跌水井跌落后再接入交会井，以保证干管有良好的水力条件。

学习情境 3.5　排水管道的水力计算

3.5.1　污水管道水力计算

3.5.1.1　污水管道管段设计流量计算

1. 设计管段的确定

两个检查井之间的管段采用的设计流量不变，且采用同样的管径和坡度，称为设计管段。在确定设计管段时，为了简化计算，不需把每个检查井都作为设计管段的起讫点。因为在直线管段上，为了疏通需要，需在一定距离处设置检查井。估计可以采用同样管径和坡度的连续管段，就可作为一个设计管段。根据管道平面布置图，凡有集中流量进入，有旁侧管道接入的检查井均作为设计管段的起讫点。设计管段的起讫点应编上号码，然后计算每一设计管段的设计流量。

2. 管段设计流量的计算

每一设计管段的污水设计流量可能包括以下几种流量（图 3.14）。

（1）本段流量 q_1。是从管段沿线街坊流来的污水量。

（2）转输流量 q_2。是从上游管段和旁侧管段流来的污水量。

（3）集中流量 q_3。是从工业企业或其他大型公共建筑物流来的污水量。

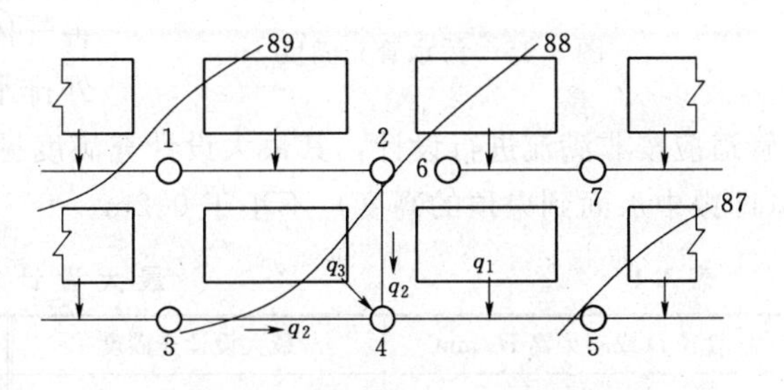

图 3.14　设计管段的设计流量

对于某一设计管段而言，本段流量 q_1 是沿线变化的，但为了计算的方便，通常假定本段流量集中在起点进入设计管段。从上游管段和旁侧管段流来的污水流量以及集中流量对于设计管段是不变的。

只有本段流量的设计管段设计流量可用式（3.1）计算：

$$q_1 = Fq_0K_z \tag{3.1}$$

$$q_0 = \frac{np}{86400} \tag{3.2}$$

式中　q_1——设计管段的本段流量，L/s；

F——设计管段服务的街坊面积，hm^2；

K_z——生活污水量总变化系数；

q_0——单位面积的平均流量，即比流量，L/(s·hm^2)，计算见式（3.2）；

n——居住区生活污水定额，L/(cap·d)；

p——人口密度，cap/hm^2。

具有本段流量 q_1、转输流量 q_2 以及集中流量 q_3 的设计管段设计流量 Q 可用式（3.3）计算：

$$Q = FqK_z + q_3 \tag{3.3}$$

式中　Q——设计管段的设计流量，L/s；

F——设计管段和上游管段的街坊总服务面积，hm^2。

上述计算在初步设计时，只计算干管和主干管的流量。在技术设计时，应计算全部管道的流量。

3.5.1.2　污水管道设计参数

1. 设计充满度

设计流量下，污水在管道中的水深 h 和管道直径 D 的比值称为设计充满度，如图 3.15 所示。当 $h/D=1$ 时称为满流；当 $h/D<1$ 时称为非满流。

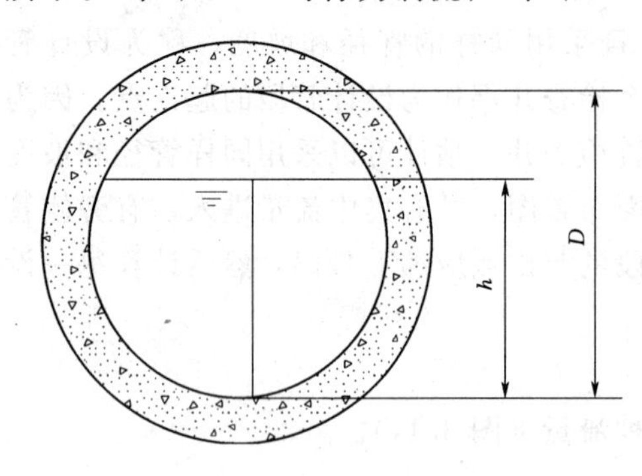

图 3.15　污水管充满度

由于污水流量时刻在变化，很难精确计算，而且雨水或地下水可能通过检查井盖或管道接口渗入污水管道。因此，有必要保留一部分管道断面，为未预见水量的增长留有余地，避免污水溢出妨碍环境。另外，污水管道内沉积的污泥可能分解析出一些有害气体，如污水中可能含有汽油、苯、石油等易燃液体时，可能形成爆炸性气体。故需留出适当的空间，以利管道的通风，排除有害气体，对防止管道爆炸有良好效果。因此，《室外排水设计规范》（GB 50014—2006）规定，污水管道应按非满流进行设计，其最大设计充满度见表 3.1。对于明渠，设计规范规定设计超高（即渠中水面到渠顶的高度）不小于 0.2m。

表 3.1　　**最大设计充满度**

管径 D 或暗渠高 H/mm	最大设计充满度	管径 D 或暗渠高 H/mm	最大设计充满度
200～300	0.55	500～900	0.70
350～400	0.65	≥1000	0.75

在计算污水管道充满度时，不包括淋浴或短时间内突然增加的污水量，但当管径小于或等于 300mm 时，应按满流复核。

2. 设计流速

和设计流量、设计充满度相应的水流平均速度称为设计流速。为了防止管道中产生淤积或冲刷，设计流速不宜过小或过大，应在最大和最小设计流速范围之内。最小设计流速是保证管道内不致发生淤积的流速。《室外排水设计规范》（GB 50014—2006）规定污水管道在设计充满度下的最小设计流速定为 0.6m/s，明渠的最小设计流速为 0.4m/s。最大设计流速是保证管道不被冲刷损坏的流速。该值与管道材料有关，金属管道的最大设计流速为 10m/s，非金属管道的最大设计流速为 5m/s。

3. 最小管径

在污水管道系统的上游部分，设计污水流量很小，若根据流量计算，则管径会很小，而管径过小极易堵塞；此外，采用较大的管径，可选用较小的坡度，使管道埋深减小。因此，为了养护工作的方便，常规定一个允许的最小管径。在街坊和厂区内污水管道最小管径为 200mm，街道下为 300mm。

在污水管道系统上游管段，由于管段服务的排水面积较小，因而设计流量小，按此流量计算得出的管径小于最小管径时，应采用最小管径值。

4. 最小设计坡度

在污水管道设计时，应尽可能减小管道敷设坡度以降低管道埋深。但管道坡度造成的流速应等于或大于最小设计流速，以防止管道产生沉淀。因此，将相应于管内流速为最小设计流速时的管道坡度称为最小设计坡度。

不同管径的污水管道有不同的最小坡度。管径相同的管道，因充满度不同，其最小坡度也不同。在给定设计充满度条件下，管径越大，相应的最小设计坡度值越小。《室外排水设计规范》（GB 50014—2006）只规定最小管径对应的最小设计坡度，街坊内污水管道的最小管径为 200mm，相应的最小设计坡度为 0.004；街道下为 300mm，相应的最小设计坡度为 0.003。若管径增大，相应于该管径的最小坡度由最小设计流速保证。

3.5.1.3　污水管道水力计算内容和方法

污水管道的水力计算自上游依次向下游管段进行，水力计算的主要内容是确定污水管道管径、管道坡度以及污水管道标高和埋深。

1. 污水管道管径和管道坡度的确定

在设计管段具体计算中，通常采用水力计算图表进行计算。在水力计算中，由于 Q、v、h/D、i、D 各水力要素之间存在相互制约的关系，因此在查水力计算图时实际存在一个试算过程。

污水管道起始管段的水力计算，首先应考虑不计算管段问题，合理确定不计算管段的管径和坡度。

管道坡度应参照地面坡度和保证自净流速的最小坡度的规定确定。一方面要使管道尽可能与地面坡度平行敷设，以减小管道埋深。但同时管道坡度又不能小于最小设计坡度的规定，以免管道内流速达不到最小设计流速而产生淤积。当然也应避免若管道坡度太大而使流速大于最大设计流速，从而导致管壁受冲刷。

对于下游其他管段的水力计算，管道坡度的确定原则同上。通常随着设计流量的增加，下一管段的管径一般会增大一级或两级，或保持不变，但当管道坡度骤然增大时，下游管段的管径可以减小，但缩小的范围不得超过 50～100mm。这样可根据流量的变化确定管径。一般情况下，随着设计流量逐段增加，设计流速也应相应增加，如流量保持不变，流速不应减小，只有在管道坡度由大骤然变小的情况下，设计流速才允许减小。管道的设计充满度不能超过最大充满度要求。综合考虑以上几方面因素，通过试算完全可以合理地确定污水管道的管径和坡度。

2. 污水管道标高和埋深的确定

污水管道标高和埋深的确定也应自上游依次向下游管段进行。首先应合理确定整个管道系统的控制点，作为主干管的起始点。按确定最小埋深的 3 个途径分别计算起点埋深，从而确定起始点最小埋深。根据管径和充满度计算管段的水深，根据设计管段长度和管道坡度计算设计管段降落量，最后确定起始管段起讫点的标高和埋深。

根据管段在检查井处采用的衔接方法，可确定下游管段的标高和埋深。在旁侧管与干管或主干管的连接点处，要考虑干管的已定埋深是否允许旁侧管接入。若连接处旁侧管的埋深大于干管埋深，则需在连接处的干管上设置跌水井，以使旁侧管能接入干管。另一方面，若连接处旁侧管的管底标高比干管的管底标高高出许多，为使干管有较好的水力条件，需在连接处前的旁侧管上设置跌水井。

3.5.1.4 污水管道的设计计算实例

已知某城镇居住区街坊人口密度为350cap/hm²，居民生活污水定额为120L/(cap·d)。火车站和公共浴室的设计污水量分别为3L/s和4L/s。工厂甲和工厂乙的工业废水设计流量分别为25L/s与6L/s。生活污水及经过局部处理后的工业废水全部送至污水处理厂。工厂甲废水排出口的管底埋深为2m。

1. 在街坊平面图上布置污水管道

从街坊平面图可知该区地势自北向南倾斜，坡度较小，无明显分水线、可划分为一个排水流域。街道支管布置在街坊地势较低一侧，干管基本上与等高线垂直布置，主干管布置在市区南面河岸处，基本与等高线平行。整个管道系统呈截流式型式布置，如图3.16所示。

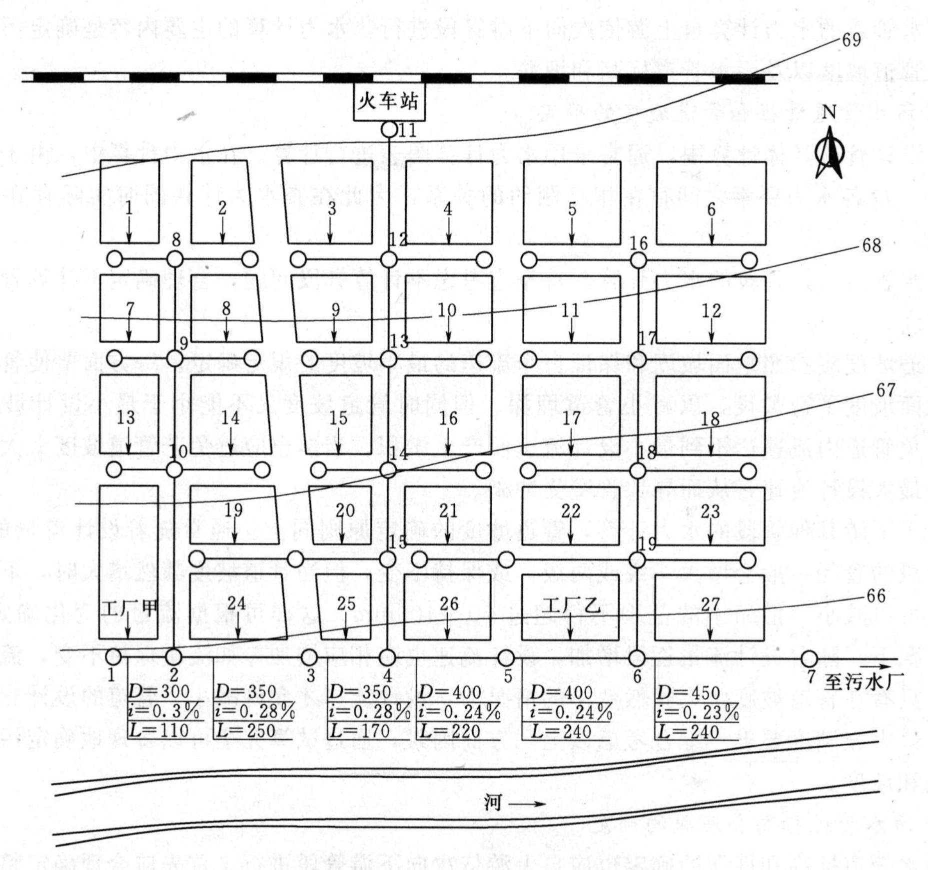

图3.16 某城镇区污水管道平面布置

2. 街坊编号并计算其面积

将各街坊编上号码，并按各街坊的平面范围计算他们的面积，列入表3.2中。用箭头标出各街坊污水排出的方向。

表3.2 街 坊 面 积

街坊编号	1	2	3	4	5	6	7	8	9
街坊面积/hm²	1.21	1.70	2.08	1.98	2.20	2.20	1.43	2.21	1.96

续表

街坊编号	10	11	12	13	14	15	16	17	18
街坊面积/hm²	2.04	2.40	2.40	1.21	2.28	1.45	1.70	2.00	1.80
街坊编号	19	20	21	22	23	24	25	26	27
街坊面积/hm²	1.66	1.23	1.53	1.71	1.80	2.20	1.38	2.04	2.40

3. 划分设计管段，计算设计流量

将各干管和主干管中有本段流量进入的点（一般定为街坊两端）、集中流量及旁侧支管进入的点，作为设计管段起讫点的检查井并编上号码。本例中主干管为 1～7，可划分为 1～2、2～3、3～4、4～5、5～6、6～7 等 6 个设计管段，干管为 8～2、11～4 和 16～6，其余为支管。

各设计管段的设计流量应列表进行计算。在初步设计中只计算干管和主干管的设计流量，见表 3.3。

表 3.3　污水干管设计流量计算

管段编号	居住区生活污水量 Q_1								集中流量		设计流量 /(L/s)
	本段流量				转输流量 q_2 /(L/s)	合计平均流量 /(L/s)	总变化系数 K_z	生活污水设计流量 Q_1/(L/s)	本段流量 /(L/s)	转输流量 /(L/s)	
	街坊编号	街坊面积 /hm²	比流量 q_v /[L/(s·hm²)]	流量 q_1 /(L/s)							
1	2	3	4	5	6	7	8	9	10	11	12
1～2	—	—	—	—	—	—	—	—	25.00	—	25.00
8～9	—	—	—	—	1.41	1.41	2.3	3.24	—	—	3.24
9～10	—	—	—	—	3.18	3.18	2.3	7.31	—	—	7.31
10～2	—	—	—	—	4.83	4.88	2.3	11.23	—	25.00	11.23
2～3	24	2.20	0.486	1.07	4.88	5.95	2.2	13.09	—	25.00	38.09
3～4	25	1.38	0.486	0.67	5.95	6.62	2.2	14.56	—	—	39.56
11～12	—	—	—	—	—	—	—	—	3.00	3.00	3.00
12～13	—	—	—	—	1.97	1.97	2.3	4.53	—	3.00	7.53
13～14	—	—	—	—	3.91	3.91	2.3	8.99	4.00	7.00	15.99
14～15	—	—	—	—	5.44	5.44	2.2	11.97	—	7.00	18.97
15～4	—	—	—	—	6.85	6.85	2.2	15.07	—	32.00	22.07
4～5	26	2.04	0.486	0.99	13.47	14.46	2.0	28.92	—	32.00	60.92
5～6	—	—	—	—	14.46	14.46	2.0	28.92	6.00	—	66.92
16～17	—	—	—	—	2.14	2.14	2.3	4.92	—	—	4.92
17～18	—	—	—	—	4.47	4.47	2.3	10.28	—	—	10.28
18～19	—	—	—	—	6.32	6.32	2.2	13.90	—	—	13.90
19～7	—	—	—	—	8.77	8.77	2.1	18.42	—	38.00	18.42
6～7	27	2.40	0.486	1.17	23.23	24.40	1.9	46.36	—	—	84.36

根据居住区人口密度 350cap/hm² 和居民生活污水定额 120L/(cap・d)，计算 1hm² 街坊面积的生活污水平均流量（比流量）为

$$q_0=\frac{350\times120}{86400}=0.486[\mathrm{L/(s\cdot hm^2)}]$$

有 4 个集中流量，在检查井 1、5、11、13 分别进入管道，相应的设计流量分别为 25L/s、6L/s、3L/s 和 4L/s。

根据管网定线图进行设计流量计算，设计管段 1～2 为主干管的起始管段，只有工厂甲的集中流量（经处理后排出的工业废水）25L/s 流入，故设计流量为 25L/s。设计管段 2～3 除接纳街坊 24 排入的本段污水流量，还转输管段 1～2 的集中流量 25L/s 和管段 8～2 的生活污水。街坊 24 的汇水面积为 2.2hm²（见街坊面积表 3.2），故本段流量 $q_1=q_0F=0.486\times2.2=1.07$(L/s)；管段 8～9～10～2 流来的生活污水平均流量，其值为 $q_2=q_0F=0.486\times(1.21+1.7+1.43+2.21+1.21+2.28)=0.486\times10.04=4.88$(L/s)；居住区生活污水合计平均流量为 $q_1+q_2=1.07+4.88=5.95$(L/s)。查表计算得总变化系数 $K_z=2.2$。则该管段的生活污水设计流量 $Q_1=5.95\times2.2=13.09$(L/s)。总设计流量 $Q=13.09+25=38.09$(L/s)。

其余管段的设计流量计算方法相同。

4. 水力计算

在确定设计管段设计流量后，便可从上游管段开始依次进行主干管各设计管段的水力计算，一般列表计算，见表 3.4。

表 3.4　污水主干管水力计算

管段编号	管道长度/m	设计流量 Q/(L/s)	管径 D/mm	坡度 i	流速 v/(m/s)	充满度		降落量/m	标高/m						埋深/m	
						h/D	h/m		地面		水面		管内底			
									上端	下端	上端	下端	上端	下端	上端	下端
1	2	3	4	5	6	7	8	9	10	11	12	13	14	15	16	17
1～2	110	25.00	300	0.0030	0.70	0.51	0.153	0.330	66.20	66.10	64.353	64.023	64.200	63.870	2.00	2.23
2～3	250	38.09	350	0.0028	0.75	0.52	0.182	0.700	66.10	66.05	64.002	63.302	63.820	63.120	2.28	2.93
3～4	170	39.56	350	0.0028	0.75	0.53	0.188	0.476	66.05	66.00	63.302	62.826	63.116	62.640	2.93	3.36
4～5	220	60.92	400	0.0024	0.80	0.58	0.232	0.528	66.00	65.90	62.822	62.294	62.590	62.062	3.41	3.84
5～6	240	66.92	400	0.0024	0.82	0.62	0.248	0.576	65.90	65.80	62.294	61.718	62.046	61.470	3.85	4.33
6～7	240	84.36	450	0.0023	0.85	0.60	0.270	0.552	65.80	65.70	61.690	61.138	61.420	60.868	4.38	4.83

注　管内底标高计算至小数点后 3 位，埋设深度计算至小数点后 2 位。

水力计算步骤如下：

（1）从管道平面布置图（图 3.16）上量出每一设计管段的长度，列入表 3.4 中第 2 项。

（2）将各设计管段设计流量列入表 3.4 中第 3 项。设计管段起讫点检查井处的地面标高列入表 3.4 中第 10、11 项。

（3）计算每一设计管段的地面坡度$\left(\text{地面坡度}=\dfrac{\text{地面高差}}{\text{距离}}\right)$，作为确定管道坡度时参考。

（4）确定起始管段的管径以及设计流速 v、设计坡度 i、设计充满度 h/D。首先拟采用

最小管径300mm，查附录3.1的图。本例中由于管段的地面坡度很小，为不使整个管道系统的埋深过大，宜采用最小设计坡度为设定数据。相应于300mm管径的最小设计坡度为0.003。查附录3.1的图确定的管径D、坡度i、流速v、充满度h/D分别列入表3.4的第4～7项。

（5）确定其他管段的管径D、设计流速v、设计充满度h/D和管道坡度i，将计算结果填入表3.4中相应项内。

（6）计算各管段上端、下端的水面、管底标高及其埋设深度。

1）根据设计管段长度和管道坡度求降落量。

2）根据管径和充满度求管段的水深。

3）确定管网系统的控制点。本例中离污水处理厂最远的干管起点有8、11、16及工厂出水口1点，这些点都可能成为管道系统的控制点。8、11、16三点的埋深可用最小覆土厚度的限值确定，由北至南地面坡度约0.0035，可取干管坡度与地面坡度近似，因此干管埋深不会增加太多，整个管线上又有个别低洼点，故8、11、16三点的埋深不能控制整个主干管的埋设深度。对主干管埋深起决定作用的控制点则是1点。

1点是主干管的起始点，一般应按确定最小埋深的三条原则分别计算起点埋深，由于1点的埋深受工厂排出口埋深的控制，埋深为2.0m，将该值列入表3.4中16项。

4）求设计管段上、下端的管内底标高、水面标高及埋设深度。

1点的管内底标高等于1点的地面标高减1点的埋深，为66.200－2.000＝64.200(m)，列入表3.4中第14项。2点的管内底标高等于1点管内底标高减降落量，为64.200－0.330＝63.870(m)，列入表3.4中第15项。2点的埋设深度等于2点的地面标高减2点的管内底标高，为66.100－63.870＝2.230(m)，列入表3.4中第17项。

管段上、下端水面标高等于相应点的管内底标高加水深。

根据管段在检查井处采用的衔接方法，可确定下游管段的管内底标高。采用管顶平接时，应检查各检查井上、下游的水面标高，若下游水面标高高于上游水面标高时，则应该用水面平接。如管段2～3与3～4管径相同，可采用水面平接。即管段2～3与3～4中的3点的水面标高相同。然后用3点的水面标高减去降落量，求得4点的水面标高。将3、4点的水面标高减去水深求出相应点的管底标高。进一步求出3、4点的埋深。

5. 绘制管道平面图和纵剖面图

本例设计深度仅为初步设计，因此，在水力计算结束后将计算所得的管径、坡度等数据标注在图3.16上，该图即是本例题的管道平面图。在进行水力计算的同时，绘制主干管的纵剖面图，本例主干管的纵剖面图如图3.17所示。

3.5.2　雨水管渠水力计算

降落到地面的雨水及融化的冰、雪水，有一部分沿着地表流入雨水管渠和水体中，这部分雨水称为地面径流，在排水工程设计中称为径流量。如不能及时地进行排除，会造成巨大的危害。

如图3.18所示，雨水管道系统是由雨水口、连接管、雨水管道、检查井、出水口等建筑物组成的一整套工程设施。

3.5.2.1　雨水管渠设计流量的确定

城镇、厂区中排除雨水的管渠，由于汇水面积较小，属于小流域面积上的排水构筑物。

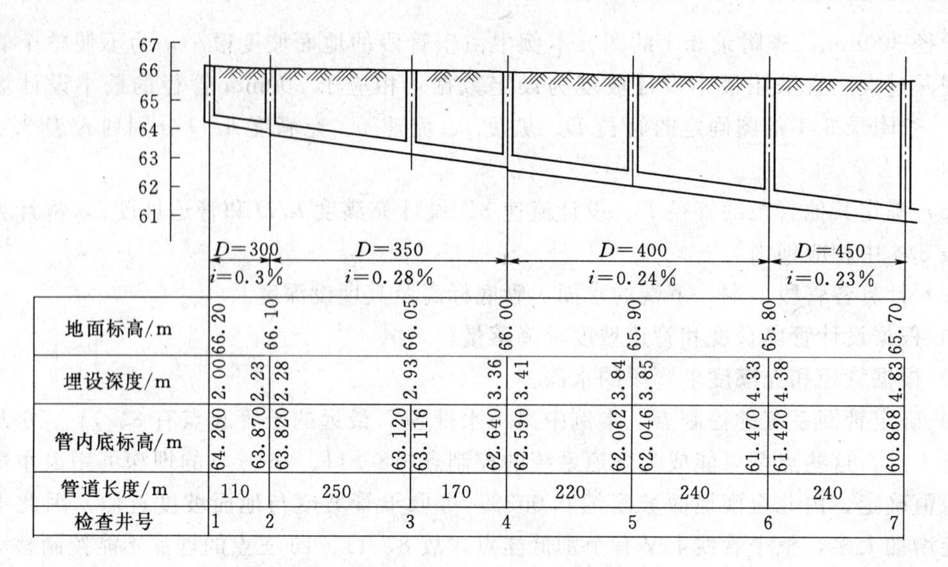

图 3.17　主干管纵剖面图

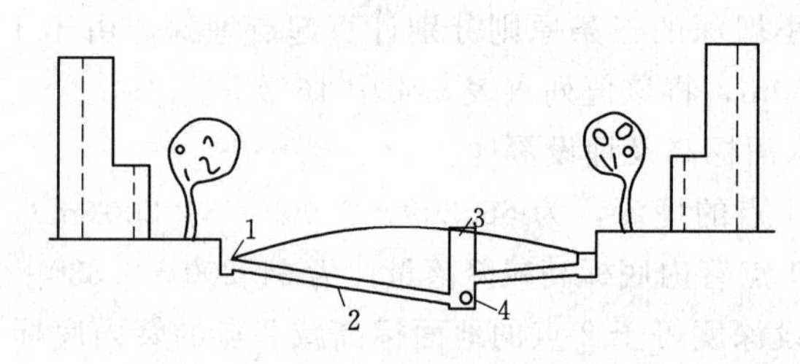

图 3.18　雨水管渠系统组成示意图

1—雨水口；2—连接管；3—检查井；4—雨水管渠

小流域面积范围，当地形平坦时，可大至 $300\sim500\text{km}^2$；当地形复杂时，可限制在 $10\sim30\text{km}^2$ 以内。小流域排水面积上暴雨所产生的相应于设计频率的最大流量即为雨水管渠的设计流量。我国目前对小流域排水面积上的最大流量的计算，常采用推理公式[式（3.4）]，即

$$Q=\psi Fq=\psi F\frac{167A_1(1+c\lg P)}{(t+b)^n} \tag{3.4}$$

式中　Q——雨水设计流量，L/s；

ψ——径流系数；

q——设计暴雨强度，L/(s·hm²)；

F——汇水面积，hm²；

A_1、c、b、n——地方参数。

图 3.19 为设计地区的一部分。Ⅰ、Ⅱ、Ⅲ、Ⅳ为四块毗邻的 4 个街坊，设汇水面积 $F_{Ⅰ}=F_{Ⅱ}=F_{Ⅲ}=F_{Ⅳ}$，雨水从各块面积上最远点分别流入雨水口所需的集水时间均为 $\tau_1$min。1～2、2～3、3～4 分别为设计管段。试确定各雨水管段设计流量。

图 3.19 中 4 个街坊的地形均为北高南低，道路是西高东低，雨水管渠沿道路中心线敷设，道路断面呈拱形为中间高、两侧低。降雨时，降落在地面上的雨水顺着地形坡度流到道路两侧的边沟中，道路边沟的坡度和地形坡度相一致。当雨水沿着道路的边沟流到雨水口经检查井流入雨水管渠。Ⅰ街坊的雨水（包括路面上雨水），在 1 号检查井集中，流入管段 1～2。Ⅱ街坊的雨水在 2 号检查井集中，并同Ⅰ街坊经管段 1～2 流来的雨水汇合后流入管段2～3。Ⅲ街坊的雨水在 3 号检查井集中，同Ⅰ街坊和Ⅱ街坊流来的雨水汇合后流入管段 3～4。其他依此类推。

已知管段 1～2 的汇水面积为 $F_{Ⅰ}$，检查井 1 为管段 1～2 的集水点。由于面积上各点离

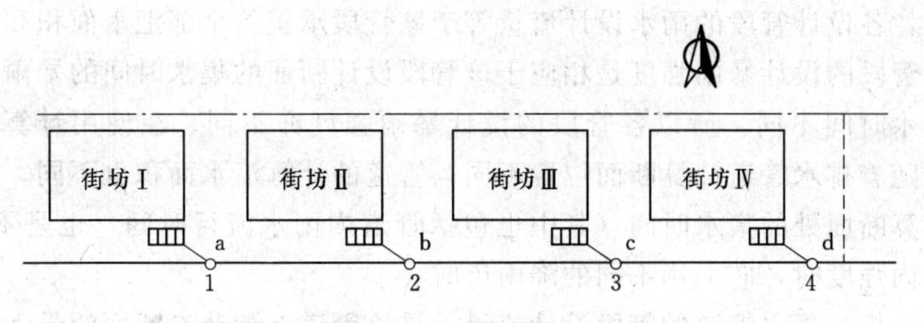

图 3.19　雨水管段设计流量计算示意图

集水点 1 的距离不同，所以在同一时间内降落到 F_{I} 面积上的各点雨水，就不可能同时到达集水点 1，同时到达集水点 1 的雨水则是不同时间降落到地面上的雨水。

集水点同时能汇集多大面积上的雨水，和降雨历时的长短有关。如雨水从降水面积最远点流到集水点 1 所需的集水时间为 20min，而这场降雨只下 10min 就停了，待汇水面积上的雨水流到集水点时。降落在离集水点 1 附近面积上的雨水早已流过去了。也就是说，同时到达集水点 1 的雨水只能来自 F_{I} 中的一部分面积，随着降雨历时的延长，就有越来越大面积上的雨水到达集水点 1，当降雨历时 t 等于集水点 1 的集水时间（20min）时，则第 1min 降落在最远点的雨水与第 20min 降落在集水点 1 附近的雨水同时到达。通过以上分析可得知汇水面积是随着降雨历时 t 的增长而增加，当降雨历时等于集水时间时，汇水面积上的雨水全部流达集水点，则集水点产生最大雨水量。

为便于求得各设计管段相应雨水设计流量，做几点假设：①汇水面积随降雨历时的增加而均匀增加；②降雨历时大于或等于汇水面积最远点的雨水流到设计断面的集水时间（$t \geqslant \tau_1$）；③地面坡度的变化是均匀的，ψ 为定值，且 $\psi=1.0$。

(1) 管段 1～2 的雨水设计流量的计算。管段 1～2 是收集汇水面积 F_{I} 上的雨水，只有当 $t=\tau_1$ 时，F_{I} 全部面积的雨水均已流到 1 断面，此时管段 1～2 内流量达到最大值。因此，管段 1～2 的设计流量为

$$Q_{1\sim2}=F_{1}q_{1}$$

式中　q_1——管段 1～2 设计暴雨强度，即相应于降雨历时 $t=\tau_1$ 的暴雨强度，$\mathrm{L/(s \cdot hm^2)}$。

(2) 管段 2～3 的雨求设计流量计算。当 $t=\tau_1$ 时，全部 F_{II} 和部分 F_{I} 面积上的雨水流到 2 断面，此时管段 2～3 的雨水流量不是最大，只有当 $t=\tau_1+t_{1\sim2}$ 时，这时 F_{I} 和 F_{II} 全部面积上的雨水均流到 2 断面，此时管段 2～3 雨水流量达到最大值。设计管段 2～3 的雨水设计流量为

$$Q_{2\sim3}=(F_{\mathrm{I}}+F_{\mathrm{II}})q_{2}$$

式中　q_2——管段 2～3 的设计暴雨强度，是用（$F_{\mathrm{I}}+F_{\mathrm{II}}$）面积上最远点雨水流行时间求得的降雨强度。即相应于 $t=\tau_1+t_{1\sim2}$ 的暴雨强度，$\mathrm{L/(s \cdot hm^2)}$；

$t_{1\sim2}$——管段 1～2 的管内雨水流行时间，min。

(3) 管段 3～4 的雨水设计流量的计算。同理可得

$$Q_{3\sim4}=(F_{\mathrm{I}}+F_{\mathrm{II}}+F_{\mathrm{III}})q_{3}$$

式中　q_3——管段 3～4 的设计暴雨强度，是用（$F_{\mathrm{I}}+F_{\mathrm{II}}+F_{\mathrm{III}}$）面积上最远点雨水流行时间求得的降雨强度，即相应于 $t=\tau_1+t_{1\sim2}+t_{2\sim3}$ 的暴雨强度，$\mathrm{L/(s \cdot hm^2)}$；

$t_{2\sim3}$——管段 2～3 的雨水流行时间，min。

由上可知，各设计管段的雨水设计流量等于该管段承担的全部汇水面积和设计暴雨强的乘积。各设计管段的设计暴雨强度是相应于该管段设计断面的集水时间的暴雨强度。因为各设计管段的集水时间不同，所以各管段的设计暴雨强度亦不同。在使用计算公式 $Q=\psi qF$ 时，应注意到随着排水管道计算断面位置不同，管道的计算汇水面积也不同，从汇水面积最远点到不同计算断面处的集水时间（其中也包括管道内雨水流行时间）也是不同的。因此，在计算平均暴雨强度时，应采用不同的降雨历时。

根据上述分析，雨水管道的管段设计流量，是该管道上游节点断面的最大流量。在雨水管道设计中，应根据各集水断面节点上的集水时间正确计算各管段的设计流量。

3.5.2.2　雨水管道设计数据的确定

1. 径流系数的确定

降落到地面上的雨水，在沿地面流行的过程中，形成地面径流，地面径流的流量称为雨水地面径流量。由于渗透、蒸发、植物吸收、洼地截流等原因，最后流入雨水管道系统的只是其中的一部分，因此将雨水管道系统汇水面积上地面雨水径流量与总降雨量的比值称为径流系数，用符号 ψ 表示。

$$\psi=\frac{径流量}{降雨量} \tag{3.5}$$

根据定义，其值小于1。

影响径流系数 ψ 的因素很多，如汇水面积上地面覆盖情况、建筑物的密度与分布、地形、地貌、地面坡度、降雨强度、降雨历时等。其中影响的主要因素是汇水面积上的地面覆盖情况和降雨强度的大小。例如，地面覆盖为屋面、沥青或水泥路面，均为不透水性，其值就大；例如，绿地、草坪、非铺砌路面能截留、渗透部分雨水，其值就小。如地面坡度较大，雨水流动快，降雨强度大，降雨历时较短，就会使得雨水径流的损失较小，径流量增大，ψ 值增大。相反，会使雨水径流损失增大，ψ 值减小。由于影响 ψ 的因素很多，故难以精确地确定其值。目前，在设计计算中通常根据地面覆盖情况按经验来确定。我国《室外排水设计规范》（GB 50014—2006）中有关径流系数的取值规定见表3.5。

表3.5　**各种地面的径流系数**

地面的种类	径流系数 ψ	地面的种类	径流系数 ψ
各种房屋、混凝土和沥青地面	0.90	干砌砖、石和碎石路面	0.40
大块石铺砌的路面和沥青表面处理的碎石路面	0.60	非铺砌石路面	0.30
		公园和绿地	0.15
级配碎石路面	0.45		

在实际设计计算中，同一块汇水面积兼有多种地面覆盖的情况，需要计算整个汇水面积上的平均径流系数 ψ_{av} 值。计算平均径流系数 ψ_{av} 的常用方法是采用加权平均法，即

$$\psi_{av}=\frac{\sum F_i\psi_i}{F} \tag{3.6}$$

式中　ψ_{av}——汇水面积平均径流系数；

F_i——汇水面积上各类地面的面积，hm^2；

ψ_i——相应于各类地面的径流系数；

F——全部汇水面积，hm^2。

2. 设计降雨强度的确定

（1）设计重现期 P 的确定。由暴雨强度公式 $q=\frac{167A_1(1+c\lg P)}{(t+b)^n}$ 可知，对应于同一降雨历时，若 P 大，降雨强度 q 则越大；反之，重现期小，降雨强度则越小。由雨水管道设计流量公式 $Q=\psi Fq$ 可知，在径流系数不变和汇水面积一定的条件下，降雨强度越大，则雨水设计流量也越大。

可见，在设计计算中若采用较大的设计重现期，则计算的雨水设计流量就越大，雨水管道的设计断面则相应增大，排水通畅，管道相应的汇水面积上积水的可能性会减少，安全性高，但会增加工程的造价；反之，可降低工程造价，地面积水可能性大，可能发生排水不畅，甚至不能及时排除雨水，将会给生活、生产很大的影响。

确定设计重现期要考虑设计地区建设的性质、功能（广场、干道、工业区、商业区、居住区）、淹没后果的严重性、地形特点、汇水面积的大小和气象特点等。

一般情况下，低洼地段采用设计重现期大于高地；干管采用设计重现期大于支管；工业区采用设计重现期大于居住区；市区采用设计重现期大于郊区。

设计重现期的最小值不宜低于 0.33a，一般地区选用 0.5～3a，对于重要干道或短期积水可能造成严重损失的地区，可根据实际情况采用较高的设计重现期。例如，北京天安门广场地区的雨水管道，其设计重现期是按 10a 考虑的。此外，在同一设计地区，可采用同一重现期或不同重现期。如市区可大些，郊区可小些。

我国地域辽阔，各地气候、地形条件及排水设施差异较大，因此，在选用设计重现期时，必须根据设计地区的具体条件，从技术和经济方面统一考虑。

（2）设计降雨历时的确定。根据极限强度法原理，当 $t=\tau_1$ 时，相应的设计断面上产生最大雨水流量。因此，在设计中采用汇水面积上最远点雨水流到设计断面的集流时间 τ_1 作为设计降雨历时 t。对于雨水管道某一设计断面来说，集水时间 t 是由地面雨水集水时间 t_1 和管内雨水流行时间 t_2 两部分组成（图 3.20）。所以，设计降雨历时可用下式表述：

$$t=t_1+mt_2 \tag{3.7}$$

式中　t——设计降雨历时，min；

t_1——地面雨水流行时间，min；

t_2——管内雨水流行时间，min；

m——折减系数，暗管 $m=2$，明渠 $m=1.2$，陡坡地区暗管采用 1.2～2。

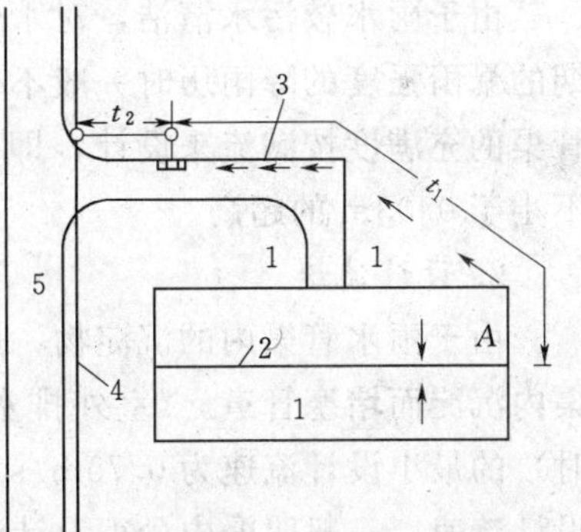

图 3.20　设计断面集水时间示意图
1—房屋；2—屋面分水线；3—道路边沟；4—雨水管道；5—道路

1）地面集水时间 t_1 的确定。地面集水时间 t_1 是指雨水从汇水面积上最远点流到第 1 个雨水口 A 的地面雨水流动时间。

地面集水时间 t_1 的大小，主要受地形坡度、地面铺砌及地面植被情况、水流路程的长短、道路的纵坡和宽度等因素的影响，这些因素直接影响水流沿地面或边沟的速度。此外，与暴雨强度有关，暴雨强度大，水流速度也大，t_1 则大。

在上述因素中，雨水流程的长短和地面坡度的大小是影响集水时间最主要的因素。

在实际应用中，要准确地确定 t_1 值较为困难，故通常不予计算而采用经验数值。根据《室外排水设计规范》（GB 50014—2006）中规定：一般采用 5～15min。按经验，一般在汇水面积较小、地形较陡、建筑密度较大、雨水口分布较密的地区，宜采用较小的 t_1 值，可取 t_1＝5～8min，而在汇水面积较大、地形较平坦、建筑密度较小、雨水口分布较疏的地区，宜采用较大 t_1 值，可取 t_1＝10～15min。

2）管内雨水流行时间 t_2 的确定。管内雨水流行时间 t_2 是指雨水在管内从第一个雨水口流到设计断面的时间。它与雨水在管内流经的距离及管内雨水的流行速度有关，可用式（3.8）计算：

$$t_2 = \sum \frac{L}{60v} \tag{3.8}$$

式中 t_2——管内雨水流行时间，min；

L——各设计管段的长度，m；

v——各设计管段满流时的流速，m/s；

60——单位换算系数。

3）折减系数 m 值的确定。大多数雨水管槽中的雨水流行时间比按最大流量计算的流行时间大 20%，建议取 m＝1.2。

3.5.2.3 雨水管渠水力计算设计参数

为保证雨水管渠正常的工作，避免发生淤积和冲刷等现象，《室外排水设计规范》（GB 50014—2006）中，对雨水管道水力计算的基本参数做如下规定。

1. 设计充满度

由于雨水较污水清洁，对水体及环境污染较小，因暴雨时径流量大，相应较高设计重现期的暴雨强度的降雨历时一般不会很长。雨水管渠允许溢流，以减少工程投资。因此，雨水管渠的充满度按满流来设计，即 h/D＝1。雨水明渠不得小于 0.2m 的超高，街道边沟应有不小于 0.03m 的超高。

2. 设计流速

由于雨水管渠内的沉淀物一般是沙、煤屑等。为防止雨水中所夹带的泥沙等无机物在管渠内沉淀而堵塞管道。《室外排水设计规范》（GB 50014—2006）中规定，雨水管渠（满流时）的最小设计流速为 0.75m/s。明渠内如发生沉淀后易于清除、疏通，所以可采用较低的设计流速，一般明渠内最小设计流速为 0.4m/s。为防止管壁及渠壁的冲刷损坏，雨水管道最大设计流速：金属管道为 10m/s，非金属管道为 5m/s。

故雨水管道的设计流速应在最小流速与最大流速范围内。

3. 最小管径

《室外排水设计规范》（GB 50014—2006）中规定，在街道下的雨水管道，最小管径为 300mm，街坊内部的雨水管道，最小管径为 200mm。

4. 最小坡度

雨水管道的设计坡度，对管道的埋深影响很大，应慎重考虑，以保证管道最小流速的条件。此外，要在设计中力求使管道的设计坡度和地面坡度平行或一致。以尽量减小土方量，降低工程造价。这一点在地势平坦、土质较差的地区，尤为重要。

5. 最小埋深与最大埋深

具体规定同污水管道相同。

6. 管渠的断面型式

雨水管渠一般采用圆形断面，当直径超过 2000mm 时也可用矩形、半椭圆形或马蹄形断面，明渠一般采用梯形断面。

3.5.2.4　雨水管道水力计算的方法

雨水管道水力计算仍按均匀流考虑，其水力计算公式与污水管道相同。但按满流计算。

在工程设计中，通常是在选定管材后，n 值即为已知数，雨水管道通常选用的是混凝土和钢筋混凝土管，其管壁粗糙系数 n 一般采用 0.013。设计流量是经过计算后求得的已知数。因此只剩下 3 个未知数 D、v 及 i。在实际应用中，可参考地面坡度假定管底的坡度。并根据设计流量值，从水力计算图或水力计算表中求得 D 及 v 值，并使所求的 D、v 和 i 值符合水力计算基本参数的规定。

下面举例说明其应用。

【案例 3.1】　已知 $n=0.013$，设计流量 $Q=200\text{L/s}$，该管段地面坡度 $i=0.004$，试确定该管段的管径 D、流速 v 和管底坡度 i。

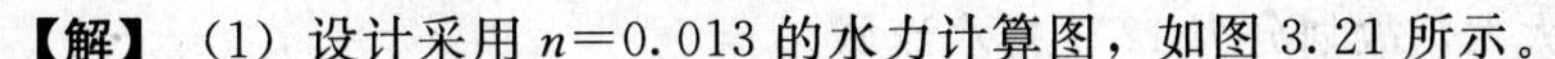

【解】（1）设计采用 $n=0.013$ 的水力计算图，如图 3.21 所示。

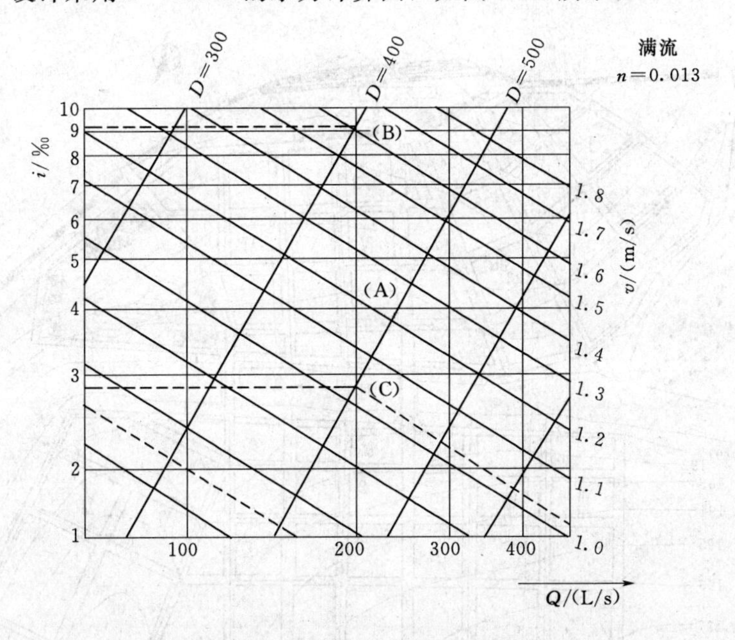

图 3.21　钢筋混凝土圆管水力计算图（图中 D 以 mm 计）

（2）在横坐标轴上找到 $Q=200\text{L/s}$ 值，作竖线；然后在纵坐标轴上找到 $i=0.004$ 值，作横线，将两线相交于一点（A），找出该点所在的 v 和 D 值，得到 $v=1.17\text{m/s}$，其值符合规定。而 D 值介于 400～500mm 两斜线之间，不符合管材统一规格的要求。故需要调整 D。

（3）如果采用 $D=400\text{mm}$ 时，则将 $Q=200\text{L/s}$ 的竖线与 $D=400\text{mm}$ 的斜线相交于一点（B），从图中得到交点处的 $v=1.60\text{m/s}$，其值符合水力计算的规定。而 $i=0.0092$ 与原地面坡度 $i=0.004$ 相差很大，势必会增大管道的埋深，因此不宜采用。

（4）如果采用 $D=500\text{mm}$ 时，则将 $Q=200\text{L/s}$ 的竖线与 $D=500\text{mm}$ 的斜线相交于点

(C)，从图中得出该交点处的 $v=1.02\text{m/s}$、$i=0.0028$。此结果即符合水力计算的规定，又不会增大管道的埋深，故决定采用。

3.5.2.5 雨水管渠的设计方法和步骤

雨水管渠的设计通常按以下步骤进行。

1. 收集资料

收集并整理设计地区各种原始资料（如地形图、排水工程规划图、水文、地质、暴雨等）作为基本的设计数据。

2. 划分排水流域，进行雨水管道定线

根据地形分水线划分排水流域，当地形平坦无明显分水线的地区，可按对雨水管渠的布置有影响的地方如铁路、公路、河道或城市主要街道的汇水面积划分，结合城市的总体规划图或工业企业的总平面布置划分排水流域，在每一个排水流域内，应根据雨水管渠系统的布置特点及原则，确定其布置型式（雨水支、干管的具体位置及雨水的出路），并确定排水流向。

如图 3.22 所示。该市被河流分为南、北两区。南区有一明显分水线，其余地方起伏不大，因此，排水流域的划分按干管服务面积的大小确定。因该地暴雨量较大，所以每条雨水干管承担汇水面积不是太大，故划分为 12 个排水流域。

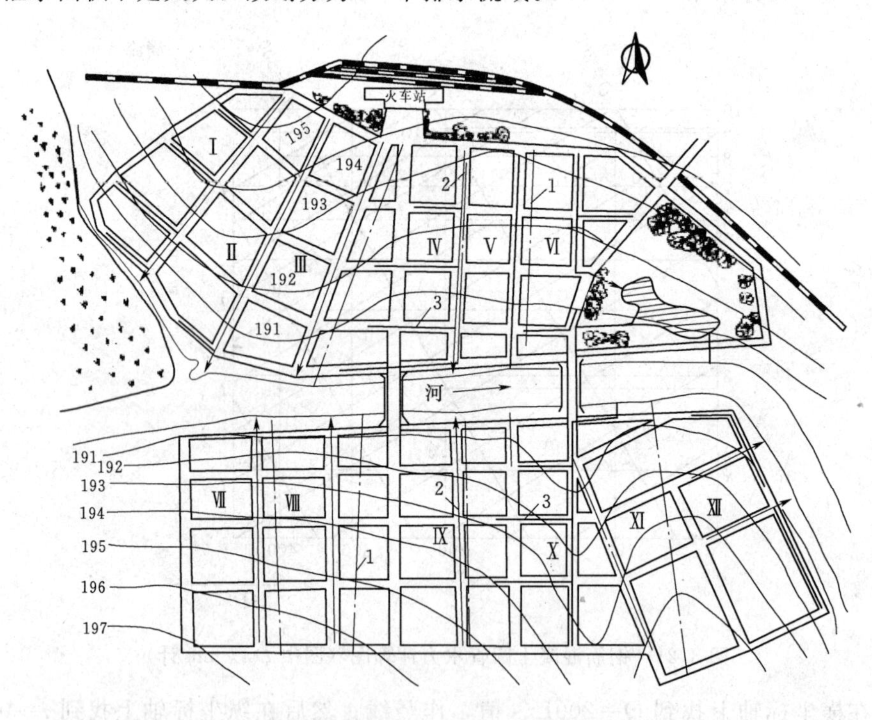

图 3.22　某地面雨水管道平面布置图

1—流域分界线；2—雨水干管；3—雨水支管

根据该市地形条件确定雨水走向，拟采用分散出水口的雨水管道布置型式，雨水干管垂直于等高线布置在排水流域地势较低一侧，便于雨水能以最短的距离靠重力流分散就近排入水体。雨水支管一般设在街坊较近、较低侧的道路下，为利用边沟排除雨水，节省管渠减小工程造价，考虑在每条雨水干管起端 100～150m 处，可根据具体情况不设雨水管道。

3. 划分设计管段

根据雨水管道的具体位置，在管道的转弯处、管径或坡度改变处、有支管接入处或两条以上管道交会处以及超过一定距离的直线管段上，都应设置检查井。将两个检查井之间流量没有变化且管径、流速和坡度都不变的管段称为设计管段。雨水管渠设计管段的划分应使设计管段范围内地形变化不大，且管段上下游流量变化不大，无大流量交汇。

从经济方面考虑，设计管段划分不宜太长；从计算工作及养护方面考虑，设计管段划分不宜过短，一般设计管段取 100～200m 为宜。将设计管段上下游端点的检查井设为节点，并以管段上游往下游依次进行设计管段的编号。

4. 划分并计算各设计管段的汇水面积

汇水面积的划分，应结合实际地形条件、汇水面积的大小以及雨水管道布置等情况确定。当地形坡度较大时，应按地面雨水径流的水流方向划分汇水面积；当地面平坦时，可按就近排入附近雨水管道的原则，将汇水面积周围管渠的布置用等角线划分。将划分好的汇水面积编上号码并计算面积，将数值标注在该块面积图中，如图 3.23 所示。

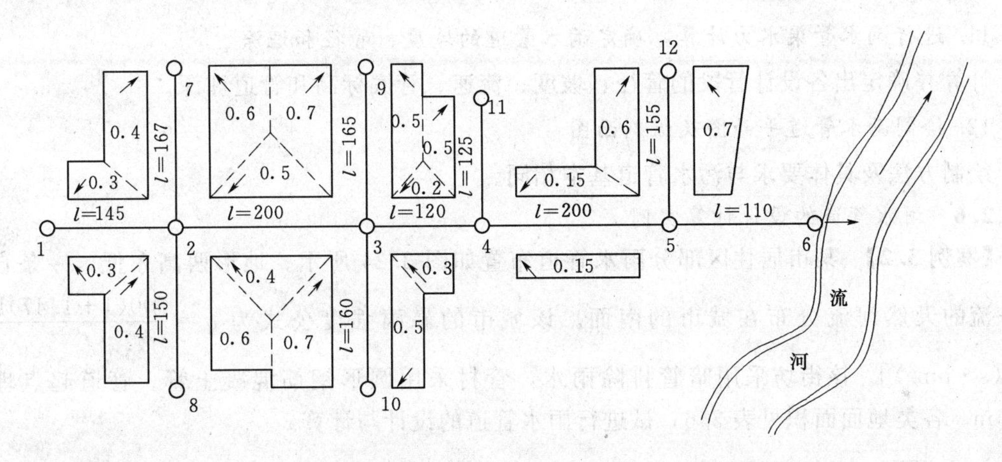

图 3.23　某城区雨水管道布置和沿线汇水面积示意图

5. 计算径流系数

根据排水流域内各类地面的面积数或所占比例，计算出该排水流域的平均径流系数。

另外，也可根据规划的地区类别，采用区域综合径流系数。

6. 确定设计重现期 P 及地面集水时间 t_1

设计时应根据该地区的地形特点、汇水面积的地区建设性质和气象特点选择设计重现期，各排水流域雨水管道的设计重现期可选用同一值，也可选用不同的值。

根据设计地区建筑密度情况、地形坡度和地面覆盖种类、街坊内是否设置雨水暗管（渠），确定雨水管道的地面集水时间 t_1。

7. 确定管道的埋设与衔接

根据管道埋没深度的要求，必须保证管顶的最小覆土厚度，在车行道下时一般不低于 0.7m。此外，应结合当地埋管经验确定。当在冰冻层内埋设雨水管道，如有防止冰冻膨胀破坏管道的措施时，可埋设在冰冻线以上，管道的基础应设在冰冻线以下。雨水管道的衔接，宜采用管顶平接。

8. 确定单位面积径流量 q_0

q_0 是暴雨强度与径流量系数的乘积，称为单位面积径流量，即

$$q_0=\psi q=\psi\frac{167A_1(1+c\lg P)}{(t_1+mt_2+b)^n}=\psi\frac{167A_1(1+c\lg P)}{(t_1+mt_2+b)^n}$$

对于具体的设计工程来说，公式中的 p、t_1、ψ、m、A_1、b、c、n 均为已知数，因此，只要求出各管段的管内雨水流行时间 t_2，就可求出相应于该管段的 q_0 值。

9. 管渠材料的选择

雨水管道管径小于或等于 400mm，采用混凝土管，管径大于 400mm，采用钢筋混凝土管。

10. 设计流量的计算

根据流域具体情况，选定设计流量的计算方法，计算从上游向下游依次进行，并列表计算各设计管段的设计流量。

11. 进行雨水管渠水力计算，确定雨水管道的坡度、管径和埋深

计算并确定出各设计管段的管径、坡度、流速、管底标高和管道埋深。

12. 绘制雨水管道平面图及纵剖面图

绘制方法及具体要求与污水管道基本相同。

3.5.2.6 雨水管道的设计计算实例

【案例 3.2】 某市居住区部分雨水管道布置如图 3.24 所示。地形西高东低，一条自西向东流的天然河流分布在城市的南面。该城市的暴雨强度公式为 $q=\frac{500(1+1.47)\lg P}{t^{0.65}}$ $[\mathrm{L/(s\cdot hm^2)}]$。该街坊采用暗管排除雨水，管材采用圆形钢筋混凝土管。管道起点埋深 1.40m。各类地面面积见表 3.6，试进行雨水管道的设计与计算。

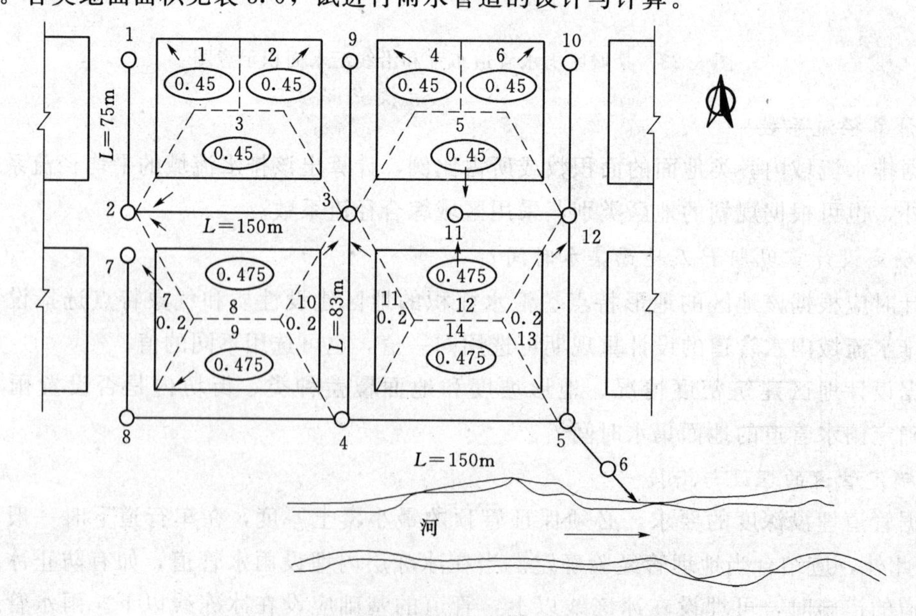

图 3.24　某城市街坊部分雨水管道平面布置图

表 3.6　　各 类 地 面 面 积

序号	地面种类	面积 F_i/hm^2	采用 ψ_i	$F_i\psi_i/hm^2$
1	屋面	1.2	0.9	1.08
2	沥青路面及人行道	0.7	0.9	0.63
3	原石路面	0.5	0.4	0.20
4	土路面	0.8	0.3	0.24
5	草地	4.0	0.15	0.12
6	合计			2.27

【解】 (1) 从居住区地形图中得知，该地区地形较平坦，无明显分水线，因此排水流域可按城市主要汇水面积划分，雨水出水口设在河岸边，故雨水干管走向从西向东南，为保证在暴雨期间排水的可能性，故在雨水干管的终端设置雨水泵站。

(2) 根据地形及管道布置情况，划分设计管段，将设计管段的检查井依次编号，并量出每一设计管段的长度，见表 3.7。确定出各检查井的地面标高，见表 3.8。

表 3.7　　设计管段长度汇总表

管段编号	管段长度/m	管段编号	管段长度/m
1～2	75	4～5	150
2～3	150	5～6	125
3～4	83		

表 3.8　　地 面 标 高 汇 总 表

检查井编号	地面标高	检查井编号	地面标高
1	86.700	4	86.550
2	86.630	5	86.530
3	86.560	6	86.500

(3) 每一设计管段所承担的汇水面积可按就近排入附近雨水管道的原则划分，然后将每块汇水面积编号，计算数值。雨水流向标注在图中，如图 3.24 所示。表 3.9 为各设计管段的汇水面积计算表。

表 3.9　　汇 水 面 积 计 算 表

设计管段编号	本段汇水面积编号	本段汇水面积/hm^2	转输汇水面积/hm^2	总汇水面积/hm^2
1～2	1	0.45	0	0.45
2～3	3、8	0.925	0.45	1.375
9～3	2、4	0.9	1.375	2.275
3～4	10、11	0.4	2.275	2.675
7～8	7	0.20	2.675	2.875
8～4	9	0.475	2.875	3.35

续表

设计管段编号	本段汇水面积编号	本段汇水面积/hm^2	转输汇水面积/hm^2	总汇水面积/hm^2
4～5	14	0.475	3.35	3.825
10～11	6	0.45	3.825	4.275
11～12	5、12	0.925	4.275	5.20
12～5	13	0.20	5.20	5.40
5～6	0	0	5.40	5.40

（4）水力计算：进行雨水管道设计流量及水力计算时，通常是采用列表来进行计算的。先从管段起端开始，然后依次向下游进行。其方法如下：

1）表3.9中第1项为需要计算的设计管段，应从上游向下游依次写出。第2、3、13、14项分别从表3.9～表3.11中取得。

2）在计算中，假定管段中雨水流量均从管段的起点进入，将各管段的起点为设计断面。因此，各设计管段的设计流量按该管段的起点，即上游管段终点的设计降雨历时进行计算的，也就是说，在计算各设计管段的暴雨强度时，所采用的 t_2 值是上游各管段的管内雨水流行时间之和 $\sum t_2$。例如，设计管段1～2是起始管段，故 $t_2=0$，将此值列入表中第4项。

3）求该居住区的平均径流系数 ψ_{av}，根据表3.6中数值，按公式计算得

$$\psi_{av}=\frac{\sum F_i\psi_i}{F}=\frac{1.2\times0.9+0.7\times0.9+0.5\times0.4+0.8\times0.3+0.8\times0.15}{4.0}$$

$$=0.56\approx0.6$$

4）求单位面积径流量 q_0［单位 $L/(s\cdot hm^2)$］，即

$$q_0=\psi_{av}q$$

因为该设计地区地形较平坦，街坊面积较小，地面集水时间 t_1 采用5min，汇水面积设计重现期 P 采用1a，采用暗管排除雨水，故 $m=2.0$。将确定设计参数代入公式中，则

$$q_0=\psi_{av}q=0.6\times\frac{500\times(1+1.47\lg1)}{(5+2\sum t_2)^{0.65}}=\frac{300}{(5+2\sum t_2)^{0.65}}$$

因为 q_0 为某设计管段的上游管段雨水流行时间之和的函数，只要知道各设计管段内雨水流行时间 t_2，即可求出该设计管段的单位面积径流量 q_0。例如，管段1～2的 $\sum t_2=0$，代入上式 $q_0=\frac{300}{5^{0.65}}$，将上式计算结果列入表3.10中。

表3.10　　单位面积径流量计算表

t_2/min	0	5	10	15	20	25	30	35	40	45	50	55	60
$5+2t_2$	5	15	25	35	45	55	65	75	85	95	105	115	125
$(5+2t_2)^{0.65}$	2.85	5.85	8.10	10	11.90	13.60	15.08	16.55	18	19.30	20.60	21.80	23.06
$q_0=\psi q$	105	51.60	37	30	25.20	22.10	19.90	18.10	16.70	15.50	14.60	13.80	13.00

5）用各设计管段的单位面积径流量乘以该管段的总汇水面积得该管段的设计流量。例如，管段1～2的设计流量为 $Q=q_0F_{1\sim2}=105\times0.45=47.25(L/s)$，将此计算值列入表3.11中第7项。

表 3.11　　　　**雨水干管水力计算表**

设计管段编号	管长 L/m	汇水面积 F/hm^2	管内雨水流行时间 t_2/min		单位面积径流量 q_0 /[L/(s·hm²)]	设计流量 Q/(L/s)	管径 D /mm	坡度 i /‰
			$\sum L/v$	L/v				
1	2	3	4	5	6	7	8	9
1～2	75	0.45	0	1.67	89.2	47.25	300	3
2～3	150	1.375	1.67	3.13	71.9	98.9	400	2.3
3～4	83	2.675	4.80	1.73	54.6	146.1	500	1.75
4～5	150	3.825	6.53	2.50	48.7	186.3	500	2.85
5～6	125	5.40	9.03	2.08	42.5	229.5	600	2.1

流速 v /(m/s)	管道输水能力 Q /(L/s)	坡降 iL/m	设计地面标高/m		设计管内底标高/m		埋深/m	
			起点	终点	起点	终点	起点	终点
10	11	12	13	14	15	16	17	18
0.75	54	0.225	86.700	86.630	85.300	85.075	1.40	1.56
0.80	100	0.345	86.630	86.560	84.975	84.630	1.66	1.93
0.80	150	0.145	86.560	86.550	84.530	84.385	2.03	2.17
1.00	190	0.428	86.550	86.530	84.385	83.957	2.17	2.57
1.00	290	0.263	86.530	86.500	83.857	83.594	2.67	2.91

6）根据求得各设计管段的设计流量，参考地面坡度，查满流水力计算图（附录 1.1），确定出管段的设计管径、坡度和流速。在查水力计算表或水力计算图时，Q、v、i 和 D 这 4 个水力因素可以相互适当调整，使计算结果既符合设计数据的规定，又经济合理。

由于该街坊地面坡度较小，甚至地面坡度与管道坡向正好相反。因此，为不使管道埋深过大，管道坡度宜取小值，但所取的最小坡度应能使管内水流速度不小于设计流速。例如，管段 1～2 处的地面坡度 $i_{1\sim2}=\dfrac{G_1-G_2}{L_{1\sim2}}=0.0009$。该管段的设计流量 $Q=47.25$L/s，当管道坡度采用地面坡度（$i=0.0009$）时，查满流水力计算图 D 介于 300～400mm 之间，$v=0.48$m/s，不符合设计的技术规定。因此需要进行调整，当 $D=300$mm、$v=0.75$m/s、$i=0.003$ 符合设计规定，故采用，将其填入表 3.11 中第 8～10 项中。表中第 11 项是管道的输水能力 Q'，它是指经过调整后的流量值，也就是指在给定的 D、i 和 v 的条件下，雨水管道的实际过水能力，要求 $Q'>Q$，管段 1～2 的输水能力为 54L/s。

7）根据设计管段的设计流速求本管段的管内雨水流行时间 t_2。例如，管段 1～2 的管内雨水流行时间 $t_2=\dfrac{L_{1\sim2}}{60v_{1\sim2}}=\dfrac{75}{60\times0.75}=1.67(\text{min})$，将其计算值列入表 3.11 中第 5 项。

8）求降落量。由设计管段的长度及坡度，求出设计管段上下端的设计高差（降落量）。例如管段 1～2 的降落量，$iL=0.003\times75=0.225(\text{m})$，将此值列入表 3.11 中第 12 项。

9）确定管道埋深及衔接。在满足最小覆土厚度的条件下，考虑冰冻情况，承受荷载及管道衔接，并考虑到与其他地下管线交叉的可能，确定管道起点的埋深或标高。本例起点埋深为 1.40m。将此值列入表 3.11 中第 17 项。各设计管段的衔接采用管顶平接。

10）求各设计管段上、下端的管内底标高。用1点地面标高减去该点管道的埋深，得到该点的管内底标高，即86.700－1.40＝85.300列入表3.11中第15项，再用该值减去该管段的降落量，即得到终点的管内底标高，即85.300－0.225＝85.075(m)，列入表3.11中第16项。

用2点的地面标高减去该点的管内底标高，得到2点的埋深，即86.630－85.075＝1.56(m)，将此值列入表3.11中第18项。

由于管段1～2与2～3的管径不同，采用管顶平接。即管段1～2中的2点与2～3中的2点的管顶标高应相同。所以管段2～3中的2点的管内底标高为85.075＋0.300－0.400＝84.975(m)，求出2点的管内底标高后，按前面的方法求得3点的管内底标高。其余各管段的计算方法与此相同，直到完成表3.11所有项目，则水力计算结束。

11）水力计算后要进行校核，使设计管段的流速、标高及埋深符合设计规定。雨水管道在设计计算时，应注意以下几方面的问题：

a. 在划分汇水面积时，应尽可能使各设计管段的汇水面积均匀增加，否则会出现下游管段的设计流量小于上游管段的设计流量，这是因为下游管段的集水时间大于上游管段的集水时间，故下游管段的设计暴雨强度小于上游管段的设计暴雨强度，而总汇水面积只有很小增加的缘故。若出现了这种情况，应取上游管段的设计流量作为下游管段的设计流量。

b. 水力计算自上游管段依次向下游进行，一般情况下，随着流量的增加，设计流速也相应增加，如果流量不变，流速不应减小。

c. 雨水管道各设计管段的衔接方式应采用管顶平接。

d. 本例只进行了水力干管的水力计算，但在实际工程设计中，干管与支管是同时进行计算的。在支管和干管相接的检查井处，会出现到该断面处有两个不同的集水时间$\sum t_2$和管内底标高值，再继续计算相交后的下一个管段时，采用较大的集水时间值和较小的那个管内底标高。

12）绘制雨水管道的平面图和纵断面图。绘制的方法、要求及内容参见污水管道平面图和纵剖面图。

3.5.3 合流管渠水力计算

合流制管渠系统是用同一管渠排除生活污水、工业废水及雨水的排水方式。由于历史的原因，在国内外许多城市的旧排水管道系统中仍然采用这种排水体制。根据混合污水的处理和排放的方式，有直泄式和截流式合流制两种。由于直泄式合流制严重污染水体，因此对于新建排水系统不易采用。故本情境只介绍截流式合流制排水系统。

3.5.3.1 截流式合流制排水系统的工作情况与特点

截流式合流制排水系统是沿水体平行设置截流管道，以汇集各支管、干管流来的污水。在截流干管的适当位置上设置溢流井。在晴天时，截流干管是以非满流方式将生活污水和工业废水送往污水处理厂。雨天时，随着雨水量的增加，截流干管是以满流方式将混合污水（雨水、生活污水、工业废水）送往污水处理厂。若设城市混合污水的流量为Q，而设截流干管的输水能力为Q'，当$Q \leqslant Q'$时，全部混合污水输送到污水处理厂进行处理；当$Q > Q'$时，有（$Q=Q'$）的混合污水送往污水处理厂，而（$Q-Q'$）的混合污水则通过溢流井排入水体。随着降雨历时继续延长，由于暴雨强度的减弱，溢流井处的溢流流量逐渐减小。最后混合污水量又重新等于或小于截流干管的设计输水能力，溢流停止，全部混合污水又都流向

污水处理厂。

从上述管渠系统的工作情况可知，截流式合流制排水系统，是在同一管渠内排除三种混合污水，集中到污水处理厂处理，从而消除了晴天时城镇污水及初期雨水对水体的污染，在一定程度上满足环境保护方面的要求。另外还具有管线单一，管渠的总长度减小等优点。因此在节省投资、管道施工方面较为有利。

但在暴雨期间，则有部分的混合污水通过溢流井溢入水体，将造成水体周期性污染。另外，由于截流式合流制排水管渠的过水断面很大，而在晴天时流量很小，流速低，往往在管底形成淤积，降雨时雨水将沉积在管底的大量污物冲刷起来带入水体形成严重的污染。

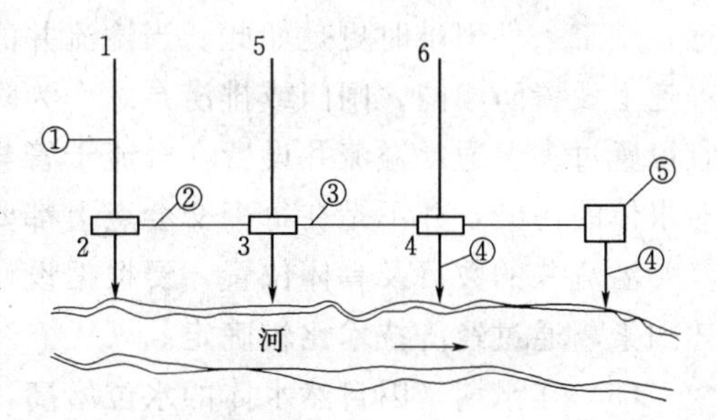

图3.25　截流式合流制组成示意图

①—合流管道；②—截流管道；③—溢流井；④—出水口；⑤—污水处理厂

另外，截流管、提升泵站以及污水处理厂的设计规模都比分流制排水系统大，截流管的埋深也比单设雨水管渠的埋深大。

因此，在选择排水体制时，首先满足环境保护的要求，即保证水体所受的污染程度在允许的范围内。另外还要根据水体综合利用情况、地形条件以及城市发展远景，通过经济、技术比较后综合考虑确定。图3.25为截流式合流制组成示意图。

3.5.3.2　截流式合流制排水系统的使用条件

在下列情形下可考虑采用截流式合流制排水系统：

(1) 排水区域内有充沛的水体，并且具有较大的流量和流速，一定量的混合污水溢入水体后，对水体造成的污染危害程度在允许的范围内。

(2) 街坊、街道的建设比较完善，必须采用暗管排除雨水时，而街道的横断面又较窄，管渠的设置位置受到限制时，可考虑选用截流式合流制。

(3) 地面有一定的坡度倾向水体，当水体高水位时，岸边不受淹没。

(4) 排水管渠能以自流方式排入水体时，在中途不需要泵站提升。

(5) 降雨量小的地区。

(6) 水体卫生要求特别高的地区，污、雨水均需要处理。

3.5.3.3　截流式合流制排水系统布置

采用截流式合流制排水管渠系统时，其布置特点及要求如下：

(1) 排水管渠的布置应使排水面积上生活污水、工业废水和雨水都能合理地排入管渠，管渠尽可能以最短的距离坡向水体。

(2) 在上游排水区域内，如果雨水可以沿道路边沟排泄，这时可只设污水管道，只有当雨水不宜沿地面径流时，才布置合流管渠，截流干管尽可能沿河岸敷设，以便于截流和溢流。

(3) 沿水体岸边布置与水体平行的截流干管，在截流干管的适当位置上设置溢流井，以保证超过截流干管的设计输水能力的那部分混合污水，能顺利地通过溢流井就近排入水体。

(4) 在截流干管上，必须合理地确定溢流井的位置及数目，以便尽可能减少对水体的污染，减小截流干管的断面尺寸和缩短排放渠道的长度。

从对水体保护方面看，合流制管渠中的初降雨水能被截流处理，但溢流的混合污水仍会使水体受到污染。为改善水体环境卫生，需要将混合污水对排入水体的污染程度降至最低，则溢流井设置数目少一些好，其位置应尽可能设置在水体的下游。从经济方面讲，溢流井的数目多一些好，这样可使混合污水及早溢入水体，减少截流干管的尺寸，降低截流干管下游的设计流量。但是，溢流井过多，会增加溢流井和排放渠道的造价，特别在溢流井离水体较远，施工条件困难时更是如此。当溢流井的溢流堰口标高低于水体最高水位时，需要在排水渠道上设置防潮门、闸门或排涝泵站。为降低泵站造价和便于管理，溢流井应适当集中，不宜设置过多。通常溢流井设置在合流干管与截流干管的交会处。但为降低工程造价以及减少对水体的污染，并不是在每个交会点上都要设置。

溢流井的数目及具体位置，要根据设计地区的实际情况，结合管渠系统的布置，考虑上述因素，通过经济技术比较确定。

(5) 在汛期，因自然水体的水位增高，造成截流干管上的溢流井，不能按重力流方式通过溢流管渠向水体排放时，应考虑在溢流管渠上设置闸门，防止洪水倒灌，还要考虑设排水泵站提升排放，这时宜将溢流井适当集中，利于排水泵站集中抽升。

(6) 为了彻底解决溢流混合污水对水体的污染问题，又能充分利用截流干管的输水能力及污水处理厂的处理能力，可考虑在溢流出水口附近设置混合污水储水池，在降雨时，可利用储水池积蓄溢流的混合污水，待雨后将储存的混合污水再送往污水处理厂处理。此外，储水池还可以起到沉淀池作用，可改善溢流污水的水质。但一般所需储水池容积较大，另外，蓄积的混合污水需设泵站提升至截流管。

目前，在我国许多城市的旧市区多采用截流式合流制，而在新建城区及工矿区则多采用分流制，特别是当生产污水中含有毒物质，其浓度又超过允许的卫生标准时，必须预先对这种污水进行单独处理达到排放的水质标准后，才能排入合流制管渠系统。

3.5.3.4 合流制排水管渠的水力计算

1. 完全合流制排水管渠设计流量确定

完全合流制排水管渠系统按下式计算管渠的设计流量

$$Q_u = Q_s + Q_g + Q_y = Q_h + Q_y \tag{3.9}$$

式中　Q_u——完全合流制管渠的设计流量，L/s；

Q_s——生活污水设计流量，L/s；

Q_g——工业废水设计流量，L/s；

Q_h——晴天时城市污水量（生活污水量和工业废水量之和），即为旱流流量，L/s；

Q_y——雨水设计流量，L/s。

2. 截流式合流制排水管渠设计流量确定

由于截流式合流制在截流干管上设置了溢流井后，对截流干管的水流状况产生的影响很大。不从溢流井溢出的雨水量，通常按旱流污水量 Q_h 的指定倍数计算，该指定倍数称为截流倍数，用 n_0 表示。其意义为通过溢流井转输到下游干管的雨水量与晴天时旱流污水量之比。如果流入溢流井的雨水量超过了 $n_0 Q_h$，则超过的雨水量由溢流井溢出，经排放渠道排入水体。所以，溢流井下游管渠（图 3.25 中的 2～3 管段）的雨水设计流量为

$$Q_y = n_0 (Q_s + Q_g) + Q_y' \tag{3.10}$$

溢流井下游管渠的设计流量，是上述雨水设计流量与生活污水平均量及工业废水最大班

的平均流量之和，即

$$
\begin{aligned}
Q_z &= n_0(Q_s+Q_g)+Q_y'+Q_g+Q_h' \\
&= (n_0+1)(Q_s+Q_g)+Q_y'+Q_h' \\
&= (n_0+1)Q_h+Q_y'+Q_h'
\end{aligned}
\tag{3.11}
$$

上二式中　Q_h——溢流井下游汇水面积上流入的旱流流量，L/s；

Q_y——溢流井下游汇水面积上流入的雨水设计流量，按相当于此汇水面积的集水时间求得，L/s。

3. 从溢流井溢出的混合污水设计流量的确定

当溢流井上游合流污水的流量超过溢流井下游管段的截流能力时，就有一部分的混合污水经溢流井处溢流，并通过排放渠道排入水体。其溢流的混合污水设计流量按下式计算，即

$$Q_J=(Q_s+Q_g+Q_y)-(n_0+1)Q_h \tag{3.12}$$

3.5.3.5　截流式合流制管渠的水力计算要点

截流式合流制排水管渠一般按满流设计。水力计算方法，水力计算数据包括设计流速、最小坡度、最小管径、覆土厚度以及雨水口布置要求与分流制中雨水管道的设计基本相同。但合流制管渠雨水口设计时应考虑防臭、防蚊蝇等措施。

合流制排水管渠水力计算内容包括下面几方面。

1. 溢流井上游合流管渠计算

溢流井上游合流管渠的计算与雨水管渠计算基本相同，只是它的设计流量包括设计污水和工业废水以及设计雨水量。

2. 合流管渠的雨水设计重现期

可适当高于同一情况下的雨水管道的设计重现期的10%～25%。因为合流管渠一旦溢出，溢出混合污水比雨水管道溢出的雨水所造成的危害更为严重，所以为防止出现这种情况，应从严掌握合流管渠的设计重现期和允许的积水程度。

3. 截流干管和溢流井的计算

主要是合理地确定所采用的截流倍数 n_0 值。根据所采用的 n_0 值可按式（3.12）确定截流干管的设计流量，然后即可进行截流干管和溢流井的水力计算。从保护环境、减少水体受污染方面考虑，应采用较大的截流倍数，但从经济方面考虑，若截流倍数过大，会大大增加截流干管、提升泵站以及污水处理厂的设计规模和造价。同时，会造成进入污水处理厂的水质、水量在晴天和雨天差别很大，这给污水处理厂的运行管理带来极大不便。所以，为使整个合流排水管渠系统造价合理，又便于运行管理，不宜采用过大的截流倍数。

截流倍数 n_0 应根据旱流污水的水质、水量、总变化系数，水体的卫生要求及水文气象等因素经计算确定。经工程实践证明，截流倍数 n_0 值采用2.6～4.5是比较经济合理的。

《室外排水设计规范》（GB 50014—2006）规定截流倍数按不同排放采用1～5。经多年工程实践，我国多数城市一般采用截流倍数 $n_0=3$。而美国、日本及西欧等国家多采用 $n_0=3\sim5$。

溢流井是在井中设置截流槽，槽顶与截流干管的管顶相平，其构造如图3.26所示。

截流槽式溢流井的溢流是设在溢流井的底部，而溢流槽流槽上顶低于合流干管与排放管道的管底，略高于截流干管的上顶。当合流干管混合污水量小于截流干管的设计流量时，混合污水由合流干管跌入溢流井内，并由溢流井流向截流干管的下游。当合流干管的流量大于

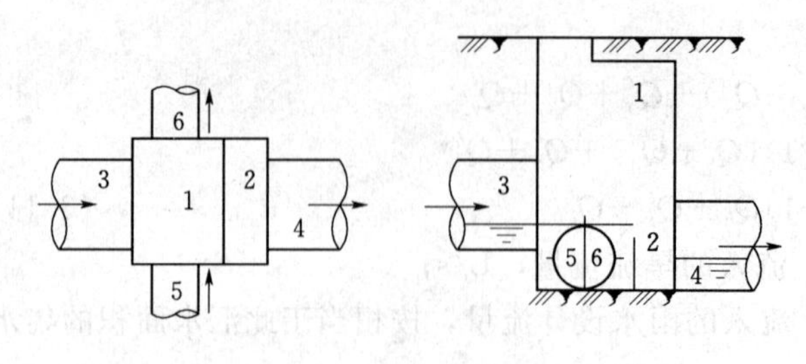

图 3.26　溢流井示意图

1—溢流井；2—堰；3—上游合流管道；4—溢流管；
5—上游截流管道；6—下游截流管道

截流干管的设计流量时，就会有多余的混合污水，由截流槽的上顶溢出，经溢流井下游的排放管渠排入自然水体。此外，也可采用溢流堰式和跳越堰式。其构造分别如图 3.27 和图 3.28 所示。

在溢流堰式溢流井中，堰流堰的一侧是合流干管与截流干管衔接的流槽，另一侧是溢流井的排放管渠，当合流干管的流量小于截流干管的设计流量时，混合污水直接进入截流干管，当混合污水由合流干管直接排入截流干管的流量超过截流干管的实际流量时，混合污水便溢过溢流堰，经过溢流井下游的排放管渠排入水体。

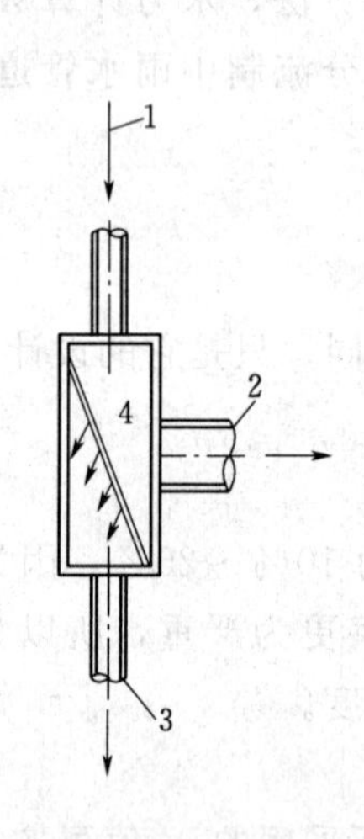

图 3.27　溢流堰式溢流井

1—合流干管；2—截流干管；
3—溢流管；4—溢流堰

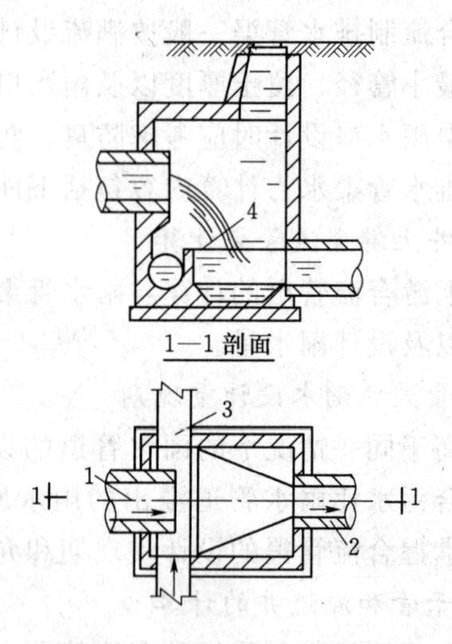

图 3.28　跳越堰式溢流井

1—雨水入流干管；2—雨水出流干管；
3—初期雨水截流干管；4—隔墙

当溢流堰的堰顶线与截流干管中心线平行时，可采用下列公式计算：

$$Q=M\sqrt[3]{l^{2.5}h^{5.0}} \tag{3.13}$$

式中　Q——溢流堰出水量，m^3/s；

l——堰长，m；

h——溢流堰末端堰顶以上水层高度，m；

M——溢流堰流量系数，薄壁堰一般采用 2.2。

关于其他型式溢流井的计算可参阅《给水排水设计手册》第五册。

4. 晴天旱流流量的校核

关于晴天旱流流量的校核，应使旱流时的流速能满足污水管渠最小流速的要求，一般不宜小于 0.35～0.5m/s，当不能满足时，可修改设计管渠断面尺寸和坡度。值得注意的是，由于合流管渠中旱流流量相对较小，特别是上游管段，旱流校核时往往满足不了最小流速的

要求，这时可在管渠底部设置缩小断面的流槽，以保证旱流时的流速，或者加强养护管理，利用雨天流量冲洗管渠，以防发生淤塞。

3.5.3.6　截流式合流制管渠水力计算实例

【案例 3.3】 图3.29为某市一个区域的截流式合流干管的计算平面布置图，已知该市暴雨强度公式为 $q=10020(1+0.56)/(t+56)$，设计重现期 $P=1\text{a}$，地面集水时间 $t_1=10\text{min}$，平均径流系数 $\psi=0.45$，设计地区人口密度 $\rho=280$ 人/hm²，生活污水量定额 $n=100\text{L}/(人\cdot\text{d})$，$K_z=1.0$，截流倍数 $n_0=3$，管道起点埋深为1.75m，该区域内有5个工业企业，其工业废水量见表3.12，试进行管渠的水力计算。

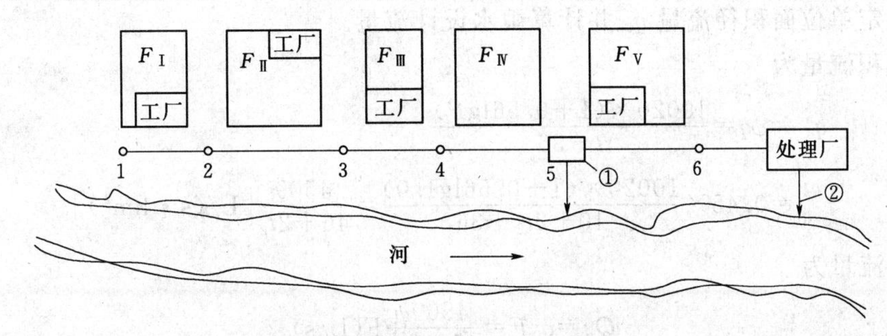

图3.29　某市一区域截流式合流管渠计算平面示意图

①—溢流井；②—出水口

表3.12　　工 业 废 水 量

街坊面积编号	工业废水量/(L/s)	街坊面积编号	工业废水量/(L/s)
$F_{Ⅰ}$	20	$F_{Ⅳ}$	90
$F_{Ⅱ}$	30	$F_{Ⅴ}$	35
$F_{Ⅲ}$	90		

【解】 计算及步骤如下：

(1) 划分并计算各设计管段及汇水面积，见表3.13。

表3.13　　设计管段长度、汇水面积计算表

管段编号	管长/m	汇 水 面 积/hm²			
		面积编号	本段面积	转输面积	总汇水面积
1～2	87	$F_{Ⅰ}$	1.24	0	1.24
2～3	128	$F_{Ⅱ}$	1.80	1.24	3.04
3～4	59	$F_{Ⅲ}$	0.85	3.04	3.89
4～5	138	$F_{Ⅳ}$	2.10	3.89	5.99
5～6	165.5	$F_{Ⅴ}$	2.12	0	2.12

(2) 确定出各检查井处的地面标高，见表3.14。

(3) 计算生活污水比流量 q_s。

$$q_s=n\rho/86400=100\times280/86400=0.324[\text{L}/(\text{s}\cdot\text{hm}^2)]$$

表 3.14　　　　　　　　　　检查井处的标高

检查井编号	地面标高/m	检查井编号	地面标高/m
1	20.200	4	19.550
2	20.000	5	19.500
3	19.700	6	19.450

则生活污水设计流量为

$$Q_s = q_s F K_z = 0.324 F K_z (\text{L/s})$$

（4）确定单位面积径流量 q_0 并计算雨水设计流量。

单位面积流量为

$$q_0 = \psi q = \frac{10020 \times (1 + 0.56 \lg P)}{t + 36}$$

$$= 0.45 \times \frac{10020 \times (1 + 0.56 \lg 1.0)}{10 + 2t_2 + 36} = \frac{4509}{46 + 2t_2} [\text{L/(s} \cdot \text{hm}^2)]$$

则雨水设计流量为

$$Q_y = q_0 F = \frac{4509\psi}{46 + 2t_2} F (\text{L/s})$$

（5）根据上述，列表计算各设计管段的设计流量。

如设计管段 1～2 的设计流量为

$$Q_{1\sim2} = Q_s + Q_g + Q_y$$

$$= 0.324 \times 1.24 \times 1.0 + 20 + \frac{4509}{46 + 2t_2} \times 1.24 \ (\text{L/s})$$

因为 1～2 管段是起始管段，所以 $t_2 = 0$，则

$$Q_{1\sim2} = 0.40 + 20 + \frac{4509}{46 + 0} \times 1.24 = 142 (\text{L/s})$$

（6）根据设计管段设计流量，当 $n = 0.013$ 时，查满流水力计算表，确定出设计管段的管径、坡度、流速及管内底标高和埋设深度。

其计算结果见表 3.15 中第 13～16、20、21 和 23 项。

表 3.15　　　　　　　　　　截流式合流干管计算表

管段编号	管长/m	汇水面积/hm²			管内流行时间/min		设计流量/(L/s)					设计管径/mm	设计坡度/‰	管道坡降 iL/m
		本段	转输	总计	累计 $\sum t_2$	本段 t_2	雨水	生活污水	工业废水	溢流井传输水量	总计			
1	2	3	4	5	6	7	8	9	10	11	12	13	14	15
1～2	87	1.24	0	1.24	0	1.93	122	0.40	20	—	142	500	1.5	0.131
2～3	130	1.80	1.24	3.04	1.93	2.71	274.92	1.04	30	—	305.96	700	1.1	0.143
3～4	59	0.85	3.04	3.89	4.63	0.89	315.47	1.26	90	—	406.73	700	2.1	0.124
4～5	138	2.10	3.89	5.99	5.52	2.09	473.51	1.94	90	—	565.45	800	1.7	0.235
5～6	165.8	2.12	0	2.12	0	2.27	207.80	0.69	35	367.76	611.25	800	2.3	0.381

续表

管段编号	设计流速/(m/s)	设计管道输水能力 Q/(L/s)	地面标高/m		管内底标高/m		埋深/m		旱流校核			备注
			起点	终点	起点	终点	起点	终点	旱流流量	充满度	流速/(m/s)	
1	16	17	18	19	20	21	22	23	24	25	26	27
1～2	0.75	150	20.200	20.000	18.450	18.320	1.750	1.680	20.40	—		5 点设溢流井
2～3	0.80	310	20.000	19.700	18.120	17.977	1.880	1.723	31.04	—		
3～4	1.10	410	19.700	19.550	17.977	17.853	1.723	1.697	91.26	0.335	0.83	
4～5	1.10	570	19.550	19.500	17.753	17.520	1.797	1.980	91.94	0.290	0.82	
5～6	1.22	630	19.500	19.450	17.520	17.139	1.980	2.310	127.63	0.320	1.00	

注 1～2，2～3 管段因流量太小，未进行校核，应加强维护管理。

(7) 进行旱流流量校核。计算结果见表 3.15 中第 24～26 项。下面将其部分计算说明如下：

1) 表中第 17 项设计管道输水能力是指设计管径在设计坡度条件下的实际输水能力，此值应接近或略大于第 12 项的设计总流量。

2) 1～2 管段因旱流流量太小，未进行旱流校核，应加强养护管理或采取适当措施防止淤塞。

3) 对于 5～6 管段，由于在 5 点处设置了溢流井，因此 5～6 管段可看作一个截流干管，它的截流能力为 $(n_0+1)Q_h=(3+1)\times91.94=367.76(L/s)$，将此值列入表中第 11 项。

4) 5～6 管段的旱流流量为 4～5 管段的旱流流量和 5～6 管段本段的旱流之和。即

$$91.94+35+0.69=127.63(L/s)$$

5) 5～6 管段的本段旱流流量和雨水设计流量均按起始管段进行计算。

(8) 溢流井的计算。

经溢流井溢流的混合污水量为

$$565.45-367.76=197.69(L/s)=0.20(m^3/s)$$

选用溢流堰式溢流井，溢流堰顶线与截流干管的中心线平行，则

$$Q=M^3\sqrt{l^{2.5}h^{5.0}}$$

因薄壁堰 $M=2.2$，则设堰长 $l=1.5$m，有 $Q=2.2^3\sqrt{1.5^{2.5}h^{5.0}}$。

解得 $h=0.16$m，即溢流堰末段堰顶以上水层高度为 0.16m。该水面高度为溢流井下游管段（截流干管）起点的管顶标高。该管顶标高为 17.520+0.8=18.320(m)。

溢流堰末段堰顶标高为 18.320−0.16=18.160(m)。此值高于平均水位标高，故河水不会倒流。

3.5.3.7 城市旧合流制排水管渠系统的改造

城市排水管渠系统是随着城市的发展而相应地发展，在城市建设的初期，是采用合流明渠排除雨水和少量污水，并将它们直接排入附近水体。

随着城市工业的发展和人口增加与集中，城市的污水和工业废水量也相应增加，其污水的成分也更加复杂。为改善城市的卫生条件，保证市区的环境卫生，虽然将明渠改为暗流，但污水仍是直接排入附近的水体，并没有改变城市污水对自然水体的污染。

根据有关资料介绍日本有70%左右、英国有67%左右的城市采用完全合流制排水系统。我国绝大多数城市也采用这种排水系统，随着城市和工业的进一步发展，污水水量将迅速增加，势必造成水体的严重污染。为此，为保护自然环境、保护水体，就必须对城市已建的旧合流制排水管渠系统进行改造。

目前，对城市旧合流制排水系统的改造，通常有以下几种途径。

1. 改原有的合流制为分流制

将合流制改为分流制可彻底解决城市污水对水体的污染，此方法由于雨水、污水分流，需要处理的污水量将相对减少，进入污水处理厂的水质、水量变化也相对较小，所以有利于污水处理厂的运行管理。通常，在具有以下条件时，可考虑将合流制改造为分流制：

（1）住房内部有完善的卫生设备，便于生活污水与雨水分流。

（2）工厂内部可清浊分流，便于将符合要求的生产污水直接排入城市管道系统，将清洁的工业废水排入雨水管渠系统，或将其循环、循序使用。

（3）城市街道的横断面有足够的位置，允许设置由于改建成分流制而需增建的污水或雨水管道，并且在施工中不对城市的交通造成很大的影响。

（4）旧排水管渠输水能力基本上已不能满足需要，或管渠损坏渗漏已十分严重，需要彻底改建而设置新管渠。

在一般情况下，住房内部的卫生设备目前已日趋完善，将生活污水与雨水分流比较容易做到。但是工厂内部的清浊分流，由于已建车间内工艺设备的平面位置和竖向布置比较固定，不太容易做到。由于旧城市的街道比较窄，而城市交通量较大，地下管线又较多，使改建工程不仅耗资巨大，而且影响面广，工期相当长，在某种程度上甚至比新建的排水工程更为复杂，难度更大。

2. 保留合流制，改造为截流式合流制管渠

将合流制改为分流制可以完全控制混合污水对水体的污染，但是由于投资大、施工困难等原因而较难在短期内做到。目前旧合流制的改造多采用保留合流制，修建截流干管即改造成截流式合流制排水系统。从这种系统的运行情况看，截流式合流制排水系统并没有杜绝污水对水体的污染，而溢流的混合污水中不仅含有部分旱流污水，同时也来带有晴天沉积在管底的污物。

3. 对溢流混合污水进行适当处理

随着城市建设的发展和人口的增长，从截流式合流制排水管渠中溢流的混合污水，将造成对自然水体的严重污染。所以，为保护水体，在规划设计时需要从以下几方面考虑：

（1）截流倍数的选用要适当提高，我国现用的截流倍数是以平均污水量为标准的，它实质上只有国外常用最大时污水量为标准值的50%～60%。《室外排水设计规范》（GB 50014—2006）建议采用的截流倍数1～5倍只相当于国外的0.5～3倍。根据国外经验及我国江河污染的严重情况看，所用n_0值应根据不同地区的水体稀释能力和自净能力做不同程度的提高。

（2）对溢流的混合污水进行适当的处理。处理措施包括细筛滤、沉淀以及其他必要的措施。

4. 对溢流的混合污水量采取有效的控制措施

为减少溢流混合污水对水体的污染，可利用公园、湖泊、小河及池塘等，作为限制暴雨

进入管渠的临时蓄水池等蓄水措施，消减高峰径流量，达到减少混合污水的排放量。根据美国的研究结果，采用透水性路面或没有细集料的沥青混合路面，可消减高峰径流量的83%。这种做法是利用设计地区土壤有足够的透水性，而且地下水位较低的地区，采用提高地表持水能力和地表渗流能力的措施减少暴雨径流，降低溢流的混合污水量。若采用此种措施时，应定时清理路面防止阻塞。

城市旧合流制排水渠系统的改造是一项很复杂的工作，必须根据当地的具体情况，与城市规划相结合，在确保水体免受污染的条件下，充分发挥原有管渠系统的作用，使改造方案既有利保护环境，经济合理又切实可行。

学习情境3.6　排水管道工程图的绘制与识读

3.6.1　排水管道工程图的绘制

1. 管道平面图的绘制

初步设计阶段的管道平面图就是管道的总体布置图。在平面图上应有地形、地物、风玫瑰或指北针等，并标出干管和主干管的位置。已有和设计的污水管道用粗（0.9mm）单实线表示，其他均用细（0.3mm）单实线表示。在管线上画出设计管段起止点的检查井并编上号码，标出各设计管段的服务面积和可能设置的中途泵站或其他附属构筑物的位置，以及污水处理厂和出水口的位置。每一设计管段都应注明管段长度、设计管径和设计坡度。此外，图上应有管道的主要工程项目表、图例和必要的工程说明。图纸的比例尺通常采用1：5000～1：10000。

技术设计或施工图设计阶段的管道平面图，要包括详细的资料。除反映初步设计的要求外，还要标明检查井的准确位置及污水管道与其他地下管线或构筑物交叉点的具体位置、高程；居住小区污水干管或工厂废水排出管接入城市污水支管、干管或主干管的位置和高程；图上还应有图例、主要工程项目表和施工说明。比例尺通常采用1：1000～1：5000。

室外排水平面图是室外排水工程图中的主要图样之一，它表示室外排水管道的平面布置情况。

绘制室外排水平面图时主要有以下几点要求：

（1）应绘出该室外原有和新建的建筑物、构筑物、道路、等高线、施工坐标和指北针等。

（2）室外排水平面图的方向，应与该室外建筑平面图的方向一致。

（3）绘制室外排水平面图的比例，通常与该室外建筑平面图的比例相同。

（4）室外污水管道、雨水管道应绘在同一张图上。

（5）同一张图上有污水管道和雨水管道时，一般分别以符号W、Y加以标注。

（6）同一张图上的不同类附属构筑物，应以不同的代号加以标注；同类附属构筑物的数量多于1个时，应以其代号加阿拉伯数字进行编号。

（7）绘图时，当污水管和雨水排水管交叉时，应断开污水管。

（8）建筑物、构筑物通常标注其3个角坐标。当建筑物、构筑物与施工坐标轴线平行时，可标注其对角坐标。

附属建筑物（检查井、雨水井、化粪池）可标注其中心坐标。管道应标注其管中心坐标。当个别管道和附属构筑物不便于标注坐标时，可标注其控制尺寸。

(9) 画出主要的图例符号。

2. 管道纵剖（断）面图的绘制

管道纵剖面图反映管道沿线高程位置，它是和平面图相对应的。初步设计阶段一般不绘制管道的纵剖面图，有特殊要求时可绘制。

技术设计或施工图设计阶段要绘制管道的纵剖面图图。图上用细（0.3mm）单实线表示原地面高程线和设计地面高程线，用粗（0.9mm）双实线表示管道高程线，用细（0.3mm）双竖线表示检查井。图中应标出沿线旁侧支管接入处的位置、管径、标高；与其他地下管线、构筑物或障碍物交叉点的位置和高程；沿线地质钻孔位置和地质情况等。在剖面图下方用细（0.3mm）实线画一个表格，表中应列上检查井编号、管段长度、设计管径、设计坡度、地面高程、管内底高程、埋设深度、管道材料、接口型式、基础类型等。有时也注明设计流量、设计流速和设计充满度等数据。采用的比例尺，一般横向 1∶500～1∶2000；纵向比例为 1∶50～1∶200。对工程量较小，地形、地物较简单的污水管道工程也可不绘制纵剖面图，只需注明管道的设计管径、设计坡度、管段长度和检查井的高程等。为便于平面图与纵剖面图对照查阅，通常将平面图和纵剖面图绘制在同一张图纸上。

施工图设计阶段，除绘制管道的平、纵剖面图外，还应绘制管道附属构筑物的详图和管道交叉点特殊处理的详图。附属构筑物的详图可参照《给水排水标准图集》中的标准图结合本工程的实际情况绘制。

图 3.30 是某一街道排水平面图和污水管道纵断面图，现结合图 3.30 讲述室外排水管道纵断面图的图示内容和表达方法。

管道纵剖（断）面图是沿干管轴线铅垂剖切后画出的断面图，重力流管道用双粗点画线和粗虚线绘制（图 3.30 所示的污水管、雨水管）；地面、检查井、其他管道的横断面（不按比例，用小圆圈表示）等用细实线绘制。

表达干管的有关情况和设计数据，以及与在该干管纵断面、剖切到的检查井、地面，以及其他管道的横断面，都用断面图的型式表示，图中还在其他管道的横断面处，标注了管道类型的代号、定位尺寸和标高。在断面图下方，用表格分项列出该干管的各项设计数据，例如，设计地面标高、设计管内底标高、管径、水平距离、编号、管道基础等内容。此外，还常在最下方画出管道的平面图，与管道纵断面图对应，便可补充表达出该污水干管附近的管道、设施和建筑物等情况，除了画出在纵断面中已表达的这根污水干管以及沿途的检查井外，管道平面图中还画出：这条街道下面的给水干管、雨水干管，并标注了这 3 根干管的管径，标注了它们之间以及与街道的中心线、人行道之间的水平距离；各类管道的支管和检查井以及街道两侧的雨水井；街道两侧的人行道、建筑物和支管道口等。

3.6.2　排水管道工程图的识读

3.6.2.1　排水管道工程图的组成与一般规定

1. 组成

室外排水管道工程施工图表示一个区域的排水系统，由室外排水平面图、管道纵断面图以及附属设备（如检查井等）等施工图组成。

2. 一般规定

(1) 图线。图线的宽度为 b，应根据图纸的类别、比例和复杂程度，按《房屋建筑制图

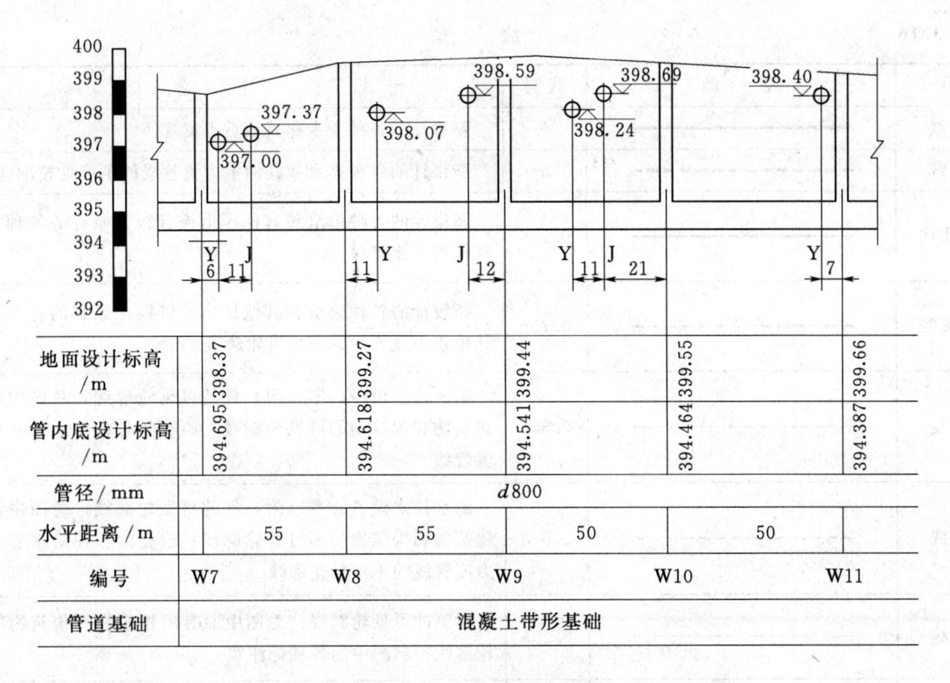

地面设计标高/m	398.37	399.27	399.44	399.55	399.66
管内底设计标高/m	394.695	394.618	394.541	394.464	394.387
管径/mm	d800				
水平距离/m	55	55	50	50	
编号	W7	W8	W9	W10	W11
管道基础	混凝土带形基础				

污水管道纵断面图

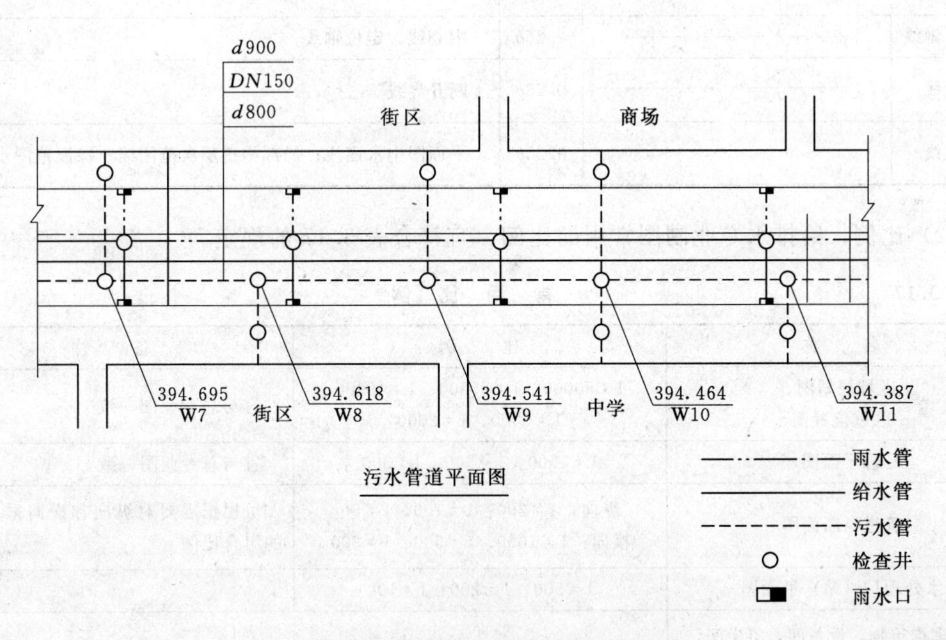

污水管道平面图

图 3.30　某污水管道平面和纵断面示意图

统一标准》（GB/T 50001—2010）中所规定的线宽系列 2.0mm、1.4mm、1.0mm、0.7mm、0.5mm、0.35mm 中选用，一般选用 0.7mm 或者 1.0mm；由于在实线和虚线的粗、中、细三档线型的线宽中再增加一档中粗，因而线宽组的线宽比也扩大为粗：中粗：中：细＝1：0.75：0.5：0.25。

给水排水专业制图常用的各种线型宜符合表 3.16 的规定。

表 3.16 线型

名称	线型	线宽	用途
粗实线	————	b	新设计的各种排水和其他重力流管
粗虚线	------	b	新设计的各种排水和其他重力流管线的不可见轮廓线
中粗实线	————	0.75b	新设计的各种给水和其他压力流管线；原有的各种排水和其他重力流管线
中粗虚线	------	0.75b	新设计的各种给水和其他压力流管线；原有的各种排水和其他重力流管线的不可见轮廓线
中实线	————	0.50b	给水排水设备、零（附）件的可见轮廓线；总图中新建的建筑物和构筑物的可见轮廓线；原有的各种给水和其他压力流管线
中虚线	------	0.50b	给水排水设备、零（附）件的可见轮廓线；总图中新建的建筑物和构筑物的不可见轮廓线；原有的各种给水和其他压力流管线的不可见轮廓线
细实线	————	0.25b	建筑的可见轮廓线；总图中原有的建筑物和构筑物的可见轮廓线；制图中的各种标注线
细虚线	------	0.25b	建筑的不可见轮廓线；总图中原有的建筑物和构筑物的不可见轮廓线
单点长画线	—·—·—	0.25b	中心线、定位轴线
折断线	—\/—	0.25b	断开界线
波浪线	～～～	0.25b	平面图中水面线；局部构造层次范围线；保温范围示意图

（2）比例。给排水专业制图常用的比例，宜符合表 3.17 的规定。

表 3.17 常用比例

名称	比例	备注
区域规划图、区域位置图	1∶50000、1∶25000、1∶10000 1∶5000、1∶2000	宜与总专业图一致
总平面图	1∶1000、1∶500、1∶300	宜与总专业图一致
管道纵断面图	纵向：1∶200、1∶100、1∶50 横向：1∶1000、1∶500、1∶300	可根据需要对纵向和横向采用不同的组合比例
水处理厂（站）平面图	1∶500、1∶200、1∶100	
水处理构筑物，设备间，卫生间，泵房平、剖面图	1∶100、1∶50、1∶40、1∶30	
建筑给水排水平面图	1∶200、1∶150、1∶100	宜与建筑专业一致
建筑给水排水系统图	1∶150、1∶100、1∶50	宜与相应图纸一致；如局部表达有困难时，该处可按不同的比例绘制
详图	1∶50、1∶30、1∶20、1∶10、 1∶5、1∶2、1∶1、2∶1	

(3) 标高。标高符号及一般的标注方法应符合《房屋建筑制图统一标准》(GB/T 50001—2010) 中的规定。室外工程应标注绝对标高，当无绝对标高时，应标注相对标高，但应与专业总图一致。压力管道标注管中心标高；沟渠和重力流管应标注沟(管)内底标高。标高单位均为米 (m)。

在下列部位应标注标高：

1) 沟渠和重力流管的起讫点、转角点、连接点、变坡点、变径尺寸(管径)点及交叉点。

2) 压力流管中的标高控制点。

3) 管道穿外墙、剪力墙和构筑物的壁及底板等处。

4) 不同水位线处。

5) 构筑物和土建部分的相关标高。

6) 标高的标注方法如图 3.31 所示。

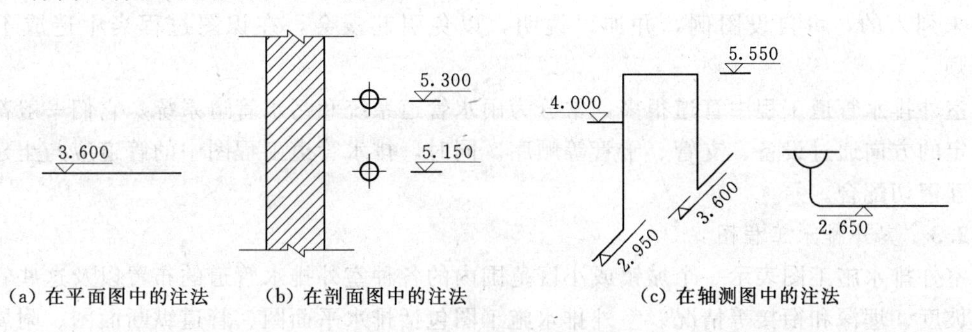

图 3.31　管道标高标注法

(4) 管径。管径应以毫米 (mm) 为单位。管径的表达方式应符合下列规定。

水煤气输送钢管(镀锌或者非镀锌)、铸铁管等管材，管径宜以公称直径 *DN* 表示(如 *DN*15、*DN*50 等)。

无缝钢管、铜管、不锈钢管等管材，其管径宜以外径×壁厚表示(如 *D*108×4、*D*159×4.5 等)。

钢筋混凝土管(混凝土管)、陶土管、耐酸陶瓷管、缸瓦管等管材，其管径宜以内径 *d* 表示(如 *d*150、*d*380 等)。

塑料管材的管径应按产品标准的方法表示。

当设计均为公称直径 *DN* 表示管径时，应有公称直径 *DN* 与相应产品的规格对照表。

管径的标注方法如图 3.32 所示。

在总平面图中，当排水附属构筑物的数量超过 1 个时，宜进行编号，编号方法为：构筑物代号—编号。

排水构筑物的编号顺序宜为：从上游到下游，先干管，后支管。

当给排水机电设备的数量超过 1 台时，宜进行编号，并应有设备编号和设备名称对照表。

3.6.2.2　给水排水工程图的图示特点

由于管道是排水工程图的主要表达对象，这些管道的截面形状变化小，一般细而长，分布范围广泛，纵横交叉，管道附件众多，因此有它特殊的图示特点。

排水管道工程图有下列图示特点：

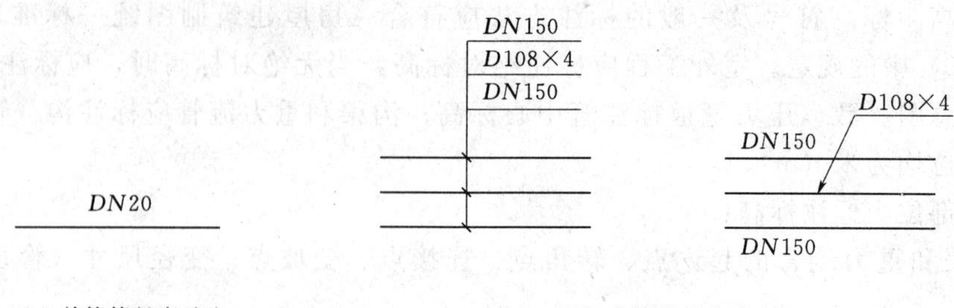

图 3.32　管径的标注方法

排水管道工程图中的管道及附件、管道连接、阀门、水池、检查井、设备及仪表等，都采用统一的图例表示，具体可参见《建筑给水排水制图标准》(GB/T 50106—2010) 中的部分排水管道规定图例，在学习过程当中可以查阅该标准。应当说明的是，凡在标准中尚未列入的，可自设图例，并加以说明，以免引起误会，在识图过程当中造成不必要的麻烦。

室外排水管道工程中管道很多，常分为雨水管道系统和污水管道系统。它们一般都是按照一定的方向通过设备、支管、干管等顺序。同时，排水管道工程图中的管道应与土建施工图相互密切配合。

3.6.2.3　室外排水工程图

室外排水施工图表示一个城镇或小区范围内的各种室外排水管道的布置以及这些管道敷设的坡度、埋深和衔接等情况。室外排水施工图包括排水平面图、管道纵断面图、附属构筑物的施工图等。

1. 室外排水平面图

图 3.33 是某学校一幢新建学生宿舍附近的一个小区的室外给水排水平面图，表示了新建学生宿舍附近的给水、污水、雨水等管道的布置，及其与新建学生宿舍室内给水排水管道的连接。现结合图 3.33 讲述室外排水平面图的图示内容、表达方法以及绘图步骤。

2. 图示内容和表达方法

(1) 比例。一般采用与建筑总平面图相同的比例，常用 1∶1000、1∶500、1∶300 等，该图用的是 1∶500；范围较大的厂区、小区或者城镇的排水平面图常用 1∶5000、1∶2000。

(2) 建筑物及道路、围墙等设施。由于在室外排水平面图中，主要反映室外管道的布置，所以在平面图中，原有房屋以及道路、围墙等附属设施，基本上按照建筑总平面图的图例绘制。

3. 管道及附属设施

一般把各种管道，如给水管、排水管、雨水管以及检查井、雨水井、化粪池等附属设备，都画在同一张图纸上，见表 3.16，新设计的各种排水管线宜用线宽 b 来表示，给水管线宜用线宽为 $0.75b$ 的中粗线表示。图 3.33 中，为了使图形清晰明显，采用了自设图例：新建给水管用粗实线表示，新建污水管用粗点画线表示，雨水管用粗虚线表示。管径都直接标注在相应的管道旁边：给水管一般采用铸铁管，以公称直径 DN 表示；雨水管、污水管一般采用混凝土管，则以内径 d 来表示。检查井、雨水井、化粪池等附属设备则按《给水排水制图标准》中的图例绘制。室外管道应标注绝对标高。

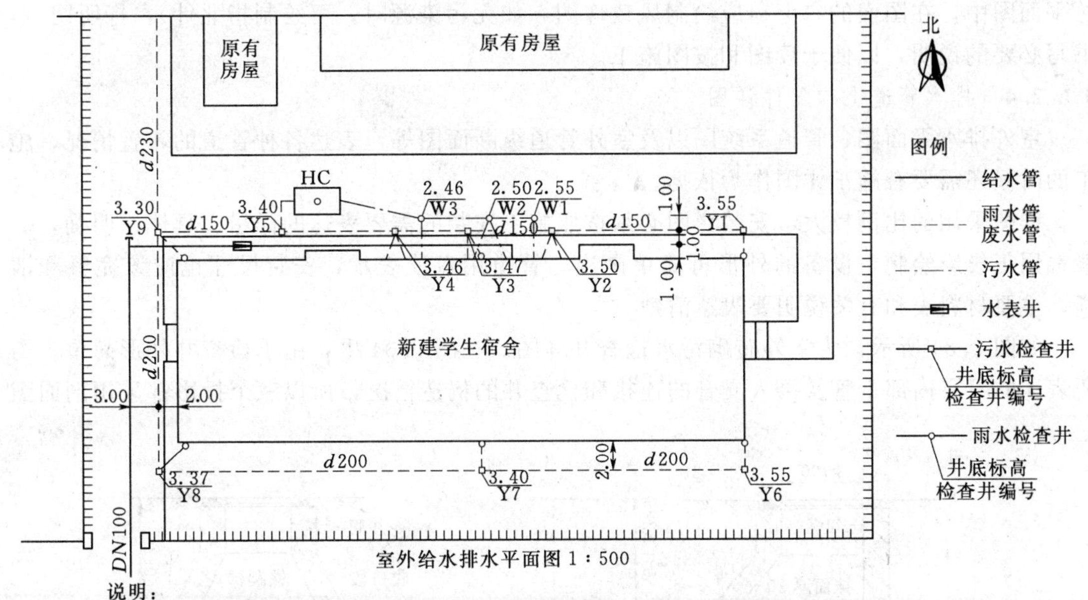

室外给水排水平面图 1:500

说明：

1. 室内外地坪的高差为 0.60m，室外地坪的绝对标高为 3.90m，给水管中心线绝对标高为 3.10m。
2. 雨水和废水管的坡度：d150、d200 为 0.5%；d230 为 0.4%；污水管坡度为 1%。
3. 检查井尺寸：d150、d200 为 480mm×480mm；d230 为 600mm×600mm。

图 3.33 室外排水管道平面示意图

排水管道（包括雨水管和污水管）应注出起讫点、转角点、连接点、交叉点、变坡点的标高，排水管道宜标注管内底标高。为简便起见，可在检查井处引一指引线，在指引线的水平线上面标注井底标高，水平线下面标注用管道种类及编号组成的检查井标号，如 W 为污水管，Y 为雨水管，标号顺序按水流方向，从管的上游向下游顺序编号。从图 3.33 中可以看出：污水干管在房屋中部离学生宿舍北墙 3m 处沿北墙敷设，污水自室内排出管排出户外，用支管分别接入标高为 3.55m、3.50m、3.46m 的污水检查井中，检查井用污水干管（d150 连接），接入化粪池，化粪池用图例表示。雨水干管沿北墙、南墙、西墙在离墙 2m 处敷设。自房屋的东端起分别有雨水管和废水干管，雨水管和废水管用同一根排水管：一根 d150 的干管沿南墙敷设，雨水通过支管流入东端的检查井 Y6（标高 3.55m），经过这根干管，流向检查井 Y7（标高 3.40m），在 Y7 上又接一根支管；d150 干管继续向西，与检查井 Y8（标高为 3.37m）连接，Y8 上再接一根支管。干管从 Y8 转折向北，沿西墙敷设，管径增为 d200，排入检查井 Y9（标高为 3.30m）。另一根 d150 的干管自检查井 Y1（标高 3.55m）开始，有支管接入 Y1，干管 d150 将雨水沿北墙向西排向检查井 Y2（标高 3.50m），Y2 连接室内的两根废水排水管；然后干管 d150 再向西，经检查井 Y3（标高 3.47m）、Y4（标高 3.46m），排到 Y5（标高 3.40m），其中 Y3 接入一根室内废水排水管和一根雨水管，Y4 接入两根室内废水排水管，Y5 则接入了经化粪池沉淀后所排出的污水；这根干管 d150 再向西流入检查井 Y9。这两根干管都接于检查井 Y9 后，由检查井 Y9 再接到雨水和废水总管 d230 继续向北延伸。雨水管、废水管、污水管的坡度及检查井的尺寸，均可在说明中注写，图中可以不予表示。

4. 指北针、图例和施工说明

如图 3.33 所示，在室外给水排水平面图中，图面的右上角应画出指北针（在给水排水

总平面图中，在图面的右上角应绘制风玫瑰图，如无污染源时，可绘制指北针），标明图例，书写必要的说明，以便于读图和按图施工。

3.6.2.4　排水管道上构配件详图

室外排水平面图、管道系统图以及室外管道纵断面图等，表达各种管道的布置情况，施工的时候还需要有施工详图作为依据。

详图采用的比例较大，安装详图必须按照施工安装的需要表达的详尽、具体、明确，一般都用正投影绘制，设备的外形可简单画出，管道用双线表示，安装尺寸也应该完整和清晰，主要材料表和有关说明要表达清楚。

如图 3.34 所示，为室外砖砌污水检查井详图。在图 3.34 中，由于检查井外形简单，需要表述的只有内部干管及接入支管的连接和检查井的构造情况，所以三个投影都采用剖面图

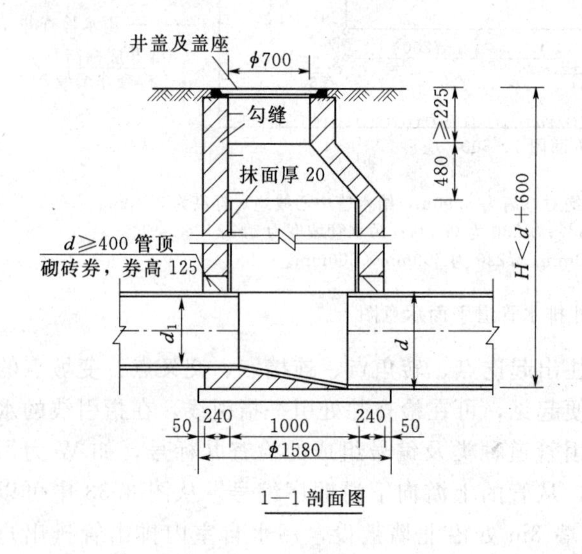

1—1 剖面图

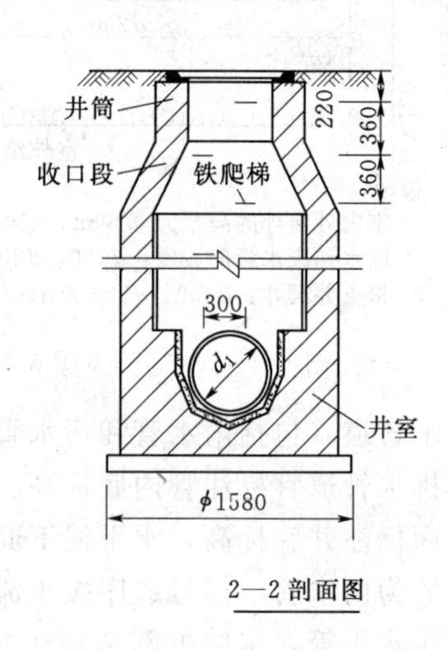

2—2 剖面图

平面图

工程数量表

管径 d	砖砌体/m³			C15 混凝土/m³	砂浆抹面/m²
	7.62	7.62	7.62		
200	0.39	1.98	0.71	0.20	7.62
300	0.39	2.10	0.71	0.20	7.62
400	0.39	2.21	0.71	0.20	7.62
500	0.39	2.32	0.71	0.22	7.62
600	0.39	2.41	0.71	0.24	7.62

说明：

1. 井墙用 M7.5 水泥砂浆砌 MU10 砖；无地下水时，可用 M5 混合砂浆砌 MU10 砖。
2. 抹面、勾缝均用 1：2 水泥砂浆。
3. 遇到地下水时，井外壁抹面至地下水位以上 500mm，厚 20mm，井底铺碎石，厚 100mm。
4. 井室高度，自井底至收口段一般为 $d+1800$，当埋深不允许时，可酌情减少。
5. 井基材料采用 C15 混凝土，厚度等于干管管基厚度，若干管为土基时，井基厚度为 100mm。

图 3.34　室外砖砌污水检查井详图（单位：mm）

的型式。其中检查井的平面图与建筑平面图的表达型式一样，实为水平剖面图，但其他两个剖面图中不标注剖切符号，图中的两虚线圆是上端井盖的投影。盖座及井盖的配筋图如图3.35所示。

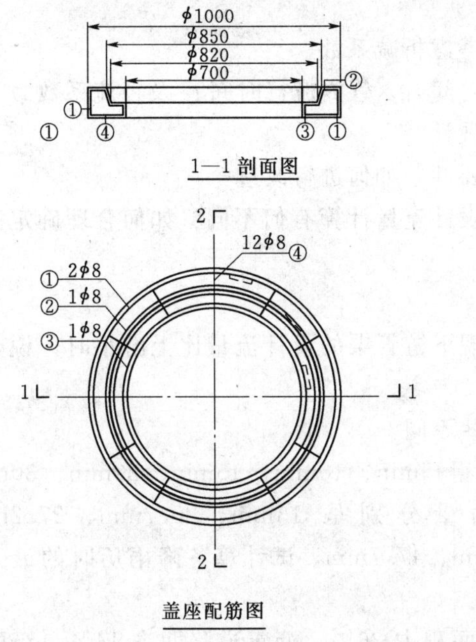

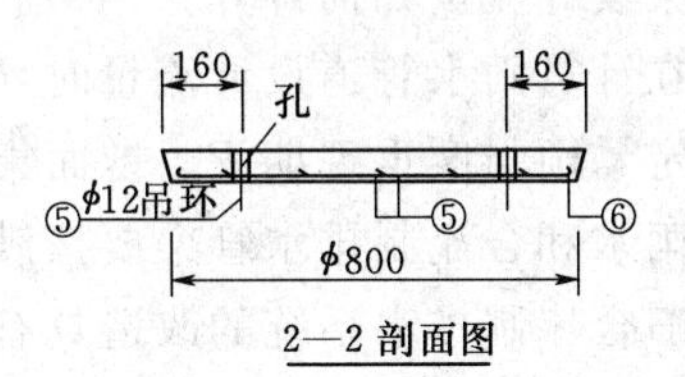

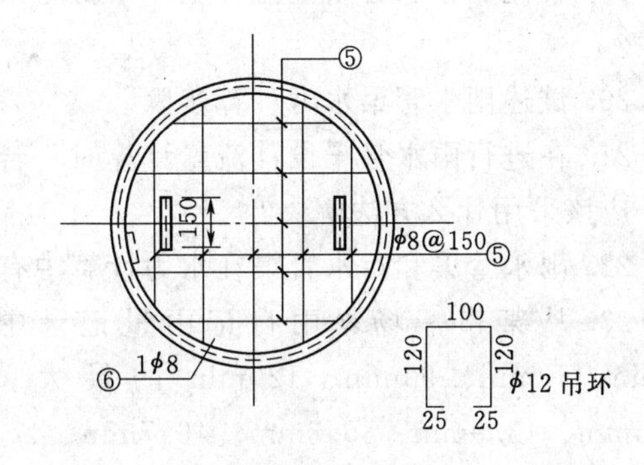

说明：
1. 混凝土 C25。
2. 钢筋保护层盖座 75mm，井盖 20mm。
3. 设计荷载 4kN/m，适用于人行道及车辆通行之处。
4. 构件表面和底面要求平整，尺寸误差不应超过±10mm。
5. 吊环严禁使用冷加工钢筋。

图 3.35 盖座及井盖配筋图

思考题与习题

1. 污水管道水力计算的目的是什么？在水力计算中为什么采用均匀流公式？

2. 污水管道水力计算中，对设计充满度、设计流速、最小管径和最小设计坡度是如何规定的？为什么要这样规定？

3. 试述污水管道埋设深度的两个含义。在设计时为什么要限定最小覆土厚度和最大埋设深度？

4. 在进行污水管道的衔接时，应遵循什么原则？衔接的方法有哪些？

5. 什么是污水管道系统的控制点？如何确定控制点的位置和埋设深度？

6. 什么是设计管段？怎样划分设计管段？怎样确定每一设计管段的设计流量？

7. 污水管道水力计算的方法和步骤是什么？计算时应注意哪些问题？

8. 怎样绘制污水管道的平面图和纵剖面图？

9. 雨水管渠系统由哪几部分组成？各组成部分的作用是什么？

10. 雨水管渠系统布置的原则是什么？

11. 暴雨强度与哪些因素有关？为什么降雨历时越短，重现期越长，暴雨强度越大？

12. 分散式和集中式排放口的雨水管渠布置型式有何特点？适用什么条件？

13. 如何进行雨水口的布置？其基本要求是什么？

14. 雨水管渠设计流量如何计算？

15. 为什么在计算雨水管道设计流量时，要考虑折减系数？

16. 如何确定暴雨强度重现期 P、地面集水时间 t_1、管内流行时间 t_2 及径流系数 ψ？

17. 为什么雨水和合流制排水管渠要按满流设计？

18. 为什么旧合流制排水系统的改造具有必要性，如何进行改造？

19. 合流制排水管渠溢流井上、下游管渠的设计流量计算有何不同？如何合理确定截流倍数？

20. 试述雨水管渠水力计算步骤。

21. 在进行雨水管渠设计流量计算时，若出现下游管渠的设计流量比上游小时，说明什么？应该采用什么方法解决？

22. 雨水管渠和污水管渠在水力计算中有哪些不同？

23. 从某市一场暴雨自记雨量记录中求得 5min、10min、15min、20min、30min、45min、60min、90min、120min 的最大降雨量分别是 13mm、20.7mm、27.2mm、33.5mm、43.9mm、45.8mm、46.7mm、47.3mm、47.7mm，试计算各降雨历时的最大平均暴雨强度 I(mm/min) 和 q[L/(s·hm^2)] 值。

24. 某城市居住区面积共 26hm^2，其中屋面面积占 26%，沥青道路面占 14%，级配碎石路面占 10%，非铺砌石路面占 3%，绿地占 35%，试计算该区的平均径流系数。

25. 某市某小区面积共 20.5hm^2，其平均径流系数 $\psi_{av}=0.55$，当采用设计重现期为 $P=5$a、2a、1a 及 0.5a 时，计算设计降水历时 $t=10$min 时的雨水设计流量各是多少？

26. 天津市某居住小区部分雨水管道平面布置如图 3.36 所示。已知该市采用暴雨强度公式 $q=\dfrac{500(1+1.38\lg P)}{t^{0.65}}$，设计重现期 $P=1$a，经计算径流系数 $\psi_{av}=0.60$，地面集水时间 $t_1=10$min，折减系数 $m=2.0$，采用钢筋混凝土管，粗糙系数 $n=0.013$。管道起点埋深为 1.55m。试进行雨水管道的水力计算。

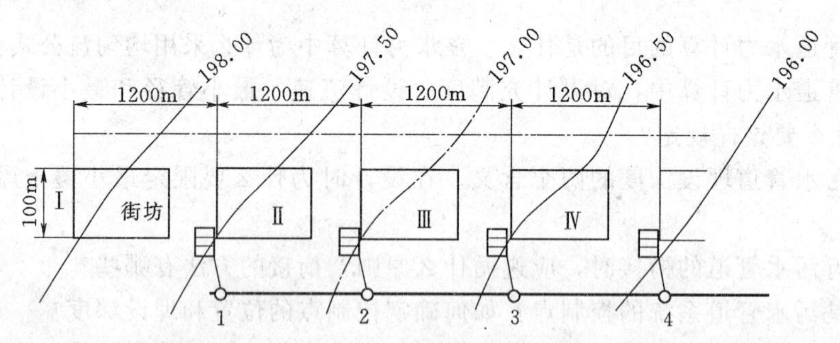

图 3.36　某市居住小区部分雨水管道平面布置图

27. 某市一工业区拟采用合流制排水系统，其平面布置见图 3.37。各设计管段长度、汇水面积和工业废水量见表 3.13 中所列。各处检查井的地面标高见表 3.14。该设计地区的人口密度 450cap/hm^2，生活污水量标准 120L/(人·d)，截流倍数 n_0 为 3；设计重现期为 1a，

地面集水时间为 10min，经计算平均径流系数为 0.60，该设计地区暴雨强度公式为 $q=\dfrac{10020(1+0.56\lg P)}{t+36}$，管道起点埋深 1.60m。试进行管段 1～6 的水力计算。

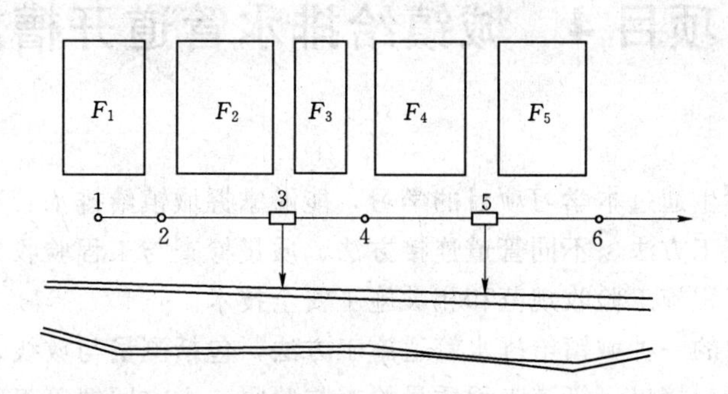

图 3.37　某市一工业区合流管道平面布置示意图

28. 什么是排水体制？应根据哪些因素确定城镇的排水体制？

29. 室外排水工程图包括哪些内容？图示特点是什么？

学习项目4　城镇给排水管道开槽施工

【学习目标】 学生通过本学习项目的学习，能够掌握城镇给排水管道开槽施工的管线测量技术、管道基础施工方法、不同管道连接方法、质量检查与工程验收方法；熟悉常用施工机械、给排水管道工程施工验收规范和相关施工安全技术。

开槽施工是常用的一种城镇给排水管道施工方法，包括测量与放线、沟槽开挖、沟槽地基处理、下管、稳管、接口、管道工程质量检查与验收、土方回填等工序。

学习情境4.1　施　工　准　备

4.1.1　施工准备的基本知识

（1）城镇给排水管道工程施工前应由设计单位进行设计交底。当施工单位发现施工图有错误时，应及时向设计单位提出变更设计的要求。

（2）城镇给排水管道施工前，应根据施工需要进行调查研究，并应掌握管道沿线的下列情况与资料：

1）现场地形、地貌、建筑物、各种管线和其他设施的情况。

2）工程地质和水文地质资料。

3）气象资料。

4）工程用地、交通运输及排水条件。

5）施工供水、排水、供电条件。

6）工程材料、施工机械供应条件。

7）在地表水水体中或岸边施工时，应掌握地表水的水文与航运资料。在寒冷地区施工时，尚应掌握地表水的冻结及流冰的资料。

8）结合工程特点和现场条件的其他情况及资料。

（3）城镇给排水管道工程前应编制施工组织设计。施工组织设计的内容，主要包括工程概况、施工部署、施工方法、施工材料、主要机械设备的供应、保证施工质量、安全、工期、降低成本和提高经济效益的技术组织措施、施工计划、施工总平面图以及保护周围环境的措施等。对主要施工方法，尚应分别编制施工设计。

4.1.2　管线开挖测量

城镇给排水管道工程的施工测量是为了使排水管道的实际平面位置、标高和形状尺寸等，符合设计图纸要求。施工测量后，进行管道放线，以确定城镇给排水管道沟槽开挖位置、形状和深度。给排水管道测量主要包括管道中线测量、管道纵横断面测量、管道施工测量和管道竣工测量。

4.1.2.1　管道中线测量

管道中线测量的任务是将设计的管道中线位置测设于实地并标记出来。其主要工作内容

是测设管道的主点（起点、终点和转折点）、钉设里程桩和加桩等。管道施工放线主要是直线段中线桩的测量。

1. 管线主点的测设

（1）根据控制点测设管线主点。管道主点类似于交通路线起点、终点、交点，即管道起点、终点、转折点。

当管道规划设计图上已给出管线起点、转折点和终点的设计坐标与附近控制的坐标时，可计算出测设数据，然后用极坐标法或交会法进行测设。

（2）根据地面上已有建筑物测设管线主点。主点测设数据可由设计时给定或根据给定坐标计算，然后用直角坐标法进行测设；当管道规划设计图的比例尺较大，管线是直接在大比例尺地形图上设计时，往往不给出坐标值，可根据与现场已有的地物（如道路、建筑物）之间的关系采用图解法来求得测设数据。如图4.1所示，AB是原有管道，1、2点是设计管道主点。欲在实地定出1、2等主点，可根据比例尺在图4.1上量取长度D，即得测设数据，然后用直角坐标法测设2点。

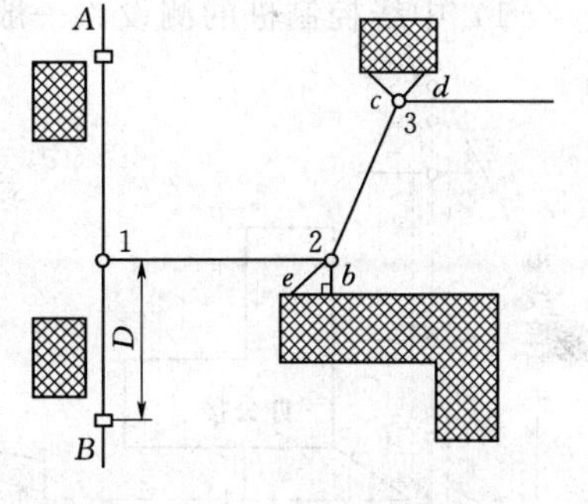

图4.1 由已有建筑物测设主点图

主点测设好以后，应丈量主点间距离和测量管线的转折角，并与附近的测量控制点连测，以检查中线测量的成果。

2. 钉（设）里程桩和加桩

为了测定管线长度和测绘纵、横断面图，沿管道中心线自起点每50m钉一里程桩。在50m之间地势变化处要钉加桩，在新建管线与旧管线、道路、桥梁、房屋等交叉处也要钉加桩。

里程桩和加桩的里程桩号以该桩到管线起点的中线距离来确定。管线的起点，排水管道以下游出水口作为起点。中线定好后应将中线展绘到现状地形图上，图上应反映出点的位置和桩号，管线与主要地物、地下管线交叉的位置和桩号，各主点的坐标、转折角等。如果敷设管道的地区没有大比例尺地形图，或在沿线地形变化较大的情况下，还需测出管道两侧各20m的带状地形图；如通过建筑物密集地区，需测绘至两侧建筑物处，并用统一的图式表示。

4.1.2.2 管道纵横断面测量

1. 管道横断面测量

管道横断面测量是测定各里程桩和加桩处垂直于中线两侧地面特征点到中线的距离和各点与桩点间的高差，据此绘制横断面图，供管线设计时计算土石方量和施工时确定开挖边界之用。横断面测量施测的宽度由管道的直径和埋深来确定，一般每侧为10～20m。横断面测量方法与道路横断面测量相同。

当横断面方向较宽、地面起伏变化较大时，可用经纬仪视距测量的方法测得距离和高程并绘制横断面图。如果管道两侧平坦、工程面窄、管径较小、埋深较浅时，一般不做横断面测量，可根据纵断面图和开槽的宽度来估算土（石）方量。

2. 管道纵断面测量

根据管线附近的水准点，用水准测量方法测出管道中线上各里程桩和加桩点的高程，绘制纵断面图，为设计管道埋深、坡度和计算土方量提供资料。为了保证管道全线各桩点高程测量精度，应沿管道中线方向上每隔1～2km设一固定水准点，300m左右设置一临时水准点，作为纵断面水准测量分段闭合和施工引测高程的依据。纵断面水准测量可从一个水准点出发，逐段施测中线上各里程桩和加桩的地面高程，然后附合到邻近的水准点上，以便校核，允许高差闭合差为$\pm 12\sqrt{n}$ mm。

4.1.2.3　管道施工测量

1. 施工前的测量工作

(1) 熟悉图纸。应熟悉施工图纸、精度要求、现场情况，找出各主点桩、里程桩和水准点位置并加以检测，拟定测设方案，计算并校核有关数据，注意对设计图纸的校核。

(2) 恢复中线和施工控制桩的测设。在施工时中桩要被挖掉，为了在施工时控制中线位置，应在不受施工干扰、引测方便、易于保存桩位的地方测设施工控制桩。施工控制桩分中线控制桩和位置控制桩。

1) 中线控制桩的测设。一般是在中线的延长线上钉设木桩并做好标记，如图4.2所示。

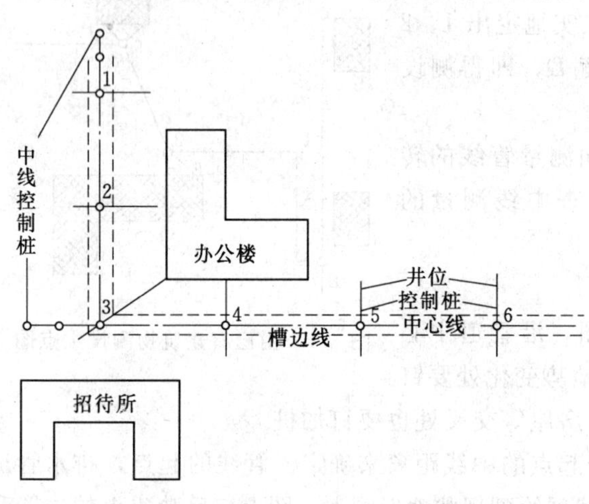

图4.2　中线控制桩

2) 附属构筑物位置控制桩的测设。一般是在垂直于中线方向上钉两个木桩。控制桩要钉在槽口外0.5m左右，与中线的距离最好是整分米数。恢复构筑物时，将两桩用小线连起，则小线与中线的交点即为其中心位置。

(3) 加密水准点。为了在施工中引测高程方便，应在原有水准点之间每100～150m增设临时施工水准点。

(4) 槽口放线。槽口放线的任务是根据设计要求埋深和土质情况、管径大小等计算出开槽宽度，并在地面上定出槽边线位置。

1) 当地面平坦时，如图4.3 (a) 所示，槽口宽度B的计算方法为

$$B=b+2mh \tag{4.1}$$

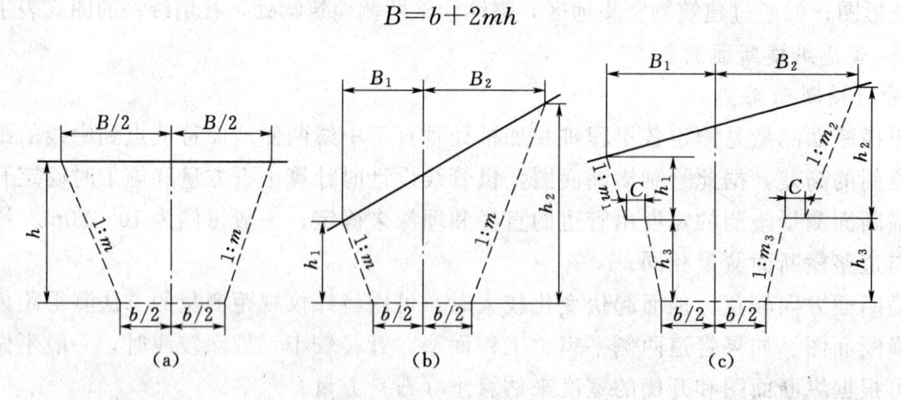

图4.3　槽口放线

2) 当地面坡度较大，管槽深在2.5m以内时中线两侧槽口宽度不相等，如图4.3 (b) 所示。

$$B_1=\frac{b}{2}+mh_1 \tag{4.2}$$

$$B_2=\frac{b}{2}+mh_2 \tag{4.3}$$

3）当槽深在2.5m以上时，如图4.3（c）所示。

$$B_1=\frac{b}{2}+m_1h_1+m_3h_3+C \tag{4.4}$$

$$B_2=\frac{b}{2}+m_2h_2+m_3h_3+C \tag{4.5}$$

式中　b——管槽开挖深度；

m_i——槽壁坡度系数（由设计或规范规定）；

h_i——管槽左侧或右侧开挖深度；

B_i——中线左侧槽或右侧槽开挖宽度；

C——槽肩宽度。

2. 施工过程中的测量工作

管道施工过程中的测量工作，主要是控制管道中线和高程。一般采用坡度板法和平行轴腰桩法。

（1）坡度板法。

1）埋设坡度板。坡度板应根据工程进度要求及时埋设，其间距一般为10～15m，如遇检查井、支线等构筑物时应增设坡度板。当槽深在2.5m以上时，应待挖至距槽底2.0m左右时，再在槽内埋设坡度板。坡度板要埋设牢固，不得露出地面，应使其顶面近于水平。用机械开挖时，坡度板应在机械挖完土方后及时埋设，如图4.4所示。

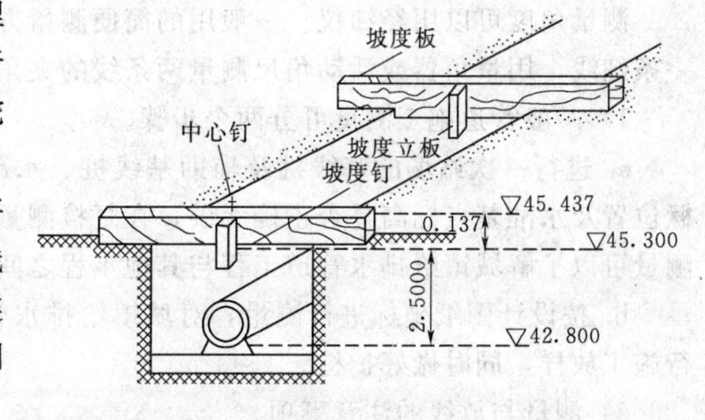

图4.4　坡度板法

2）测设中线钉。坡度板埋好后，将经纬仪安置在中线控制桩上将管道中心线投测在坡度板上并钉中线钉，中线钉的连线即为管道中线，挂垂线可将中线投测到槽底定出管道平面位置。

3）测设坡度钉。为了控制管道符合设计要求，在各坡度板上中线钉的一侧钉一坡度立板，在坡度立板侧面钉一个无头钉或扁头钉，称为坡度钉，使各坡度钉的连线平行管道设计坡度线，并距管底设计高程为一整分米数，称为下反数。利用这条线来控制管道的坡度、高程和管槽深度。

为此按下式计算出每一坡度板顶向上或向下量的调整数，使下反数为预先确定的一个整数。

调整数＝预先确定的下反数－(板顶高程－管底设计高程)

调整数为负值时，坡度板顶向下量；反之则向上量。

（2）平行轴腰桩法。现场条件不便采用龙门板时，对精度要求较低或现场不便采用坡度板法时可用平行轴腰桩法测设施工控制标志。开工之前，在管道中线一侧或两侧设置一排或两排平行于管道中线的轴线桩，桩位应落在开挖槽边线以外，如图4.5所示。平行轴线离管道中线为a，各桩间距以15～20m为宜，在检查井处的轴线桩应与井位相对应。

为了控制管底高程，在槽沟坡上（距槽底约1m左右），测设一排与平行轴线桩相对应的桩，这排桩称为腰桩（又称水平桩），作为挖槽深度、修平槽底和打基础垫层的依据。如图4.6所示，在腰桩上钉一小钉，使小钉的连线平行管道设计坡度线，并距管底设计高程为一整分米数，为下反数。

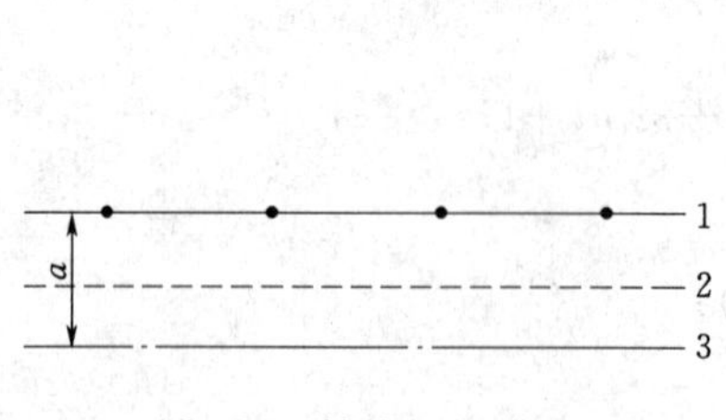

图4.5　轴线桩的设置

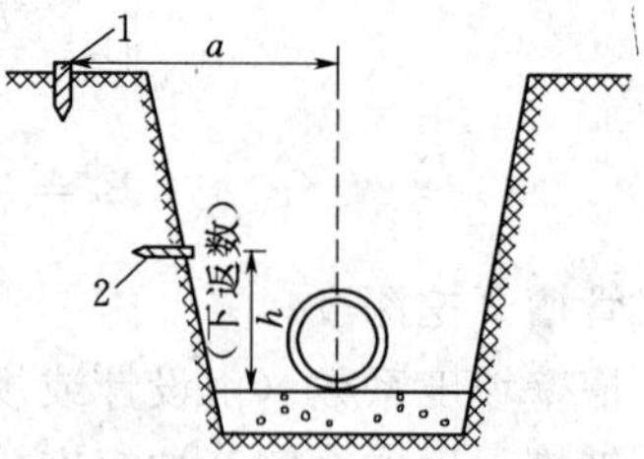

图4.6　平行轴腰桩法

1—平行轴线桩；2—腰桩

测量的基本方法是利用空间三维坐标原理，测出城镇给排水管道在 x、y、z 轴三个方向所需能尺寸和角度。测量时要首先选择基准，主要包括水平线、水平面、垂直线和垂直面。选择基准应视施工现场的具体条件而定。建筑外墙、道路边缘石、中心线都可作为基准。

测量长度用钢卷尺或皮尺。管道转弯处应测量到转角的中心点，测量时，可在管道转角处两边的中心线上各拉一条线，两条线的交叉点就是管道转角的中心点。

测量标高一般用水准仪，也可以从已知的标高用钢卷尺测量推算。

测量角度可以用经纬仪。一般用的简便测量方法，是在管道转角处两边的中心线上各拉一条细线，用量角器或活动角尺测量两条线的夹角，就是管道弯头的角度。

1）一般管道施工测量可分两个步骤。

a. 进行一次站场的基线桩及辅助基线桩、水准基点桩的测量，复核测量时所布设的桩橛位置及水准基点标高是否正确无误，在复核测量中进行补桩和护桩工作。通过这一步骤的测量可以了解城镇给排水管道工程与其他工程之间的相互关系。

b. 按设计图纸坐标进行测量，对城镇给排水管道及附属构筑物的中心桩及各部位置进行施工放样，同时做好护桩。

2）测量与放线的注意事项。

a. 施工前，建设单位应组织有关单位向施工单位进行现场交桩。

b. 临时水准点和管道轴线控制桩的设置应便于观测且必须牢固，并应采取保护措施。开槽铺设管道的沿线临时水准点，每200m不宜少于1个。

c. 临时水准点的设置应与管道轴线控制桩、高程桩同时进行，并应经过复核方可使用，还应经常校核。

d. 已建管道、构筑物等与拟建工程衔接的平面位置和高程，开工前应校核。

e. 施工测量的允许误差，应符合表4.1的规定。

表4.1　　施工测量允许误差

项　　目	允许误差	项　　目	允许误差
水准测量高程闭合差/mm	平地 $\pm 20\sqrt{L}$ 山地 $\pm 6\sqrt{n}$	导线测量相对闭合差	1/3000
导线测量方位角闭合差/(″)	$\pm 40\sqrt{n}$	直接丈量测距两次较差	1/5000

城镇给排水管线测量工作应有正规的测量记录本，认真、详细记录，必要时应附示意图，并应将测量的时间、工作地点、工作内容，以及司镜、记录、对点、拉线、扶尺等参加测量人员的姓名逐一记入。测量记录应有专人妥善保管，随时备查，应作为工程竣工必备的原始资料加以存档。

3）施工单位在开工前，建设单位应组织设计单位进行现场交桩，在交接桩前双方应共同拟定交接桩计划，在交接桩时，由设计单位提供有关图表、资料。交接桩具体内容如下。

a. 双方交接的主要桩橛应为站场的基线桩及辅助基线桩、水准基点桩以及构筑物的中心桩及有关控制桩、护桩等，并应说明等级号码、地点及标高等。

b. 交接桩时，由设计单位备齐有关图表，包括排水工程的基线桩、辅助基线桩、水准基点桩、构筑物中心桩以及各桩的控制桩及护桩示意图等，并按上述图表逐个桩橛进行点交。水准点标高应与邻近水准点标高闭合。接桩结束时，应立即组织力量复测。接桩时，应检查各主要桩橛的稳定性、护桩设置的位置、个数、方向是否符合标准，并应尽快增设护桩。设置护桩时，应考虑下列因素：

（a）不被施工挖土挖掉或弃土埋没。

（b）不被施工工地有关人员、运输车辆碰移或损坏。

（c）不在地下管线或其他构筑物的位置上。

（d）不因施工场地地形变动（如施工的填、挖）而影响观测。

c. 交接桩完毕后，双方应作交接记录，说明交接情况、存在问题及解决办法，由双方交接负责人与有关交接人员签字盖章。

4.1.2.4 管道放线

城镇给排水管道及其附属构筑物的放线，可采取经纬仪定线、直角交会法或直接丈量法。

城镇给排水管道放线前，应沿管道走向，每隔200m左右用原站场内水准基点设临时水准点一个。临时水准点应与邻近固定水准基点闭合。排水管道在阀门井室处、检查井处、变换管径处、管道分支处均应设中心桩，必要时设置护桩或控制桩。

城镇给排水管道放线抄平后，应绘制管路纵断面图，按设计埋深、坡度，计算出挖深。

学习情境4.2 沟槽开挖与验槽

4.2.1 施工排水

施工排水主要指地下自由水的排除，同时也包括地面水和雨水的排除。在开挖基坑或沟槽时，使坑（槽）内的水位低于原地下水位，导致地下水易于流入坑（槽）内，地面水也易于流入坑（槽）内。由于坑（槽）内有水，使施工条件恶化，严重时，会使坑（槽）壁土体坍落，地基土承载力下降，影响土的强度和稳定性。会导致排水管道、新建的构筑物或附近的已建构筑物破坏。因此，在施工时必须做好施工排水。

施工排水有明沟排水和人工降低地下水位排水两种方法。

明沟排水是在基坑或沟槽开挖时在其周围筑堤截水或在其内底四周或中央开挖排水，将地下水或地面水汇集到集水井内，然后用水泵抽走。人工降低地下水位是在沟槽或基坑开挖之前，预先在基坑周侧埋设一定数量的井点管利用抽水设备将地下水位降至基坑地面以下，形成干槽施工的条件。

不论采用哪种方法，都应将地下水位降到槽底以下一定深度，改善槽底的施工条件；稳定边坡；稳定槽底；防止地基土承载力下降。

4.2.1.1　明沟排水

基坑或沟槽开挖时，为排除渗入坑（槽）的地下水和流入坑（槽）内的地面水，可采用明沟排水，一般适用于开挖基础不深或水量不大的基坑或沟槽。

明沟排水是将流入坑（槽）内的水，经排水沟将水汇集到集水井，然后用水泵抽走的排水方法，如图4.7所示。

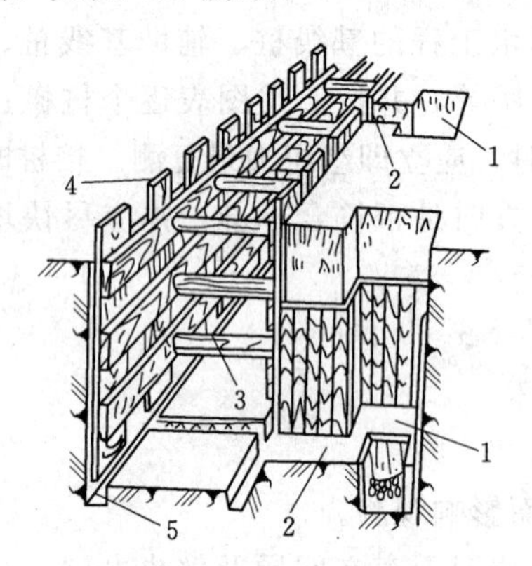

图4.7　明沟排水系统

1—集水井；2—进水口；3—横撑；4—竖撑板；5—排水沟

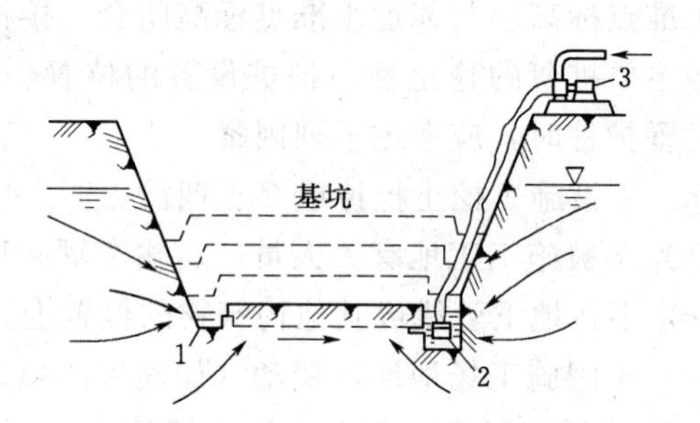

图4.8　排水沟开挖示意图

1—排水沟；2—集水井；3—水泵

明沟排水通常是当坑（槽）开挖到接近地下水位时，先在坑（槽）中央开挖排水沟，使地下水不断地流入排水沟，再开挖排水沟两侧土。如此一层层挖下去，直至挖到接近槽底设计高程时，将排水沟移至沟槽一侧或两侧。排水沟和集水井应在基础范围之外，井底应低于坑底1～2m，并铺设30cm左右碎石或粗砂滤水层，以免抽水时将泥沙抽出，并防止井底的土被搅动。开挖过程，如图4.8所示。

排水沟的断面尺寸，应根据地下水量及沟槽的大小来决定，一般排水沟的底宽不小于0.3m，排水沟深应大于0.3m，排水沟的纵向坡度不应小于1‰～5‰，且坡向集水井。若在稳定性较差的土壤中，可在排水沟内埋设多孔排水管，并在周围铺卵石或碎石加固，也可在排水沟内设支撑。集水井一般设在管线一侧或设在低洼处，以减少集水井土方开挖量；为便于集水井集水，应设在地下水来水方向上游的坑（槽）一侧，同时在基础范围以外。通常集水井距坑（槽）底应有1～2m的距离。

集水井的直径（或边长）不小于0.7m，集水井底与排水沟底应有一定的高差，一般开挖过程中集水井底始终低于排水沟底0.5～1.0m，当坑（槽）挖至设计标高后，集水井底应低于排水沟底1～2m。

集水井间距应根据土质、地下水量及水泵的抽水能力确定，一般间隔50～150m设置一个集水井。一般都在开挖坑（槽）之前就已挖好。

目前主要是用人工开挖集水井，为防止开挖时或开挖后集水井井壁的塌方，须进行加固。

当土质较好、地下水量不大时，一般采用木框法加固；当土质不稳定、地下水量较大时，通常先打入一圈至井底以下约0.5m的板桩加固。也可以采用混凝土管下沉法。

集水井井底还需铺垫约0.3m厚的卵石或碎石组成反滤层，以免从井底涌入大量泥沙造成集水井周围地面塌陷。

为保证集水井附近的槽底稳定，集水井与槽底有一定距离，在坑（槽）与集水井间设进水口，进水口的宽度一般为1～1.2m。为了保证进水口的坚固，应采用木板、竹板支撑。

排水沟、进水口需要经常疏通，集水井需要经常清除井底的积泥，保持必要的存水深度以保证水泵的正常工作。

明沟排水是一种常用的较简易的降水方法，适用于少量地下水、槽内地表水和雨水的排除。一般不宜用于软土或土层中含有细砂、粉砂或淤泥层的土质降水。

4.2.1.2 涌水量的计算

明沟排水采用的抽水设备主要有离心泵、潜水泵和潜污泵，为了合理选择水泵型号，应对总涌水量进行计算。

1. 干河床

$$Q=\frac{1.36KH^2}{\lg(R+r_0)-\lg r_0} \tag{4.6}$$

式中 Q——基坑总涌水量，m^3/d；

K——渗透系数，m/d，见表4.2；

H——稳定水位至坑底的深度，m；当基底以下为深厚透水层时，H值可增加3～4m，以保安全；

R——影响半径，m，见表4.2；

r_0——基坑半径，m，矩形基坑，$r_0=\alpha(L+B)/4$；不规则基坑，$r_0=(F/\pi)^{1/2}$。其中L与B分别为基坑的长与宽，F为基坑面积；α值见表4.3。

表4.2　各种岩层的渗透系数及影响半径

岩层成分	渗透系数/(m/d)	影响半径/m
裂隙多的岩层	>60	>500
碎石、卵石类地层、纯净无细砂粒混杂均匀的粗砂和中砂	>60	200～600
稍有裂隙的岩层	20～60	150～250
碎石、卵石类地层、混合大量细砂粒物质	20～60	100～200
不均匀的粗粒、中粒和细粒砂	5～20	80～150

表4.3　α 值

B/L	0.1	0.2	0.3	0.4	0.5	0.6
α	1.0	1.0	1.12	1.16	1.18	1.18

2. 基坑近河沿时

$$Q=\frac{1.36KH^2}{\lg 2D/r_0} \tag{4.7}$$

式中 D——基坑近河边线距离，m。

其余符号意义同式（4.6）。

选择水泵时，水泵的总排水量一般采用基坑总涌水量 Q 的 1.5～2.0 倍。

4.2.1.3　人工降低地下水位

当基坑开挖深度较大，地下水位较高、土质较差（如细砂、粉砂等）等情况下，可采用人工降低地下水位的方法。人工降低地下水位常采用井点排水的方法，是在基坑周围或一侧埋入深于基底的井点滤水管或管井，以总管连接抽水，使地下水位低于基坑底，以便在干燥状态下挖土，这样不但可防止流沙现象和增加边坡稳定，而且便于施工。人工降低地下水位示意如图 4.9 所示。

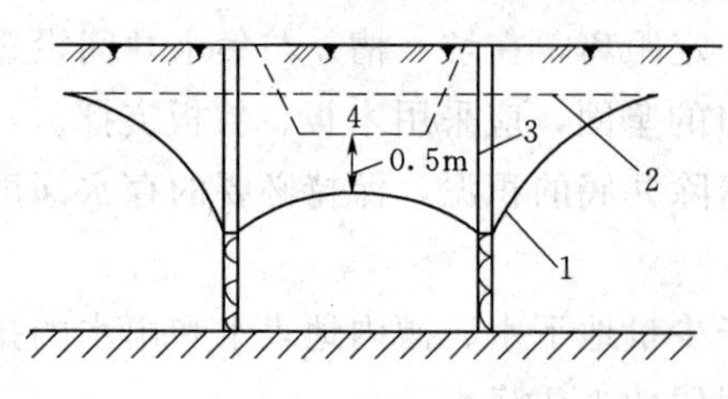

图 4.9　人工降低地下水位示意图
1—抽水时水位；2—原地下水位；
3—井管；4—基坑（槽）

人工降低地下水位一般有轻型井点、喷射井点、电渗井点、管井井点、深井井点等。表 4.4 所列各类井点降水方法的适用范围可供参考。

表 4.4　**各种井点的适用范围**

井点类型	渗透系数/(m/d)	降低水位深度/m	井点类型	渗透系数/(m/d)	降低水位深度/m
单层轻型井点	0.1～50	3～6	电渗井点	<0.1	根据选用的井点确定
多层轻型井点	0.1～50	6～12	管井井点	20～200	根据选用的水泵确定
喷射井点	0.1～20	8～20	深井井点	10～250	>15

1. 轻型井点系统

轻型井点系统适用于在粗砂、中砂、细砂、粉砂等土层中降低地下水位，降水效果显著，应用广泛，并有成套设备可选用。

（1）轻型井点系统的组成。轻型井点系统由滤管、井点管、弯联管、总管和抽水设备所组成，如图 4.10 所示。

1）滤管。滤管是进水设备，构造是否合理对抽水效果影响很大。一般用直径 38～55mm 的钢管制成，长度为 0.9～1.7m。管壁上有直径为 12～18mm、呈梅花形布置的孔，外包粗、细两层滤网。为了避免滤孔淤塞，在管壁与滤网间用塑料管或铁丝绕成螺旋状隔开，滤网外层再围一层粗铁丝保护层。滤管下端配有堵头，上端同井点管相连，如图 4.11 所示。

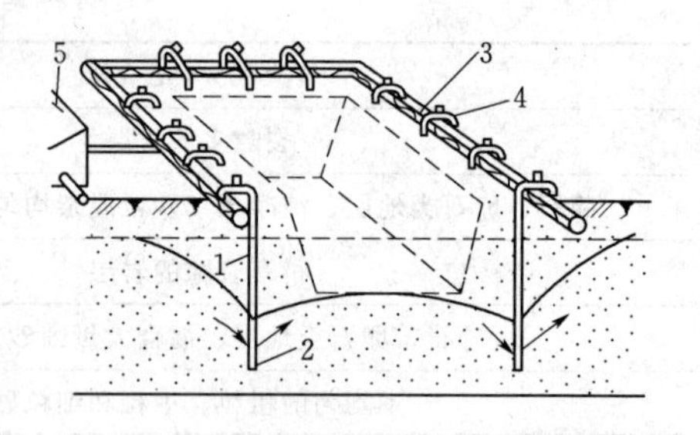

图 4.10　轻型井点系统的组成
1—井点管；2—滤水管；3—总管；
4—弯联管；5—抽水设备

2）井点管。井点管（简称井管）一般采用镀锌钢管制成，管壁上不设孔眼，直径与滤水管相同，其长度视含水量埋深深度确定，一般是 6～9m，井管与滤水管间用管箍连接。

3）弯联管。弯联管用于连接井管和总管，一般采用内径 38～55mm 的加固橡胶管，这种弯联管的安装和拆卸都很方便，允许偏差较大；也可采用弯头管箍等管件组装而成，这种弯联管气密性较好，但安装不太方便。

4）总管。总管一般采用直径为 100～150mm 的钢管，每节长为 4～6m，在总管的管壁

上开孔焊有直径与井管相同的短管，用于弯联管与井管的连接，短管的间距应与井点布置间距相同，但是由于不同的土质、不同的降水要求，所计算的井点间距不同，因此在选购时，应根据实际情况而定。总管上短管间距通常按井点间距的模数而定，一般为1.0～1.5m，总管间采用法兰连接。

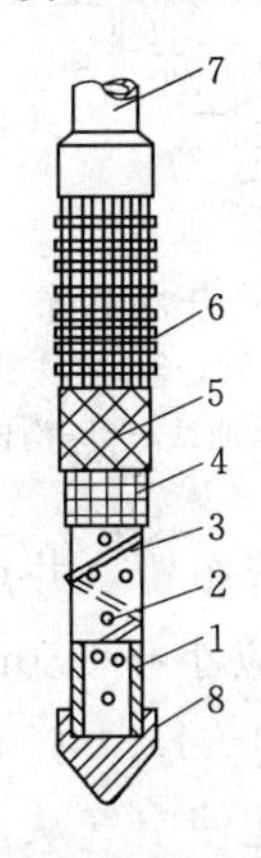

图4.11　滤水管构造图

1—钢管；2—管壁上的滤水孔；3—钢丝；4—细滤网；5—粗滤网；6—粗钢丝保护网；7—井点管；8—铁头

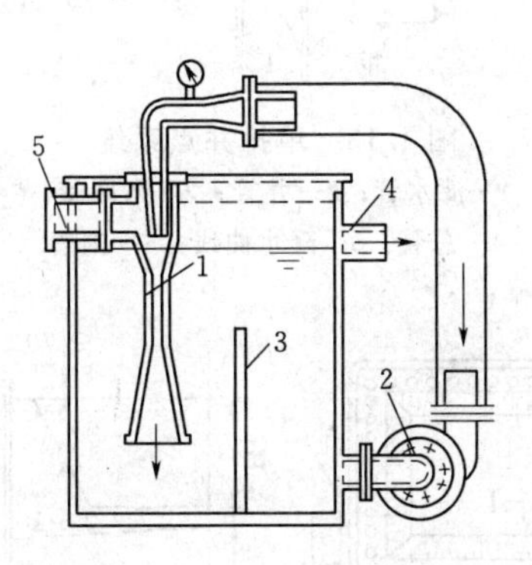

图4.12　射流式抽水设备

1—射流器；2—加压泵；3—隔板；4—排水口；5—接口

5）抽水设备。轻型井点通常采用射流泵或真空泵抽水设备，也可采用自引式抽水设备。

射流式抽水设备是由水射器和水泵共同工作来实现的，其设备组成简单，工作可靠，减少泵组的压力损失，便于设备的保养和维修。射流式抽水设备工作过程如图4.12所示。离心水泵从水箱抽水，水经水泵加压后，高压水在射流器的喷口出流形成射流，产生一定的真空度，使地下水经井管、总管进入射流器，经过能量变换，将地下水提升到水箱内，一部分水经过水泵加压，使射流器工作，另一部分水经水管排除。

自引式抽水设备是用离心水泵直接自总管抽水，地下水位降落深度仅为2～4m。

无论采用哪种抽水设备，为了提高水位降落深度，保证抽水设备的正常工作，除保证整个系统连接的严密性外，还要在地面下1.0m深度的井管外填黏土密封，避免井点与大气相通，破坏系统的真空。

(2) 轻型井点的设计。轻型井点的设计包括轻型井点布置（平面布置、高程布置），涌水量计算，井点管的数量和间距的确定，抽水设备的确定等。井点计算由于受水文地质和井点设备等许多因素的影响，所计算的结果只是近似数值，对重要的工程，其计算结果必须经过现场试验进行修正。

1）轻型井点布置。布置原则是：所有需降水的范围都包括在井点范围内，若在主要构筑物基坑附近有一些小面积的附属构筑基坑，应将这些小面积的基坑包括在内。

a. 平面布置。根据基坑平面形状与大小，土质与地下水的流向，降低地下水的深度等要求而定。当沟槽宽小于2.5m，降水深小于4.5m，可采用单排线状井点，如图4.13所示，布置在地下水流的上游一侧；当基坑或沟槽宽度较大或土质不良、渗透系数较大时，可采用双排线状井点，如图4.14所示；当基坑面积较大时，应采用环形井点如图4.15所示，挖土运输设备出入道路处可不封闭。

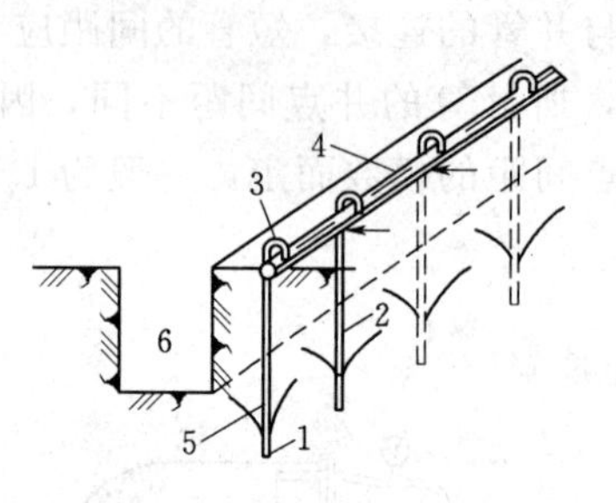

图 4.13　单排井点系统

1—滤水管；2—井管；3—弯联管；4—总管；5—降水曲线；6—沟槽

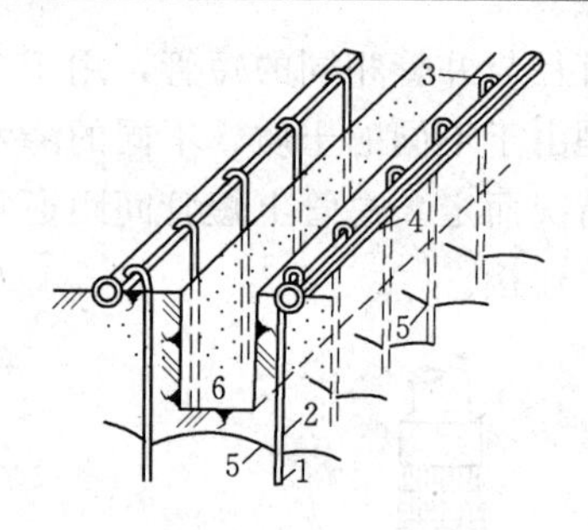

图 4.14　双排井点系统

1—滤水管；2—井管；3—弯联管；4—总管；5—降水曲线；6—沟槽

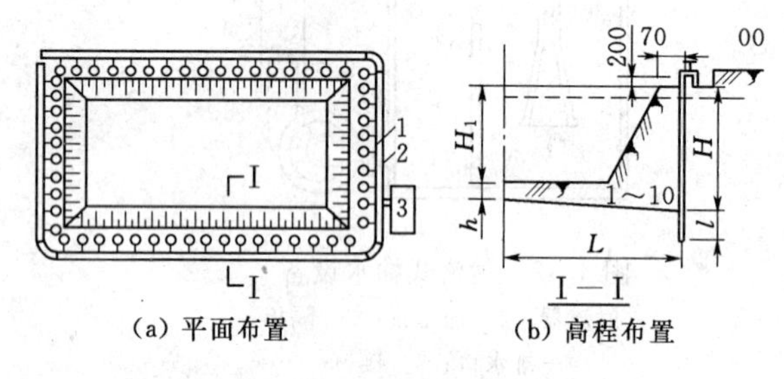

(a) 平面布置　(b) 高程布置

图 4.15　环形井点布置简图

1—总管；2—井点管；3—抽水设备

(a) 井点管布置。井点管距离基坑或沟槽上口宽不应小于 1.0m，以防局部漏气，一般取 1.0～1.5m，布置过近，影响施工，而且可能使空气从基坑或沟槽壁进入井点系统，从而使抽水系统遭到破坏，影响施工质量。井点的埋深应满足降水深度要求。

(b) 总管布置。为提高井点系统的降水深度，总管的设置高程应尽可能接近地下水位，并应以 1‰～2‰的坡度坡向抽水设备，当环围井点采用多个抽水设备时，应在每个抽水设备所负担总管长度分界处设阀门将总管分段，以便分组工作。

(c) 抽水设备布置。抽水设备通常布置在总管的一端或中部，水泵进水管的轴线尽量与地下水位接近，常与总管在同一高程上，水泵轴线不低于原地下水位以上 0.5～0.8m。

(d) 观察井的布置。为了解降水范围内的水位降落情况，应在降水范围内设置一定数量的观察井，观察井的位置及数量视现场的实际情况而定，一般设在基坑中心、总管末端、局部挖深处等位置。

b. 高程布置。井点管的埋深应根据降水深度、储水层所在位置、集水总管的高程等决定，但必须将滤管埋入储水层内，并且比所挖基坑或沟槽底深 0.9～1.2m。集水总管标高应尽量接近地下水位线并沿抽水水流方向有 0.25‰～0.5‰的上仰坡度，水泵轴心与总管齐平。

井点管埋深可按下式计算，如图 4.16 所示。

$$H=H_1+\Delta h+iL+l \tag{4.8}$$

式中　H——井点管的埋设深度，m；

H_1——井点管埋设面基坑底面的距离，m；

Δh——降水后地下水位至基坑底面的安全距离，m，一般为 0.5～1m；

i——水力坡度，与土层渗透系数、地下水流量等因素有关，根据扬水试验和工程实测确定。对环状或双排井点可取 1/10～1/15；对于单排线状井点可取 1/4；环状井点外取 1/8～1/10。

L——井点管中心至最不利点（沟槽内底边缘或基坑中心）的水平距离，m；

l——滤管长度，m。

井点露出地面高度，一般取0.2～0.3m。

轻型井点的降水深度以不超过6m为宜。如求出的H值大于6m，则应降低井点管和抽水设备的埋置面，如果仍达不到降水深度的要求，可采用二级井点或多级井点，如图4.17所示。根据施工经验，两级井点降水深度递减0.5m左右，布置平台宽度一般为1.0～1.5m。

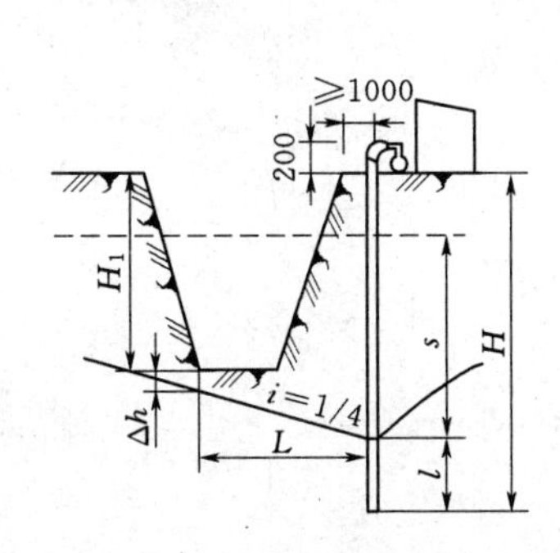

图4.16 高程布置

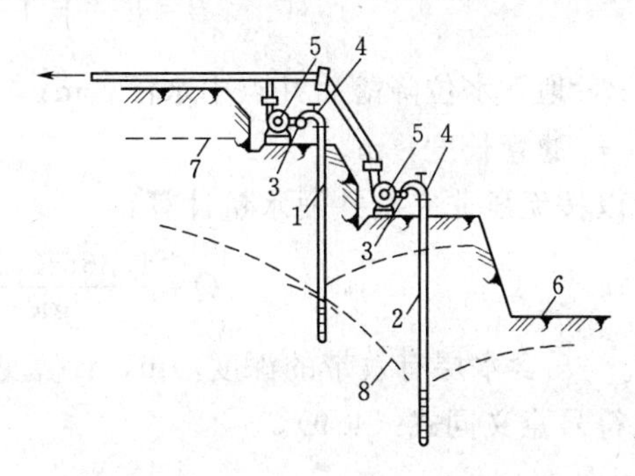

图4.17 二级轻型井点降水示意图

1—第一级井点；2—第二级井点；3—集水总管；

4—连接管；5—水泵；6—基坑；

7—原有地下水位线；8—降水后地下水位线

2）涌水量计算。工程实际中，井点系统是各单井之间相互干扰的井群，井点系统的涌水量显然较数量相等互不干扰的单井的各井涌水量总和小。工程上为应用方便，按单井涌水量作为整个井群的总涌水量，而"单井"的直径按井群各个井点所环围面积的直径计算。由于轻型井点的各井点间距较小，可以将多个井点所封闭的环围面积当作一口钻井，即以假想环围面积的半径代替单井井径计算涌水量。

a. 无压完整井的涌水量，如图4.18所示。

$$Q=\frac{1.366K(2H-S)S}{\lg R-\lg X_0} \tag{4.9}$$

式中 Q——井点系统总涌水量，m^3/d；

K——渗透系数，m；

S——水位降深，m；

H——含水层厚度，m；

R——影响半径，m；

X_0——井点系统的假想半径，m。

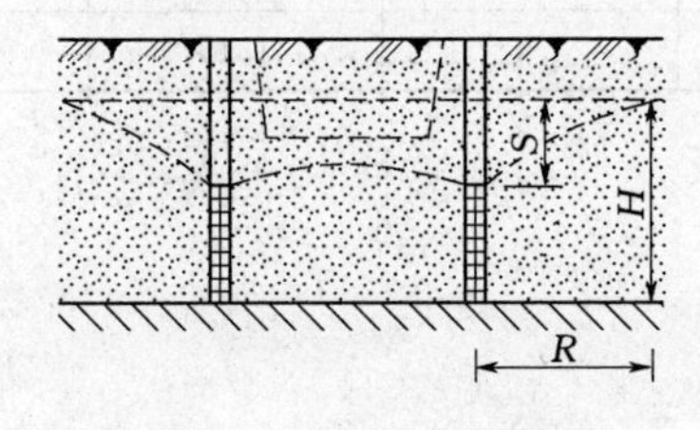

图4.18 无压完整井

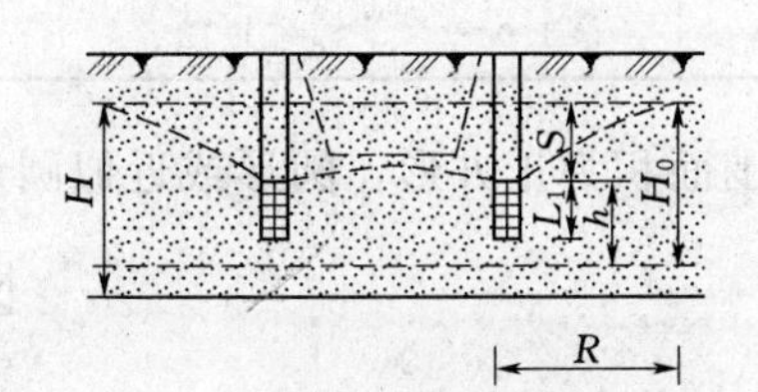

图4.19 无压非完整井

b. 无压非完整井的涌水量，如图4.19所示。工程上遇到的大多为潜水非完整井，其涌水量可按下式计算：

$$Q'=BQ \tag{4.10}$$

式中 Q——潜水非完整井涌水量，m^3/d；

B——校正系数。

$$B=\left(\frac{L_L}{h}\right)^{\frac{1}{2}}\left(\frac{2h-L_L}{h}\right)^{\frac{1}{4}} \tag{4.11}$$

式中 h——地下水位降落后井点中水深，m；

L_L——滤管长度，m。

也可以按无压非完整井涌水量计算：

$$Q=\frac{1.366K(2H_0-S)S}{\lg R-\lg X_0} \tag{4.12}$$

式中 H_0——含水层有效带的深度，m，计算见表4.5；

其他符号意义同式（4.9）。

表4.5　　H_0　计　算

$S/(S+L_L)$	0.2	0.3	0.5	0.8
H_0	$1.3(S+L_L)$	$1.5(S+L_L)$	$1.7(S+L_L)$	$1.85(S+L_L)$

3）计算总涌水量时，R、X_0、K 的值预先确定。

a. 抽水影响半径 R 的确定。

$$R=1.95S\sqrt{HK}\text{（完整井）} \tag{4.13}$$

或

$$R=1.95S\sqrt{H_0K}\text{（非完整井）}$$

b. 基坑假想半径 X_0 的确定。假想半径指降水范围内环围面积的半径，根据基坑形状不同有以下几种情况。

当环围面积为矩形（$L/B\leqslant5$）时

$$X_0=\frac{\alpha(L+B)}{4} \tag{4.14}$$

式中 L——井点系统的总长度，m；

B——环围井点总长度，m；

α——系数，参见表4.6。

表4.6　　α　值

B/L	0	0.2	0.4	0.6	0.8	1.0
α	1.0	1.12	1.16	1.18	1.18	1.18

当环围面积为正方形、圆形或近似圆形时

$$X_0=\sqrt{\frac{F}{\pi}} \tag{4.15}$$

式中 F——井点所环围的面积，m^2。

当 $L/B>5$ 时，可划分为若干计算单元，长度按（4～5）B 考虑；当 $L>1.5R$ 时，也可取 $L=1.5R$ 为一段进行计算；当形状不规则时应分块计算涌水量，将其相加即为总涌水量。

c. 渗透系数 K 的确定。以现场抽水试验取得较为可靠，若无资料时可参见表4.7数值

选用。

表4.7　　土的渗透系数K值

土的类别	K/(m/d)	土的类别	K/(m/d)
粉质黏土	<0.1	含黏土的粗砂及纯中砂	35～50
含黏土的粉砂	0.5～1.0	纯中砂	60～75
纯粉砂	1.5～5.0	粗砂夹砾砂	50～100
含黏土的细砂	10～15	砾石	100～200
含黏土的中砂或细砂	20～25		

4）单根井点管涌水量：

$$q=20\pi d l_l \sqrt{K} \tag{4.16}$$

式中　q——单根井点管涌水量，m^3/d；

d——滤管直径，m；

l_l——滤管长度，m；

K——渗透系数，m/d。

5）井点管的数量和间距的确定。井点管所需根数

$$n=\frac{1.1Q}{q} \tag{4.17}$$

式中　n——井点管所需根数；

1.1——考虑井点管堵塞等因素的备用系数；

Q——井点系统总涌水量，m^3/d；

q——单根井点管涌水量，m^3/d。

$$D=\frac{L_1}{n-1} \tag{4.18}$$

式中　D——井点管的间距，m；

L_1——总管长度，m。

D值求出后要取整数，并应符合总管接头的间距。

井点管数量与间距确定以后，可根据下式校核所采用布置方式是否能将地下水位降低到规定的标高，即h值是否小于规定的数值。

$$h=\sqrt{H^2-\frac{Q}{1.366K}\left[\lg R-\frac{1}{n}\lg(x_1,x_2,\cdots,x_n)\right]} \tag{4.19}$$

式中　h——滤管外壁处或坑底任意点的动水位高度，m，对完整井算至井底，对非完整井算至有效带深度；

x_1，x_2，…，x_n——所核算的滤管外壁或坑底任意点至各井点管的水平距离，m。

6）抽水设备的确定。确定抽水设备有真空泵（干式、湿式）、离心泵等，一般按涌水量、渗透系数、井点数量与间距来确定。

（3）轻型井点施工、运行及拆除。轻型井点系统的安装顺序是：测量定位、敷设集水总管、冲孔、沉放井点管、填滤料、用弯联管将井点管与集水总管相连、安装抽水设备、试抽。

井点管埋设方法有：射水法、套管法、冲孔或钻孔法等。

1）射水法。射水法井点管示意图如图4.20所示。井点管下设射水球阀，上接可旋动节

管与高压胶管、水泵等。冲射时，先在地面井点位置挖一小坑，将射水式井点管插入，利用高压水在井管下端冲刷土体，使井点管下沉。下沉时，随时转动管子以增加下沉速度并保持垂直。射水压力一般为0.4～0.6MPa。当井点管下沉至设计深度后取下软管，与集水总管相连，抽水时球阀自动关闭。冲孔直径不小于300mm，冲孔深度应比滤管深0.5～1m，以利沉泥。井点管与孔壁间应及时用洁净粗砂灌实，井点管要位于砂滤中间。灌砂时，管内水面应同时上升，否则可向管内注水，水如果能很快下降，则认为埋管合格。

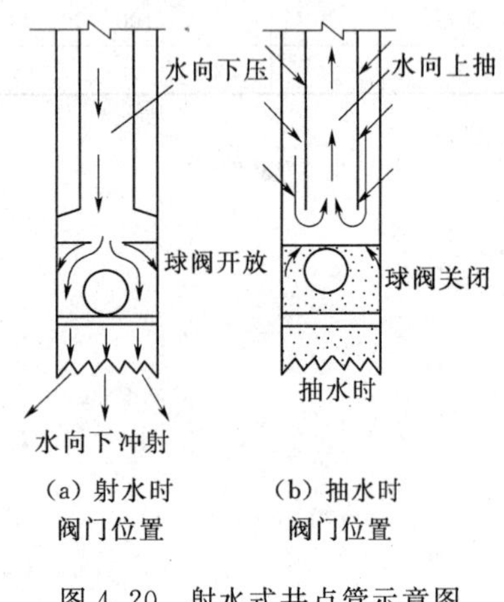

图4.20　射水式井点管示意图

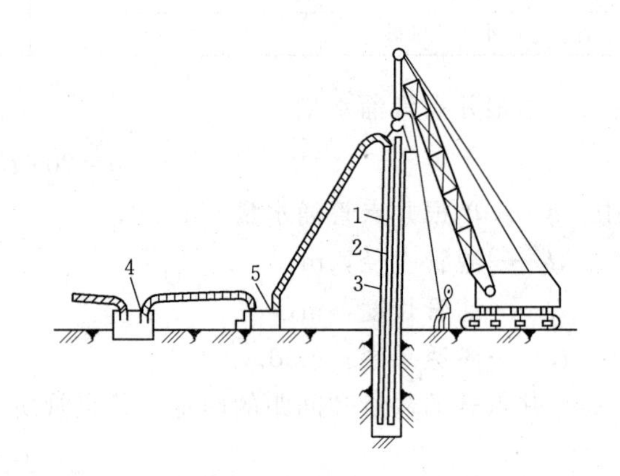

图4.21　套管冲沉井点管

1—水枪；2—套管；3—井点管；
4—水槽；5—高压水泵

2）套管法。套管法冲设备由套管、翻浆管、喷射头和储水室4部分组成，如图4.21所示。套管直径150～200mm（喷射井点为300mm），一侧每1.5～2.0m设置250mm×200mm排泥窗口，套管下沉时，逐个开闭窗口，套管起导向、护壁作用。储水室设在套管上、下。用4根ϕ38mm钢管上下连接，其总截面积是喷嘴面积总和的3倍。为了加快翻浆速度及排除土块，在套管底部内安装两根ϕ25mm压缩空气管，喷射器是该设备的关键部件，由下层储水室、喷嘴和冲头3部分组成。套管冲枪的工作压力随土质情况加以选择，一般取0.8～0.9MPa。

当冲孔至设计深度，继续给水冲洗一段时间，使出水含泥量在5%以下。此时在孔底填一层砂砾，将井点管居中插入，在套管与井点管之间分层填入粗砂并逐步拔出套管。

3）冲孔或钻孔法。采用直径为50～70mm的冲水管或套管式高压水冲枪冲孔，或用机械、人工钻孔后再沉放井点管。冲孔水压采用0.6～1.2MPa。为加速冲孔速度，可在冲管两旁设置两根空气管，将压缩空气接入。所有井点管在地面以下0.5～1.0m的深度内，应用黏土填实以防漏气。井点管埋设完毕，应接通总管与抽水设备进行试抽，检查有无漏气、淤塞等异常现象。轻型井点使用时，应保证连续抽水，并准备双电源或自备发电机。正常出水规律是“先大后小、先混后清”。如不出水或浑浊，应检查纠正。在降水过程中，要对水位降低区域内的建筑物或构筑物检查有无沉陷现象，发现沉陷或水平位移过大，应及时采取防护技术措施。

坑（槽）内的施工过程全部完毕并在回填土后，方可拆除井点系统，拆除工作是在抽水设备停止工作后进行，井管常用起重机或吊链经井管拔出。当井管拔出困难时，可用高压水进行冲洗后再拔。拆除后的滤水管、井管等应及时进行保养检修，存放指定地点以备下次使

用。井孔应用砂或土填塞，应保证填土的最大干密度满足要求。

拆除多级轻型井点时应自底层开始，逐层向上进行，在下层井点拆除期间，上部各层井点应继续抽水。

冬季施工时，应对抽水机组及管路系统采取防冻措施，停泵后必须立即把内部积水放空，以防冻坏设备。

(4) 轻型井点工程项目实例。

【案例 4.1】 某地建造一座地下式水池，其平面尺寸为10m×10m，基础底面标高为12.00m，自然标高为17.00m，根据地质勘探资料，底面以下1.5m以上为亚黏土，以下为8m厚的细砂土，地下水净水位标高为15.00m，土的渗透系数为5m/d，试进行轻型井点系统的布置与计算。

【解】 根据本工程基坑的平面形状及降水深度不大，拟定采用环状单排布置，布置如图4.22所示。

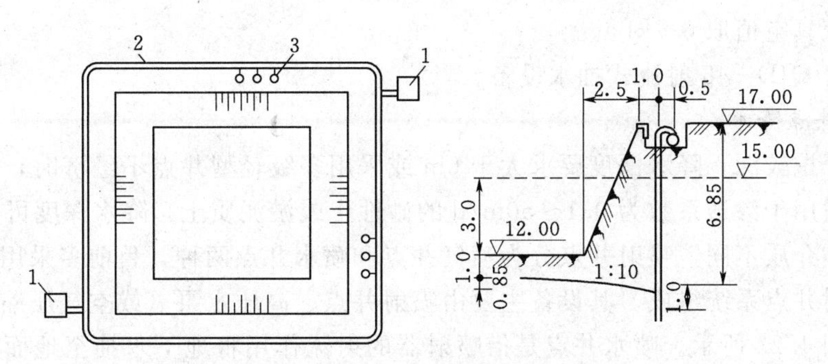

图 4.22　井点系统布置图

1—抽水设备；2—排水总管；3—井管

井管、滤水管选用直径为50mm的钢管，布设在距基坑上口边缘外1.0m，总管布置在距基坑上口边缘1.5m处，总管底埋设标高为16.4m，弯联管选用直径50mm的弯联管。

井点埋设深度的确定：

$$H \geqslant H_1 + \Delta h + iL + l$$

式中　H_1——基坑深度：17.00－12.00＝5.00(m)；

Δh——降水后地下水位至基坑底面的安全距离，取1.0m；

i——降水曲线坡度，环状井点取1∶10；

L——井点管中心至基坑中心的水平距离，m。

基坑侧壁边坡率$n=0.5$，边坡的水平投影为

$$Hn = 5 \times 0.5 = 2.5(\text{m})$$

则
$$L = 5 + 2.5 + 1.0 = 8.5(\text{m})$$

所以
$$H \geqslant 5.0 + 1.0 + 0.1 \times 8.5 = 6.85(\text{m})$$

则井管的长度为
$$6.85 - (17.0 - 16.4) + 0.4 = 6.65(\text{m})$$

滤水管选用长度为1.0m。

由于土层的渗透系数不大，初步选定井点间距为0.8m，总管直径选用150mm的钢管，总长度为

$$4 \times (2 \times 2.5 + 10 + 2 \times 1.5) = 4 \times 18 = 72(\text{m})$$

抽水设备选用两套，其中一套备用，布置如图 4.22 所示，核算如下。

(1) 涌水量计算按无压非完整井计算，采用式 (4.10)。

其中 $$S=(15.00-12.00)+1.0+0.85=4.85(\mathrm{m})$$

滤水管 $L_L=1.0\mathrm{m}$，根据表 4.5，按 $\frac{S}{S+L_L}=0.83$，查得

$$H_0=1.85\times(4.85+1.0)=10.82(\mathrm{m})$$

影响半径按式 (4.13) 计算，其中 $K=5\mathrm{m/d}$，$R=1.95S\sqrt{H_0K}$。

假想半径按式 (4.14) 计算，其中 $B/L=1.0$，查表 4.3，$\alpha=1.0$，则 $X_0=1.0$。

因此，井的涌水量为 $Q=624.9\mathrm{m^3/d}$。

(2) 井点管数量与间距的计算，单根井点管出水量按式 (4.16) 计算。

抽水设备选择

$$Q=624.9\mathrm{m^3/d}=26.04\mathrm{m^3/h}$$

井点系统真空值取 6.7kPa。

选用两套 QJD-45 射流式抽水设备。

2. 喷射井点降水

当基坑开挖较深，降水深度要求大于 6m 或采用多级轻型井点不经济时，可采用喷射井点系统。它适用于渗透系数为 0.1～50m/d 的砂性土或淤泥质土，降水深度可达 8～20m。

根据工作介质不同，喷射井点分为喷气井点和喷水井点两种，目前多采用喷水井点。

(1) 喷射井点系统组成。其设备主要由喷射井点、高压水泵（或空气压缩机）和管路系统组成，如图 4.23 所示。喷水井点是借喷射器的射流作用将地下水抽至地面。喷射井管由内管和外管组成，内管下端装有喷射器，并与滤管相连。喷射器由喷嘴、混合室、扩散室等组成，如图 4.23 (b)。工作时，高压水经过内外管之间的环形空隙进入喷射器，由于喷嘴处截面突然缩小，高压水高速进入混合室，使混合室内压力降低，形成一定的真空，这时地下水被吸入混合室与高压水汇合，经扩散管由内管排出，流入集水池中，用水泵抽走一部分水，另一部分由高压水泵压往井管循环使用。如此不断地供给高压水，地下水便不断地抽出。

高压水泵宜采用流量为 50～80$\mathrm{m^3/h}$ 的多级高压水泵，每套约能带动 20～30 根井管。

(2) 喷射井点布置。喷射井点的平面布置，当基坑宽小于 10m 时，井点可做单排布置；当基坑宽大于 10m 时，可做双排布置；当基坑面积较大时，宜采用环形布置，如图 4.23 所示。井点距一般采用 1.5～3.0m。喷射井点的高程布置及管路布置方法和要求与轻型井点基本相同。

(3) 喷射井点的施工与使用。喷射井点的施工顺序为：安装水泵及进水管路；敷设进水总管和回水总管；沉没井点管并灌填砂滤料，接通进水总管后及时进行单根井点试抽、检验；全部井点管沉设完毕后，接通回水总管，全面试抽，检查整个降水系统的运转状况及降水效果。然后让工作水循环进行正式工作。喷射井点埋设时，宜用套管冲孔，加水及压缩空气排泥。当套管内含泥量小于 5%时方可下井管及灌砂，然后再将套管拔起。下管时水泵应先开始运转，以便每下好一根井管，立即与总管接通（不接回水管），之后及时进行单根试抽排泥，并测定真空度，待井管出水变清后为止，地面测定真空度不宜小于 93300Pa。全部井点管埋设完毕后，再接通回水总管，全面试抽，然后让工作水循环，进行正式工作。各套

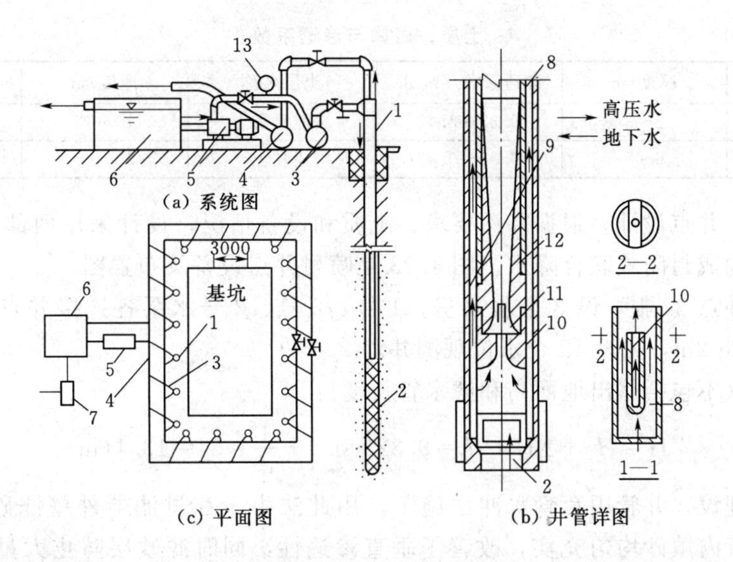

图 4.23 喷射井点设备及布置

1—喷射井管；2—滤管；3—进水总管；4—排水总管；5—高压水泵；6—集水池；7—水泵；8—内管；9—外管；10—喷嘴；11—混合室；12—扩散管；13—压力表

进水总管均应用阀门隔开，各套回水总管应分开。开泵时，压力要小于0.3MPa，以后再逐渐正常。抽水时如发现井管周围有泛砂、冒水现象，应立即关闭井点管进行检修。工作水应保持清洁。试抽2d后应更换清水，以减轻工作水对喷嘴及水泵叶轮等的磨损。

（4）喷射井点的计算。喷射井点的涌水量计算及确定井点管数量与间距，抽水设备等均与轻型井点计算相同，水泵工作水需用压力按下式计算：

$$P=\frac{P_0}{A} \tag{4.20}$$

式中 P——水泵工作水压力，MPa；

P_0——扬水高度，m，即水箱至井管底部的总高度；

A——水高度与喷嘴前面工作水头之比。

混合室直径一般为14mm，喷嘴直径为5～6.5mm。

喷射井点出水量见表4.8。

表4.8 喷射井点出水量

型号	外管直径/mm	喷射器		工作水压力/MPa	工作水流量/(m³/h)	单井出水量/(m³/h)	适用含水层渗透系数/(m/d)
		喷嘴直径/mm	混合室直径/mm				
1.5型并列式	38	7	14	0.60～0.80	4.10～6.80	4.22～5.76	0.10～5.00
2.5型圆心式	68	7	14	0.60～0.80	4.60～6.20	4.30～5.76	0.10～5.00
6.0型圆心式	162	19	40	0.60～0.80	30	25.00～30.00	10.00～20.00

【案例4.2】 某钢厂均热炉基坑，地处冲积平原，基础施工涉及的四层土见表4.9，该基坑呈长方形：长330m、宽67m，基坑底深9.32m。地下水位−1.2m。试设计井点。

表 4.9 土质、层厚与渗透系数

土层名称	厚度/m	渗透系数/(m/d)	土层名称	厚度/m	渗透系数/(m/d)
亚黏土	2～3	0.35～0.43	淤泥质黏土	10～12	
淤泥质亚黏土	6～8	0.35～0.43	亚黏土	30～40	

【解】 (1) 井点设计。根据降深要求、土质和设备情况，设计采用西部二级轻型井点，东部喷射井点构成封闭式联合降水。图 4.23 是喷射井点设备及布置图。

共计下沉井点 82 根，设 3 个水泵房，1 号、2 号、3 号水泵各连接井点 31 根、25 根、26 根。井点间距 2m，另设 12 个水位观测井。

井点埋深（不包括露出地面高和滤水管长度）：

$$H=H_1+\Delta H+iL=9.32+0.4+\frac{1}{10}\times 34=13.1(\text{m})$$

(2) 井管埋设。井管用套管水冲法施工。用此法由于在过滤器外壁滤砂层厚度为 5～8cm 以上，套管内填砂均匀充实，改善了垂直渗透性，同时滤砂层防止大量细颗粒土的流失，保证地基土不受破坏，提高水的清洁度，为喷射井点深层降水成功打下良好的基础。

(3) 降水效果。抽水量统计列于表 4.10。抽水量与时间关系曲线如图 4.24 所示，从曲线看有波动，这是受雨水、潮汐的影响，但总趋势是稳定的。

表 4.10 抽 水 量 统 计

泵房号	井点根数		累积流量/m^3	平均日流量/(m^3/d)	单井日流量/(m^3/d)	备 注
	施工数	出水量/(m^3/d)				
1	31	31	489.5	13.93	0.45	其中 1 号泵有 10 根井点为导杆式水冲法施工
2	25	20	529.5	14.71	0.74	因道路关上 5 根
3	26	23	694.4	19.29	0.4	实验用 2 根

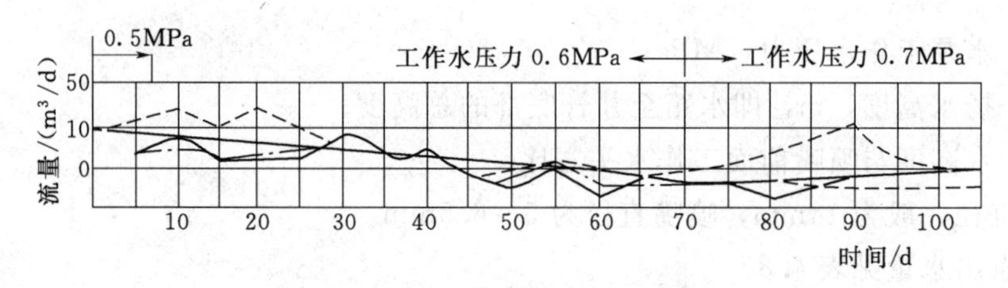

图 4.24 流量与时间关系曲线

1 号泵有 10 根井点为导杆式水冲法施工，不仅流量少，而且含泥量高，虽然多次更换清水，却发现粉细土被抽出，局部地基土陷落。

运行 300 余天后，部分喷嘴已坏，但 3 号泵尚余 8 根井点，井点间距为 4～6m，实际出水量为 15.36m^3/d，平均单井抽水量为 1.92m^3/d。比开始时 0.84m^3/d（井点间距 2m）提高 1 倍。这一现象说明扩大井点间距是可行的。

水位降低：水位降低是降水效果的主要标志，从 12 个观测井收集资料如图 4.25 所示。开挖深度−10.82m 时，地基土仍干燥。抽水 35 天后距基坑 40m 远处观测井水位降低至−2.36m，影响半径约为 60m。

真空度：真空度衡量井点抽水正常与否。过分要求高真空度就须提高工作水压力，这对喷嘴

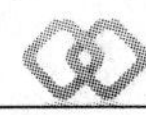

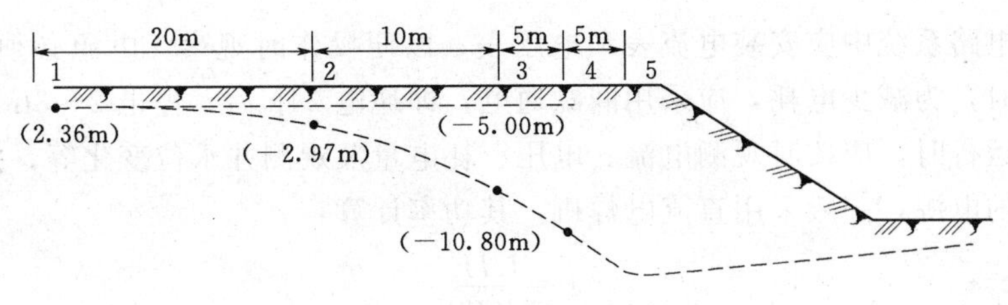

图4.25 降水曲线

有害，因此严格控制水压是非常重要的。实际中对三个泵房井点真空度变化作了测定和记录。

土工分析：在基坑内地面以下−3m、−6m、−9m处取土作含水量变化分析。含水量降低至7%～18%，达到了良好的降水效果。

3. 电渗井点降水

在渗透系数小于0.1m/d的黏土、粉土和淤泥等土质中，采用重力或真空作用的一般轻型井点排水效果很差，因此，宜采用电渗井点降水。此法一般与轻型井点或喷射井点结合使用。降深也因选用井点类型的不同而异。如降深小于8m，可使用轻型井点与电渗井点配套；如降深大于8m，可使用喷射井点与电渗井点配套时。

(1) 电渗井点的降水原理。电渗井点降水的原理来自电动作用，就是根据胶体化学的双电层理论，在含水的细土颗粒中，插入正负电极并通以直流电后，土颗粒即自负极向正极移动，水自正极向负极移动，这样把井点沿坑槽外围埋入含水层中，作为负极，导致弱渗水层中的黏滞水移向井点中，然后用抽水设备将水排除，从而降低地下水位。

(2) 电渗井点的布置。电渗井点的具体布置如图4.26所示。电渗井点利用井点管作为阴极，用*DN*50～75的钢管、直径不小于25mm的钢筋或其他金属材料作为阳极。采用直流电源，电压不宜大于60V，电流密度宜为0.5～1A/m^2。

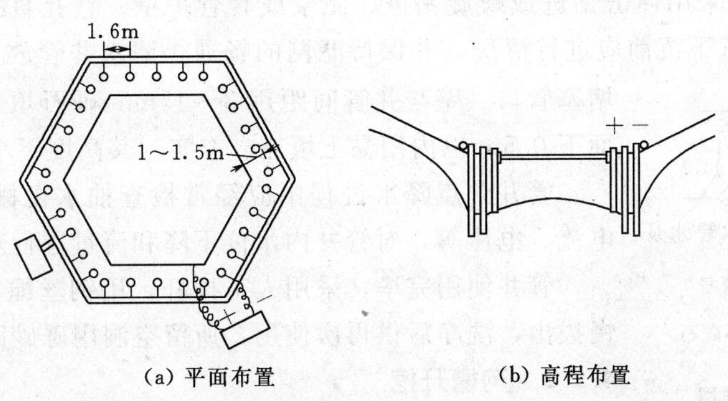

(a) 平面布置　　(b) 高程布置

图4.26 电渗井点布置

正极和负极自成一列布置，一般正极布置在井点的内侧，与负极并列或交错，正极埋设应垂直，严禁与相邻负极相碰。正极的埋设深度应比井点深50cm，露出地面0.2～0.4m，并高出井点管顶端，正负极的数量宜相等，必要时正极数量可多于负极数量。正负极的间距，一般采用轻型井点与之配套时，为0.8～1.0m，采用喷射井点与之配套时时，为1.2～1.5m。

正负极应用电线或钢筋连成电路，与电源相应电极相接，形成闭合回路，导线上的电压降不应超过规定电压的5%。因此，要求导线的截面较大，一般选用直径6～10mm的钢筋。

(3) 电渗井点的施工与使用。电渗井点施工与轻型井点相同。电渗井点安装完毕后，为避免大量电流从表面通过，降低电渗效果，减少电耗，通电前应将地面上的金属或其他导电物处理干净。电路系统中应安装电流表和电压表，以便操作时观察，电源必须设有接地线。电渗井点运行时，为减少电耗，应采用间歇通电，即通电24h后，停电2～3h再通电。

电渗井点运行时，应按时观测电流、电压、耗电量及观测井水位变化等，并做好记录。

电渗井点的电源，一般采用直流电焊机，其功率计算：

$$P=\frac{UIF}{1000} \tag{4.21}$$

其中

$$F=HL$$

式中　P——电焊机功率，kW；

U——电渗电压，一般为45～65V；

F——电渗面积，m^2；

H——导电深度，m；

L——井点长度，m；

I——电流密度，宜为0.5～1A/m^2。

4. 管井井点降水

管井适用于中砂、粗砂、砾砂、砾石等渗透系数大、地下水丰富的土、砂层或轻型井点不易解决的地方。

管井井点系统由滤水井管、吸水管、抽水机等组成，如图4.27所示。

管井井点排水量大、降水深，可以沿基坑外围或沟槽的一侧或两侧作直线布置。井中心距基坑边缘的距离为：采用冲击式钻孔用泥浆护壁时为0.5～1m；采用套管护壁时不小于3m。管井埋设的深度与间距，依据降水面积、深度以及含水层的渗透系数而定，最大埋设深度可达10余米，间距为10～50m。

井管的埋设可采用冲击钻进或螺旋钻进、泥浆或套管护壁。钻孔直径应比滤水井管大200mm以上。井管下沉前应进行清洗，并保持滤网的畅通，滤水井管放于孔中心，用圆木堵塞管口。壁与井管间距用3～15mm砾石填充作为过滤层，地面下0.5m以内用黏土填充、夯实。其高度不小于2m。

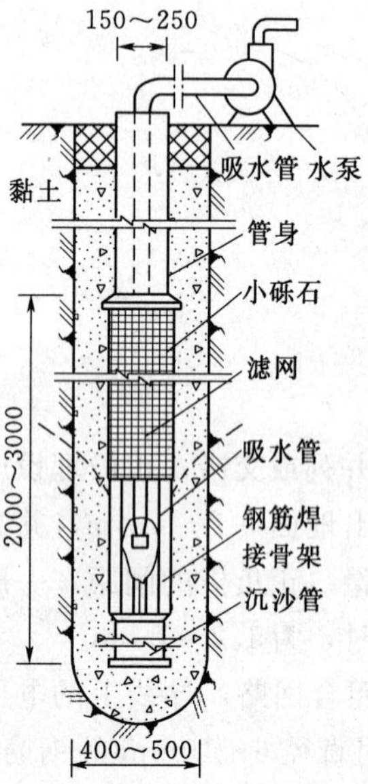

管井井点降水过程中应经常检查抽水机械的电机、传动轴、电流、电压等，对管井内水位下降和流量进行观测和记录。

管井使用完毕，采用人工拔杆，用钢丝绳导链将管口套紧慢慢拔出，洗净后供再次使用，所留空洞用砾砂回填夯实。

图4.27　管井井点构造
（单位：mm）

4.2.2　沟槽开挖

4.2.2.1　沟槽的开挖准备

沟槽开挖前应做好相应的准备工作，主要包括：拆除或搬迁施工区域内有碍施工的障碍物；修建排水防洪设施，在有地下水的区域，应有妥善的排水设施；修建运输道路和土方机械的运行道路；修建临时水、电、气等管线设施；做好挖土、运输车辆及各种辅助设备的维修检查、试运转和进场工作等。

4.2.2.2　沟槽断面型式及选择

给排水管道施工中的沟槽，常用的沟槽断面型式有直槽、梯形槽、混合槽、联合槽等，如图4.28所示。

正确地选择沟槽断面型式，可以为管道施工创造良好的施工作业条件。在保证工程质量和施工安全的前提下，减少土方开挖量，降低工程造价，加快施工速度。要合理选择沟槽断面型式，应综合考虑土的种类及物理力学性质（内摩擦角、黏聚力、湿度、密度等）、地下水情况、管道断面尺寸、埋深和施工环境等因素。

现以管道工程开挖为例：

沟槽底宽由下式确定，如图 4.29 所示。

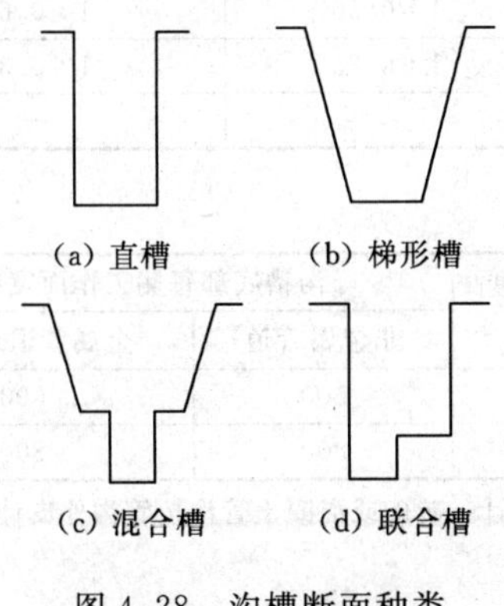

图 4.28　沟槽断面种类

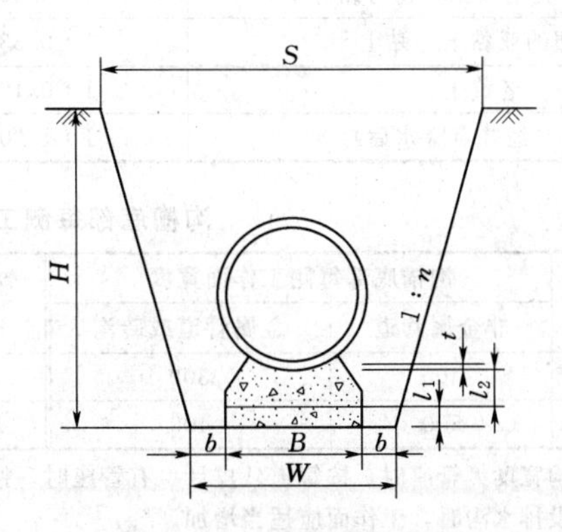

图 4.29　沟槽底宽与挖深

t—管壁厚度；l_2—管座厚度；l_1—基础厚度

$$W=B+2b \tag{4.22}$$

式中　W——沟槽宽度，m；

B——基础结构宽度，m；

b——工作面宽度，m。

沟槽上口宽度由下式计算：

$$S=W+2nH \tag{4.23}$$

式中　S——沟槽上口的宽度，m；

n——沟槽槽壁边坡率；

H——沟槽开挖深度，m。

n 值越小，边坡越陡，土体的下滑力大，一旦下滑力大于该土体的抗剪强度，土体会下滑引起边坡坍塌。

含水量大的土，土颗粒间产生润滑作用，使土粒间的内摩擦力或黏聚力减弱，因此应留有较缓的边坡。含水量小的砂土，颗粒间内摩擦力减少，亦不宜采用陡坡。当沟槽上荷载较大时，土体会在压力下产生滑移，因此边坡应缓一点，或采取支撑加固。深沟槽的上层槽应为缓坡。

沟槽开挖深度按管道设计纵断面确定。

当采用梯形槽时，其边坡的选定，应按土的类别并符合表 4.11 的规定。不需要支撑的直槽边坡一般采用 1：0.05。当槽深 h 不超过下列数值可开挖直槽并不需要支撑。

砂土、砂砾土时，$h<1.0$m；亚砂土、亚黏土时，$h<1.25$m；黏土时，$h<1.5$m。

工作面宽度 b 决定于管道尺寸和施工方法，每侧工作面宽度见表 4.12。

表4.11　深度在5m以内的沟槽、基坑（槽）的最大边

土的类别	最大边坡（1：n）		
	坡顶无荷载	坡顶有静载	坡顶有动载
中密的砂土	1：1.00	1：1.25	1：1.50
中砂的碎石土（充填物为砂土）	1：0.75	1：1.00	1：1.25
硬塑的轻亚黏土	1：0.67	1：0.75	1：1.00
中密的碎石类土（充填物为黏性土）	1：0.50	1：0.67	1：0.75
硬塑的亚黏土、黏土	1：0.33	1：0.50	1：0.67
老黄土	1：0.10	1：0.25	1：0.33
软土（经井点降水后）	1：1.00	—	—

表4.12　沟槽底部每侧工作面宽度

管道结构宽度/mm	沟槽底部每侧工作面宽度		管道结构宽度/mm	沟槽底部每侧工作面宽度	
	非金属管道	金属管道或砖沟		非金属管道	金属管道或砖沟
200～500	400	300	1100～1500	600	600
600～1000	500	400	1600～2500	800	800

注　1. 管道结构宽度无管座时，按管道外皮计；有管座时，按管座外皮计；砖砌或混凝土管沟按管沟外皮计。
2. 沟底需设排水沟时，工作面应适当增加。
3. 有外防水的砖沟或混凝土沟，每侧工作面宽度宜取800mm。

4.2.2.3　沟槽及土方量计算

1. 沟槽土方量计算

沟槽土方量计算通常采用平均法，由于管径的变化、地面的起伏，为了更准确地计算土方量，应沿长度方向分段计算，如图4.30所示。

其计算公式为

$$V_1=\frac{1}{2}(F_1+F_2)L_1 \tag{4.24}$$

式中　V_1——各计算段的土方量，m^3；

L_1——各计算段的沟槽长度，m；

F_1、F_2——各计算段两端断面面积，m^2。

将各计算段土方量相加即得总土方量。

2. 基坑土方量计算

基坑土方量可按立体几何中柱体体积公式计算，如图4.31所示。

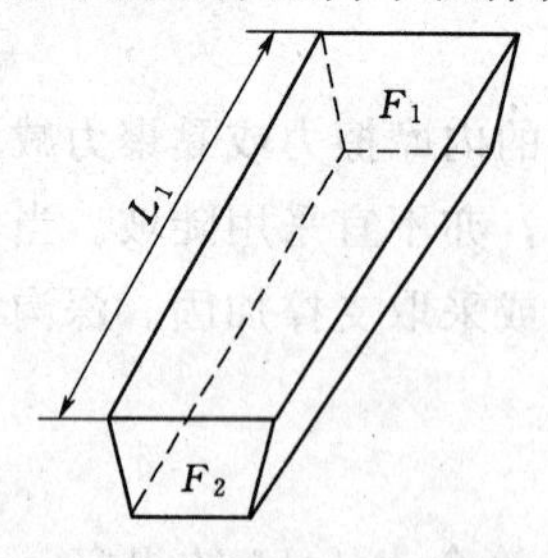

图4.30　沟槽土方量计算

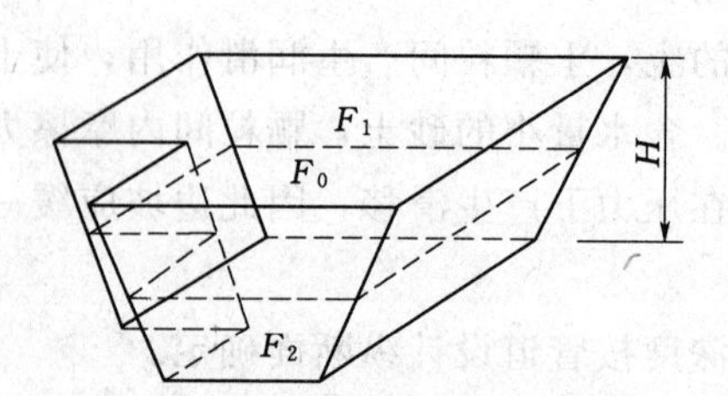

图4.31　基坑土方量计算

其计算公式为

$$V=\frac{H}{6}(F_1+4F_0+F_2) \tag{4.25}$$

式中 V——基坑土方量，m^3；

H——基坑深度，m；

F_1、F_2——基坑上面、底面面积，m^2；

F_0——基坑中断面面积，m^2。

【案例4.3】 已知某一给水管线纵断面图设计如图4.32所示，土质为黏土，无地下水，采用人工开槽法施工，其开槽边坡采用1∶0.25，工作面宽度 $b=0.4$m，计算土方量。

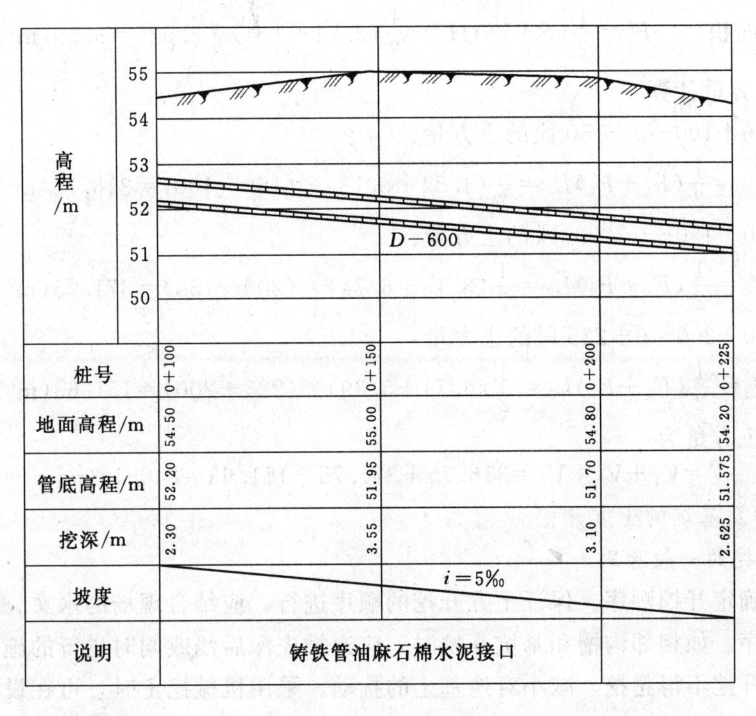

图4.32 管线纵断面图

【解】 根据管线纵断面图，可以看出地形是起伏变化的。为此将沟槽按桩号0＋100～0＋150、0＋150～0＋200、0＋200～0＋225分3段计算。

1. 各断面面积计算

(1) 0＋100处断面面积：

沟槽底宽 $W=B+2b=0.6+2\times0.4=1.4(\text{m})$

沟槽上口宽度 $S=W+2nH_1=1.4+2\times0.25\times2.3=2.55(\text{m})$

沟槽断面面积 $F_1=\frac{1}{2}(S+W)H_1=\frac{1}{2}(2.55+1.4)\times2.30=4.54(\text{m}^2)$

(2) 0＋150处断面面积：

沟槽底宽 $W=B+2b=0.6+2\times0.4=1.4(\text{m})$

沟槽上口宽度 $S=W+2nH_2=1.4+2\times0.25\times3.55=3.18(\text{m})$

沟槽断面面积 $F_2=\frac{1}{2}(S+W)H_2=\frac{1}{2}(3.18+1.4)\times3.55=8.13(\text{m}^2)$

(3) 0＋200处断面面积：

沟槽底宽 $W=B+2b=0.6+2\times0.4=1.4(\text{m})$

沟槽上口宽度　　$S=W+2nH_2=1.4+2\times0.25\times3.10=2.95(\text{m})$

沟槽断面面积　　$F_3=\frac{1}{2}(S+W)H=\frac{1}{2}(2.95+1.4)\times3.10=6.74(\text{m}^2)$

(4) 0+225处断面面积：

沟槽底宽　　$W=B+2b=0.6+2\times0.4=1.4(\text{m})$

沟槽上口宽度　　$S=W+2nH_2=1.4+2\times0.25\times2.625=2.71(\text{m})$

沟槽断面面积　　$F_4=\frac{1}{2}(S+W)H_4=\frac{1}{2}(2.71+1.4)\times2.625=5.39(\text{m}^2)$

2. 沟槽土方量计算

(1) 桩号0+100～0+150段的土方量：

$$V_1=\frac{1}{2}(F_1+F_2)L_1=\frac{1}{2}(4.54+8.13)\times(150-100)=316.75(\text{m}^2)$$

(2) 桩号0+150～0+200段的土方量：

$$V_2=\frac{1}{2}(F_2+F_3)L_2=\frac{1}{2}(8.13+6.74)\times(200-150)=371.75(\text{m}^2)$$

(3) 桩号0+200～0+225段的土方量：

$$V_3=\frac{1}{2}(F_3+F_4)L_3=\frac{1}{2}(6.74+5.39)\times(225-200)=151.63(\text{m}^2)$$

故沟槽总土方量为：

$$V=V_1+V_2+V_3=316.75+371.75+151.63=840.13(\text{m}^3)$$

4.2.2.4　*沟槽及基坑的土方开挖*

1. 土方开挖的一般原则

(1) 合理确定开挖顺序。保证土方开挖的顺序进行，应结合现场的水文、地质条件，合理确定开挖顺序。如相邻沟槽和基坑开挖时，应遵循先深后浅或同时进行的施工顺序。

(2) 土方开挖不得超挖，减小对地基土的扰动。采用机械挖土时，可在设计标高以上留20cm土层不挖，待人工清理。即使采用人工挖土也不得超挖。如果挖好后不能及时进行下一工序时，可在基底标高以上留15cm土层不挖，待下一工序开始前再挖除。

(3) 开挖时应保证沟槽槽壁稳定，一般槽边上缘至弃土坡脚的距离应不小于0.8～1.5cm，推土高度不应超过1.5cm。

(4) 采用机械开挖沟槽时，应由专人负责掌握挖槽断面尺寸和标高。施工机械离槽边上缘应有一定的安全距离。

(5) 软土、膨胀土地区开挖土方或进入季节性施工时，应遵照有关规定。

2. 开挖方法

土方开挖方法分为人工开挖和机械开挖两种方法。为了减轻繁重的体力劳动，加快施工速度，提高劳动生产率，应尽量采用机械开挖。

沟槽、基坑开挖常用的施工机械有单斗挖土机和多斗挖土机两个种类。

(1) 单斗挖土机。单斗挖土机在沟槽或基坑开挖施工中应用广泛，种类很多。按其工作装置不同，分为正铲、反铲、拉铲和抓铲等。按其操纵机构的不同，分为机械式和液压式两类，如图4.33所示。目前，多采用的是液压式挖土机，它的特点是能够比较准确地控制挖土深度。

(2) 多斗挖土机。多斗挖土机又称挖沟机、纵向多斗挖土机。多斗挖土机由工作装置、行走装置和动力操纵及传动装置等部分组成，如图4.34所示。

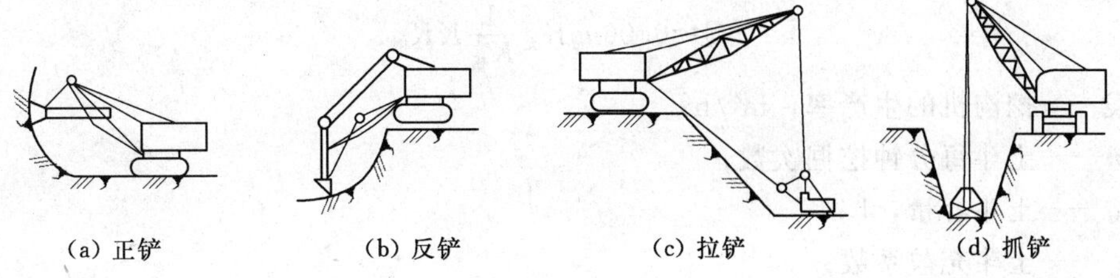

(a) 正铲　(b) 反铲　(c) 拉铲　(d) 抓铲

图 4.33 挖土机

多斗挖土机与单斗挖土机相比，其优点为挖土作业是连续的，生产效率较高；沟槽断面整齐；开挖单位土方量所消耗的能量低；在挖土的同时能将土自动地卸在沟槽一侧。

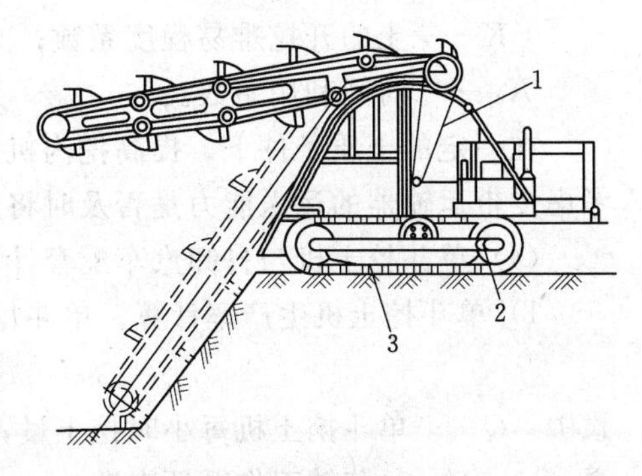

图 4.34 多斗挖土机

1—传动装置；2—工作装置；3—行走装置

多斗挖土机不宜开挖坚硬的土和含水量较大的土，宜于开挖黄土、亚黏土和亚砂土等。

多斗挖土机种类：按工作装置分，有链斗式和轮斗式两种；按卸土方法分，有装卸土皮带运输器和未装卸土皮带运输器两种。

3. 开挖质量标准

(1) 不扰动天然地基或地基处理符合设计要求。

(2) 槽壁平整，边坡坡度符合施工设计规定。

(3) 沟槽中心每侧净宽，不应小于管道沟槽底部开挖宽度的一半。

(4) 槽底高程允许偏差：开挖土方时为±20mm，开挖石方时为+20mm、－200mm。

4. 沟槽、基坑土方工程机械化施工方案的选择

大型工程的土方工程施工中应合理地选择机械，使各种机械在施工中配合协调，充分发挥机械效率，保证工程质量、加快施工进度、降低工程成本。因此，在施工前要经过经济和技术分析比较，制定出合理的施工方案，用以指导施工。

(1) 制定施工方案的依据。

1) 工程类型及规模。

2) 施工现场的工程及水文地质情况。

3) 现有机械设备条件。

4) 工期要求。

(2) 施工方案的选择。在大型管沟、基坑施工中，可根据管沟、基坑深度、土质、地下水及土方量等情况，结合现有机械设备的性能、适合条件，采取不同的施工方法。

开挖沟槽常优先考虑采用挖沟机，以保证施工质量，加快施工进度。也可以用反向挖土机挖土，根据管沟情况，采取沟端开挖或沟侧开挖。

大型基坑施工可以采用正铲挖土机挖土，自卸汽车运土；当基坑有地下水时，可先用正铲挖土机开挖地下水位以上的土，再用反向铲或拉铲或抓铲开挖地下水位以下的土。

采用机械挖土时，为了不使地基土遭到破坏，管沟或基坑底部应留 200～300mm 厚土层，由人工清理整平。

(3) 挖沟机的生产率计算。挖沟机的生产率为

$$Q=0.06nqK_{充}\frac{1}{K_{松}}KK_{时} \tag{4.26}$$

式中　Q——挖沟机的生产率，m^3/h；

n——土斗每分钟挖掘次数；

q——土斗容量，L；

$K_{充}$——土斗充盈系数；

$K_{松}$——土的可松性系数；

K——土的开挖难易程度系数；

$K_{时}$——时间利用系数。

在一定的土质条件下，提高挖沟机的生产率的主要途径是加快开挖时的行驶速度。但应考虑皮带运输器的运送能力是否及时将土方卸出。

(4) 单斗挖土机与自卸汽车配套计算。

1）单斗挖土机生产率计算。单斗挖土机生产率计算式为

$$Q=60nqK_1 \tag{4.27}$$

式中　Q——单斗挖土机每小时挖土量，m^3/h；

n——每分钟工作循环次数；

q——土斗容量，L；

K_1——土的影响系数。按土的等级确定：Ⅰ级土约为1.0；Ⅱ级土约为0.95；Ⅲ级土约为0.8；Ⅳ级土约为0.55。

2）挖土机数量确定。按照土方量大小和工期，可确定挖土机数量 N（单位：台），即

$$N=\frac{Q}{Q_dTCK_B} \tag{4.28}$$

式中　Q——土方量，m^3；

Q_d——挖土机生产率，m^3/台班；

T——工期，工作日；

C——每天工作班数；

K_B——时间利用系数，一般取0.75～0.95。

若挖土机数量已定，工期 T 可按下式计算：

$$T=\frac{Q}{NQ_dCK_B} \tag{4.29}$$

3）车配套计算。自卸汽车装载容量 Q_1，一般宜为挖土机容量的3～5倍。

自卸汽车的数量 N_1（单位：台），应保证挖土机连续工作，可按下式计算：

$$N_1=\frac{T}{t_1} \tag{4.30}$$

$$T=t_1+\frac{2L}{V_c}+t_2+t_3 \tag{4.31}$$

$$n=Q_1\frac{K_S}{q}K_C\rho \tag{4.32}$$

上三式中　T——自卸汽车每一工作循环延缓时间，min；

t_1——自卸汽车第 n 次装车时间，min，$t_1=nt_2$；

n——自卸汽车第 n 次装土次数，

q——挖土机斗容量，m^3；

K_C——土斗充盈系数，取0.8～1.1；

K_S——土的最初可松性系数；

ρ——土的重力密度，一般取 $17kN/m^3$；

L——运距，m；

V_c——重车与空车的平均速度，m/min，一般取20～30km/h；

t_2——卸车时间，一般为1min；

t_3——操纵时间（包括停放待装、等车、让车等），一般取2～3min。

4.2.2.5　沟槽开挖的技术要点

（1）当沟槽挖深较大时，应合理确定分层开挖的深度，并应符合下列规定：

1）人工开挖沟槽的槽深超过3m时应分层开挖，每层的深度不宜超过2m。

2）人工开挖多层沟槽的层间留台宽度：放坡开槽时不应小于0.8m，直槽时不应小于0.5m，安装井点设备时不应小于1.5m。

3）采用机械挖槽时，沟槽分层的深度应按机械性能确定。

（2）沟槽每侧临时堆土或施加其他荷载时，应符合下列规定：

1）不得影响建筑物、各种管线和其他设施的安全。

2）不得掩埋消火栓、管道闸阀、雨水口、测量标志以及各种地下管道的井盖，且不得妨碍其正常使用。

3）人工挖槽时，堆土高度不宜超过1.5m，且距槽口边缘不宜小于0.8m。

（3）采用坡度板控制槽底高程和坡度时，应符合下列规定：

1）坡度板应选用有一定刚度且不易变形的材料制作，其设置应牢固。

2）平面上呈直线的管道，坡度板设置的间距不宜大于20m，呈曲线管道的坡度板间距应加密，井室位置、折点和变坡点处，应增设坡度板。

3）坡度板距槽底的高度不宜大于3m。

（4）当开挖沟槽发现已建的地下各类设施或文物时，应采取保护措施，并及时通知有关单位处理。

4.2.3　沟槽及基坑支护

4.2.3.1　支撑的目的及基本要求

支撑的目的就是为防止施工过程中土壁坍塌创造安全的施工条件。支撑是一种由木材做成的临时性挡土结构，由木材或钢材制成。支撑的荷载就是原土和地面荷载所产生的侧土压力。沟槽支撑的设置与否应根据土质、地下水情况、槽宽、槽深、开挖方法、排水方法、地面荷载等因素确定。一般情况下，当土质较差、地下水位较高、沟槽和基坑较深而又必须挖成直槽时均应支设支撑。支设支撑既可减少挖方量、施工占地面积小，又可保证施工的安全，但增加了材料消耗，有时还影响后续工序操作。

支撑结构应满足下列要求：

（1）牢固可靠，进行强度和稳定性计算和校核。支撑材料要求质地和尺寸合格。

（2）在保证安全可靠的前提下，尽可能节约材料，宜采取工具式钢支撑。

（3）便于支设和拆除，不影响后续工序的操作。

4.2.3.2 支撑的种类及其适用的条件

在施工中应根据土质、地下水情况、沟槽或基坑深度、开挖方法、地面荷载等因素确定是否支设支撑。

支撑的型式分为水平支撑、垂直支撑和板桩支撑、开挖较大基坑时还采用锚锭式支撑等几种。

水平支撑、垂直支撑由撑板、横梁或纵梁、横撑组成。

水平支撑的撑板水平设置，根据撑板之间有无间距又分为断续式水平支撑和连续式水平支撑或井字水平支撑3种。

垂直支撑的撑板垂直设置，各撑板间密接铺设，可在开槽过程中边开槽边支撑。在回填时可边回填边拔出撑板。

1. 断续式水平支撑

断续式水平支撑的组成，如图4.35所示，适用于土质较好的、地下含水量较小的黏性土及挖土深度小于3.0m的沟槽或基坑。

2. 连续式水平支撑

连续式水平支撑的组成，如图4.36所示。适用于土质较差（较潮湿的或散粒土）及挖土深度在不大于5.0m的沟槽或基坑。

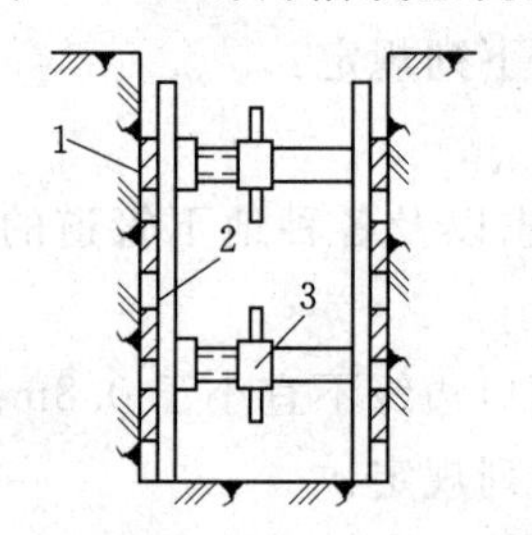

图4.35 断续式水平支撑

1—支撑；2—纵梁；3—横撑（工具式）

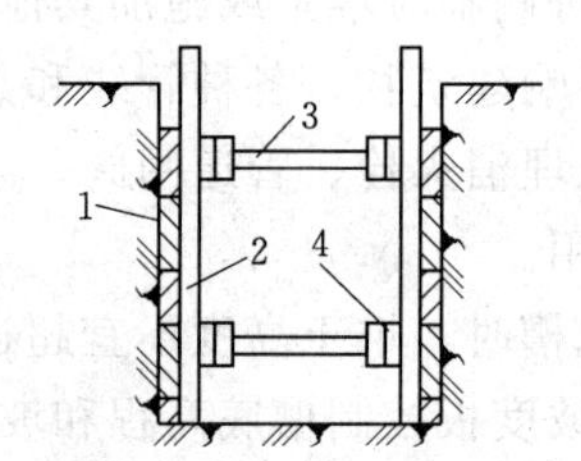

图4.36 连续式水平支撑

1—撑板；2—纵梁；3—横撑；4—木楔

3. 井字支撑

井字支撑的组成，如图4.37所示。它是断续式水平支撑的一种特殊型式。一般适用于沟槽的局部加固，如地面上有建筑或有其他管线距沟槽较近。

4. 垂直支撑

垂直支撑的组成，如图4.38所示。它适用于土质较差、有地下水且挖土深度较大时采用。这种支撑便于安全操作。

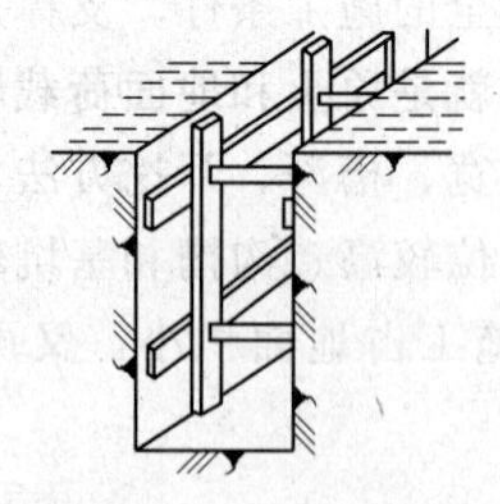

图4.37 井字支撑

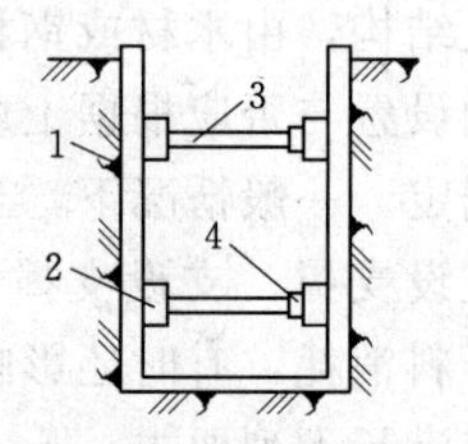

图4.38 垂直支撑

1—撑板；2—横梁；3—横撑；4—木楔

5. 板桩撑

板桩撑分为钢板撑、木板撑和钢筋混凝土桩等。

板桩撑是在沟槽土方开挖前就将板桩打入槽底以下一定深度。其具有土方开挖及后续工序不受影响、施工条件良好的优点。一般用于沟槽挖深较大、地下水丰富、有流沙现象或砂性饱和土层等情况。

(1) 钢板桩。钢板桩基本分为平板桩和波浪形板状两类，每类中又有多种型式。目前常用钢板桩为槽钢或工字钢组成，其断面型式如图 4.39 所示。其轴线位移不得大于 50mm，垂直度不得大于 1.5%，如图 4.40 所示。

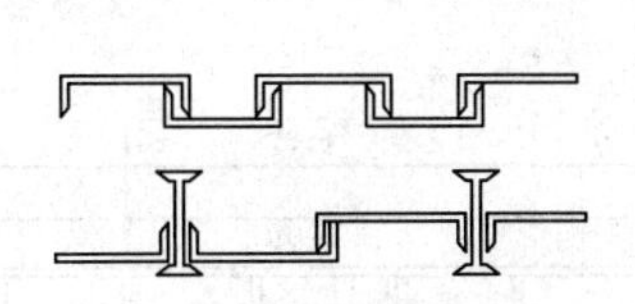

图 4.39 钢板桩断面

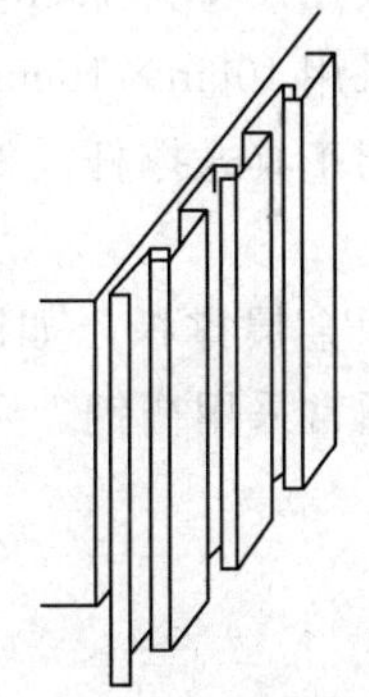

图 4.40 钢板桩

(2) 木板桩。木板桩所用木板厚度应按设计要求制作，其允许偏差±20mm，同时要校核其强度。为了保证板桩的整体性和水密性，木板桩做成凹凸榫，凹凸榫应相互吻合，平整光滑。木板桩虽然打入土中一定深度，尚需要辅以横梁和横撑，如图 4.41 所示。

6. 锚碇式支撑

锚碇式支撑适用于开挖面积大、深度大的基坑或使用机械挖土而不能安装撑杠的情况，如图 4.42 所示。

锚桩必须设置在土的破坏范围以外，挡土板水平钉在柱桩的内侧，柱桩一端打入土内，上端用拉杆与锚桩拉紧，挡土板内侧回填土。

在开挖较大基坑，当有部分地段下部放坡不足时，可以采用短桩横隔板支撑或临时挡土墙支撑，以加固土壁，如图 4.43 所示。

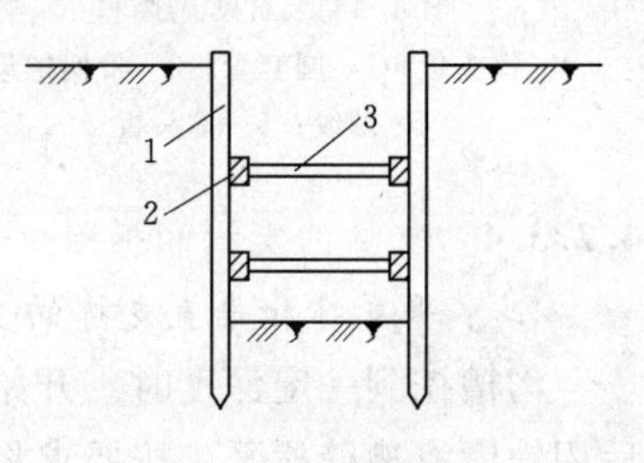

图 4.41 木板桩

1—木板桩；2—横梁；3—横撑

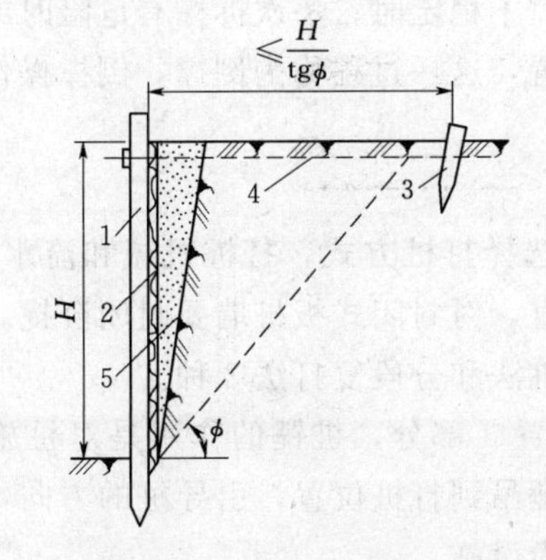

图 4.42 锚碇式支撑

1—柱桩；2—挡土板；3—锚桩；4—拉杆；5—回填土；ϕ—土的内摩擦角

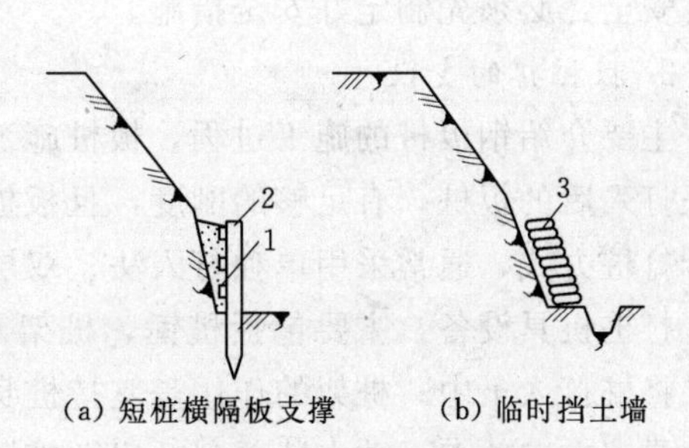

(a) 短桩横隔板支撑 (b) 临时挡土墙

图 4.43 加固土壁措施

1—短桩；2—横隔板；3—装土草袋

4.2.3.3　支撑的材料要求

支撑材料的尺寸应满足设计的要求。一般取决于现场已有材料的规格，施工时常根据经验确定。

（1）木撑板。一般木撑板长2～4m，宽度为20～30cm，厚5cm。

（2）横梁。截面尺寸为10cm×15cm～20cm×20cm。

（3）纵梁。截面尺寸为10cm×15cm～20cm×20cm。

（4）横撑。采用10cm×10cm～15cm×15cm的方木或采用直径大于10cm的圆木。为支撑方便尽可能采用工具式撑杆，如图4.44所示。横撑水平间距宜1.5～3.0m，垂直间距不宜大于1.5m。

撑板也可采用金属撑板，如图4.45所示，金属撑板每块长度分2m、4m、6m几种类型；横梁和纵梁通常采用槽钢。

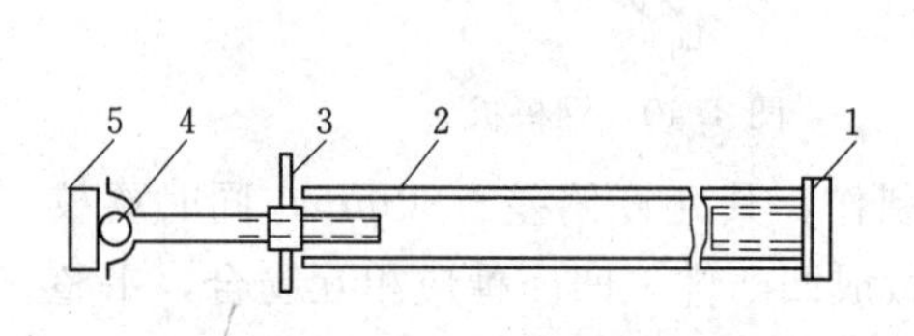

图4.44　工具式撑杆

1—撑头板；2—圆套管；3—带柄螺母；4—球绞；5—撑头板

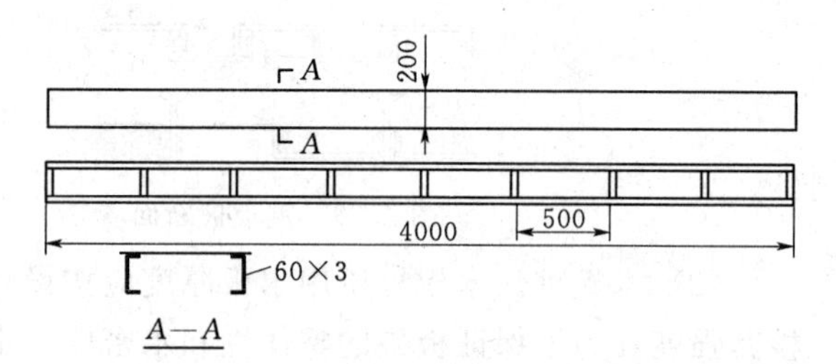

图4.45　金属撑板（单位：mm）

4.2.3.4　支撑的支设和拆除

1. 水平支撑和垂直支撑的支设

沟槽挖到一定深度时，开始支设支撑，先校核一下沟槽开挖断面是否符合要求宽度，然后用铁锹将槽壁找平，按要求将撑板紧贴于槽壁上，再将纵梁或横梁紧贴撑板，继而将横撑支设在纵梁或横梁上，若采用木撑板时，使用木楔、扒钉将撑板固定于纵梁或横梁上，下边钉一木托防止横撑下滑。支设施工中一定要保证横平竖直，支设牢固可靠。

施工中，如原支撑妨碍下一工序进行时；原支撑不稳定时；一次拆撑有危险时或因其他原因必须重新安设支撑时，需要更换纵梁和横撑位置，这一过程称为倒撑，倒撑操作应特别注意安全，必须先制定好安全措施。

2. 板桩撑的支设

主要介绍钢板桩的施工过程，板桩施工要正确选择打桩方式、打桩机械和流水段划分，保证打入后的板桩，有足够的刚度，且板桩墙面平直，对封闭式板桩墙要封闭合拢。

打桩方式，通常采用单独打入法、双层围图插桩法和分段复打法3种。

打桩机具设备，主要包括桩锤、桩架及动力装置3部分。桩锤的作用是对桩施加冲击力，将桩打入土中；桩架的作用是支持桩身和将桩锤吊到打桩位置，引导桩的方向，保证桩锤按要求方向冲击；动力装置包括启动桩锤用的动力设施。

（1）桩锤选择。桩锤的类型应根据工程性质、桩的种类、密集程度、动力及机械供应和现场情况等条件来选择。桩锤有落锤、单动汽锤、双动汽锤、柴油打桩锤、振动桩锤等。根

据施工经验，双动汽锤、柴油打桩锤更适用于打设钢板桩。

(2) 桩架的选择。桩架的选择应考虑桩锤的类型、桩的长度和施工条件等因素。

桩架的型式很多，常用有下列几种：

1) 滚筒式桩架（图4.46）。桩架的行走靠两根钢滚筒垫上滚动，其具有结构简单、制作容易的特点。

2) 多功能桩架（图4.47）。其机动性和适应性很大，适用于各种预制桩及灌注施工。

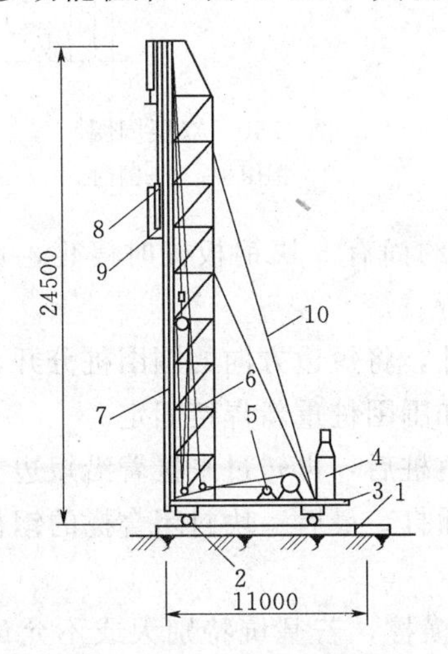

图4.46 滚动式桩架

1—枕木；2—滚筒；3—底座；4—锅炉；5—卷扬机；6—桩架；7—龙门；8—蒸汽锤；9—桩帽；10—缆绳

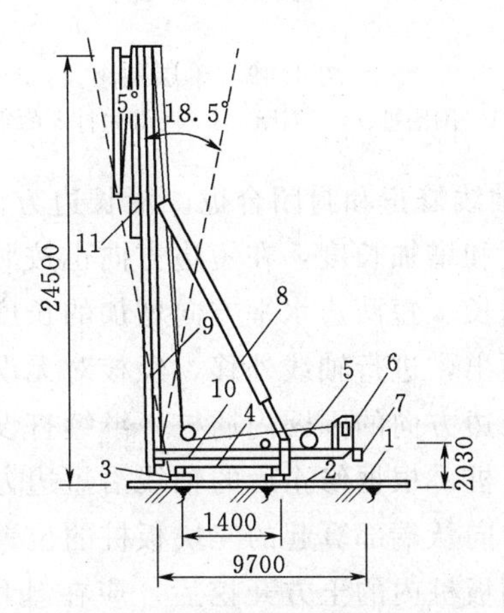

图4.47 多功能桩架

1—枕木；2—钢轨；3—底盘；4—回转平台；5—卷扬机；6—司机室；7—平衡重；8—撑杆；9—挺杆；10—水平调整装置；11—桩锤与桩帽

3) 履带式桩架（图4.48）。其便于移动，比多功能桩架灵活，适用于各种预制桩和灌注桩施工，钢板桩打设的工艺过程为：钢板桩矫正→安装围囹支架→钢板桩打设→轴线修正和封闭合拢。

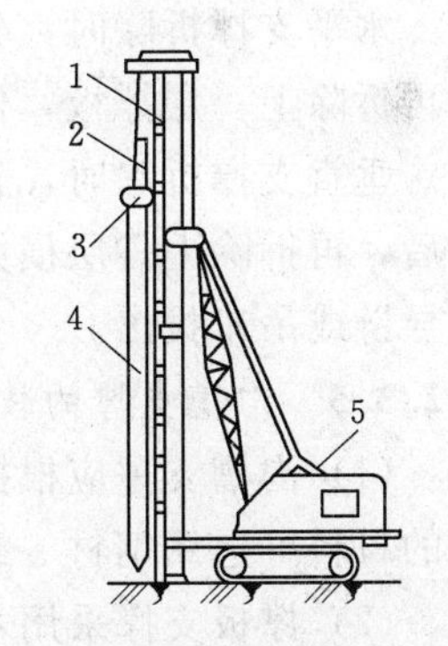

图4.48 履带式桩架

1—导柱；2—桩锤；3—桩帽；4—桩；5—吊车

a. 钢板桩的矫正。对所有要打设的钢板桩进行修整矫正。保证钢板桩的外形平直。

b. 安装围囹支架。围囹支架的作用是保证钢板桩垂直打入和打入后的钢板桩墙面平直，围囹支架一般为钢制，由围囹组成的，围囹在平面型式上有单面、双面，高度上有单层、双层和多层，如图4.49和图4.50所示。围囹支架每次安装的长度视具体情况而定，最好能周转使用，以节约钢材。

c. 钢板桩打设。先用吊车将钢板桩吊至插桩点处进行插桩，插桩时锁口要对准，每插入一块即套上桩帽轻轻加以锤击。在打桩过程中，为保证钢板桩的垂直度，用两台经纬仪在两个方向加以控制，为防止锁口中心线平面位移，可在打桩进行方向的钢板桩锁口处设卡板，阻止板桩位移。同时在围囹上预先标出每块板桩的位置，以便随时检查校正。

钢板桩分几次打入，打桩时，开始打设的第一、第二块钢板桩的打入位置和方向要确保精度，它可以起样板导向作用，一般每打入1m测量一次。

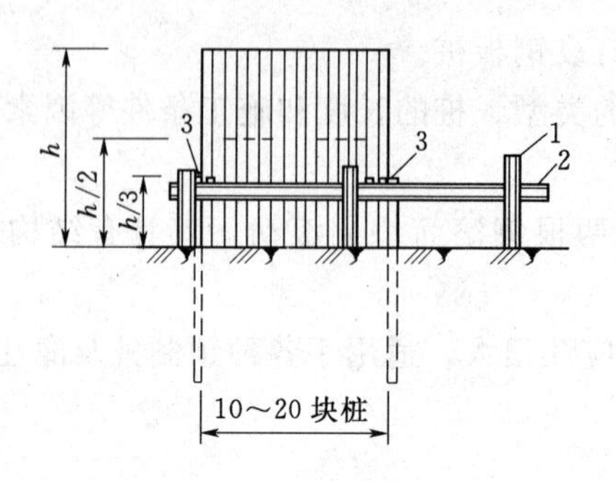

图 4.49　单层围囹

1—围囹桩；2—围囹；3—两端先打入的定位桩

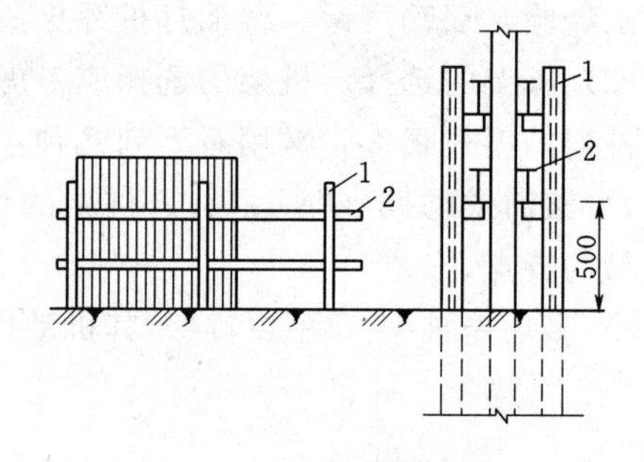

图 4.50　双层围囹

1—围囹桩；2—围囹

d. 轴线修正和封闭合拢。沿长边方向打至离转角约尚有 8 块钢板桩时停止，量出到转角的长度和增加长度，在短边方向也按照上述方法进行。

根据长、短两边水平方向增加的长度和转角的尺寸，将短边方向的围囹桩分开，用千斤顶向外顶出，进行轴线外移，经核对无误后再将围囹和围囹桩重新焊接固定。

在长边方向的围囹内插桩，继续打设，插打到转角桩后，再转过来接着沿短边方向插打两块钢板桩。根据修正后的轴线沿短边方向继续向前插打，最后一块封闭合拢的钢板桩，设在短边方向从端部算起的三块板桩的位置处。

当钢板桩内的土方开挖后，应在基坑或沟槽内设横撑，若基坑特别大或不允许设横撑时，则可设置锚杆来代替横撑。

3. 支撑的拆除

沟槽或基坑内的施工过程全部完成后，应将支撑拆除，拆除时必须边回填土边拆除，拆除时必须注意安全，继续排除地下水，避免材料的损耗。

水平支撑拆除时，先松动最下一层的横撑，抽出最下一层撑板，然后回填土，回填完毕后再拆除上一层撑板，依次将撑板全部拆除，最后将纵梁拔出。

垂直支撑拆除时，先松动最下一层的横撑，拆除最下一层的横梁，然后回填土。回填完毕后，再拆除上一层横梁，依次将横梁拆除。最后拔出撑板或板桩，垂直撑板或板桩一般采用导链或吊车拔出。

4.2.3.5　沟槽支撑的技术要点

（1）沟槽支撑应根据沟槽的土质、地下水位、开槽断面和荷载条件等因素进行设计。支撑的材料可选用钢材、或钢材木材混合使用。

（2）撑板支撑采用木材时，其构件规格宜符合下列规定：

1）撑板厚度不宜小于 50mm，长度不宜大于 4m。

2）横梁或纵梁宜为方木，其断面不宜小于 150mm×150mm。

3）横撑宜为圆木，其梢径不宜小于 100mm。

（3）撑板支撑的横梁、纵梁和横撑的布置应符合下列规定：

1）每根横梁或纵梁不得少于 2 根横撑。

2）横撑的水平间距宜为 1.5～2.0m。

3）横撑的垂直间距不宜大于 1.5m。

（4）撑板支撑应随挖土的加深及时安装。

(5) 在软土或其他不稳定土层中采用撑板支撑时，开始支撑的开挖沟槽深度不得超过1.0m；以后开挖与支撑交替进行，每次交替的深度宜为0.4～0.8m。

(6) 撑板的安装应与沟槽槽壁紧贴，当有空隙时应填实；横排撑板应水平，立排撑板应顺直，密排撑板的对接应严密。

(7) 横梁、纵梁和横撑的安装，应符合下列规定：

1) 横梁应水平，纵梁应垂直，且必须与撑板密贴，连接牢固。

2) 横撑应水平并与横梁或纵梁垂直，且应支紧，连接牢固。

(8) 采用横排撑板支撑，当遇有地下钢管道或铸铁管道横穿沟槽时，管道下面的撑板上缘应紧贴管道安装；管道上面的撑板下缘距管道顶面不宜小于100mm。

(9) 采用钢板桩支撑，应符合下列规定：

1) 钢板桩支撑可采用槽钢、工字钢或定型钢板桩。

2) 钢板桩支撑按具体条件可设计为悬臂、单锚，或多层横撑的钢板桩支撑，并应通过计算确定钢板桩的入土深度和横撑的位置与断面。

3) 钢板桩支撑采用槽钢做横梁时，横梁与钢板桩之间孔隙应采用木板垫实，并应将横梁和横撑与钢板桩连接牢固。

(10) 支撑应经常检查。当发现支撑构件有弯曲、松动、移位或劈裂等迹象时，应及时处理。雨期及春季解冻时期应加强检查。

(11) 支撑的施工质量应符合下列规定：

1) 支撑后，沟槽中心线每侧的净宽不应小于施工设计的规定。

2) 横撑不得妨碍下管与稳管。

3) 安装应牢固，安全可靠。

4) 钢板桩的轴线位移不得大于50mm；垂直度不得大于1.5%。

(12) 上下沟槽应设安全梯，不得攀登支撑。

(13) 承托翻土板的横撑必须加固。翻土板的铺设应平整，其与横撑的连接必须牢固。

(14) 拆除支撑前，应对沟槽两侧的建筑物、构筑物和槽壁进行安全检查，并应制定拆除支撑的实施细则和安全措施。

(15) 拆除撑板支撑时应符合下列规定：

1) 支撑的拆除应与回填土的填筑高度配合进行，且在拆除后应及时回填。

2) 采用排水沟的沟槽，应从两座相邻排水井的分水岭向两端延伸拆除。

3) 多层支撑的沟槽，应待下层回填完成后再拆除其上层槽的支撑。

4) 拆除单层密排撑板支撑时，应先回填至下层横撑底面，再拆除下层横撑，待回填至半槽以上，再拆除上层横撑。

当一次拆除有危险时，宜采取替换拆撑法拆除支撑。

(16) 拆除钢板桩支撑时应符合下列规定：

1) 在回填达到规定要求高度后，方可拔除钢板桩。

2) 钢板桩拔除后应及时回填桩孔。

3) 回填桩孔时应采取措施填实。当采用砂灌填时，可冲水助沉；当控制地面沉降有要求时，宜采取边拔桩边注浆的措施。

学习情境4.3　管 道 基 础 施 工

4.3.1　管道基础的种类

管道应有适当的基础，管道基础的作用是防止管底只支在几个点上，甚至整个管段下沉，这些情况都会引起管道损坏。

管道的基础一般由地基、基础和管座3个部分组成，如图4.51所示。地基是指沟槽底的土壤部分。它承受管子和基础的重量、管内水重、管上土压力和地面上的荷载。基础是指管子与地基间经人工处理过的或专门建造的设施，其作用是将管道较为集中的荷载均匀分布，以减少对地基单位面积的压力，或由于土的特殊性质的需要，为使管道安全稳定地运行而采取的一种技术措施，如原土夯实、混凝土基础等。管座是管子下侧与基础部分之间的部分，设置管座的目的在于它使管子与基础连成一个整体，以减少对地基的压力和管子的反力。管座包角的中心角越大，基础所受的单位面积的压力和地基对管子作用的单位面积的反力越小。

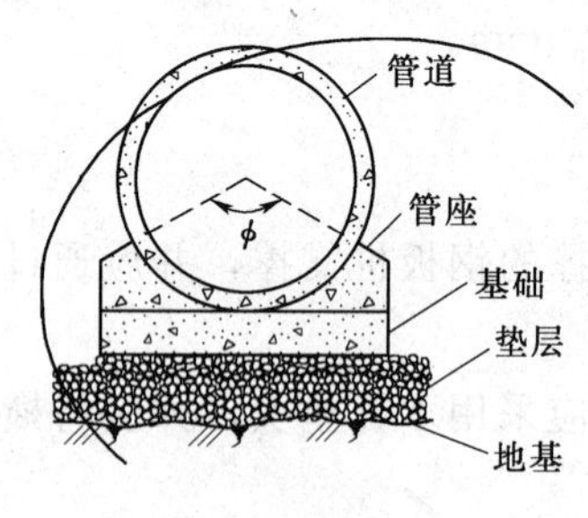

图4.51　管道基础断面图

为保证城镇给排水管道系统能安全正常运行，除管道工艺设计、施工正确外，管道的地基与基础应有足够的承受荷载的能力和可靠的稳定性。否则管道可能产生不均匀沉陷，造成管道错口、断裂、渗漏等现象，导致对附近地下水的污染，甚至影响附近建筑物的基础。一般应根据管道本身情况及其外部荷载的情况、覆土的厚度、土壤的性质合理地选择管道基础。

根据原有土壤情况，常用的基础有天然弧形素土基础、砂垫层基础和混凝土枕基、混凝土带形基础、桩基础等。

1. 天然弧形素土基础

如图4.52（a）所示，当土壤耐压力较高和地下水位较低时，可不做基础处理，管道可直接敷设在管沟（槽）中未扰动的天然地基上。这种基础适用于无地下水、原土能挖成弧形的干燥土壤；管道直径小于600mm的混凝土管、钢筋混凝土管、陶土管；管顶覆土厚度为0.7～2.0m的街坊污水管道，不在车行道下的次要管道及临时性管道。

2. 砂垫层基础

如图4.52（b）所示，在岩石或半岩石地基处，在挖好的弧形管槽上，用带棱角的粗砂

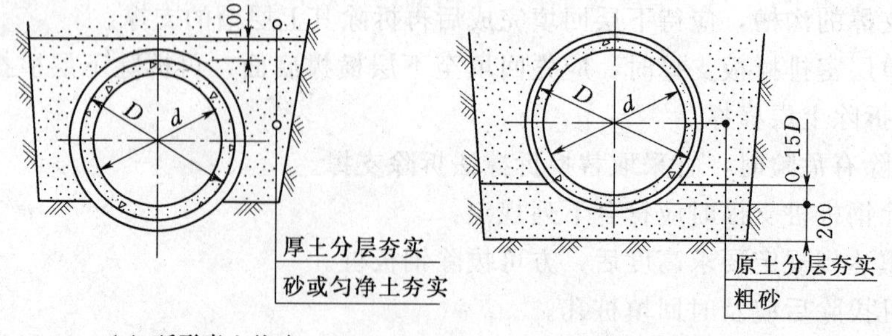

（a）弧形素土基础　　（b）砂垫层基础

图4.52　砂土基础

填 100～150mm 厚的砂垫层。这种基础适用于无地下水、岩石或多石土壤，管道直径小于 600mm 的混凝土管、钢筋混凝土管及陶土管，管顶覆土厚度为 0.7～2.0m 的排水管道。

3. 混凝土枕基

如图 4.53 所示，一般是只在管道接口处才设置的管道局部基础。通常在管道接口下用 C10 混凝土做成枕状垫块，这种基础适用于干燥土壤中的雨水管道及不太重要的污水支管。常与素土基础或砂垫层基础一起使用。

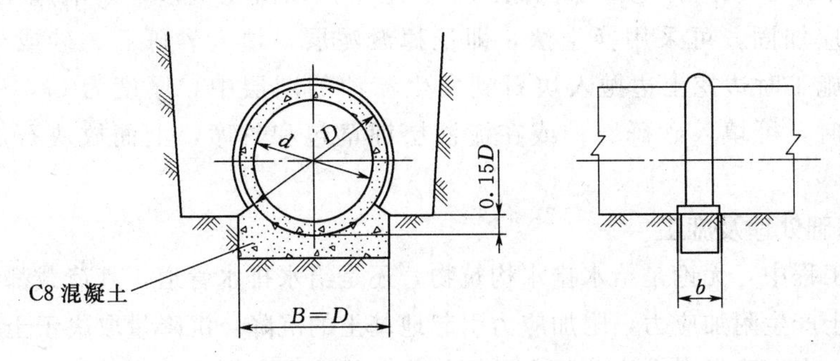

图 4.53　混凝土枕基

4. 混凝土带形基础

混凝土带形基础是沿管道全长铺设的基础，按管座的型式不同可分为 90°、135°、180° 3 种管座基础，如图 4.54 所示。这种基础适用于各种潮湿土壤以及地基软硬不均匀的排水管道，管径为 200～2000mm，无地下水时在槽底老土上直接浇筑混凝土基础；有地下水时常在槽底铺 100～150mm 厚的卵石或碎石垫层，然后才在上面浇筑混凝土基础，一般采用强度等级为 C10 的混凝土。当管顶覆土厚度在 0.7～2.5m 时采用 90°管座基础；管顶覆土厚度为 2.6～4.0m 时采用 135°基础；覆土厚度在 4.1～6m 时采用 180°基础。在地震区，土质特

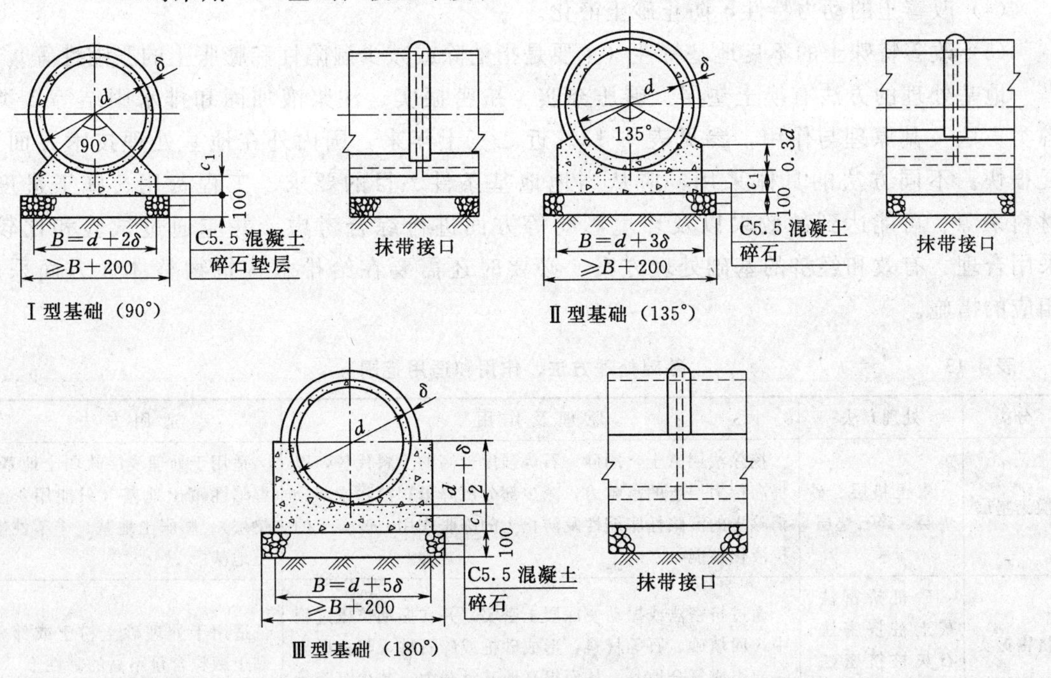

图 4.54　混凝土带形基础

别松软、不均匀沉陷严重地段，最好采用钢筋混凝土带形基础。

5. 桩基础

若遇到土壤特别松软或流沙、通过沼泽地带，承载能力达不到设计要求时，根据一些地区的经验，可采用各种桩基础。

在粉砂、细砂地层中或天然淤泥层土壤中埋管，同时地下水位又高时，应在埋管时排水，降低地下水位或选择地下水位低的季节施工，以防止流沙，影响施工质量。此时，管道基础土壤应加固，可采用换土法，即挖掉淤泥层，填入砂砾石、砂或干土夯实；或填块石法，即施工时边挖土边抛入块石到发生流沙的图层中，厚度为0.3～0.6m，块石间的缝隙较大时，可填入砂砾石；或在流沙层铺草包和竹席，上面放块石加固，再做混凝土基础。

4.3.2 管道基础处理及施工

在给排水工程中，无论是给水排水构筑物，还是给水排水管道，其荷载都作用于地基土上，导致地基土产生附加应力，附加应力引起地基土的沉降，沉降量取决于土的孔隙率和附加应力的大小。当沉降量在允许范围内，构筑物才能稳定安全，否则，结构的稳定性就会失去或遭到破坏。

地基在构筑物荷载作用下，不会因地基土产生的剪应力超过土的抗剪强度而导致地基和构筑物破坏的承载力称为地基容许承载力。因此，地基应同时满足容许沉降量和容许承载力的要求，如不满足时，则采取相应措施对地基土加固处理，地基处理的目的如下：

(1) 改善土的剪切性能，提高抗剪强度。

(2) 降低软弱土的压缩性，减少基础的沉降或不均匀沉降。

(3) 改善土的透水性，起着截水、抗渗的作用。

(4) 改善土的动力特性，防止砂土液化。

(5) 改善特殊土的不良地基特性（主要是指消除或减少湿陷性和膨胀土的胀缩性等）。

地基处理的方法有换土垫层、碾压夯实、挤密振实、注浆液加固和排水固结等5类。各类方法及其原理与作用，参见表4.13。近二三十年来，国内外在地基处理技术方面发展很快。不同方法的具体采用，应从当地地基条件、目的要求、工程费用、施工进度、材料来源、可能达到的效果以及环境影响等方面进行综合考虑。并应通过试验和比较，采用合理、有效和经济的基础处理方案，必要时还需要在给排水构筑物整体性方面采用相应的措施。

表4.13 基础处理方法、作用和适用范围

分类	处理方法	原理及作用	适用方法
换土垫层	素土垫层、砂垫层、碎石垫层	挖除浅层软土，用砂、石等强度较高的土料代替，以提高持力层土的承载力，减少部分沉降量；消除或部分消除土的湿陷性胀缩性及防止土的冻胀作用；改善土的抗液化性能	适用于处理浅层软弱土地基、湿陷性黄土地基（只能用灰土垫层）、膨胀土地基、季节性冻土地基
挤密振实	砂桩挤密法、灰土桩挤密法、石灰桩挤密法、振冲法	通过挤密法或振动使深层土密实，并在振动挤压过程中，回填砂、石等材料，形成砂桩或碎石桩，与桩周土一起组成复合地基，从而提高地基承载力，减少沉降量	适用于处理砂土粉土或部分黏土颗粒含量不高的黏性土

续表

分类	处理方法	原理及作用	适用方法
碾压夯实	机械碾压法、振动压法、重锤夯实法、强夯法	通过机械压或夯击压实土的表层，强夯法则利用强大的夯击，能迫使深层土液化和动力固结而密实，从而提高地基的强度，减少部分沉降量，消除或部分消除黄土的湿陷性，改善土的抗液化性能	一般是用于砂土、含水量不高的黏性土及填土地基。强夯法应注意其振动对附近（约30m内）建筑物的影响
浆液加固	硅化法、旋喷法、碱液加固法、水泥灌浆法、深层搅拌法	通过注入水泥、化学浆液、将土粒黏结；或通过化学作用机械拌和等方法，改善土的性质，提高地基承载力	适用于处理砂土、黏性土、粉土、湿陷性黄土等地基，特别是用于对已建成的工程地基事故处理
排水固结	堆载顶压法、砂井堆载顶压法、排水纸板法、井点降水顶压法	通过改善地基的排水条件和施加顶压荷载，加速地基的固结和强度增长，提高地基的强度和稳定性，并使基础沉降提前完成	适用于处理厚度较大的饱和软土层，但需要具有顶压的荷载和时间，对于厚的泥炭层则要慎重对待

灰土的含水量应适宜，以手紧握土料成团，两指轻捏能碎为宜。灰土应拌和均匀，颜色一致，拌好后应及时铺好夯实，避免未夯实的灰土受雨淋，铺土应分层进行，每层铺土厚度参照表4.14和表4.15确定。垫层质量控制其压实系数不小于0.93～0.95。

表4.14 砂和砂石垫层的施工方法及每层铺筑厚度、最佳含水量

捣实方法	每层铺设厚度/mm	施工时的最佳含水量/%	施工说明	备注
平振法	200～250	15～20	用平板式振捣器往复振捣（宜用功率较大者）	不宜使用于细砂或含泥量较大的砂
插捣法	振捣器插入深度	饱和	（1）用插入式振捣器。 （2）插入间距可根据机械振幅大小决定。 （3）不应插至下卧黏性土层。 （4）插入振捣完毕后，所留的孔洞，应用砂填实	不宜使用于细砂或含泥量较大的砂
水撼法	250	饱和	（1）注水高度应超过每次铺筑面层。 （2）用钢叉摇撼捣实，插入点间距为100mn。 （3）钢叉分四齿，齿的间距8cm，长300mm。木柄长900mm	湿陷性黄土、膨胀土地区不得使用
夯实法	150～200	8～12	（1）用木夯或机械夯。 （2）木夯重量40kg，落距0.4～0.5m。 （3）一夯压半夯，全面夯实	
碾压法	250～350	8～12	重量6～10t压路机往复碾压	（1）适用于大面积。 （2）不宜用于地下水位以下的砂垫层

表4.15 灰土最大虚铺厚度

夯实机具种类	重量/kN	厚度/mm
木夯	0.049～0.098	150～200
石夯	0.392～0.784	200～250
蛙式打机	无要求	200～250
压路机	58.86～98.1	200～300

灰土打完后，应及时进行基础施工，及时回填，否则要临时遮盖，防止日晒雨淋。冬期施工时，不得采用冻土或夹有冻土的土料，并应采取防冻措施。

4.3.2.1 换土垫层

换土垫层是一种直接置换地基持力层软弱土的处理方法。施工时将基底下一定深度的软弱土层挖除，分层填回砂、石、灰土等材料，并加以夯实振密。换土垫层是一种较简易的浅层地基处理方法，在各地得到广泛应用。

1. *素土垫层*

素土垫层一般适用于处理湿陷性黄土和杂填土地基，可消除 1～3m 厚黄土的湿陷性。素土垫层是先挖去基础下的部分土层或全部软弱土层，然后分层回填，分层夯实素土而成。

软土地基土的垫层厚度，应根据垫层底部软弱土层的承载力决定，其厚度不应大于 3m。

素土垫层的土料，不得使用淤泥、耕土、冻土、垃圾、膨胀土以及有机物含量大于 8% 的土作为填料。土料含水量应控制在最佳含水量范围内，误差不得大于±2%。填料前应将基底的草皮、树根、淤泥、耕植土铲除，清除全部的软弱土层。施工时，应做好地面水或地下水的排除工作，填土应从最低部分开始进行，分层铺设、分层夯实。垫层施工完毕后，应立即进行下一道工序施工，防止晒裂、水浸。

2. *砂和砂石垫层*

砂和砂石垫层适用于处理在坑（槽）底有地下水或地基土的含水量较大的黏性土地基。

（1）材料要求。砂和砂石垫层所需材料，宜采用颗粒级配良好，质地坚硬的中砂、粗砂、卵石、砾石和碎石，也可采用细砂，宜掺入按设计规定数量的卵石或碎石。最大粒径不宜大于 50mm。

（2）施工要点。

1）施工前应验槽，坑（槽）内无积水，边坡稳定，槽底和两侧如有孔洞应先填实；同时应将浮土清除。

2）采用人工级配的砂石材料，按级配拌和均匀，再分层铺筑，分层捣实。

3）垫层施工按表 4.14 选用，每铺好一层垫层，经压实系数检验合格后方可进行下一个施工工序。

4）分段施工时，接槎处应作成斜坡，每层错开 0.5～1.0m，并应充分捣实。

5）砂垫层和砂石垫层的底面宜铺设在同一标高上，如深度不同时，施工应按先深后浅的顺序进行，土面应挖成台阶或斜坡搭接，搭接处应注意捣实。

3. *灰土垫层*

灰土垫层是用石灰和黏性土拌和均匀，然后分层夯实而成。适用于一般黏性土地基加固或挖深超过 15cm 时或地基扰动深度小于 1.0m 等，该种方法具有施工简单、取材方便、费用较低等优点。

（1）材料要求。土料所含有机质的量不宜超过规定值，土料应过筛，粒径不宜大于 15mm；石灰应提前 1～2d 熟化，不能含有生石灰块或水分过多；灰土的配合比一般取石灰：土为 2：8 或 3：7 的体积配合比。

（2）施工要点。施工前应验槽，清除积水、淤泥，待干燥后再铺灰土。

（3）碾压与夯实。

1）机械碾压。机械碾压法采用压路机、推土机、羊足碾或其他压实机械来压实松散土，

常用于大面积填土的压实和杂填土地基的处理。

碾压的效果主要取决于压实机械的压实能量和被压实土的含水量。应根据具体的碾压机械的压实能量，控制碾压土的含水量，选择合适的铺土厚度和碾压遍数。最好是通过现场试验确定，在不具备试验的场合，可参照表4.16选用。

表4.16　垫层的每层铺填厚度及压实遍数

施工设备	每层铺垫厚度/cm	每层压实遍数
平碾（8～12t）	20～30	6～8
羊足碾（5～16t）	20～35	8～16
蛙式夯（200kg）	20～25	3～4
振动碾（8～15t）	60～130	6～8
振动压实机（2t，振动力98kN）	120～150	10
插入式振动器	20～50	—
平振式振动器	15～25	—

2）重锤夯实法。重锤夯实法是利用移动式起重机悬吊夯锤至一定高度后，然后让其自由下落，重复夯实以加固地基。适用于地下水位0.8m以上稍湿的黏性土、砂土、湿陷性黄土、杂填土等地基加固。

夯锤一般采用钢筋混凝土截头圆锥体，如图4.55所示。其底面直径为1.0～1.5m，质量为1.5～3.0t，落距2.5～4.5m。起重机采用履带式，起重量应不小于1.5～3.0倍的锤重。

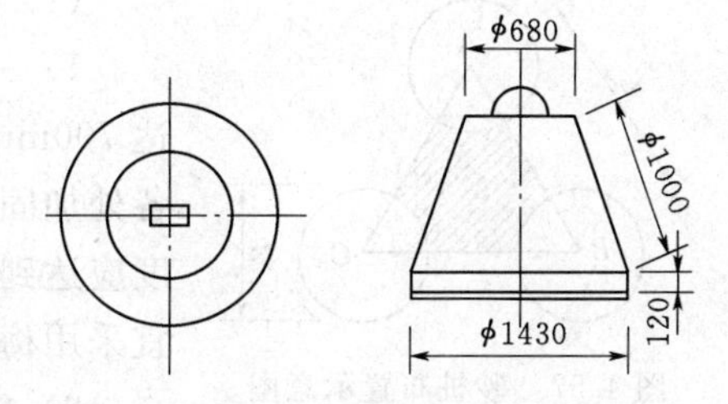

图4.55　钢筋混凝土夯锤（单位：mm）

重锤夯实施工前，应进行试夯，确定夯实内容（包括锤重、夯锤底面直径、落点型式、落距及夯击遍数等）。重锤夯击遍数应根据最后下沉量和总下沉量确定，最后下沉量是指重锤最后两击平均土面的沉降值，黏性土为10～20mm，砂土为5～10mm。夯锤的落点型式及夯打顺序，条形坑（槽）采用一夯换一夯顺序进行。在一次循环中同一夯位应连夯两下，下一循环的夯位，应与前一循环错开1/2锤底直径；非条形基坑，一般采用先周边后中间。

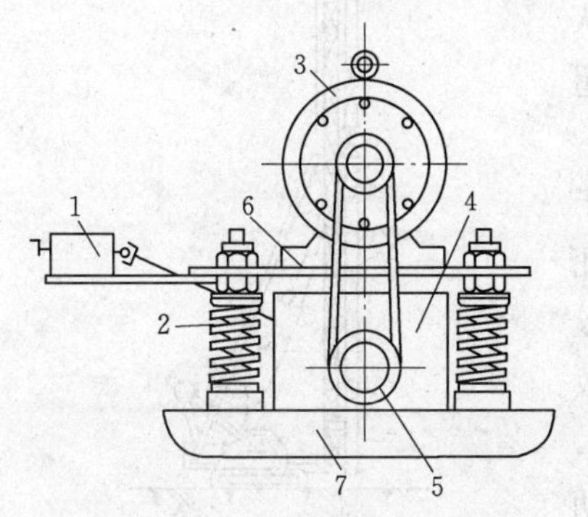

图4.56　振动压实机示意图

1—操纵机构；2—弹簧减振器；3—电动机；4—振动器；5—振动机槽轮；6—减振架；7—振动夯板

夯实完毕后，应检查夯实质量，一般采用在地基上选点夯击检查最后下沉量，夯击检查点数，每一单位基础至少应有一点；沟槽每30m² 应有一点；整片地基每100m² 不得少于两点，检查后，如质量不合格，应进行补充夯实，直至合格为止。

3）振动压实法。振动压实法是利用振动机振动压实浅层地基的一种方法，如图4.56所示。适用于处理砂土地基和黏性土含量较少、透水性较好的松散杂填土地基。

振动压实机的工作原理是由电动机带动两个偏心块以相同速度、相反方向转动而产生很大的垂直振动力。这种振动机的频率为1160～1180r/min，振幅为3.5mm，自重20kN，振动力可达50～100kN，并能通过操纵机使它能前后移动或转弯。

振动压实效果与填土成分、振动时间等因素有关，一般地说振动时间越长效果越好，但超过一定时间后，振动引起的下沉已基本稳定，再振也不能起到进一步的压实效果。因此，需要在施工前进行试振，以测出振动稳定下沉量与时间的关系。对于主要是由炉渣、碎砧、瓦块等组成的建筑垃圾，其振动时间约在 1min 以上。对于含炉灰等细颗粒填土，振动时间为 3～5min，有效振实深度为 1.2～1.5m。

注意振动对周围建筑物的影响。一般情况下振源离建筑物的距离不应小于 3m。

4.3.2.2　挤密桩与振冲法

1. 挤密桩

挤密桩加固可采用类似沉管灌注桩的机具和工艺，通过振动或锤击沉管等方式在承压土层内打入很多桩孔，在桩孔内灌入各种密实物（砂、石灰、灰土或其他材料），以挤密土层，减小土体孔隙率，增加土体强度。

挤密桩除了挤密土层加固土壤外，还起换土作用，在桩孔内以工程性质较好的土置换原来的弱土或饱和土，在含水黏土层内，砂桩还可作为排水井。挤密桩体与周围的原土组成复合地基，共同承受荷载。

根据桩孔内填料不同，有砂桩、土桩、灰土桩、砾石桩、混凝土桩之分。

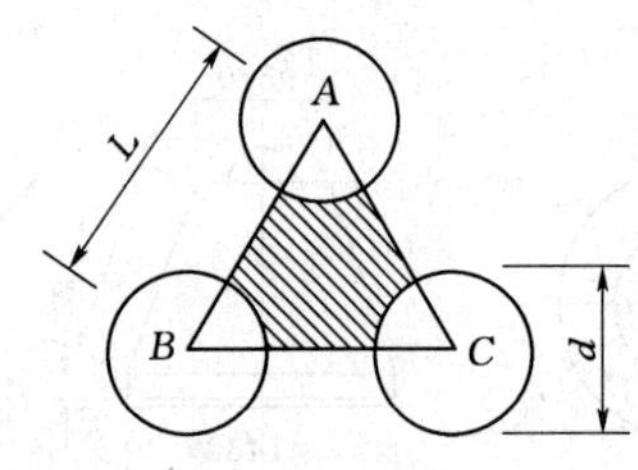

图 4.57　砂桩布置示意图
A、B、C—砂桩中心位置；
d—砂桩直径；L—砂桩间距

（1）砂桩的施工过程有以下几点。

1）一般要求。砂桩的直径一般为 220～320mm，最大可达 700mm。砂桩的加固效果与桩距有关，桩距较密时，土层各处加固效果较均匀。其间距为 1.8～4.0 倍桩直径。砂桩深度应达到压缩层下限处，或压缩层内的密实下卧层。砂桩布置宜采用梅花形，如图 4.57 所示。

2）施工过程。

a. 桩孔定位。按设计要求的位置准确确定桩位，并做上记号，其位置的允许偏差为桩直径。

b. 桩机设备就位。使桩管垂直吊在桩位的上方，如图 4.58 所示。

c. 打桩。通常采用振动沉桩机将工具管沉下，灌砂，拔管即成。振动力以 30～70kN 为宜，砂桩施工顺序应从外围或两侧向中间进行，桩孔的垂直度偏差不应超过 1.5%。

d. 灌砂。砂子粒径以 0.3～3mm 为宜，含泥量不大于 5%，还应控制砂的含水量，一般为 7%～9%。砂桩成孔后，应保证桩深满足设计要求。此时，将砂由上料斗投入工具管内，提起工具管，砂从舌门漏出，再将工具管放下，舌门关闭与砂子接触，此时，开动振动器将砂击实，往复进行，直至用砂填满桩孔。每次填砂厚度应根据振动力而定，保证填砂的干密度满足要求。其施工过程如图 4.59 所示。

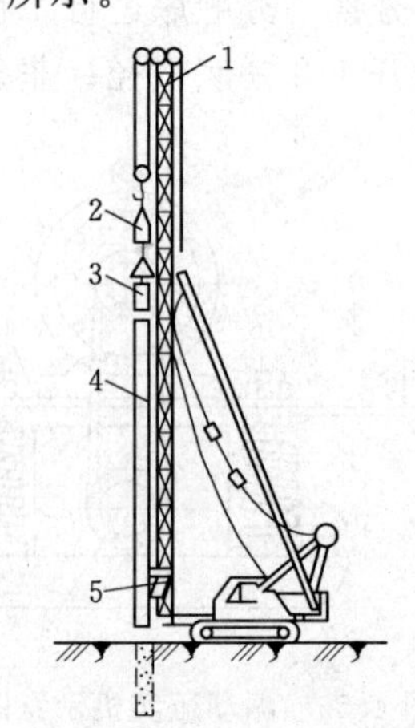

图 4.58　振动砂桩机
1—桩机导架；2—减振器；3—振动锤；
4—工具式桩管；5—上料斗

3）桩孔灌砂量的计算。一般按下式计算：

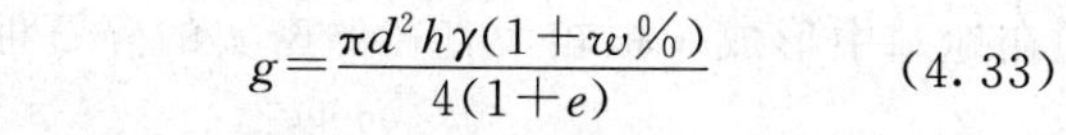

$$g=\frac{\pi d^2 h\gamma(1+w\%)}{4(1+e)} \qquad (4.33)$$

式中　g——桩孔灌砂量，kN；

d——桩孔直径，m；

h——桩长，m；

γ——砂的重力密度，kN/m^3；

e——桩孔中砂击实后孔隙比；

w——砂含水量。

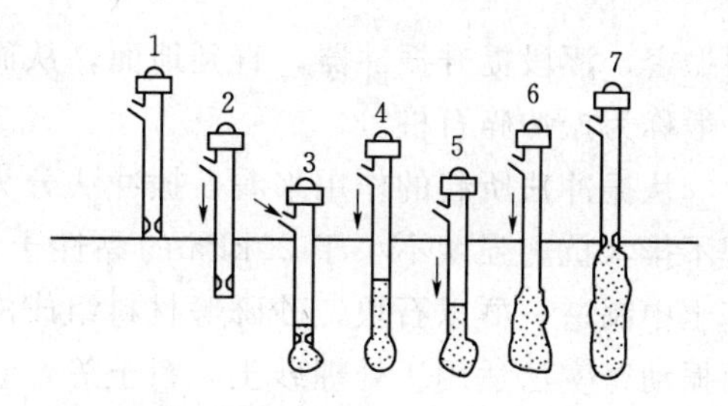

图 4.59　砂桩施工过程

1—工具管就位；2—振动器振动，将工具管打入土中；3—工具管达到设计深度；4—投砂，拔出工具管；5—振动器打入工具管；6—再投砂，拔出工具管；7—重复操作，直到地面

也可以取桩管入土体积。实际灌砂量不得少于计算的95%。否则，可在原位进行复打灌砂。

(2) 生石灰桩。在下沉钢管成孔后，灌入生石灰碎块或在生石灰中掺加适量的水硬性掺合料（如粉煤灰、火山灰等，约占30%），经密实后便形成了桩体。生石灰桩之所以能改善土的性质，是由于生石灰的水化膨胀挤密、放热、离子交换、胶凝反应等作用和成孔挤密、置换作用。

生石灰桩直径采用300～400mm，桩距3～3.5倍桩径，超过4倍桩径的效果常不理想。生石灰桩适用于处理地下水位以下的饱和黏性土、粉土、松散粉细砂、杂填土以及饱和黄土等地基。

2. 振冲桩

在砂土中，利用加水和振动可以使地基密实。振冲法就是根据这个原理而发展起来的一种方法。振冲法施工的主要设备是振冲器，如图4.60所示。它类似于插入式混凝土振捣器，由潜水电动机、偏心块和通水管3部分组成。振冲器由吊机就位后，同时启动电动机和射水泵，在高频振动和高压水流的联合作用下，振冲器下沉到预定深度，周围土体在压力水和振动作用下变密，此时地面出现一个陷口，往口内填砂一边喷水振动，一边填砂密实，逐段填

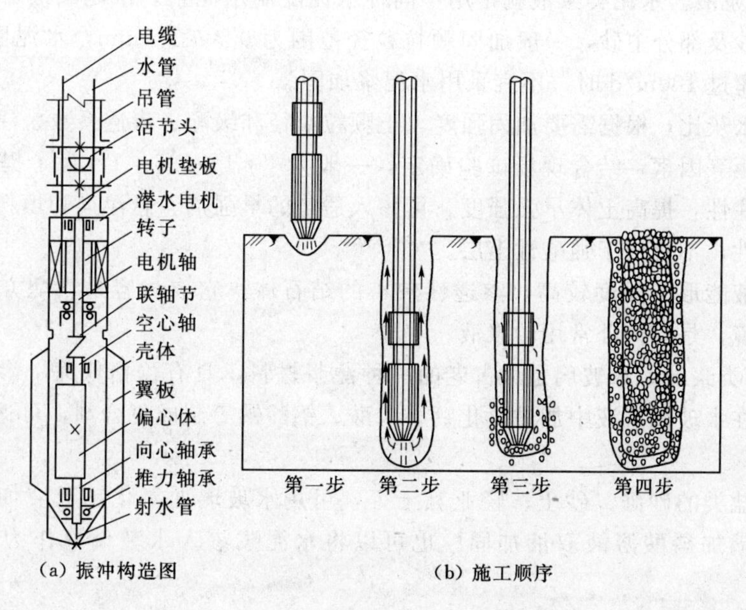

(a) 振冲构造图　　(b) 施工顺序

图 4.60　振冲法施工顺序图

料振密，逐段提升振冲器，直到地面，从而在地基中形成一根较大直径的密实的碎石桩体，一般称为振冲碎石桩。

从振冲法所起的作用来看，振冲法分为振冲置换和振冲密实两类。振冲置换法适用于处理不排水抗剪强度不小于20kPa的黏性土、粉土、饱和黄土和人工填土等地基。它是在地基土中制造一群以石块、砂砾等材料组成的桩体，这些桩体与原地基土一起构成复合地基。而振动密实法适用于处理砂土、粉土等，它是利用振动和压力水使砂层发生液化，砂粒重新排列，孔隙减少，从而提高砂层的承载力和抗液化能力。

4.3.2.3 浆液加固

浆液加固法是指利用水泥浆液、黏土浆液或其他化学浆液，采用压力灌入、高压喷射或深层搅拌，使浆液与土颗粒胶结起来，以改善地基土的物理力学性质的地基处理方法。

浆液加固法可以提高地基容许承载力，降低土的孔隙比，降低土的渗透性，适合修建人工防水帷幕等各种用途，如图4.61所示。

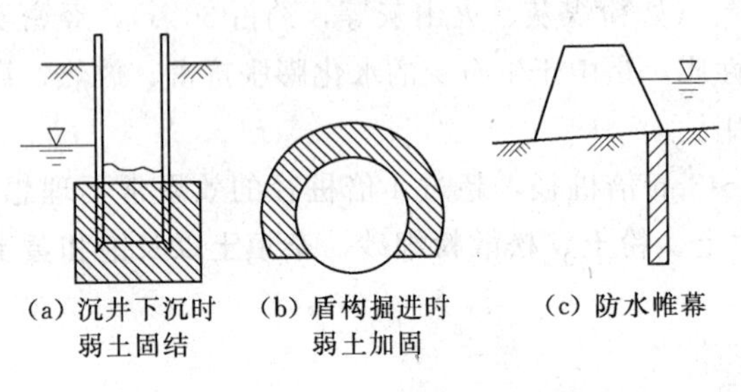

图4.61　注浆加固的各种用途

1. 浆液

(1) 浆液要求。化学反应生成物凝胶质安全可靠，有一定耐久性和耐水性。

1) 凝胶质对土颗粒着力良好。

2) 凝胶质有一定强度，施工配料和注入方便，化学反应速度调节可由调节配合比来实现。

3) 浆液注入后，一昼夜土的容许承载力不应小于490kPa。

4) 浆液应无毒、价廉、不污染环境。

(2) 浆液种类。

1) 水泥类浆液。水泥类浆液就是用不同种水泥配制水泥浆，水泥浆液可加固裂隙、岩石、砾石、粗砂及部分中砂，一般加固颗粒粒径范围为0.4～1.0mm，水泥固结时间较长，当地下水流速超过100m/d时，不宜采用水泥浆加固。

水泥浆的水灰比，根据需要加固强度、土颗粒粒径和级配、渗透系数、注入压力、注管直径和布置间距等因素，结合现场试验确定，一般为1∶1～1.5∶1。为了提高水泥的凝固速度，改善可注性，提高土体早强强度，可掺入适量的早强剂、悬浮剂和填料等附加剂。水泥浆液均为碱性，不宜用于强酸性土层。

水泥类浆液能形成强度较高、渗透性较小的结石体。它取材容易、配方简单、价格便宜、不污染环境，是国内外常用的浆液。

2) 水玻璃类浆液。水玻璃是最古老的一种注浆材料，具有价格低廉、渗入性较高和无毒性等优点。在水玻璃溶液中加进氯化钙、磷酸、铝酸钠等制成复合剂，可适应不同土质加固的需要。

对于不含盐类的砂砾、砂土、轻亚黏土等，可用水玻璃加氯化钙双液加固。对于粉砂土，可用水玻璃加磷酸溶液双液加固。也可以将水泥浆渗入水玻璃液作为速凝剂制成悬浊液。

3) 聚氨酯注浆分水溶性聚氨酯和非水溶性聚氨酯两类。注浆工程一般使用非水溶性聚

氨酯，其黏度低，可灌性好，浆液遇水即反应成含水凝胶，故而可用于动水堵漏。其操作简便，不污染环境，耐久性亦好。非水溶性聚氨酯一般把主剂合成聚氨酯的低聚物（预聚体），使用前把预聚体和外掺剂配方配成浆液。

4）丙烯酰胺类浆液，亦称MG－646化学浆液，它是以有机化合物丙烯酰胺为主剂，配合其他外加剂，以水溶液状态灌入地层中，发生聚合反应，形成有弹性、不溶于水的聚合体，是一种性能优良和用途广泛的注浆材料。但该浆液具有一定毒性，它对神经系统有毒，且对空气和地下水有污染作用。

水玻璃水泥浆也是一种用途广泛、使用效果良好的注浆材料。

5）铬木素类溶液。铬木素类溶液是由亚硫酸盐纸浆液和重铬酸钠按一定的比例配制而成，适用于加固细砂和部分粉砂，加固土颗粒粒径0.04～10mm，固结时间在几十秒至几十分之间固结体强度可达到980kPa。

铬木素类液凝胶的化学稳定性较好，不溶于水、弱酸和弱碱，抗渗性也好，价格低，但是浆液有毒，应注意安全施工。铬木素浆液为强酸性，不宜采用于强碱性土层。

2. 施工方法

通常采用的方法是旋喷法和注浆法，无论采用哪种方法，必须使浆液均匀分布在需要加固的土层中。

（1）旋喷法。旋喷法是利用钻机钻孔到预定深度。然后用高压泵将浆液通过钻杆端头的特殊喷嘴，以高压水平喷入土层，喷嘴在喷浆液时，一面缓慢旋转，一面徐徐提升，借高压浆液水平射流不断切削土层并与切削下来的土充分搅拌混合，在有效射程内，形成圆柱状凝固体，继而形成桩体，这种桩称为旋喷桩。旋喷法施工工艺如图4.62所示。

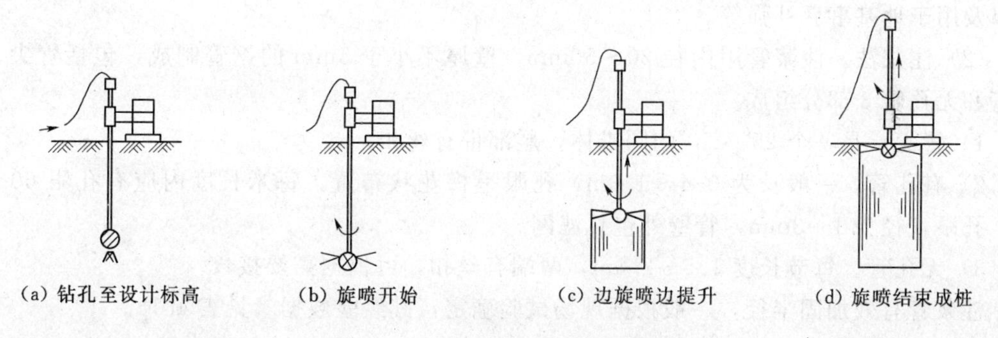

图4.62 旋喷法施工工艺示意图

旋喷法采用单管法、二重管法、三重管法，各有特点，可根据工程需要和土质条件选用。常用机具、设备参数见表4.17。

表4.17 旋喷法主要机具和参数

项目		单管法	二重管法	三重管法
参数	喷嘴孔径/mm	ϕ2～3	ϕ2～3	ϕ2～3
	喷嘴个数	2	1～2	1～2
	旋转速度/(r/min)	20	10	5～15
	提升速度/(mm/min)	200～250	100	50～150

续表

项目			单管法	二重管法	三重管法
机具性能	高压泵	压力/MPa 流量/(L/min)	20～40 60～120	20～40 60～120	20～40 60～120
	空压机	压力/MPa 流量/(L/min)	—	0.7 1～3	0.7 1～3
	泥浆泵	压力/MPa 流量/(L/min)	—	—	3～5 100～150
配比			按设计要求配比		

旋喷法施工要点如下：

1）钻机定位要准确，保持垂直，倾斜度不得大于1.5%。检查各设备运转是否正常。

2）单管法、二重管法可用旋喷管水射冲孔或用锤击振动等使喷管到达设计深度，然后再进行旋喷；三重管法须先由钻机钻孔，然后将三重管插至孔底，进行旋喷。

3）旋喷开始时，先送高压水，再送浆液和压缩空气。在桩底部边旋转边喷射1min后，当达到预定的喷射压力及喷浆量后，再逐渐提升喷射管。旋喷中冒浆量应控制在10%～25%之间。

4）相互两桩旋喷间隔时间不小于48h，两桩间距应不小于1～2m。

5）检查旋喷桩的质量和承载力。

旋喷法适用于砂土、黏性土、人工填土和湿陷性黄土等土层。其表现的主要作用是：旋喷桩与桩间土组成复合地基，作为连续防渗墙，防止储水池、板状体或地下室渗漏；制止流砂以及用于地基事后补强等。

（2）注浆法。注浆管用内径20～50mm，壁厚不小于5mm的钢管制成，包括管尖、有孔管和无孔管3部分组成。

1）管尖。是一个25°～30°的圆锥体，尾部带有丝扣。

2）有孔管。一般长为0.4～1.0m，孔眼呈梅花状布置，每米长度内应有孔眼60～80个，孔眼直径为1～3mm，管壁外包扎滤网。

3）无孔管。每节长度1.5～2.0m，两端有丝扣，可根据需要接长。

注浆管有效加固半径，一般根据现场试验确定，其经验数据参见表4.18。

表4.18　有效加固半径

土的类型及加固方法	渗透系数	加固半径/m	土的类型及加固方法	渗透系数	加固半径/m
砂土双液加固法	2～10	0.3～0.4	湿陷性黄土单液加固法	0.1～0.3	0.3～0.4
	10～20	0.4～0.6		0.3～0.5	0.4～0.6
	20～50	0.6～0.8		0.5～0.1	0.6～0.9
	50～80	0.8～1.0		1.0～2.0	0.9～1.0

（3）深层搅拌法。深层搅拌法是通过深层搅拌机将水泥、生石灰或其他化学物质（固化剂）与软土颗粒相结合而硬结成具有足够强度、水稳性以及整体性的加固土。它改变了软土的性质，并满足强度和变形要求。在搅拌、固化后，地基中形成柱状、墙状、格子状或块状

的加固体，与地基构成复合地基。

使用的固化剂状态不同，施工方法也不同，把粉状物质（水泥粉、磨细的干生石灰粉）用压缩空气经喷嘴与土混合，称为“干法”；把液状物质（一定水灰比的水泥浆液、水玻璃等）经专用压力或注浆设备与土混合，称为“湿法”。其中干法对于含水量高的饱和软黏土地基最为适合。

深层搅拌法施工工序如图4.63所示。

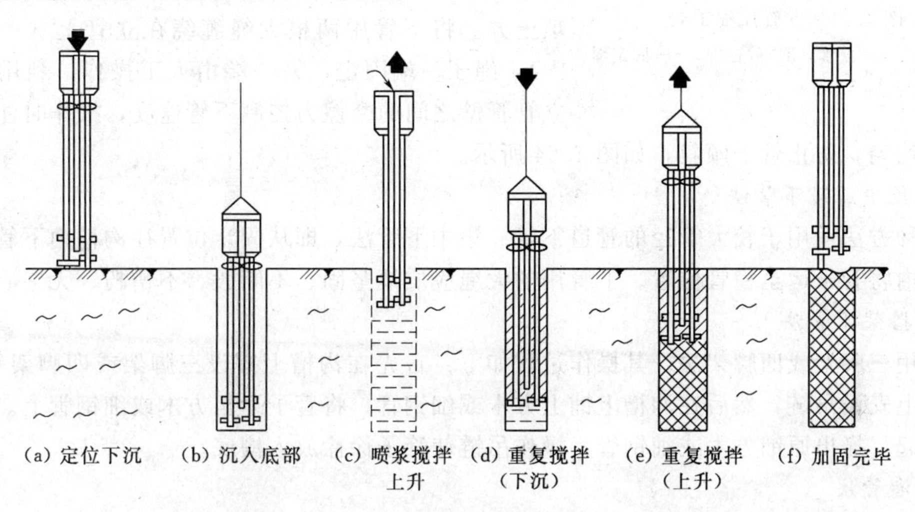

图4.63　深层搅拌法施工程序示意图

学习情境4.4　下 管 与 稳 管

管道铺设前，首先应检查管道沟槽开挖深度、沟槽断面、沟槽边坡、堆土位置是否符合规定，检查管道地基处理情况等。同时，还必须对管材、管件进行检验，质量要符合设计要求，确保不合格或已经损坏的管材及管件不下入沟槽。

4.4.1　下管

管子经过检验、修补后，运至沟槽边。按设计进行排管，核对管节、管件位置无误可下管。

下管方法分人工下管和机械下管两类。可根据管材种类、单节管重及管长、机械设备、施工环境等因素来选择下管方法。无论采取哪一种下管法，一般采用沿沟槽分散下管，以减少在沟槽内的运输。当不便于沿沟槽下管，允许在沟槽内运管，可以采用集中下管法。

4.4.1.1　人工下管

人工下管多用于施工现场狭窄，重量不大的中小型管子，以施工方便、操作安全、经济合理为原则。

1. 贯绳法

适用于管径小于300mm以下混凝土管、缸瓦管。用一端带有铁钩的绳子钩住管子一端，绳子另一端由人工徐徐放松直至将管子放入槽底。

2. 压绳下管法

压绳下管法是人工下管法中最常用的一种方法。适用于中、小型管子，方法灵活，可作为分散下管法。压绳下管法包括人工撬棍压绳下管法和立管压绳下管法。人工撬棍压绳下管法具体操作是在沟槽上边土层打入两根撬棍，分别套住一根下管大绳，绳子一端用脚踩牢，用手拉住绳子的另一端，听从一人号令，徐徐放松绳子，直至将管子放至沟槽底部。立管压绳下管法是在距离沟边一定距离处，直立埋设一节或两节管子，管子埋入一半立管长度，内填土方，将下管用两根大绳缠绕在立管上（一般绕一圈），绳子一端固定，另一端由人工操作，利用绳子与立管管壁之间的摩擦力控制下管速度，操作时注意两边放绳要均匀，防止管子倾斜，如图 4.64 所示。

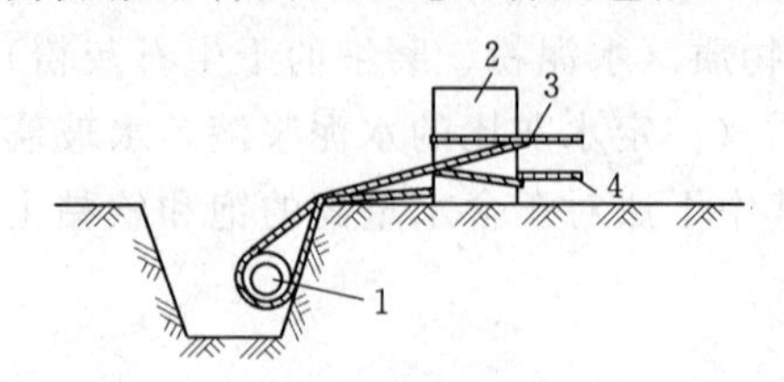

图 4.64 立管压绳下管
1—管子；2—立管；3—放松绳；4—固定绳

3. 集中压绳下管法

此种方法适用于较大管径的管道下管。集中下管法，即从固定位置往沟槽内下管，然后在沟槽内将管子运至稳管位置。下管用的大绳应质地坚固、不断股、不糟朽、无夹心。

4. 搭架下管法

常用三脚架或四脚架法。其操作过程如下：首先在沟槽上搭设三脚架或四脚架等搭架，在搭架上安设吊链，然后在沟槽上铺上方木或细钢管，将管子运至方木或细钢管上。吊链将管子吊起，撤出原铺方木或细钢管，操作吊链使管子徐徐放入槽底。

5. 溜管法

此种方法适用于管径小于 300mm 以下混凝土管、缸瓦管等。将由两块木板组成的三角木槽斜放在沟槽内，管子一端用带有铁钩的绳子钩住管子，绳子另一端由人工控制，将管子沿三角木槽缓慢溜入沟槽内。

4.4.1.2 机械下管

机械下管速度快、安全，并且可以减轻工人的劳动强度，劳动效率高，所以有条件尽可能采用机械下管法。

机械下管一般根据管子的重量选择起重机械，常用汽车式或履带式起重机械下管。下管时，起重机沿沟槽开行。起重机的行走道路应平坦、畅通。当沟槽两侧堆土时，其一侧堆土与槽边应有便于起重机开行的足够距离。起重机距沟边至少 1m，以免槽壁坍塌。起重机与架空输电线路的距离应符合电力管理部门的有关规定，并由专人看管。禁止起重机在斜坡地方吊着管子回转，轮胎式起重机作业前应将支腿垫好，轮胎不应承担起吊重量。支腿距沟边要有 2m 以上距离，必要时应垫木板。在起吊作业区内，任何人不得在吊钩或被吊起的重物下面通过或站立。

机械下管一般为单机单管节下管。下管时，起重吊钩与铸铁管或混凝土管及钢筋混凝土管端相接触处，应垫上麻袋，以保护管口不被破坏。起吊或搬运管材、配件时，对于法兰盘面、非金属管材承插口工作面、金属管防腐层等，均应采取保护措施，以防损坏，吊装闸阀等配件时不得将钢丝绳捆绑在操作轮及螺栓孔上。管节下入沟槽时，不得与槽壁支撑及槽下的管道相互碰撞，沟内运管不得扰动天然地基。

机械下管不应一点起吊，采用两点起吊时吊绳应找好重心，平吊轻放。

为了减少沟内接口工作量，同时由于钢管有足够的强度，所以通常在地面将钢管焊接成长串，然后由 2～3 台起重机联合下管，称之为长串下管。由于多台设备不易协调，长串下

管一般不要多于3台起重机。管子起吊时，管子应缓慢移动，避免摆动，同时应有专人负责指挥。下管时应按有关机械安全操作规程执行。

4.4.2　稳管（安管）

稳管是管道施工中的重要工序，其目的是确保施工中管道稳定在设计规定的空间位置上。通常包括管子对中和对高程两个环节。管道铺设高程和平面位置应严格符合设计要求，一般以逆流方向进行铺设，使已铺的下游管道先期投入使用，同时用于施工排水。

稳管工序是决定管道施工质量的重要环节，必须保证管道的中心线与高程的准确性。允许偏差值应按《给水排水管道工程施工及验收规范》（GB 50268—2008）技术规程规定执行，一般均为±10mm。稳管时，相邻两管节底部应齐平。为避免因紧密相接而使管口破损，便于接口，柔性接口允许有少量弯曲，一般大口径管子两管端面之间应预留约10mm间隙。

管道的稳管常用坡度板法和边线法控制管道中心与高程。边线法控制管道中心和高程比坡度板法速度快，但准确度不如坡度板法。

1. 坡度板法

重力流排水管道施工，用坡度板法控制安管的中心与高程时，坡度板埋设必须牢固，而且要方便安管过程中的使用，因此对坡度板的设置有以下要求：

（1）坡度板应选用有一定刚度且不易变形的材料制成，常用50mm厚木板，长度根据沟槽上口宽，一般跨槽每边不小于500mm，埋设必须牢固。

（2）坡度板设置间距一般为10m，最大间距不宜超过15m，变坡点、管道转向及检查井处必须设置。

（3）单层槽坡度板设置在槽上口跨地面，坡度板距槽底不超过3m为宜，多层槽坡度板设在下层槽上口跨槽台，距槽底也不宜大于3m。

（4）在坡度板上施测中心与高程时，中心钉应钉在坡度板顶面，高程板一侧紧贴中心钉（不能遮挡挂中线）钉在坡度板侧面，高程钉钉在靠中心钉一侧的高程板上，如图4.65所示。

（5）坡度板上应标井室号、明桩号及高程钉至各有关部位的下反常数（简称下反数）。下反数变换处，应在坡度板两面分别书写清楚，并分别标明其所用高程钉。

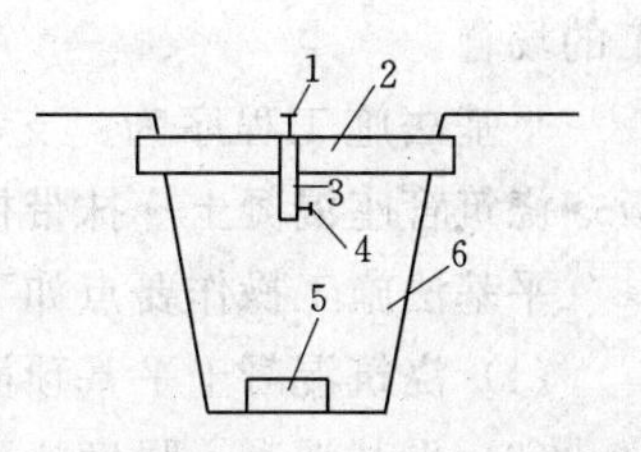

图4.65　坡度板

1—中心钉；2—坡度板；3—立板；4—高程钉；5—管道基础；6—沟槽

安管前，准备好必要的工具（垂球、水平尺、钢尺等），按坡度板上的中心钉、高程板上的高程钉挂中心线和高程线（至少是3块坡度板），用眼“串”一下，看有无折线，是否正常；根据给定的高程下反数，在高程尺上量好尺寸，刻上标记，经核对无误后，再进行安管。

安管时，在管端吊中心垂球，当管径中心与垂线对正，不超过允许偏差时，安管的中心位置即正确。小管分中可用目测；大管可用水平尺标示出管中。

控制安管的管内底高程：将高程线绷紧，把高程尺杆下端放至管内底上，当尺杆上的标记与高程线距离不超过允许偏差时，安管的高程为正确。

2. 边线法

边线法施工过程，如图4.66所示。边线的设置要求如下：

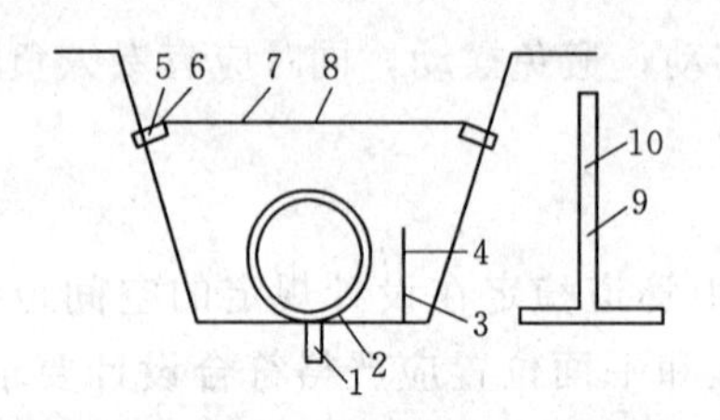

图 4.66　边线法安管示意图

1—给定中线桩；2—中线钉；3—边线铁钎；4—边线；5—高程桩；6—高程钉；7—高程辅助线；8—高程线；9—高程尺杆；10—标记

(1) 在槽底给定的中线桩一侧钉边线铁钎，上挂边线，边线高度应与管中心高度一致，边线距管中心的距离等于管外径的 1/2 加上一常数（常数以小于 50mm 为宜）。

(2) 在槽帮两侧适当的位置打入高程桩，其间距 10m 左右（不宜大于 15m）一对，并施测上钉高程钉。连接槽两帮高程桩上的高程钉，在连线上挂纵向高程线，用眼“串”线看有无折点，是否正常（线必须拉紧查看）。

(3) 根据给定的高程下反数，在高程尺杆上量好尺寸，并写上标记，经核对无误，再进行安管。

安管时，如管子外径相同，则用尺量取管外皮距边线的距离，与选定的常数相比，不超过允许偏差时为正确；如安外径不同的管，则用水平尺找中，量取至边线的距离，与给定管外径的 1/2 加上常数相比，不超过允许偏差为正确。

安管中线位置控制的同时，应控制管内底高程。将高程线绷紧，把高程尺杆下端放在管内底上并直立，当尺杆上标记与高程线距离不超过允许偏差时为正确。

学习情境 4.5　管道铺设与接口

4.5.1　管道铺设

管道铺设的方法较多，常用的方法有平基法、垫块法、“四合一”施工法。应根据管道种类、管径大小、管座型式、管道基础、接口方式等来合理选择管道铺设的方法。

4.5.1.1　平基法

管道平基法施工，首先浇筑平基混凝土，待平基达到一定强度再下管、安管（稳管）、浇筑管座及抹带接口的施工方法。这种方法常用于雨水管道，尤其适合于地基不良或雨期施工的场合。

平基法施工程序为：支平基模板→浇筑平基混凝土→下管→安管（稳管）→支管座模板→浇筑管座混凝土→抹带接口→养护。

平基法施工操作要点如下：

(1) 浇筑混凝土平基顶面高程，不能高于设计高程，低于设计高程不超过 10mm。

(2) 平基混凝土强度达到 5MPa 以上时，方可直接下管。

(3) 下管前可直接在平基面上弹线，以控制安管中心线。

(4) 安管的对口间隙，管径不小于 700mm，按 10mm 控制，管径小于 700mm 可不留间隙，安较大的管子，宜进入管内检查对口，减少错口现象，稳管以达到管内底高程偏差在 ±10mm 之内，中心线偏差不超过 10mm，相邻管内底错口不大于 3mm 为合格。

(5) 管子安好后，应及时用干净石子或碎石卡牢，并立即浇筑混凝土管座。

管座浇筑要点如下：

1) 浇筑管座前，平基应凿毛或刷毛，并冲洗干净。

2) 对平基与管子接触的三角部分，要选用同强度等级混凝土中的软灰，先行振捣密实。

3）浇筑混凝土时，应两侧同时进行，防止挤偏管子。

4）较大管子，浇筑时宜同时进入管内配合勾捻内缝；直径小于700mm的管子，可用麻袋球或其他工具在管内来回拖动，将流入管内的灰浆拉平。

4.5.1.2 垫块法

把在预制混凝土垫块上安管（稳管），然后再浇筑混凝土基础和接口的施工方法，称为垫块法。采用这种方法可避免平基、管座分开浇筑，是污水管道常用的施工方法。垫块法施工程序为：预制垫块→安垫块→下管→在垫块上安管→支模→浇筑混凝土基础→接口→养护。

预制混凝土垫块强度等级同混凝土基础；垫块的几何尺寸：长为管径的0.7倍，高等于平基厚度，允许偏差±10mm，宽不小于高；每节管垫块一般为两个，一般放在管两端。

垫块法施工操作要点如下：

（1）垫块应放置平稳，高程符合设计要求。

（2）安管时，管子两侧应立保险杠，防止管子从垫块上滚下伤人。

（3）安管的对口间隙：管径不小于700mm的管子按10mm左右控制；安较大的管子时，宜进入管内检查对口，减少错口现象。

（4）管子安好后一定要用干净石子或碎石将管卡牢，并及时浇筑混凝土管座。

4.5.1.3 “四合一”施工法

将混凝土平基、稳管、管座、抹带四道工艺合在一起施工的做法，称为“四合一”施工法。这种方法速度快，质量好，是$DN \leqslant 600$mm管道通常采用的施工方法，此法具有减少混凝土养护时间和避免混凝土浇筑施工缝的优点。

其施工程序为：验槽→支模→下管→排管→四合一施工→养护。

（1）支模、排管施工。根据操作需要，第一次支模为略高于平基或90°基础高度。模板材料一般采用15cm×15cm的方木，方木高程不够时可用木板补平，木板与方木用铁钉钉牢；模板内侧用支杆临时支撑，方木外侧钉铁钉，以免安管时模板滑动，如图4.67所示。

（2）管子下至沟内，利用模板作为导木，在槽内滚运至安管地点，然后将管子顺排在一侧方木模板上，使管子重心落在模板上，倚在槽壁上，要比较容易滚入模板内，并将管口洗刷干净。

（3）若为135°及180°管座基础，模板宜分两次支设，上部模板待管子铺设合格后再支设。

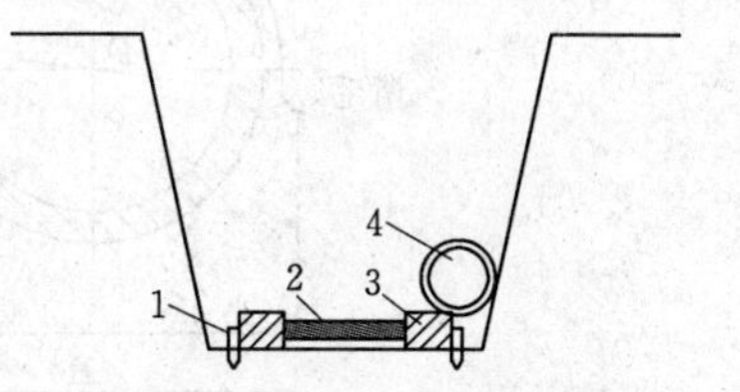

图4.67 “四合一”安管支模排管示意图

1—铁钎；2—临时撑杆；3—15cm×15cm方木底模；4—排管

“四合一”施工做法如下：

（1）平基。浇筑平基混凝土时，一般应使平基面高出设计平基面20～40mm（视管径大小而定），并进行捣固，管径400mm以下者，可将管座混凝土与平基一次灌齐，并将平基面作成弧形以利稳管。

（2）稳管。将管子从模板上滚至平基弧形内，前后揉动，将管子揉至设计高程（一般高于设计高程1～2mm，以备下一节时又稍有下沉），同时控制管子中心线位置的准确。

（3）管座。完成稳管后，立即支设管座模板，浇筑两侧管座混凝土，捣固管座两侧三角区，补填对口砂浆，抹平管座两肩。如管道接口采用钢丝网水泥砂浆抹带接口时，混凝土的捣固应注意钢丝网位置的正确。为了配合管内缝勾捻，管径在600mm以下时，可用麻袋球或其他工具在管内来回拖动，将管口内溢出的砂浆抹平。

（4）抹带。管座混凝土浇筑后，马上进行抹带，随后勾捻内缝，抹带与稳管至少相隔2～3节管，以免稳管时不小心碰撞管子，影响接口质量。

4.5.2 管材与接口

4.5.2.1 混凝土管与钢筋混凝土管及其接口

混凝土管的规格为 $DN300\sim600$、长为1m；为了抵抗外力，管径较大时一般配以钢筋，制成钢筋混凝土管，钢筋混凝土管的规格为 $DN300\sim2400$、长为2m。混凝土管与钢筋混凝土管的管口型式有承插口、平口、圆弧口、企口几种（图4.68），广泛用于排水管道系统，亦可用作泵站的压力管及倒虹管，两种管材的主要缺点是抗酸碱侵蚀及抗渗性能较差、管节多、接头多。在地震强度大于Ⅷ度地区及饱和松砂、淤泥、充填土、杂填土地区不宜使用。

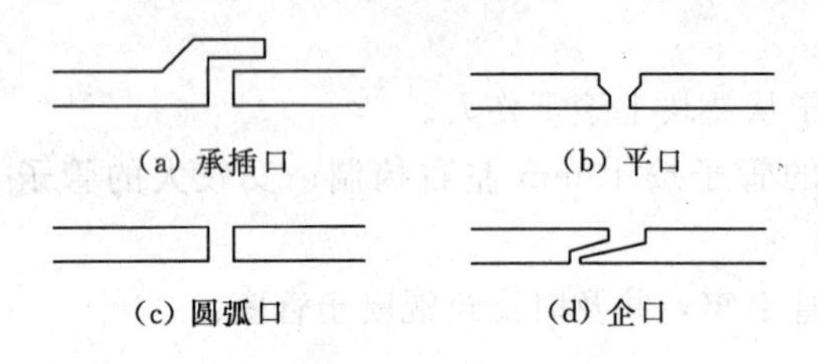

图4.68 管口型式

混凝土管和钢筋混凝土管的接口型式分刚性接口和柔性接口两种。为了减少对地基的压力及对管子的反力，管道应设置基础和管座，管座包角一般有90°、135°、180° 3种，应视管道覆土厚度及地基土的性质选用。

1. 抹带接口

（1）水泥砂浆抹带接口。是一种常用的刚性接口，如图4.69所示。此接口的抗弯折性能差。一般在地基较好、管径较小时采用。水泥砂浆抹带接口施工程序为：浇筑管座混凝土→勾捻管座部分管内缝→管带与管外皮及基础结合处凿毛清洗→管座上部内缝支垫托→抹带→勾捻管座以上内缝→接口养护。

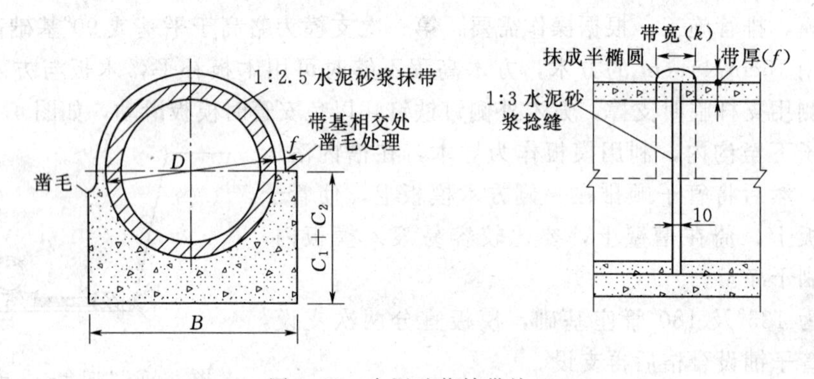

图4.69 水泥砂浆抹带接口

水泥砂浆抹带材料及重量配合比：水泥采用32.5级普通硅酸盐水泥，砂子应过2mm孔径筛子过筛，含泥量不得大于2%。质量配合比为水泥∶砂＝1∶2.5，水灰比一般不大于0.5。勾捻内缝为水泥∶砂＝1∶3，水灰比一般不大于0.5。带宽 $k=120\sim150$mm，带厚 $f=30$mm，抹带采用圆弧形或梯形。

水泥砂浆抹带接口工具有浆桶、刷子、铁抹子、弧形抹子等。

抹带接口操作：

1）抹带。

a. 抹带前将管口及管带覆盖到的管外皮刷干净，并刷水泥浆一遍。

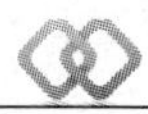

b. 抹第一层砂浆（卧底砂浆）时，应注意找正使管缝居中，厚度约为带厚的1/3，并压实使之与管壁黏结牢固，在表面划成线槽，以利于与第二层结合（管径400mm以内者，抹带可一次完成）。

c. 待第一层砂浆初凝后抹第二层，用弧形抹子捻压成形，待初凝后再用抹子赶光压实。

d. 带、基相接处三角形（如基础混凝土已硬化需凿毛洗净、刷素水泥浆）灰要饱实，大管径可用砖模，防止砂浆变形。

2）$DN \geqslant 700$ 管勾捻内缝。

a. 管座部分的内缝应配合浇筑混凝土时勾捻；管座以上的内缝应在管带缝凝后勾捻，亦可在抹带之前勾捻，即抹带前将管缝支上内托，从外部用砂浆填实，然后拆去内托，将内缝勾捻子整平，再进行抹带。

b. 勾捻管内缝时，人在管内先用水泥砂浆将内缝填实抹平，然后反复捻压密实，灰浆不得高出管内壁。

3）$DN < 700$ 管，应配合浇筑管座，用麻袋球或其他工具在管内来回拖动，将流入管内的灰浆拉平。

（2）钢丝网水泥砂浆抹带接口，如图4.70所示。由于在抹带层内埋置20号10mm×10mm方格的钢丝网，因此接口强度高于水泥砂浆抹带接口。

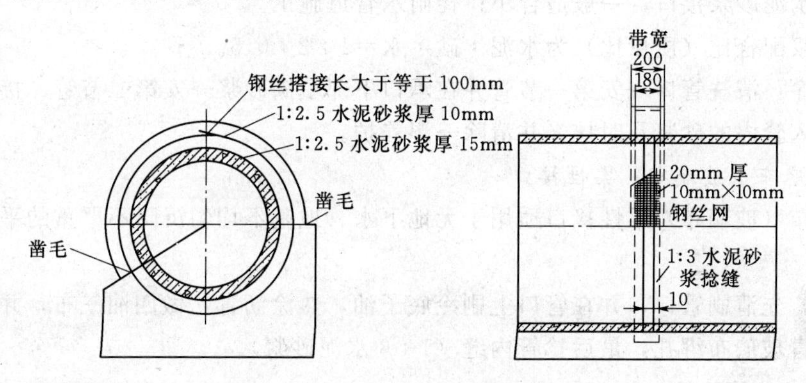

图4.70　钢丝网水泥砂浆抹带接口

施工程序：管口凿毛清洗（管径不大于500mm者刷去浆皮）→浇筑管座混凝土→将钢丝网片插入管座的对口砂浆中并以抹带砂浆补充肩角→勾捻管内下部管缝→勾上部内缝支托架→抹带（素灰、打底、安钢丝网片、抹上层、赶压、拆模等）→勾捻管内上部管缝→内外管口养护。

抹带接口操作：

1）抹带。

a. 抹带前将已凿毛的管口洗刷干净并刷水泥浆一道；在抹带的两侧安装好弧形边模。

b. 抹第一层砂浆应压实，与管壁粘牢，厚15mm左右，待底层砂浆稍晾有浆皮儿后将两片钢丝网包拢使其挤入砂浆浆皮中，用20号或22号细钢丝（镀锌）扎牢，同时要把所有的钢丝网头塞入网内，使网面平整，以免产生小孔漏水。

c. 第一层水泥砂浆初凝后，再抹第二层水泥砂浆使之与模板平齐，砂浆初凝后赶光压实。

d. 抹带完成后立即养护，一般4～6h可以拆模，应轻敲轻卸，避免碰坏抹带的边角，然后继续养护。

2）勾捻内缝及接口养护方法与水泥砂浆抹带接口相同。

钢丝网水泥砂浆接口的闭水性较好，常用于污水管道接口，管座采用135°或180°。

2. 套环接口

套环接口的刚度好，常用于污水管道的接口。分为现浇套环接口和预制套环接口两种。

（1）现浇套环接口。采用的混凝土的强度等级一般为C18；捻缝用1：3水泥砂浆；配合比（质量比）为水泥：砂：水＝1：3：0.5；钢筋为Ⅰ级。

施工程序：浇筑管基→凿毛与管相接处的管基并清刷干净→支设马鞍形接口模板→浇筑混凝土→养护后拆模→养护。

捻缝与混凝土浇筑相配合进行。

（2）预制套环接口。套环采用预制套环可加快施工进度。套环内可填塞油麻石棉水泥或胶圈石棉水泥。石棉水泥配合比（质量比）为水：石棉：水泥＝1：3：7；捻缝用砂浆配合比（质量比）为水泥：砂：水＝1：3：0.5。

施工程序为：在垫块上安管→安套环→填油麻→填打石棉水泥→养护。

3. 承插管水泥砂浆接口

承插管水泥砂浆接口，一般适合小口径雨水管道施工。

水泥砂浆配合比（质量比）为水泥：砂：水＝1：2：0.5。

施工程序：清洗管口→安第一节管并在承口下部填满砂浆→安第二节管、接口缝隙填满砂浆→将挤入管内的砂浆及时抹光并清除→湿养护。

4. 沥青麻布（玻璃布）柔性接口

沥青麻布（玻璃布）柔性接口适用于无地下水、地基不均匀沉降不严重的平口或企口排水管道。

接口时，先清刷管口，并在管口上刷冷底子油，热涂沥青，做四油三布，并用钢丝将沥青麻布或沥青玻璃布绑扎，最后捻管内缝（1：3水泥砂浆）。

5. 沥青砂浆柔性接口

这种接口的使用条件与沥青麻布（玻璃布）柔性接口相同，但不用麻布（玻璃布），成本降低。

沥青砂浆质量配合比为石油沥青：石棉粉：砂＝1：0.67：0.69。制备时，待锅中沥青（建筑10号石油沥青）完全熔化到超过220℃时，加入石棉（纤维占1/3左右）、细砂，不断搅拌使之混合均匀。浇灌时，沥青砂浆温度控制在200℃左右，使其具有良好的流动性。

施工程序：管口凿毛及清理→管缝填塞油麻、刷冷底子油→支设灌口模具→浇灌沥青砂浆→拆模→捻内缝。

6. 承插管沥青油膏柔性接口

这是利用一种黏结力强、高温不流淌、低温不脆裂的防水油膏，进行承插管接口，施工较为方便。沥青油膏有成品，也可自配。这种接口适用于小口径承插口污水管道。沥青油膏质量配合比石油沥青：松节油：废机油：石棉灰：滑石粉＝100：11.1：44.5：77.5：119。

施工程序为：清刷管口保持干燥→刷冷底子油→油膏捏成圆条备用→安第一节管→将粗油膏条垫在第一节管承口下部→插入第二节管→用麻錾填塞上部及侧面沥青膏条。

7. 塑料止水带接口

塑料止水带接口是一种质量较高的柔性接口。常用于现浇混凝土管道上，它具有一定的强度、很好的柔性和较好的抗地基不均匀沉陷性能，但成本较高。这种接口适用于敷设在沉降量较大的地基上，一般须修建基础，并在接口处用木丝板设置基础沉降缝。

4.5.2.2 塑料类排水管及其接口

城镇塑料类排水管主要有排水硬聚氯乙烯管、大口径硬聚氯乙烯缠绕管、玻璃钢管等，管内径在100～2000mm范围内。其接口方式主要有承插橡胶圈连接、承插粘接、螺旋连接等。

大口径硬聚氯乙烯缠绕管适用于污水、雨水的输送，管内径在300～2000mm范围内，管道一般埋地安装。其覆土厚度在人行道下一般为0.5～10m，车行道下一般为1.0m～10m。管道允许5%的长期变形度而不会破坏或漏水。

大口径硬聚氯乙烯缠绕管采用螺旋连接方式，即利用管材外表面的螺旋凸棱沟槽以及接头内表面的螺旋沟槽实现螺旋连接，螺纹间的间隙由聚氨酯发泡胶等密封材料进行密封。连接时，管口及接头均应清洗干净，拧进螺纹扣数应符合设计要求。

管道一般应敷设在承载力不小于0.15MPa的地基基础上。若需铺设砂垫层，则按不小于90%的密实度震实，并应与管身和接头外壁均匀接触。砂垫层应采用中砂或粗砂，厚度应不小于100mm。下管时应采用可靠的软带吊具，平稳、轻放下沟，不得与沟壁、沟底碰撞。

土方回填时，其回填土中碎石屑最大粒径小于40mm，不得含有各种坚硬物，管道两侧同时对称回填夯实。管顶以上0.4m范围内不得采用夯实机具夯实，在管两侧范围的最佳夯实度大于95%，管顶上部大于80%，分层夯实，每层摊土厚度为0.25～0.3m为宜。管顶以上0.4m至地面，按用地性质要求回填。

4.5.2.3 排水铸铁管、陶土管及其接口

1. 排水铸铁管及接口

排水铸铁管质地坚固，抗压与抗震性强，每节管子较长，接头少。但其价格较高，对酸碱的防蚀性较差。主要用于受较高内压、较高水流速度冲刷或对抗渗漏要求高的场合。如穿越铁路河流、陡坡管、竖管式跌水井的竖管以及室内排水管道等。

(1) 承插式刚性接口。承插式铸铁管刚性接口填料由嵌缝材料-敛缝填料组成。常用填料为麻-石棉水泥；橡胶圈-石棉水泥；麻-膨胀水泥砂浆；麻-铅等几种。

1) 麻及其填塞。麻是广泛采用的一种嵌缝材料，应选用纤维较长、无皮质、清洁、松软、富有韧性的麻，以麻辫形状塞进承口与插口间环向间隙。麻辫的直径约为缝隙宽的1.5倍，其长度较管口周长长5～10cm作为搭接长度，用錾子填打紧密。填塞深度约占承口总深度的1/3，距承口水线里缘5mm为宜。

填麻的作用是防止散状接口填料漏入管内并将环向间隙整圆，以及在敛缝填料失效时对管内低压水起挡水作用。

2) 橡胶圈及其填塞。由于麻易腐烂和填打时劳动强度大，可采用橡胶圈代替麻。橡胶圈富有弹性，具足够的水密性，因此，当接口产生一定量相对轴向位移和角位移时也不致渗水。

橡胶圈外观应粗细均匀，椭圆度在允许范围内，质地柔软，无气泡，无裂缝，无重皮，接头平整牢固，胶圈内环径一般为插口外径的0.85～0.90倍。

3）石棉水泥接口。石棉水泥是一种使用较广的敛缝填料，有较高的抗压强度，石棉纤维对水泥颗粒有较强的吸附能力，水泥中掺入石棉纤维可提高接口材料的抗拉强度。水泥在硬化过程中收缩，石棉纤维可阻止其收缩，提高接口材料与管壁的黏着力和接口的水密性。

石棉水泥接口的抗压强度甚高，接口材料成本降低，材料来源广泛。但其承受弯曲应力或冲击应力性能很差，并且存在接口劳动强度大，养护时间较长的缺点。

4）膨胀水泥砂浆接口。膨胀水泥在水化过程中体积膨胀，增加其与管壁的黏着力，提高了水密性，而且产生封密性微气泡，提高接口抗渗性能。

接口操作时，不需要打口，可将拌制的膨胀水泥砂浆分层填塞，用錾子将各层捣实，最外一层找平，比承口边缘凹进1～2mm。

膨胀水泥水化过程中硫酸铝钙的结晶需要大量的水，因此，其接口应采用湿养护，养护时间为12～24h。

（2）承插式柔性接口。上述几种承插式刚性接口，抗应变能力差，受外力作用容易产生填料碎裂与管内水外渗等事故，尤其在软弱地基地带和强震区，接口破碎率高。为此，可采用橡胶圈柔性接口。

如图4.71所示，承口内壁为斜槽形，插口端部加工成坡形，安装时由于承口斜槽内嵌入起密封作用的楔形橡胶圈。由于斜形槽的限制作用，橡胶圈在管内水压的作用下与管壁压紧，具有自密性，使接口对于承插口的椭圆度、尺寸公差、插口轴向相对位移及角位移具有一定的适应性。

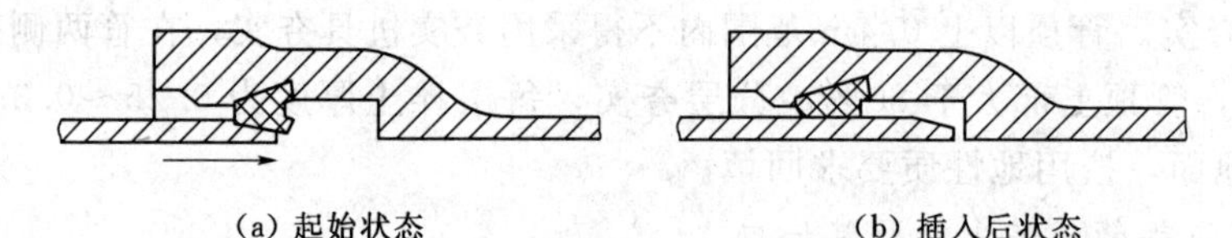
(a) 起始状态　　(b) 插入后状态

图4.71　承插口楔形橡胶圈接口

2. 陶土管及接口

陶土管内表面光滑，摩阻小，不易淤积，管材致密，有一定抗渗性，耐腐蚀性好，便于制造。但其质脆易碎，管节短，接头多，材料抗折性能差。适用于排除侵蚀性污水或管外有侵蚀性地下水的自流管及街坊内部排水与城乡排水系统的连接支管。

陶土管的接口方式与混凝土管接口方式基本相同。

学习情境4.6　闭　水　试　验

污水、雨污水合流及湿陷土、膨胀土地区的雨水管道，在回填土前应采用闭水法试验进行严密性试验。闭水试验的目的是检验排水管道的严密性。同时一般要求在排水管道使用前应进行管道冲洗。

4.6.1　具体要求

（1）污水管道、雨污合流管道、倒虹吸管及设计要求闭水的其他排水管道，回填前应采用闭水法进行严密性试验。

（2）试验管段应按井距分隔，长度不大于1km，带井试验。雨水和与其性质相似的管

道，除大孔性土壤及水源地区外，可不做渗水量试验。污水管道不允许渗漏。

(3) 闭水试验管段应符合下列规定：

1) 管道及检查井外观质量已验收合格。

2) 管道未回填，且沟槽内无积水。

3) 全部预留孔（除预留进出水管外）应封堵坚固，不得渗水。

4) 管道两端堵板承载力经核算应大于水压力的合力。

(4) 闭水试验应符合下列规定：试验段上游设计水头不超过管顶内壁时，试验水头应以试验段上游管顶内壁加2m计；当上游设计水头超过管顶内壁时，试验水头应以上游设计水头加2m计；当计算出的试验水头小于10m，但已超过上游检查井井口时，试验水头应以上游检查口井口高度为准。无压管道闭水试验装置如图4.72所示。

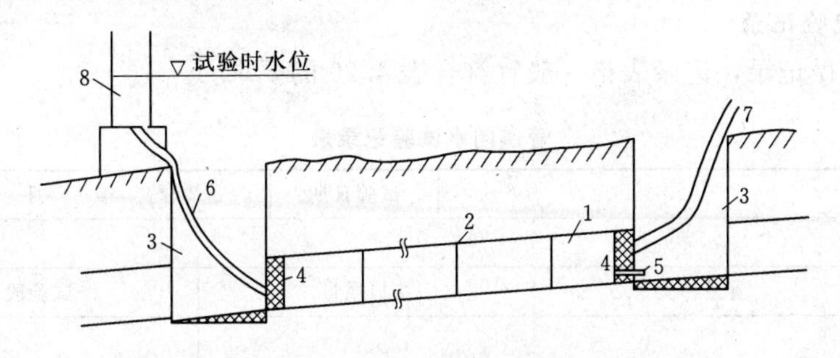

图4.72 闭水试验示意图

1—试验管段；2—接口；3—检查井；4—堵头；5—闸门；6、7—胶管；8—水筒

(5) 试验管段灌满水后浸泡时间不小于24h。当试验水头达到规定水头时开始计时，观测管道的渗水量，观测时间不少于30min，期间应不断向试验管段补水，以保持试验水头恒定。实测渗水量应符合表4.19的规定。

表4.19 无压管道严密性试验允许渗水量

管道内径 /mm	允许渗水量 /[m³/(24h·km)]	管道内径 /mm	允许渗水量 /[m³/(24h·km)]	管道内径 /mm	允许渗水量 /[m³/(24h·km)]
200	17.60	900	37.50	1600	50.00
300	21.62	1000	39.52	1700	51.50
400	25.00	1100	41.45	1800	53.00
500	27.95	1200	43.30	1900	54.48
600	30.60	1300	45.00	2000	55.90
700	33.00	1400	46.70		
800	35.35	1500	48.40		

(6) 管道严密性试验时，应进行外观检查，不得有漏水现象，且符合表4.19的规定时，管道严密性试验为合格。

4.6.2 主要过程

1. 闭水法试验程序

(1) 试验管段灌满水后浸泡时间不应少于24h。

（2）试验水头根据我国多年实践经验采用2m是可行的。

（3）当试验水头达到规定水头时开始计时，观测管道的渗水量，直至观测结束时，应不断地向试验管段内补水，保持试验水头恒定。渗水量的观测时间不少于30min。

（4）实测渗水量应按下式计算：

$$q=\frac{W}{TL} \tag{4.34}$$

式中　q——实测渗水量，L/(min·m)；

W——补水量，L；

T——实测渗水量观测时间，min；

L——试验管段的长度，m。

2. 闭水法试验记录

闭水试验应做记录，记录表格一般宜符合表4.20的要求。

表4.20　管道闭水试验记录表

<table>
<tr><td>工程名称</td><td colspan="3"></td><td>试验日期</td><td colspan="2">年　月　日</td></tr>
<tr><td>桩号及地段</td><td colspan="6"></td></tr>
<tr><td>管道内径/mm</td><td colspan="2">管道种类</td><td colspan="2">接口质量</td><td colspan="2">试验段长度/m</td></tr>
<tr><td></td><td colspan="2"></td><td colspan="2"></td><td colspan="2"></td></tr>
<tr><td>试验段上游
设计水头/m</td><td colspan="3">试验水头/m</td><td colspan="3">允许渗水量/[m³/(24h·km)]</td></tr>
<tr><td></td><td colspan="3"></td><td colspan="3"></td></tr>
<tr><td rowspan="4">渗水量测定
记录</td><td>次数</td><td>观测起始时间
T_2/min</td><td>观测结束时间
T_2/min</td><td>恒压时间
T/min</td><td>恒压时间内补入
的水量 W/L</td><td>实测渗水量 q
/[L/(min·m)]</td></tr>
<tr><td>1</td><td></td><td></td><td></td><td></td><td></td></tr>
<tr><td>2</td><td></td><td></td><td></td><td></td><td></td></tr>
<tr><td>3</td><td></td><td></td><td></td><td></td><td></td></tr>
<tr><td colspan="2">折合平均实测渗水量</td><td colspan="5">[m³/(24h·km)]</td></tr>
<tr><td>外观记录</td><td colspan="6"></td></tr>
<tr><td>评语</td><td colspan="6"></td></tr>
</table>

施工单位：　　　　试验负责人：

监理单位：　　　　设计单位：

使用单位：　　　　记录员：

学习情境4.7　沟　槽　回　填

城镇给排水管道施工完毕并经检验合格应及时进行土方回填，以保证管道的正常位置，避免沟槽（基坑）坍塌，且尽可能早日恢复地面交通。

回填施工包括返土、摊平、夯实、检查等施工过程。其中关键是夯实，应符合设计所规定的密实度要求。依据《给水排水管道工程施工及验收规范》（GB 50268—2008）要求，管道沟槽位于路基范围内时，管顶以上25cm范围内回填土表层的密实度不应小于87%，其他

部位回填土的密实度见表4.21，管道两侧回填土的密实度不应小于90%；当年没有修路计划的回填土，在管道顶部以上高为50cm，管道结构两侧密实度不应大于85%，其余部位，当设计文件没有规定时，不应小于90%。也可以根据经验，沟槽各部位回填土密实度，如图4.73所示。

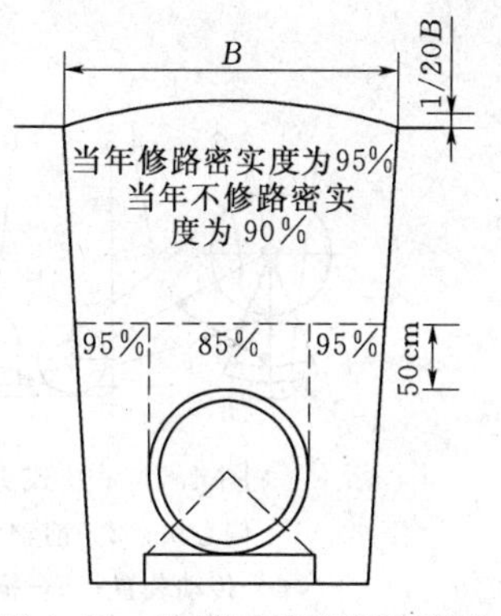

图4.73　沟槽回填密实度要求

4.7.1　回填土方夯实

沟槽回填土夯实通常采用人工夯实和机械夯实两种方法。管顶50cm以下部分返土的夯实，应采用轻夯，夯击力不应过大，防止损坏管壁与接口，可采用人工夯实。管顶50cm以上部分返土的夯实，应采用机械夯实。

表4.21　　沟槽回填作为路基的最小压实度

由路槽底算起的深度范围/cm	道路类别	最低压实度/%	
		重型击实标准	轻型击实标准
≤80	快速路及主干路	95	98
	次干路	93	95
	支干路	90	92
>80～150	快速路及主干路	93	95
	次干路	90	92
	支干路	87	90
>150	快速路及主干路	87	90
	次干路	87	90
	支干路	87	90

注　1. 表中重型击实标准的压实度和轻型击实标准的压实度，分别以相应的标准击实实验法求得的最大干密度为100%。
2. 回填土的要求压实度，除注明者外，均为轻型击实标准的压实度（以下同）。

常用的夯实机械有蛙式夯、内燃打夯机、履带式打夯机及轻型压路机等几种。

1. 蛙式夯

蛙式夯由夯头架、拖盘、电动机和传动减速机构组成，如图4.74所示。该机具轻便、构造简单，目前广泛采用。例如，功率为2.8kW蛙式夯，在最佳含水量条件下，铺土厚200cm，夯击3～4遍，压实系数可达0.95左右。

2. 内燃打夯机

内燃打夯机又称“火力夯”，一般用来夯实沟槽、基坑、墙边墙角，同时返土方便。

3. 履带式打夯机

履带式打夯机，如图4.75所示。用履带起重机提升重锤，夯锤重9.8～39.2kN，夯击高度为1.5～5.0m。夯实土层的厚度可达3m，它适用于沟槽上部夯实或大面积夯土工作。

4. 压路机

沟槽上层夯实，常采用轻型压路机，工作效率较高。碾压的重叠宽度不得小于20cm。

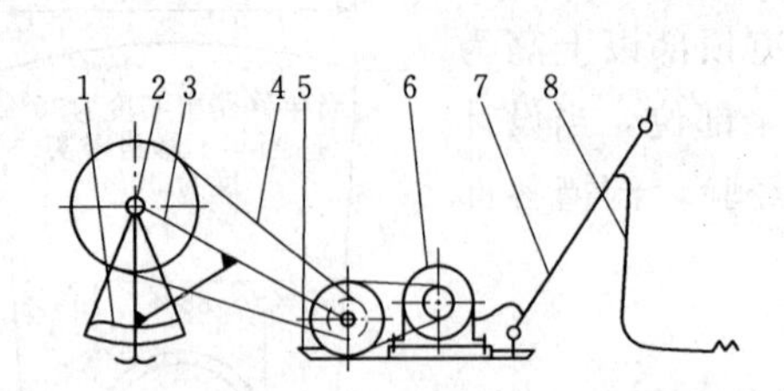

图 4.74　蛙式夯构造示意图

1—偏心块；2—前轴装置；3—夯头架；
4—传动装置；5—拖盘；6—电动机；
7—操纵手柄；8—电器控制设备

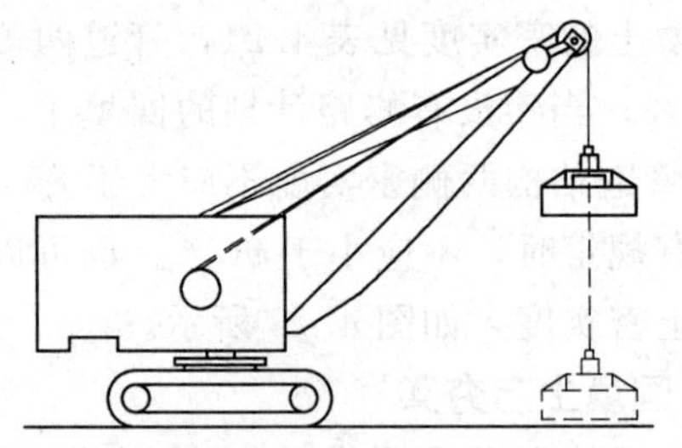

图 4.75　履带式打夯机

4.7.2　土方回填施工

沟槽回填前，应建立回填制度。根据不同的夯实机具、土质、密实度要求、夯击遍数、走夯型式等确定返土厚度和夯实后厚度。

4.7.2.1　沟槽回填前期要求

（1）预制管铺设管道的现场浇筑混凝土基础强度、接口抹带或预制构件现场装配的接缝水泥砂浆强度不应小于 $5N/mm^2$。

（2）城镇给排水管道沟槽的回填应在闭水试验合格后及时回填。

（3）现浇混凝土管渠的强度达到设计规定。

（4）混合结构的矩形管渠或拱形管渠，其砖石砌体水泥砂浆强度应达到设计规定；当管渠顶板为预制盖板时，并应装好盖板。

（5）现场浇筑或预制构件现场装配的钢筋混凝土管渠或其他拱形管渠应采取措施，防止回填时发生位移或损伤。

4.7.2.2　沟槽回填具体要求

（1）沟槽回填顺序，应按沟槽排水方向由高向低分层进行。回填时，槽内不得有积水，不得回填淤泥、腐殖土及有机质。

（2）沟槽的回填材料，除设计文件另有规定外，应符合下列规定：

1）回填采用沟槽原土时，槽底到管顶以上 50cm 范围内，不得含有机物、冻土以及大于 50mm 的砖、石等硬块；在抹带接口处、防腐绝缘层或电缆周围，应采用细粒土回填；冬季回填时在此范围以外可均匀掺入冻土，其数量不得超过填土总体积的 15%，并且冻块尺寸不得超过 100mm。

2）采用石灰土、砂、砂砾等材料回填时，其质量要求应按设计规定执行。

（3）回填土的含水量，宜按土类和采用的压实工具控制在最佳含水量附近。

（4）回填土的每层虚铺厚度，应按采用的压实工具和要求的压实度确定。对一般压实工具，铺土厚度可按表 4.22 的数值选用。

表 4.22　回填土每层虚铺厚度

压实工具	虚铺厚度/cm	压实工具	虚铺厚度/cm
木夯、铁夯	≤20	压路机	20～30
蛙式夯、火力夯	20～25	振动压路机	≤40

(5) 回填土每层的压实遍数，应按要求的压实度、压实工具、虚铺厚度和含水量，经现场试验确定。

(6) 当采用重型压实机械压实或较重车辆在回填土上行驶时，管道顶部以上应用一定厚度的压实回填土，其最小厚度应按压实机械的规格和管道的设计承载力，通过计算确定。

(7) 沟槽回填时，应符合下列规定：

1) 砖、石、木等杂物应清除干净。

2) 对混凝土、钢筋混凝土和铸铁圆形管道，其压实度不应小于90%。

3) 当管道覆土厚度较小，管道的承载力较低，压实工具的荷载较大，或原土回填达不到要求的压实度时，可与设计单位协商采用石灰土、砂、砂砾等具有结构强度或可以达到要求的其他材料回填。

4) 管道沟槽回填土，当原土含水量高、不具备降低含水量条件而不能达到要求压实度时，管道两侧及沟槽位于路基范围内的管道顶部以上，应回填石灰土、砂、砂砾或其他可以达到要求压实度的材料。

5) 沟槽两侧应同时回填夯实，以防管道位移。回填土时不得将土直接砸在抹带接口和防腐绝缘层上。

6) 夯实时，胸腔和管顶上 50cm 内，夯击力过大，将会使管壁和接口或管沟壁开裂，因此，应根据管道线管沟强度确定夯实方法，管道两侧和管顶以上 50cm 范围内，应采用轻夯压实，两侧压实面的高度不应超过 30cm。

7) 每层土夯实后，应检测密实度。测定的方法有环刀法和贯入法两种。采用环刀法时，应确定取样的数目和地点。由于表面土常易夯碎，每个土样应在每层夯实土的中间部分切取。土样切取后，根据自然密度、含水量、干密度等数值，即可算出密实度。

8) 回填应使槽上土面略呈拱形，以免日久因土沉陷而造成地面下凹。拱高，一般为槽宽的 1/20，常取 15cm。

学习情境 4.8　质量检查与竣工验收

工程质量检查与验收制度是检验工程质量必不可少的一道工序，也是保证工程质量的一项重要措施。如质量不符合规定时，可在验收中发现与处理，并避免影响使用和增加维修费用。因此，必须严格执行工程质量检查与验收制度。

地下排水管道工程属隐蔽工程，应按建设部《市政排水管渠工程质量检验评定标准》(CJJ 3—2008)、国家标准《给水排水管道工程施工及验收规范》(GB 50268—2008) 进行施工与验收。

4.8.1　质量检查

排水管道工程竣工后，应分段进行工程质量检查。质量检查的内容包括以下方面。

1. 外观检查

对管道基础、管座、管子接口、节点、检查井、支墩及其他附属构筑物进行检查。

2. 断面检查

断面检查是对管子的高程、中线和坡度进行复测检查。

3. 接口严密性检查

排水管道一般做闭水试验。

4.8.2　竣工验收

城镇给排水管道施工工程验收分为中间验收和竣工验收，中间验收主要是验收埋在地下的隐蔽工程，凡是在竣工验收前被隐蔽的工程项目，都必须进行中间验收，并对前一工序验收合格后，方可进行下一工序，当隐蔽工程全部验收合格后，方可回填沟槽。竣工验收是全面检验排水管道工程是否符合工程质量标准，它不仅要查出工程的质量结果怎样，更重要的还应该找出产生质量问题的原因，对不符合质量标准的工程项目必须经过整修，甚至返工，经验收达到质量标准后，方可投入使用。

4.8.2.1　管道竣工测量

管道工程竣工后，为了反映施工成果应及时进行竣工测量，应整理并编绘全面的竣工资料和竣工图。竣工图是管道建成后进行管理、维修和扩建时不可缺少的依据。管道竣工图分为管道竣工纵断面图与管道竣工平面图两种。

1. 管道竣工纵断面图

管道竣工纵断面图应能全面地反映管道及其附属构筑物的高程。一定要在回填土以前测定检查井口和管顶的高程。管底高程由管顶高程和管径、管壁厚度计算求得，井间距离用钢尺丈量。如果管道互相穿越，在断面图上应表示出管道的相互位置，并注明尺寸。如图4.76为管道竣工断面图示例。

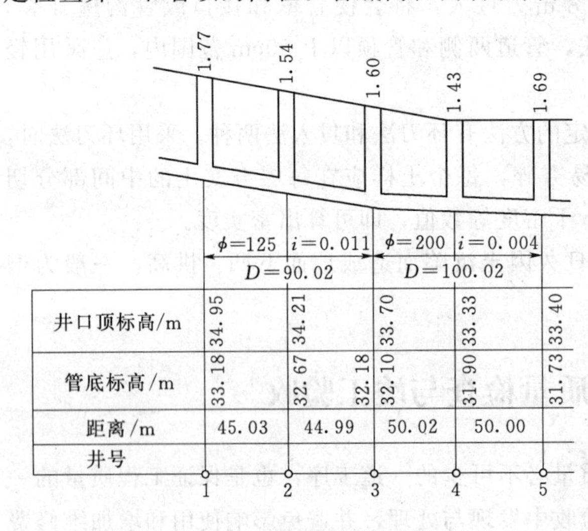

图4.76　管道竣工断面图

2. 管道竣工平面图

竣工平面图应能全面地反映管道及其附属构筑物的平面位置。测绘的主要内容有管道的主点、检查井位置以及附属构筑物施工后的实际平面位置和高程。图上还应标有检查井编号、井口顶高程和管底高程，以及井间的距离、管径等。对于给水管道中的阀门、消火栓、排气装置等，应用符号标明。图4.77是管道竣工平面图示例。管道竣工平面图的测绘，可利用施工控制网测绘竣工平面图。当已有实测详细的平面图时，可以利用已测定的永久性的建筑物来测绘管道及其构筑物的位置。

4.8.2.2　竣工验收内容

城镇给排水管道验收时，应填写中间验收记录表和竣工验收记录表，其格式一般符合表4.23和表4.24的规定。验收的内容主要包括以下几方面：

（1）管道及附属构筑物的地基与基础。

（2）管道的位置与高程。

（3）管道的结构与断面尺寸。

（4）管道的接口、变形缝及防腐层。

（5）管道及附属构筑物防水层。

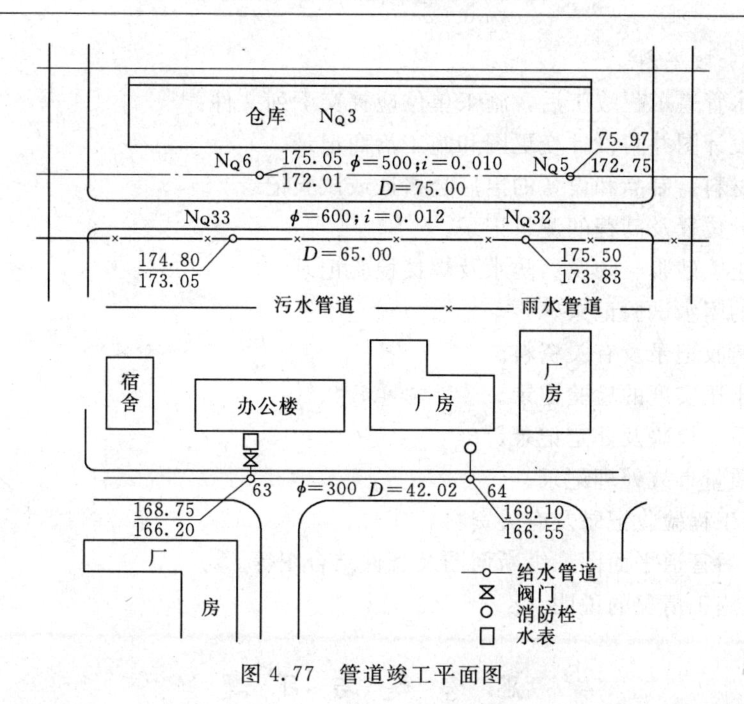

图4.77　管道竣工平面图

（6）地下管道交叉的处理。

表4.23　　**中间验收记录表**

工程名称			工程项目	
建设单位			施工单位	
验收日期	年　月　日			
验收内容				
质量情况及验收意见				
参加单位及人员	监理单位	建设单位	设计单位	施工单位

表4.24　　**竣工验收鉴定书**

工程名称			工程项目	
建设单位			施工单位	
开工日期	年　月　日			
验收日期	年　月　日			
验收内容				
复验质量情况				
鉴定结果及验收意见				
参加单位及人员	监理单位	建设单位	设计单位	施工单位
	管理或使用单位			

4.8.2.3　竣工验收资料

城镇给排水管道工程竣工后，施工单位应提交下列文件：

(1) 施工设计图并附设计变更图和施工洽商记录。

(2) 主要材料、制品和设备的出厂合格证或试验记录。

(3) 管道的位置及高程的测量记录。

(4) 混凝土、砂浆、防腐、防水及焊接检验记录。

(5) 管道的闭水试验记录。

(6) 中间验收记录及有关资料。

(7) 回填土压实度的检验记录。

(8) 工程质量检验及评定记录。

(9) 工程质量事故处理记录。

(10) 隐蔽工程验收记录及有关资料。

(11) 竣工后管道平面图、纵断面图及管件结合图等。

(12) 有关施工情况的说明。

思考题与习题

1. 城镇给排水管道工程开槽施工包括哪些工序?
2. 试述城镇给排水管道开槽施工测量的目的及步骤。
3. 城镇给排水管道放线时有哪些要求?
4. 地下城镇给排水管道施工前，应检查的内容有哪些?
5. 人工下管时可采取哪些方法?
6. 机械下管时应注意哪些问题?
7. 稳管工作包括哪些环节?
8. 城镇排水管道常用的管材有哪几种? 各有什么特点?
9. 试述地下排水管道施工中对稳管的要求。
10. 简述管道中心和高程控制的方法及其操作要点。
11. 试述普通铸铁管承插式刚性接口的应用场合及其施工方法。
12. 试述预应力钢筋混凝土管的性能、适用的场合以及接口方式。
13. 试述预应力钢筋混凝土管的施工顺序。
14. 什么叫平基法施工? 施工程序如何? 平基法施工操作要求是什么?
15. 什么叫垫块法施工? 施工程序如何? 垫块法施工操作要求是什么?
16. 试述“四合一”施工法的定义以及施工顺序。
17. 排水管道常采用的刚性接口和柔性接口有哪些? 各适用在什么场合?
18. 城镇排水管道严密性试验的方法有哪些? 各适用哪些场合?
19. 城镇排水管道闭水试验的步骤是什么?
20. 城镇给排水管道质量检查的内容是什么?
21. 明沟排水的组成与适用场合?
22. 绘图说明明沟排水沟开挖及型式?

23. 试述轻型井点组成及其适用场合？

24. 叙述砂桩的施工过程？

25. 什么是注浆加固法？常用浆液种类及其适用条件是什么？

26. 绘图说明深层搅拌法施工程序。

27. 土方开挖常用哪几种机械？各有什么特点？

28. 试述影响填方压实的因素？怎样控制压实程度？

29. 沟槽断面有哪几种型式？选择断面型式应考虑哪些因素？

30. 什么情况下沟槽及基坑开挖需要加固？常用方法有哪些？

31. 沟槽支撑方法有哪些？各自的适用条件是什么？

32. 沟槽土方回填的注意事项及质量要求是什么？

33. 某处人工开挖一段污水管段沟槽。长度60m，土质为三类土，管槽为混凝土，管径$D=500$mm。沟槽始端为3.5m，末端挖深4m，试计算其土方量。钢板一般采用支撑法或锚锭法。

34. 某地建造一地下式排水泵站，其平面尺寸为10m，宽为8m。基础底面高程15.00m，天然地面高程为18.50m。地下水位高程为17.00m，土的渗透系数为6m/d，土质为二类土，拟用轻型井点降水，试进行轻型井点系统的布置与计算。

学习项目5 城镇给排水管道不开槽施工

【学习目标】 学生通过本学习项目的学习，掌握顶管测量与校正的思路；掌握排水管道不开槽施工各个方法（掘进顶管、挤出土顶管、盾构法施工、水平定向钻施工）的主要施工工序与施工技术；掌握采用不开槽施工方法安装后的管道进行检查和验收的主要方法；理解盾构推进时系统的顶力计算步骤。

敷设地下给排水管道，一般采用开槽方法，施工时要挖大量土方，并要有临时存放场地，以便安好管道进行回填。该施工方法污染环境，占地面积大、断绝交通，给人们日常生活带来了极大的不便。而不开槽施工是指不开挖地表的条件下完成管线的铺设、更换、修复、检测和定位的工程施工技术，具有不影响交通、不破坏环境、土方开挖量小等优点；同时，能消除冬季和雨季对开槽施工的影响，有较好的经济效益和社会效益。不开槽施工的方法，主要有顶管法、盾构法、浅埋暗挖法等。用不开槽施工方法敷设的室外给排水管道有钢筋混凝土管及预制或现浇的钢筋混凝土管沟（渠、廊）等。采用最多的管材种类还是各种圆形钢管、钢筋混凝土管。

不开槽施工的适应条件：管道穿越铁路、公路、河流或建筑物时；街道狭窄，两侧建筑物多时；在交通量大的市区街道施工，管道既不能改线又不能断绝交通时；现场条件复杂，与地面工程交叉作业，相互干扰，易发生危险时；管道覆土较深，开槽土方量大，并需要支撑时。

(1) 不开槽施工具有如下特点：

1) 施工面占地面积少，施工面移入地下，不影响交通、污染环境。

2) 穿越铁路、公路、河流、建筑物等障碍物时可减少拆迁，节省资金与时间，降低工程造价。

3) 施工中不破坏现有的管线及构筑物，不影响其正常使用。

4) 大量减少土方的挖填量，利用管底下边的天然土作地基，可节省管道的全部混凝土基础。

5) 不开槽施工较开槽施工降低40%左右的工程造价。

6) 不开槽施工一般适用于非岩性土层。在岩石层、含水层施工或遇到坚硬地下障碍物，都需有相应的附加措施。

(2) 不开槽施工存在如下问题：

1) 土质不良或管顶超挖过多时，竣工后地面下沉、路表裂缝，需要采用灌浆处理。

2) 必须要有详细的工程地质和水文地质勘探资料，否则将出现不易克服的困难。

3) 遇到复杂的地质情况时，如松散的砂砾层、地下水位以下的粉土，施工困难、工程造价增高。

不开槽施工的主要影响因素包括：工程地质、管道埋深、管道种类、管材及接口、管径大小、管节长、施工环境、工期等，其中主要因素是地质和管节长。因此，不开槽施工前，

应详细勘察施工地质、水文地质和地下障碍物等情况。

学习情境5.1 施 工 准 备

5.1.1 施工准备的基本知识

(1) 室外给排水管道工程施工前应由设计单位进行设计交底。当施工单位发现施工图有错误时，应及时向设计单位提出变更设计的要求。

(2) 室外给排水管道施工前，应根据施工需要进行调查研究，并应掌握管道沿线的下列情况与资料：

1) 现场地形、地貌、建筑物、各种管线和其他设施的情况。

2) 工程地质和水文地质资料。

3) 气象资料。

4) 工程用地、交通运输及给排水条件。

5) 施工给排水、供电条件。

6) 工程材料、施工机械供应条件。

7) 在地表水水体中或岸边施工时，应掌握地表水的水文与航运资料。在寒冷地区施工时，尚应掌握地表水的冻结及流冰的资料。

8) 结合工程特点和现场条件的其他情况及资料。

(3) 室外给排水管道工程前应编制施工组织设计。施工组织设计的内容，主要包括工程概况、施工部署、施工方法、施工材料、主要机械设备的供应、保证施工质量、安全、工期、降低成本和提高经济效益的技术组织措施、施工计划、施工总平面图以及保护周围环境的措施等。对主要施工方法，尚应分别编制施工设计。

5.1.2 顶管测量与校正

5.1.2.1 顶管测量准备工作

1. 中线桩的测设

中线桩是工作坑放线和测设坡度板中线钉的依据。测设时应根据设计图纸的要求，根据管道中线控制桩，用经纬仪将顶管中线桩分别引测到工作坑的前后，并钉上大铁钉或木桩，以标定顶管的中线位置（图5.1）。中线桩钉好后，即可根据它定出工作坑的开挖边界，工作坑的底部尺寸一般为4m×6m。

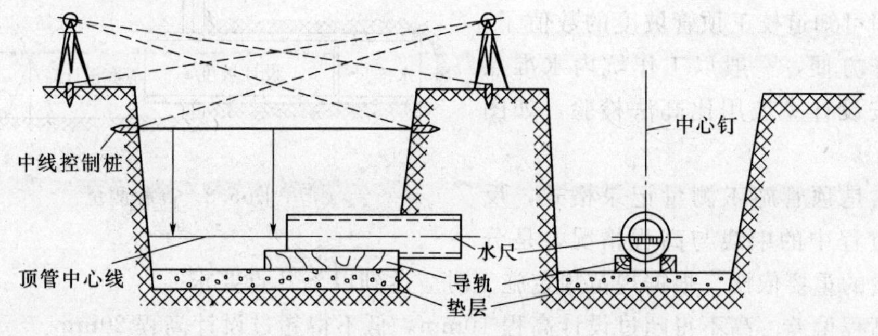

图5.1 中线桩测设

2. 临时水准点的测设

为控制管道按设计高程和坡度顶进，应在工作坑内设置临时水准点。一般在坑内顶进起点的一侧钉设一大木桩，使桩顶或桩一侧小钉的高程与顶管起点管内底设计高程相同。

3. 导轨的安装

导轨安装在土基础或混凝土基础上。基础面的高程及纵坡都应当符合设计要求（中线处高程应稍低，以利于给排水和防止摩擦管壁）。根据导轨宽度安装导轨，根据顶管中线桩及临时水准点检查中心线及高程，检查无误后，将导轨固定。

5.1.2.2 顶进过程中的测量

1. 中线测量

通过顶管的两个中线桩位一条细线，并在细线上挂两个垂球，然后贴靠两垂球线再拉紧一水平细线，这根水平细线即标明了顶管的中线方向。为了保证中线测量的精度，两垂球间的距离尽可能远些。这时在管内前端横放一水平尺，其上有刻画和中心钉，尺长等于或略小于管径。顶管时用水准器将尺找平。通过拉入管内的小线与水平尺上的中心钉比较，可知管中心是否有偏差，尺上中心钉偏向哪一侧，就说明管道也偏向哪个方向。为了及时发现顶进时中线是否有偏差，中线测量以每顶进 0.5～10m 量一次为宜。其偏差值可直接在水平尺上读出，若左右偏差超过 1.5cm，则需要进行中线校正。如图 5.2 这种方法在短距离顶管是可行的，当距离超过 50m 时，应分段施工，可在管线上每隔 100m 设一工作坑，采用对顶施工方法。这种方法适用于短距离的顶管，当距离超过 50m 时，则应该分段施工，可在管线上每隔 100m 设一工作坑，采用对顶施工方法。

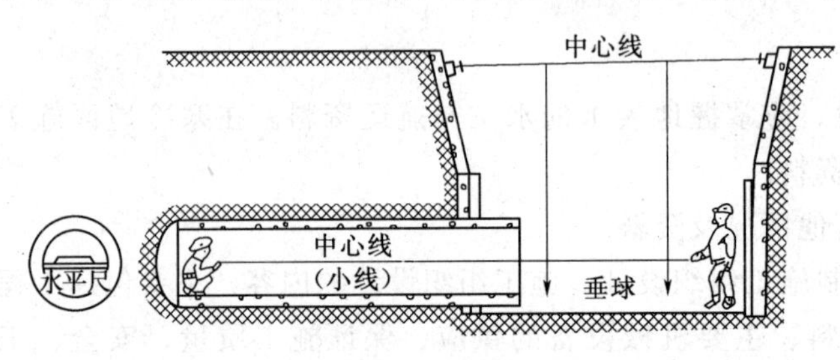

图 5.2　中线测量

2. 高程测量

顶进过程中的高程测量使用水准仪，在测量过程中将水准仪安置在工作坑内后视临时水准点，前视顶管内待测点，在管内使用一根小于管径的标尺，即可测得待测点的高程。将测得的管底高程与管底设计高程进行比较，即可知道校正顶管坡度的数值了。但为了工作方便，一般以工作坑内水准点为依据，按设计纵坡用比高法检验，如图 5.3 所示。

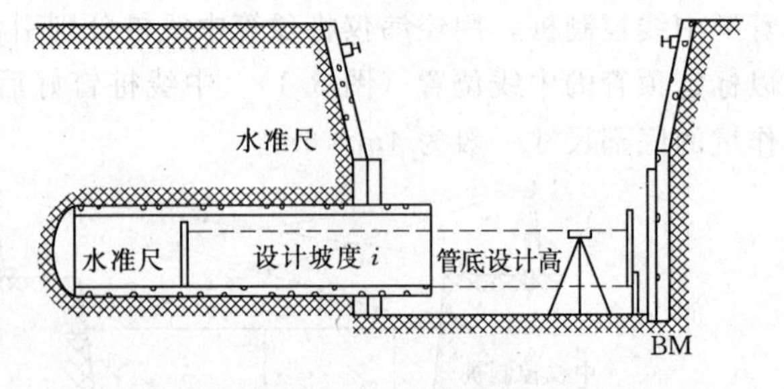

图 5.3　高程测量

表 5.1 是顶管施工测量记录格式，反映了顶进过程中的中线与高程情况，是分析施工质量的重要依据。根据规范规定施工时应达到以下几点要求。

（1）高程偏差。高不得超过设计高程 10mm，低不得超过设计高程 20mm。

（2）中线测量。左右不得超过设计中线 30mm。

表 5.1　　顶管施工测量记录

井号	里程	中心偏差/m	水准点尺上读数/m	该点尺上应读数/m	该点尺上实读数/m	高程误差/m	备　注
8号	0+180.0	0.000	0.742	0.736	0.735	−0.001	水准点高程为12.558m i=+5‰ 0+管底高程为12.564m
	0+180.5	左 0.004	0.864	0.856	0.853	−0.003	
	0+181.0	右 0.005	0.769	0.758	0.760	+0.002	
	⋮	⋮	⋮	⋮	⋮	⋮	
	0+200.0	右 0.006	0.814	0.869	0.683	−0.006	

5.1.2.3　顶管校正

1. 顶管允许偏差与检验方法

顶管允许偏差与检验方法见表 5.2。

表 5.2　　顶管允许偏差与检验方法

项　目		允许偏差/mm	检验频率		检验方法
			范围	点数	
中线位移		50	每节管	1	测量并查阅测量记录
管内底高程	DN<1500	+30 −40	每节管	1	用水准仪测量
	DN≥1500	+40 −50	每节管	1	
相邻管间错		15%错管壁厚，且不大于20	每个接口	1	用尺量
对顶时管子错口		50	对顶接口	1	用尺量

2. 出现偏差的原因、校正的原则

管道在顶进的过程中，由于工具管迎面阻力的分布不均，管壁周围摩擦力不均和千斤顶顶力的微小偏心等都可能导致工具管前进的方向偏移或旋转。为了保证管道的施工质量必须及时纠正，才能避免施工偏差超过允许值。顶进的管道不只在顶管的两端应符合允许偏差标准，在全段都应掌握这个标准，避免在两端之间出现较大的偏差。要求“勤顶、勤纠”或“勤顶、勤挖、勤测、勤纠”，其中心都贯彻一个“勤”字，这是顶进过程中的一条共同经验。

3. 校正方法

（1）挖土校正法。采用在不同部位减挖土量的方法，以达到校正的目的。即管子偏向一侧，则该侧少挖些土。另一侧多挖些土，顶进时管子就偏向空隙大的一侧而使误差校正。这种方法消除误差的效果比较缓慢，适用于误差值不大于10mm的范围，如图 5.4 所示。该法多用于黏土或地下水位以上的砂土中。

1）管内挖土纠偏。开挖面的一侧保留土体，另一侧被开挖，顶进时土体的正面阻力移向保留土体的一侧。管道向该侧纠偏。

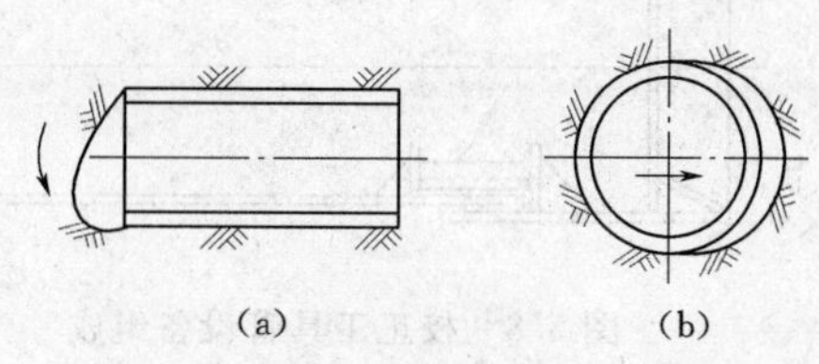

图 5.4　挖土校正法

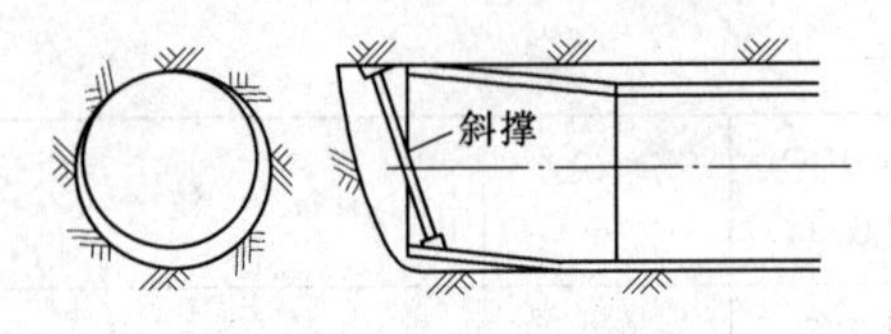

图 5.5　斜撑校正

2）管外挖土纠偏。管内的土被挖净，并挖出刃口，管外形成洞穴。洞穴的边缘，一边在刃口内侧，一边在刃口外侧，顶进时管道顺着洞穴方向移动。

（2）斜撑校正法。偏差较大时或采用挖土校正法无效时，可用圆木或方木，一端支撑于管子偏向一侧的内管壁上，另一端支撑在垫有木板的管前土层上，开动千斤顶，利用木撑产生的分力，使管子得到校正，斜撑校正如图 5.5 所示，下陷管段校正，如图 5.6 所示，错口管的校正如图 5.7 所示。

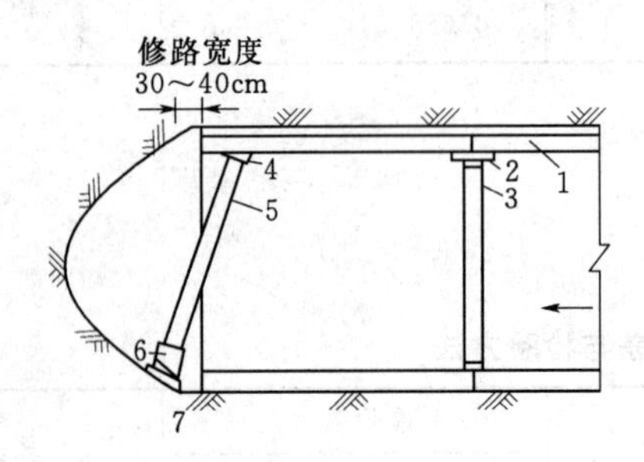

图 5.6　下陷校正

1—管子；2—木楔；3—内胀圈；4—楔子；
5—支柱；6—校正千斤顶；7—垫板

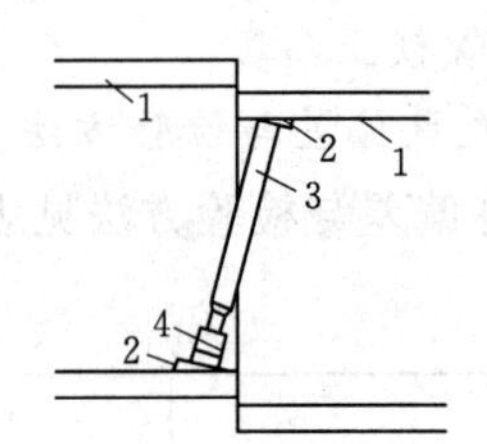

图 5.7　错口纠正

1—管子；2—楔子；3—支柱；
4—校正千斤顶

（3）工具管校正。校正工具管是顶管施工的一项专用设备。根据不同管径采用不同直径的校正工具管。校正工具管主要由工具管、刃脚、校正千斤顶、后管等部分组成，如图 5.8 所示。

校正千斤顶按管内周向均匀布设，一端与工具管连接，另一端与后管连接。工具管与后管之间留有 10～15mm 的间隙。

当发现首节工具管位置误差时，启动各方向千斤顶的伸缩，调整工具管刃脚的走向，从而达到校正的目的。

（4）衬垫校正。对淤泥、流沙地段的管子，因其基础承载力弱，常出现管子低头现象，这时在管底或管子的一侧加木楔，使管道沿着正确的方向顶进。正确的方法是将木楔做成光面或包一层薄钢板，稍有些斜坡，使之慢慢恢复原状。使管道由 B 方向 A 方前进（A 是正确方向）。衬垫校正如图 5.9 所示。

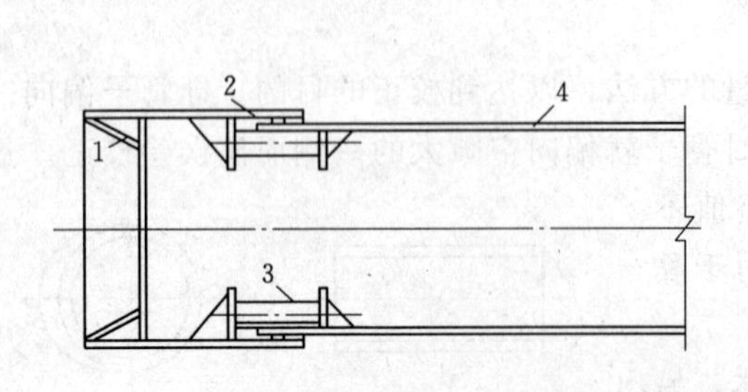

图 5.8　校正工具管设备组成

1—刃脚；2—工具管；3—校正
千斤顶；4—后管

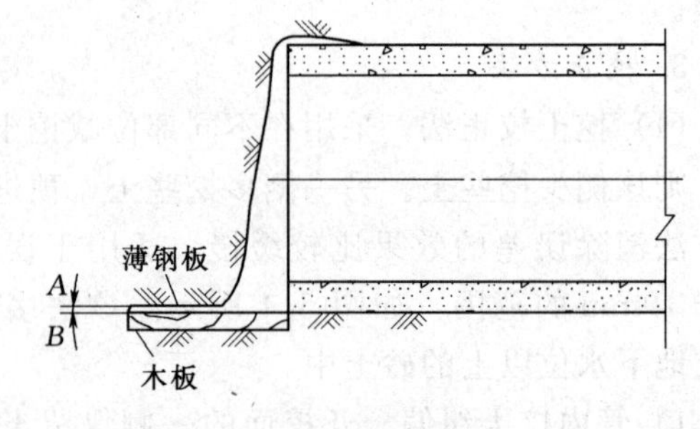

图 5.9　衬垫校正

学习情境5.2 掘进顶管施工

掘进顶管施工操作程序如图5.10所示。首先在顶进管段的两端各建一个工作坑（竖井），在工作坑中安装有后背墙、千斤顶、导轨等设施。

然后将带有工具管的首节管，从顶进坑中缓缓吊入工作坑底部的导轨上，当管道高程、中心位置调整准确后，开启千斤顶使工具管的刃角切入土层，此时，工人可进入工作面挖掘刃角切入土层的泥土，并随时将弃土通过运土设备从顶进坑吊运至地面。当完成这一开挖过程后，再次开启千斤顶，则被顶进管道即可缓缓前进。随着顶进管段的加长，所需顶力也逐渐加大，为了减小顶力，在管道的外围可注入滑润剂或在管道中间设置中继间，以使顶力始终控制在顶进单元长度所需的顶力范围内。

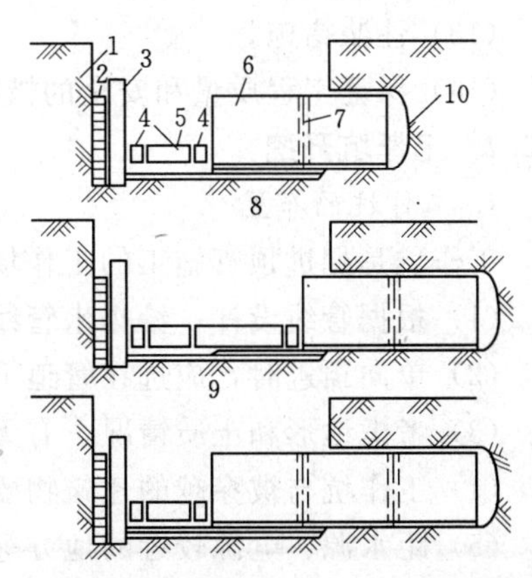

图5.10 掘进顶管施工操作程序示意图
1—后座墙；2—后背；3—立铁；4—横铁；5—千斤顶；6—管子；7—内涨圈；8—基础；9—导轨；10—掘进工作面

人工掘进顶管又称普通顶管，是目前较普遍的顶管方法。管前用人工挖土，设备简单，能适应不同的土质，但工效低。掘进顶管常用的管材为钢筋混凝土管，分为普通管和预应力管。

为便于管内操作和安装施工机械，管子直径，采用人工挖土时，一般不应小于900mm；采用螺旋掘进机，一般为200～800mm。

5.2.1 顶管施工的准备工作

顶管施工前，进行详细调查研究，编制可行的施工方案。

1. 掌握下列情况

(1) 管道埋深、管径、管材和接口要求。

(2) 管道沿线水文地质资料，如土质、地下水位等。

(3) 顶管地段内地下管线交叉情况，并取得主管单位同意和配合。

(4) 现场地势、交通运输、水源情况。

(5) 可能提供的掘进、顶管设备情况。

(6) 其他有关资料。

2. 编制施工方案主要内容

(1) 施工现场平面布置图。

(2) 顶进方法的选用和顶管段单元长度的确定。

(3) 选定工作坑位置和尺寸，顶管后背的结构和验算。

(4) 顶管机头选型及各类设备的规格、型号及数量的确定。

(5) 进行顶力计算，选择顶进设备，是否采用中继间、润滑剂等措施，以增加顶管段长度。

(6) 洞口的封门设计。

(7) 测量、纠偏的方法选定。

(8) 垂直运输和水平运输布置。

(9) 下管、挖土、运土或泥水排除的方法。

(10) 减阻措施。

(11) 遇有地下水时，采取降水方法。

(12) 控制地面隆起、沉降措施。

(13) 注浆措施。

(14) 保证工程质量和安全的措施。

5.2.2 工作坑开挖

1. 工作坑的布置

工作坑是掘进顶管施工的工作场所。其位置可根据以下条件确定：

(1) 根据管线设计，给排水管线可选在检查井下面。

(2) 单向顶进时，应选在管道下游端，以利给排水。

(3) 考虑地形和土质情况，有无可利用的原土后背。

(4) 工作坑与被穿越的建筑物要有一安全距离。

(5) 距水源、电源较近的地方等。

2. 工作坑的种类及尺寸

根据工作坑顶进方向，可分为单向坑、双向坑、交汇坑和多向坑等型式，如图5.11所示。

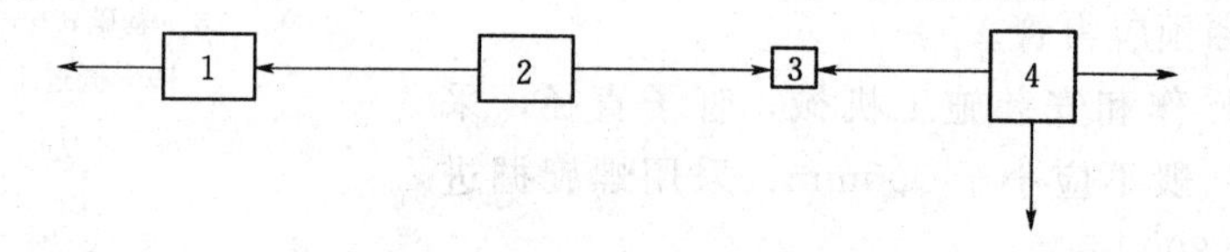

图5.11　工作坑类型

1—单向坑；2—双向坑；3—交汇坑；4—多向坑

工作坑尺寸是指工作坑底的平面尺寸，它与管径大小、管节长度、覆盖深度、顶进型式、施工方法有关，并受土的性质、地下水等条件影响，还要考虑各种设备布置位置、操作空间、工期长短、垂直运输条件等多种因素。

工作坑的长度如图5.12所示。

其计算公式：

$$L=L_1+L_2+L_3+L_4+L_5 \tag{5.1}$$

式中　L——矩形工作坑的底部长度，m；

L_1——工具管长度，m。当采用管道第一节作为工具管时，钢筋混凝土管不宜小于0.3m；钢管不宜小于0.6m；

L_2——管节长度，m；

L_3——运土工作间长度，m；

L_4——千斤顶长度，m；

L_5——后背墙的厚度，m。

工作坑的宽度和深度如图5.13所示。

其计算公式：

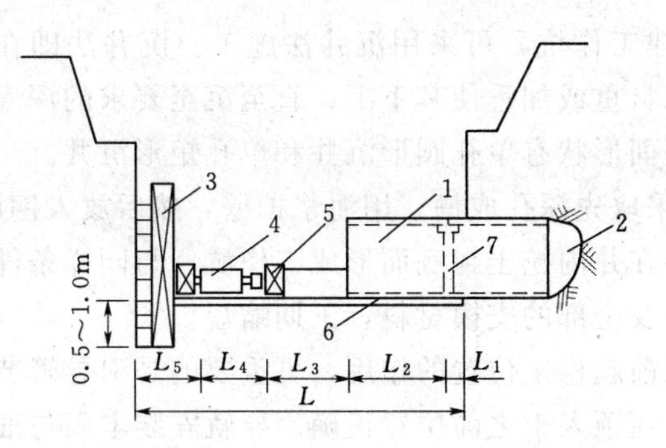

图5.12 工作底坑的长度

1—管子；2—掘进工作面；3—后背；4—千斤顶；5—顶铁；6—导轨；7—内涨圈

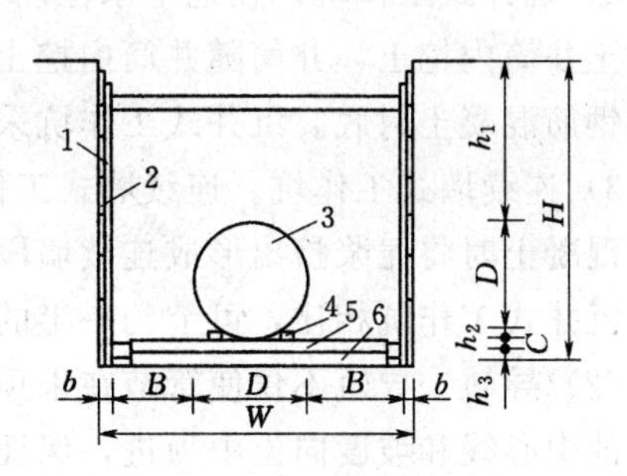

图5.13 工作坑的底宽和高度

1—撑板；2—支撑立木；3—管子；4—导轨；5—基础；6—垫层

$$W=D+2B+2b \quad (5.2)$$

式中 W——工作坑底宽，m；

D——顶进管节外径，m；

B——工作坑内稳好管节后两侧的工作空间，m；

b——支撑材料的厚度。支撑板时，$b=0.05$m；木板桩时，$b=0.07$m。

$$H=h_1+h_2+h_3+D \quad (5.3)$$

式中 H——顶进坑地面至坑底的深度，m；

h_1——地面至管道顶部外缘的深度，m；

h_2——管道外缘底部至导轨底面的高度，m；

h_3——基础及其垫层的厚度，m。

工程施工中，可以根据经验，估算工作坑的长度和宽度。

工作坑的长度（单位m）可以用下式估算：

$$L=L_4+2.5 \quad (5.4)$$

工作坑的宽度（单位m）可以用下式估算：

$$W=D+(2.5\sim3.0) \quad (5.5)$$

3. 工作坑、导轨及基础

(1) 工作坑。工作坑的施工方法有开槽式、沉井式及连续墙式等。

1) 开槽式工作坑。开槽式工作坑是应用比较普遍的一种支撑式工作坑。这种工作坑的纵断面形状有直槽式、梯形槽式。工作坑支撑采用板桩撑。如图5.14所示的支撑就是一种常用的支撑方法。工作坑支撑时首先应考虑撑木以下到工作坑的空间，此段最小高度应为3.0m，以利操作。撑木要尽量选用松杉木，支撑节点的地方应加固以防错动，发生危险。

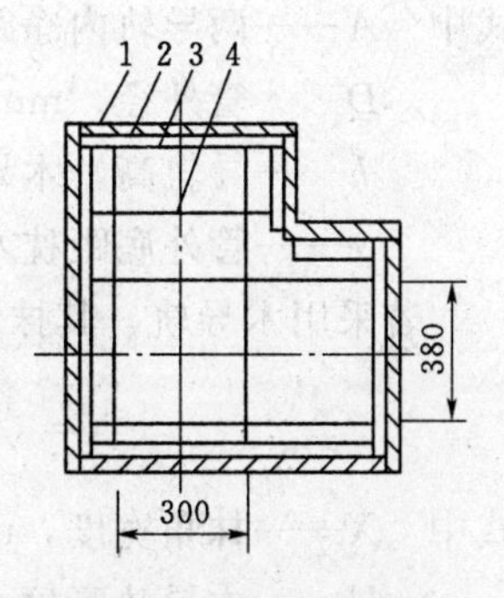

图5.14 工作坑壁支撑（单位：cm）

1—坑壁；2—撑板；3—横木；4—撑杠

支撑式工作坑适用于任何土质，与地下水位无关，且不受施工环境限制，但深度太深操作不便，一般挖掘深度以不大于7m为宜。

2）沉井式工作坑。在地下水位以下修建工作坑，可采用沉井法施工。沉井法即在钢筋混凝土井筒内挖土，井筒随井筒内挖土，靠自重或加重使其下沉，直至沉至要求的深度。最后用钢筋混凝土封底。沉井式工作坑采用平面形状有单孔圆形沉井和单孔矩形沉井。

3）连续墙式工作坑。连续墙式工作坑采取先深孔成槽，用泥浆护壁，然后放入钢筋网，浇筑混凝土时将泥浆挤出形成连续墙段，再在井内挖土封底而形成工作坑。与同样条件下施工的沉井式工作坑相比，可节约一半的造价及全部的支模材料，工期缩短。

（2）导轨。导轨不仅使管节在未顶进以前起稳定位置的作用，更重要的是引导管节沿着要求的中心线和坡度向土中顶进，保证管子在顶入土之前位置正确。导轨安装牢固与准确对管子的顶进质量影响较大，因此，安装导轨必须符合管子中心、高程和坡度的要求。

导轨有木导轨和钢导轨。常用的是钢导轨，钢导轨又分轻轨和重轨，管径大的采用重轨。导轨与枕木装置如图5.15所示。

两导轨间净距按下式确定，如图5.16所示。

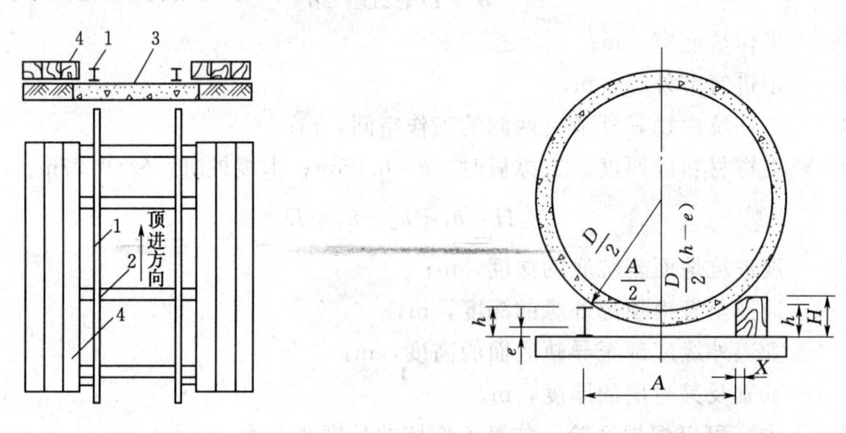

图5.15　导轨安装图

1—导轨；2—枕木；3—混凝土基础；4—木板

图5.16　导轨安装间距

$$A=2\sqrt{(D/2)^2-[D/2-(h-e)]^2}=2\sqrt{[D-(h-e)](h-e)} \tag{5.6}$$

式中　A——两导轨内净距，mm；

D——管外径，mm；

h——导轨高，木导轨为抹角后的内边高度，mm；

e——管外底距枕木或枕铁顶面的间距，mm。

若采用木导轨，其抹角宽度可按下式计算：

$$X=\sqrt{[D-(H-e)](H-e)}-\sqrt{[D-(h-e)](h-e)} \tag{5.7}$$

式中　X——抹角宽度，mm；

H——木导轨高度，mm；

h——抹角后的内边高度，一般 $H-h=50$mm；

D——管外径，mm；

e——管外底距木导轨底面的距离，10～20mm。

一般的导轨都采取固定安装，但有一种滚轮式的导轨（图5.17），具有两导轨间距调节

的功能，以减少导轨对管子摩擦。这种滚轮式导轨用于钢筋混凝土管顶管和外设防腐层的钢管顶管。

导管的安装应按管道设计高程、方向及坡度铺设导轨。要求两轨道平行，各点的轨距相等。

导轨装好后应按设计检查轨面高程、坡度及方向。检查高程时在第 n 条轨道的前后各选 6～8 点，测其高程，允许误差 0～3mm。稳定首节管后，应测量其负荷后的变化，并加以校正。另外，应检查轨距，两轨内距±2mm。在顶进过程中，还应检查校正。保证管节在导轨上不产生跳动和侧向位移。

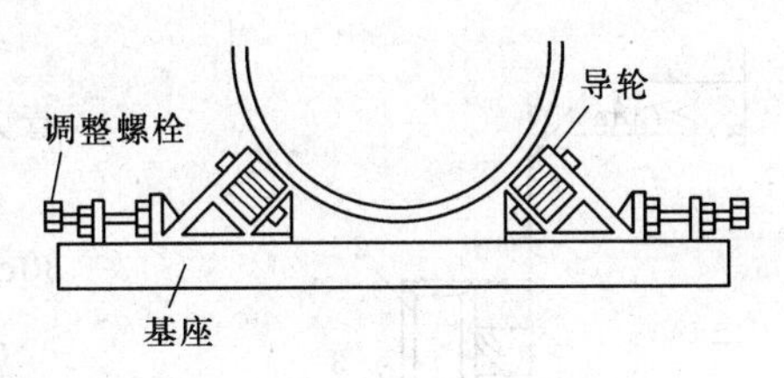

图 5.17 滚轮式导轨

(3) 基础。

1) 枕木基础。工作坑底土质好、坚硬、无地下水，可采用埋设枕木作为导轨基础，如图 5.18 所示。枕木一般采用 15cm×15cm 方木，方木长度 2～4m，间距一般 40～80cm。

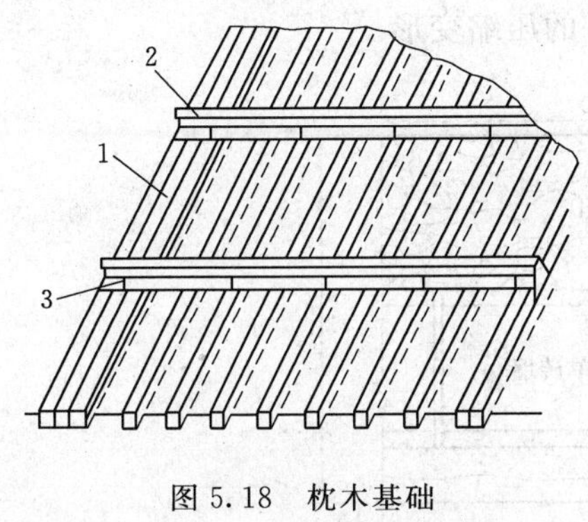

图 5.18 枕木基础

1—方木；2—导轨；3—道钉

2) 卵石木枕基础。适用于虽有地下水但渗透量不大，而地基土为细粒的粉砂土，为了防止安装导轨时扰动基土，可铺一层 10cm 厚的卵石或级配砂石，以增加其承载能力，并能保持给排水通畅。在枕木间填粗砂找平。这种基础型式简单实用，比混凝土基础造价低，一般情况下可代替混凝土基础。

3) 混凝土木枕基础。适用于地下水位高，地基承载力又差的地方，在工作坑浇筑 20cm 厚的 C10 混凝土，同时预埋方木做轨枕。这种基础能承受较大的荷载，工作面干燥无泥泞，但造价较高。

此外，在坑底无地下水，但地基土质很差，可在坑底铺方木形成木筏基础，方木可重复利用，造价较低。

5.2.3 后背安装

后背墙是将顶管的顶力传递至后背土体的墙体结构。当顶进开始时，由于顶力的作用，首先将后背墙与后背墙土体间的空隙与后背墙垫块间的空隙压缩，待这些空隙密合后，在顶力的作用下后背土体将产生弹性变形，由于空隙的密合和土体的弹性变形，将使后背墙产生少量的位移，其值一般在 0.5～2.0cm 之间是正常的，当顶力逐渐增大，后背土体将产生被动压力。在顶进的过程中，必须防止后背墙的大位移及上、下、左、右不均匀位移，这些现象的出现，往往是顶进管道出现偏差的诱因。为了避免出现后背大位移或不均匀位移的现象，必须使后背的垫块之间接触紧密，后背与后背土体间应采取砂石料填实。

当后背土体土质较好时，后背墙可以依靠原土加排方木修建。根据以往经验，当顶力小于 400t 时，后背墙后的原土厚度不小于 7.0m，就不致发生大位移现象（墙后开槽宽度不大于 3.0m），如图 5.19 所示。

原土后背墙安装时，应满足下列要求：

(1) 后背土壁应铲修平整，并使土壁墙面与管道顶进方向相垂直。

(2) 靠土壁横排方木面积，一般土质可按承载不超过 150kPa 计算。

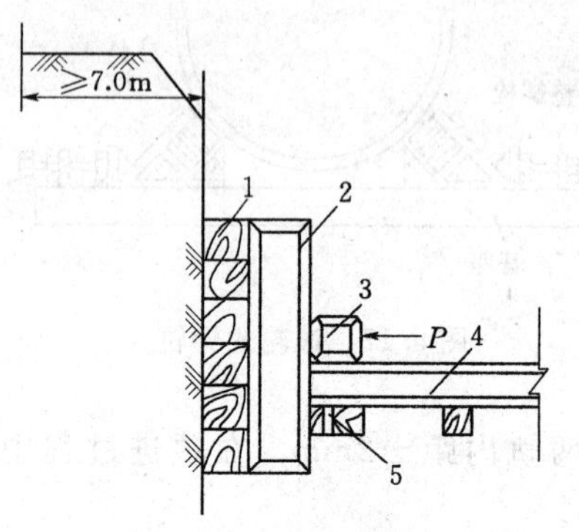

图 5.19 原状土后背
1—方木；2—立铁；3—横轨；4—导轨；5—导轨方木

(3) 方木应卧入工作坑底 0.5～1.0m，使千斤顶的着力中心高度不小于方木后背高度的 1/3。

(4) 方木断面为 15cm×15cm，立铁可用 20cm×30cm 工字钢，横铁可用 15cm×40cm 工字钢两根。

(5) 土质松软或顶力较大时，可在方木前加钢板。无法利用原土作后背墙时，可修建人工后背墙，人工后背墙做法很多，其中一种如图 5.20 所示。在双向坑内进行双向顶进时，利用已顶进的管段作为后背，由此可以不设后墙与后背。

后背在顶力作用下产生压缩，压缩方向与顶力作用方向相一致。当停止顶进时，顶力消失，压缩变形随之消失。这种弹性变形现象是正常的。顶管时，后背不应当破坏，产生不允许的压缩变形。

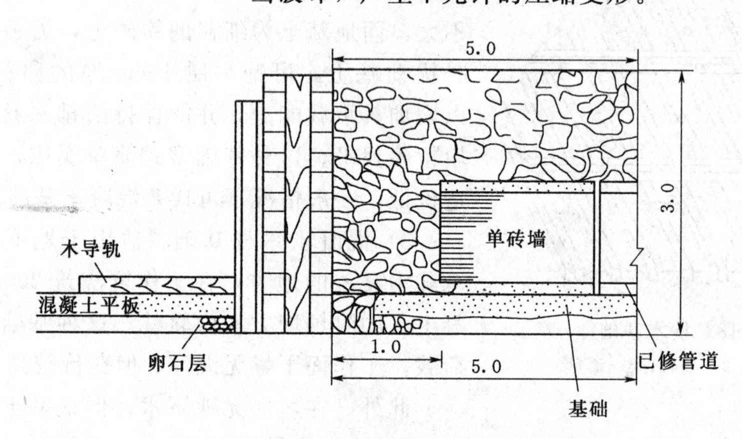

图 5.20 人工后背墙（单位：m）

后背不应出现上下或左右的不均匀压缩。否则，千斤顶支承在斜面后背的土上，造成顶进偏差。为了保证顶进质量和施工安全，应进行后背的强度和刚度计算。

当土质条件差、顶距长、管径大时，可采用地下连续墙式后背墙、沉井式后背墙和钢板桩式后背墙。

后背构造如图 5.21 所示。后背墙的强度和刚度应满足传递最大顶力的需要。其宽度、高度、厚度应根据顶力的大小、合力中心的位置、坑外被动土压力的大小等来计算确定。

后背墙的计算简图如图 5.22 所示，顶力的反力 R 作用在后背墙上，尺的作用点相对于管中心偏低 e。

理想的情况是后背墙的被动土压力的合力中心与顶力反力的合力中心在同一条线上。为了便于计算，设合力中心以上的后背墙承担一半反力，另一半反力由合力中心以下的后背墙承担。这样就可使被动土压力合力中心近似与顶力合力中心一致。

已知管顶覆土高度、管道外径、设计顶力、顶力偏心距和后背墙宽度时，则可计算上部后背墙的高度。

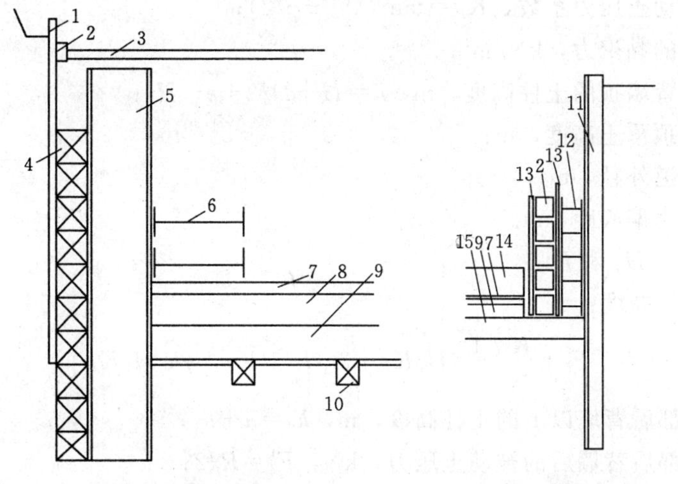

(a) 方木后背侧视图

(c) 钢板桩后背

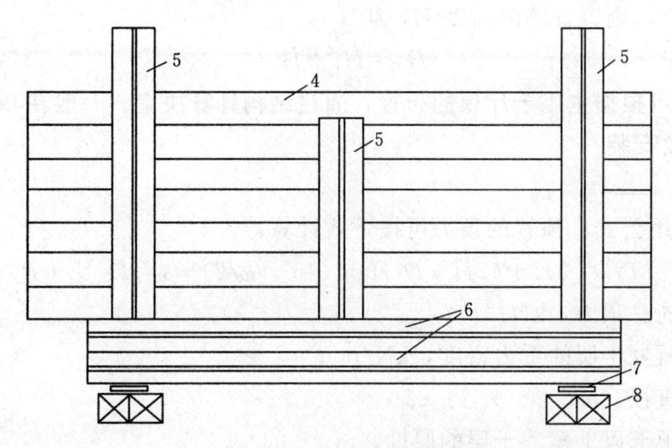

(b) 方木后背正视图

图 5.21 后背的构造

1—撑板；2—方木；3—撑杠；4—后背方木；5—立铁；6—横铁；7—木板；8—护木；9—导轨；10—轨枕

11—钢板桩；12—工字钢；13—钢板；14—千斤顶；15—混凝土基础

$$F_1=\frac{B}{K}\left(\frac{1}{2}\gamma H_1^2 K_P+2cH_1\sqrt{K_P}+\gamma h H_1 K_P\right) \tag{5.8}$$

式中 F_1——上部后背墙上的被动土压力，kN，$F=R/2$；

R——设计允许顶力的反力，kN；

B——后背墙的宽度，m；

K——安全系数，当 $B/H_0 \ngtr 1.5$ 时，取 $K=1.5$；当 $B/H_0>1.5$ 时，取 $K=2.0$；

γ——土的重度，kN/m³；

H_1——上部后背墙的高度，m；

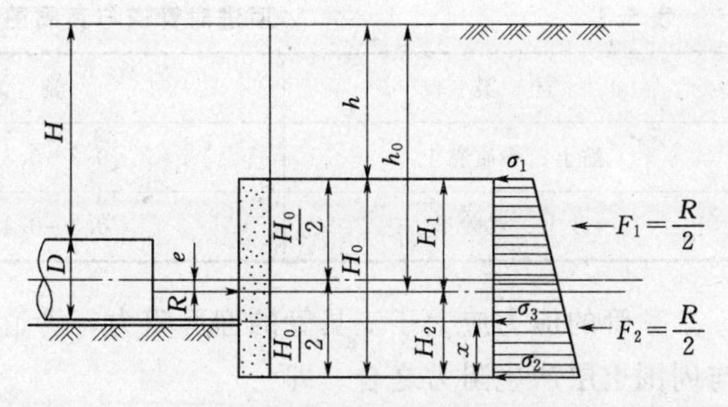

图 5.22 后背墙计算公式

K_P——被动土压力系数，$K_P=\tan^2(45°+\varphi/2)$；

c——土的黏聚力，kN/m^2；

h——后背墙顶的土柱高度，m，$h=H+D/2+e-H_1$；

H——管顶覆土高度，m；

D——管道外径，m；

e——顶力偏心距，m。

解方程后可得 H_1 和 h。

下部后背墙的高度：

$$F_2=\frac{K}{B}\left(\frac{1}{2}\gamma H_2^2K_P+2cH_2\sqrt{K_P}+\gamma h_0H_2K_P\right) \tag{5.9}$$

式中　h_0——下部后背墙以上的土柱高度，m，$h_0=h+h_1$；

F_2——下部后背墙后的被动土压力，kN，$F_2=R/2$；

H_2——下部后背墙的高度，m。

解方程可得 H_2，则后背墙的高度 H_0 为

$$H_0=H_1+H_2 \tag{5.10}$$

后背墙的厚度可根据主压千斤顶的布置，通过结构计算决定。一般在 0.5～1.6m。

5.2.4　顶进设备及安装

1. 顶力计算

（1）计算的通用公式。顶管的顶力可按下式计算：

$$P=f\gamma D_1[2H+(2H+D_1)\tan^2(45°-\varphi/2)+\omega/\gamma D_1]L+P_F \tag{5.11}$$

式中　P——计算的总顶力，kN；

γ——管道所处土层的重力密度，kN/m^3；

D_1——管道直径，m；

H——管道顶部以上覆盖土层的厚度，m；

φ——管道所处土层的内摩擦角；

ω——管道单位长度的自重，kN/m；

L——管道的计算顶进长度，m；

f——顶进时，管道表面与其周围土层之间的摩擦系数，其取值可按表 5.3 所列；

P_F——顶进时，工具管的迎面阻力，kN，其取值宜按不同顶进方法由表 5.4 所列计算。

表 5.3　顶进时管道与其周围土层的摩擦系数

土　类	湿	干
黏土、粉质黏土	0.2～0.3	0.4～0.5
砂土、亚砂土	0.3～0.4	0.5～0.6

顶管的应力应大于工具管的迎面阻力，管道周围土压力对管道产生的阻力以及管道自重与周围土层产生阻力之合。即

$$P\geqslant(P_1+P_2)L+P_F \tag{5.12}$$

表5.4 顶进时工具管迎面阻力 P_F 的计算公式

顶进方法		顶进时工具管迎面阻力 P_F 的计算公式/kN
手工掘进	工具管顶部及两侧允许超挖	0
	工具管顶部及两侧不允许挖	$\pi D_{av}tR$
挤压法		$\pi D_{av}tR$
网格挤压法		$a\pi/4DR$

注 表中 D_{av} 为工具管刃脚挤压喇叭口的平均直径，m；t 为工具管理体制刃脚厚度或挤压喇叭口的平均宽度，m；R 为手工掘进顶管的工具管迎面阻力，或挤压、网格挤压管法的挤压阻力，前者可采用 $500kN/m^2$；a 为网格截面参数，可取0.6～1.0。

式中 P——计算的总顶力，kN；

P_1——顶进时管道单位长度上周围土压力对管道产生的阻力，kN；

P_2——顶进时管道单位长度的自重与其周围土层之间产生的阻力，kN；

L——管道的计算顶进长度，m；

P_F——顶进时工具管的迎面阻力，kN。

影响顶力的因素很多，主要包括土的稳定性及覆盖厚度，地下水的影响，管道的材料、重量，顶进的方法和操作的熟练程度，顶力计算方法和选用，顶进长度的计算，减阻措施以及经验，等等。在这些因素中，土层的稳定性、覆盖土层的厚度和顶力计算方法的选用尤为突出，而且彼此具有密切的关系。

(2) 估算。顶力估算采用经验公式，目前常用的方法有两种。

1) 一种经验公式为

$$P=2\pi D_0 Lf \tag{5.13}$$

式中 P——顶力，kN；

D_0——管子外径，m；

L——管子顶进长度，m。

2) 第二种经验公式包括两种情况，分别为：

a. 黏土、天然含水量的砂土、人工挖土形成打拱顶管用下式计算：

$$P=(1.5\sim3.0)W \tag{5.14}$$

式中 P——顶力，kN；

W——待顶管段全部重量，kN。

b. 适用于含水量较低的砂质土、砂砾、回填土、人工挖土不形成拱顶管采用下式计算：

$$P=3.0W \tag{5.15}$$

式中 P——顶力，kN；

W——待顶管段全部重量，kN。

2. 顶进设备

顶进设备主要包括千斤顶、高压油泵、顶铁、下管及运出设备等。

(1) 千斤顶（也称顶镐）。千斤顶是掘进顶管的主要设备，目前多采用液压千斤顶。常用千斤顶性能见表5.5。

表 5.5　　千斤顶性能表

名　称	活塞面积 /cm^2	工作压力 /MPa	起重高度 /mm	外形高度 /mm	外径 /mm
武汉 200t 顶镐	491	40.7	1360	2000	345
广州 200t 顶镐	414	48.3	240	610	350
广州 300t 顶镐	616	48.7	240	610	440
广州 500t 顶镐	715	70.7	260	748	462

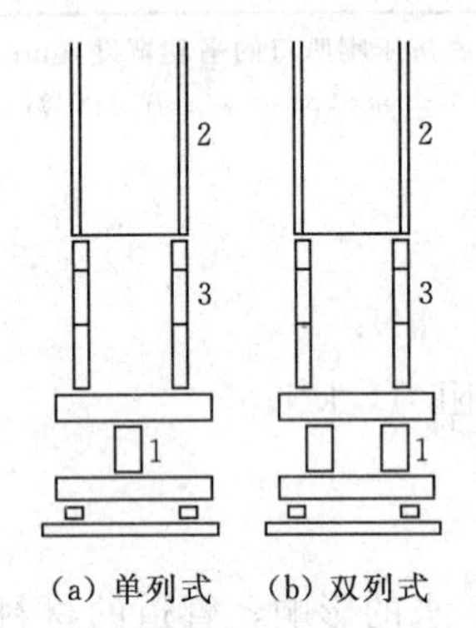

图 5.23　千斤顶布置方式
1—千斤顶；2—管子；3—顺铁

千斤顶在工作坑内的布置与采用个数有关，如图 5.23 所示。如一台千斤顶，其布置为单列式，应使千斤顶中心与管中心的垂线对称。使用多台并列式时，其布置为双列和环周列。顶力合作用点与管壁反作用力作用点应在同一轴线上，防止产生顶进力偶，造成顶进偏差。根据施工经验，采用人工挖土，管上半部管壁与土壁有间隙时，千斤顶的着力点作用在管子垂直直径的 1/4～1/5 处为宜。

(2) 高压油泵。高压油泵宜设置在千斤顶附近，油管应顺直、转角少；油泵应与千斤顶相匹配，并应有备用油泵。由电动机带动油泵工作，一般选用额定压力 32MPa 的柱塞泵，经分配器、控制阀进入千斤顶，各千斤顶的进油管并联在一起，保证各千斤顶活塞的行程一致。

(3) 顶铁。顶铁是顶进管道时，千斤顶与管道端部之间临时设置的船里构件。其作用：一是将千斤顶的合力通过顶铁比较均匀地分布在管端；二是调节千斤顶与管端之间的距离，起到伸长千斤顶活塞的作用。顶铁是传递顶力的设备，如图 5.24 所示，要求它具有足够的强度和刚度，能承受顶进压力而不变形，并且便于搬动。

根据顶铁放置位置的不同，可分为横顶铁、顺顶铁和 U 形顶铁 3 种。

1) 横向顶铁。它安在千斤顶与方顶铁之间，将千斤顶的顶推力传递给两侧的方顶铁上。使用时与顶力方向垂直，起梁的作用。

横顶铁断面尺寸一般为 300mm×300mm，长度按被顶管径及千斤顶台数而定，管径为 500～700mm，其长度为 1.2m；管径 900～1200mm，长度为 1.6m；管径 2000mm，长度为 2.2m。用型钢加肋和端板焊制而成。

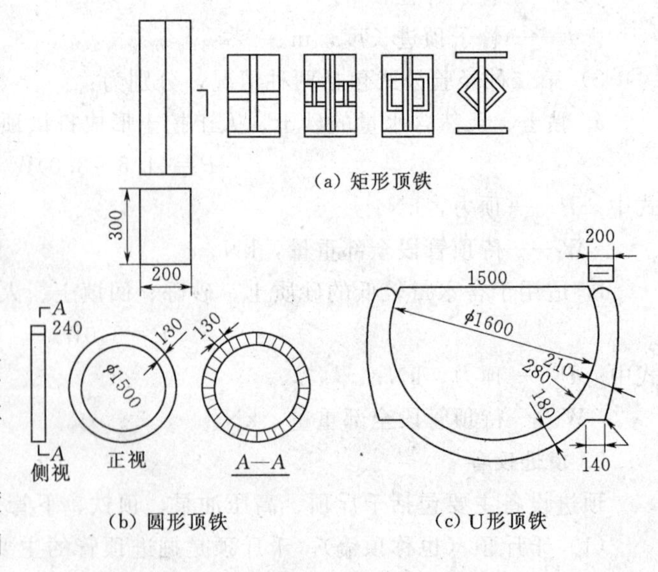

图 5.24　顶铁

2）顺顶铁（纵向顶铁）。放置在横向顶铁与被顶的管子之间，使用时与顶力方向平行，起柱的作用，在顶管过程中起调节间距的垫铁，因此顶铁的长度取决于千斤顶的行程、管节长度、出口设备等而定。通常有100mm、200mm、300mm、400mm、600mm等几种长度。横截面为250mm×300mm，两端面用厚25mm钢板焊平。顺顶铁的两顶端面加工应平整且平行，防止作业时顶铁发生外弹。

3）U形顶铁安放在管子端面，顺顶铁作用其上。它的内、外径尺寸与管子端面尺寸相适应。其作用是使顺顶铁传递的顶力较均匀地分布到被顶管端断面上，以免管端局部顶力过大，压坏混凝土管端。

大口径管口采用环形，小口径管口可采用半圆形。

5.2.5 管道顶进与接口

5.2.5.1 顶进

管道顶进的过程包括挖土、顶进、测量、纠偏等工序。从管节位于导轨上开始顶进起至完成这一顶管段止，始终控制这些工序，就可保证管道的轴线和高程的施工质量。开始顶进的质量标准为：轴线位置3mm，高程0～13mm。

1. 挖土和运土

（1）挖土。管前挖土是保证顶进质量及地上构筑物安全的关键，管前挖土的方向和开挖形状，直接影响顶进管位的准确性，因为管子在顶进中是根据已挖好的土壁前进的。因此，管前周围超挖应严格控制。对于密实土质，管端上方可有大于等于1.5cm空隙，以减少顶进阻力，管端下部135°中心角范围内不得超挖，保持管壁与土壁相平，也可预留1cm厚土层，在管子顶进过程中切去，这样可防止管端下沉。在不允许顶管上部土壤下沉地段顶进时（如铁路、重要建筑物等），管周围一律不得超挖。如图5.25所示。

管前挖土深度，一般等于千斤顶出镐长度，如土质较好，可超前0.5m。超挖过大，土壁开挖形状就不易控制，容易引起管位偏差和上方土坍塌。

在松软土层中顶进时，应采取管顶上部土壤加固或管前安设管檐或工具管，如图5.26所示。操作人员在其内挖土，开挖工具管迎面的土体时，不论是砂类土或黏性土，都应自上而下分层开挖。

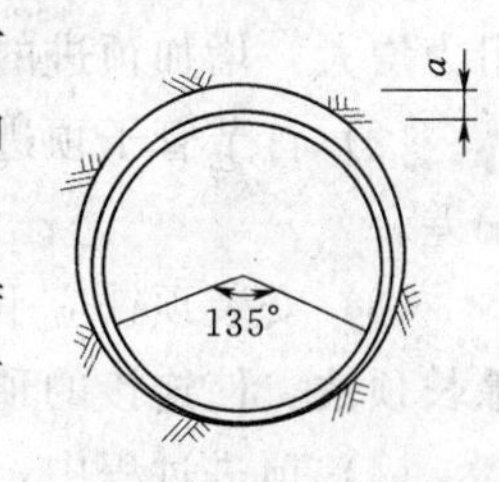

图5.25 超挖示意图

a—最大超挖量

有时为了方便而先挖下层土，尤其是管道内径超过手工所及的高度时，先挖中下层土很可能给操作人员带来危险。防止坍塌伤人。

（2）运土。从工作面挖下来的土，通过管内水平运输和工作坑的垂直提升运至地面。除保留一部分土方用作工作坑的回填外，其余都要运走弃掉。管内水平运输可用卷扬机牵引或电动、内燃的运土，也可用皮带运输机运土。土运到工作坑后，由地面装置的卷扬机、龙门吊或其他垂直运输机械吊运到工作坑外运走。

2. 顶进过程

顶进时利用千斤顶出镐在后背不动的情况下将被顶进管子推向前进，其操作过程如下：

（1）安装好顶铁挤牢，管前端已挖一定长度后，启动油泵，千斤顶进油，活塞伸出一个工作行程，将管子推向一定距离。

（2）停止油泵，打开控制阀，千斤顶回油，活塞回缩。

（3）添加顶铁，重复上述操作，直至需要安装下一节管子为止。

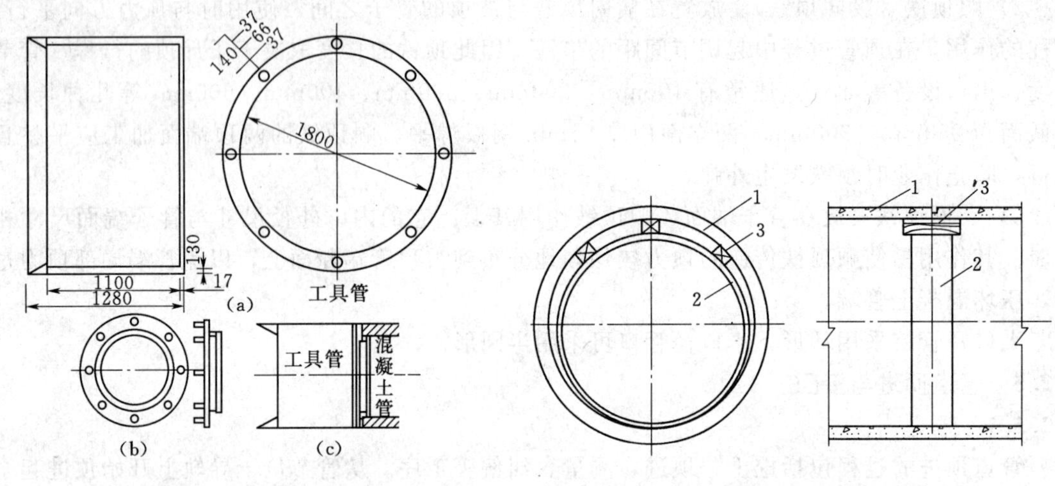

图 5.26　工具管（单位：mm）

图 5.27　钢制内胀圈安装图
1—混凝土管；2—内胀圈；3—木楔

（4）卸下顶铁、下管，在混凝土管接口处放一圈麻绳，以保证接口缝隙和受力均匀。

（5）在管内口处安装一个内胀圈，作为临时性加固措施，防止顶进纠偏时错口，其装置如图 5.27 所示。胀圈直径小于管内径 5～8cm，空隙用木楔背紧，胀圈用 7～8mm 厚钢板焊制、宽 200～300mm。

（6）重新装好顶铁，重复上述操作。

3. 顶进时应注意事项

（1）顶进时应遵照“先挖后顶，随挖随顶”的原则。应连续作业，避免中途停止，造成阻力增大，增加顶进的困难。

（2）首节管子顶进的方向和高程，关系到整段顶进质量，应勤测量、勤检查，及时校正偏差。

（3）安装顶铁应平顺，无歪斜扭曲现象，每次收回活塞加放顶铁时，应换用可能安放的最长顶铁，使连接的顶铁数目为最少。

（4）顶进过程中，发现管前土方坍塌、后背倾斜，偏差过大或油泵压力表指针骤增等情况，应停止顶进，查明原因，排除故障后，再继续顶进。

5.2.5.2　掘进顶管接口

掘进顶管完毕，拆除临时连接，进行内接口，接口型式根据现场条件，管道使用要求，管口型式等因素选择。

钢管采用焊接接口。当顶进钢管采用钢丝网水泥砂浆和肋板保护层时，焊接后应补做焊口处的外防腐处理。

钢筋混凝土管常用钢胀圈接口、企口接口、T 形接口、F 形接口等几种方式进行连接。

1. 钢胀圈连接

常用于平口钢筋混凝土管，管节稳好后，在管内侧两管节对口处用钢胀圈连接起来，形成刚性口以避免顶进过程中产生错口。钢胀圈是用 6～8mm 的钢板卷焊成圆环，宽度为 300～400mm。

环的外径小于管内径 30～40mm。连接时将钢胀圈放在两管节端部接触的中间，然后打入木楔，使钢胀圈下方的外径与管内壁直接接触，待管道顶进就位后，将钢胀圈拆除，管口

处用油麻、石棉水泥填打密实，如图5.28所示。

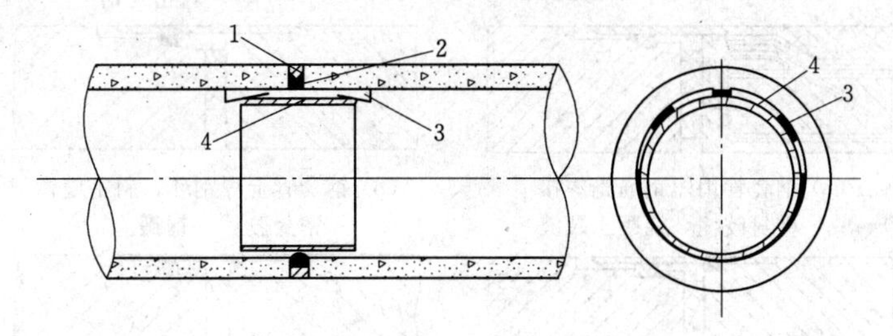

图5.28　钢胀圈接口

1—麻辫；2—石棉水泥；3—铁楔；4—钢圈

2. 企口连接

企口连接可以是刚性接口，也可以是柔性接口。如图5.29及图5.30所示。企口连接的钢筋混凝土管不宜用于较长距离的顶管，特别是中长距离的顶管。

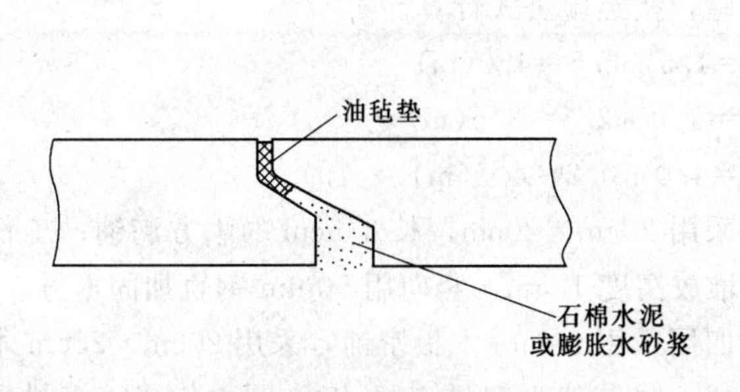

图5.29　企口刚性连接

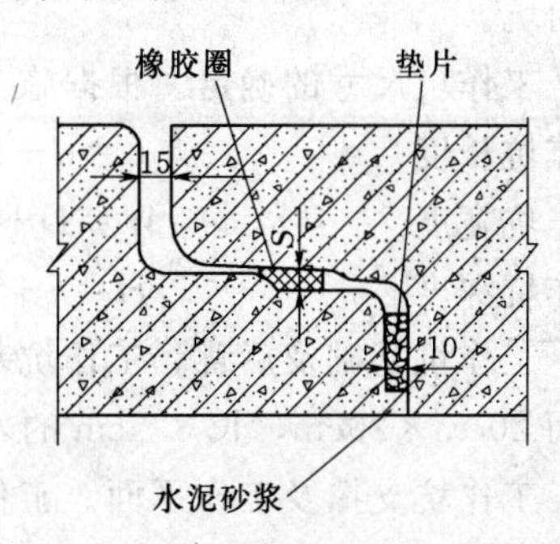

图5.30　企口柔性连接（单位：mm）

3. T形接口

T形接口是在两管段之间插入一钢套管，钢套管与两侧管段的插入部分均有橡胶密封圈（图5.31）。

4. F形接口

F形接口是T形接头的发展。典型的F形接头密封和受力如图5.32所示。钢套管是一个钢筒，与管段的一端浇筑成一体，形成插口。管段的另一端混凝土做成插头，插头上有密封圈的凹槽。相邻管段连接时，先在插头上安装好密封圈，在插口上安装好木垫片，然后将插头插入插口就完成连接。这种接头在使用时一定要注意方向，插口始终是朝后的。

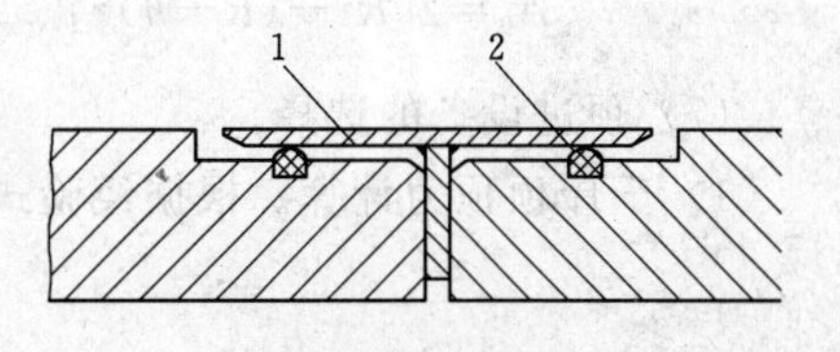

图5.31　T形接口

1—T形套管；2—密封圈

【案例5.1】 某一给排水管道穿越铁路，管道长度50m，管径为*DN*1000，壁厚11cm，钢筋混凝土管材，管道埋深为4m。土质为砂质黏土，地下水埋藏深度为6m。试确定施工方案。

【解】 (1) 施工方法的选择。根据本地区的土质、地下水的情况，结合铁路部门的要求，本工程采用人工掘进顶管法施工。

(2) 工作坑的布置。本工程所需顶管长度为50m，在管道的一端检查井处布置工作坑，

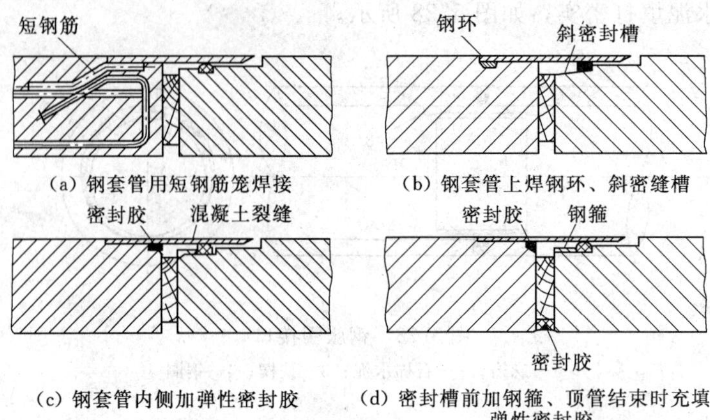

(a) 钢套管用短钢筋笼焊接　(b) 钢套管上焊钢环、斜密缝槽

(c) 钢套管内侧加弹性密封胶　(d) 密封槽前加钢箍、顶管结束时充填弹性密封胶

图 5.32 F形接口密封和受力示意图

采用单向坑。

(3) 工作坑尺寸的确定。根据施工经验，按经验公式计算。

工作坑长度　$L=d+2.5=1.5+2.5=4.0(\mathrm{m})$

工作坑宽度　$W=D+2.5=1.0+2.5=3.5(\mathrm{m})$

工作坑深度　$H=h+0.2=4.0+0.2=4.2(\mathrm{m})$

(4) 工作坑基础及后背。工作坑基础采用 20cm×20cm，长 3.5cm 的木方满铺；工作坑后背采用 20cm×20cm，长 3.5cm 的木方堆放高度 1.5m，竖向用 50mm 钢轨加固木方。

(5) 工作坑支撑及工作平面。工作坑四周采用 60mm 木板密铺，采用 20cm×20cm 木方横撑加固；工作平面由吊装架、卷扬机组成，吊装架由双排 6 根 $\phi300$ 圆木构成，横梁采用 $DN219$ 厚钢管，平台采用 $\phi200$ 圆木及 60mm 板铺设，且预留有下管孔及人孔。卷扬机采用一台 19620kN 的电动卷扬机。

(6) 导轨选择。顶进导轨采用 18 号轻轨，导轨轨距：

$$A_0=2[R^2-(R-h)^2]^{1/2}=2[0.61^2-(0.61-0.18)^2]^{1/2}=0.864(\mathrm{m})$$

(7) 顶进设备的选择。

1) 千斤顶顶力计算。根据经验式 (5.15)：

$$P=3.0W$$

式中　W——每米管重，取为 8800kN；

$$P=3\times8800=26400(\mathrm{kN})$$

选用 YCZ300 型千斤顶，满足要求。

2) 千斤顶布置。其布置型式采用单列式，使千斤顶中心与管中心的垂线对称。根据施工经验，千斤顶的着力点作用在管子垂直直径的 1/4～1/5 处，采用顶铁传递顶力，所用顶铁由型钢及铁板制成，按其安放位置或传力作用分为：顺铁、横铁、立铁。

(8) 顶进施工。

1) 挖土与运土。根据 YCZ300 型千斤顶的一次顶程为 0.5m，按照施工规范每次挖土的深度不大于 0.5m，采用人工开挖，管内水平运土采用专用运土小车将土运到工作坑，垂直

运输采用卷扬机将土运到工作坑外。

2）顶进。依据“先挖后顶、随挖随顶”原则，严格按照操作规程进行。

(9) 质量控制。每顶进一次，要进行一次测量，其偏差为：中心位移小于50mm，高程偏差＋30mm、－40mm，管间错口偏差小于20mm。

5.2.6 其他顶管方法介绍

1. 机械掘进顶管

机械掘进与人工掘进的工作坑布置基本相同，不同处主要是管端挖土与运土。机械取土顶管是在被顶进管子前端安装机械钻进的挖土设备，配上皮带运土，可代替人工挖、运土。

当管前土被切削形成一定的孔洞后，开动千斤顶，将管子顶进一段距离，机械不断切削，管子不断顶入。同样，每顶进一段距离，需要及时测量及纠偏。

常用机械设备：

(1) 伞式挖掘机。如图5.33所示，用于800mm以上大管内。是顶进机械中最常见的型式。挖掘机由电机通过减速机构直接带动主轴，主轴上装有切削盘或切削臂，根据不同土质安装不同型式的刀齿于盘面或臂杆上，由主轴带动刀盘或刀臂旋转切土。再由提升环的铲斗将土铲起、提升、倾卸于皮带运输机上运走。典型的伞式掘进机的结构一般由工具管、切削机构、驱动机构、动力设施、装载机构及校正机构组成。伞式挖掘机适合于黏土、粉质黏土、亚砂土和砂土中钻进，不适合弱土层或含水土层内钻进。

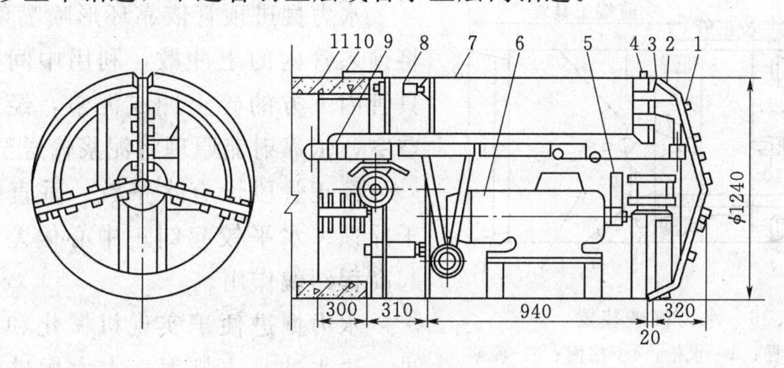

图5.33 伞式挖掘机

1—刀齿；2—刀架；3—刮泥板；4—超挖机；5—齿轮变速；6—电机；7—工具管；8—千斤顶；9—皮运机；10—支撑杆；11—顶进管

(2) 螺旋掘进机。如图5.34所示，主要用于管径小于800mm的小口径顶管。管子按设计方向和坡度放在导向架上，管前由旋转切削式钻头切土，并由螺旋输送器运土。螺旋式水平钻机安装方便，但是顶进过程中易产生较大的下沉误差。而且，误差产生不易纠正，故适用于短距离顶进；一般最大顶进长度为70～80m。800mm以下的小口径钢管顶进方法有很多种，如真空法顶进。这种方法适用于直径为200～300mm管子在松散土层。如松散砂土、砂黏土、淤泥土、软黏土等土内掘进，顶距一般为20～30m。

(3)“机械手”挖掘机。如图5.35所示，“机械手”挖掘机的特点是弧形刀臂以垂直于管轴小的横轴为轴，做前后旋转，在工作面上切削。挖成的工作面为半球形，由于运动是前后旋转，不会因挖掘而造成工具管旋转，同时靠刀架高速旋转切削的离心力将土抛出离工作面较远处，便于土的管内输出。该机械构造简单、安装维修方便，便于转向，挖掘效率高，适用于黏性土。

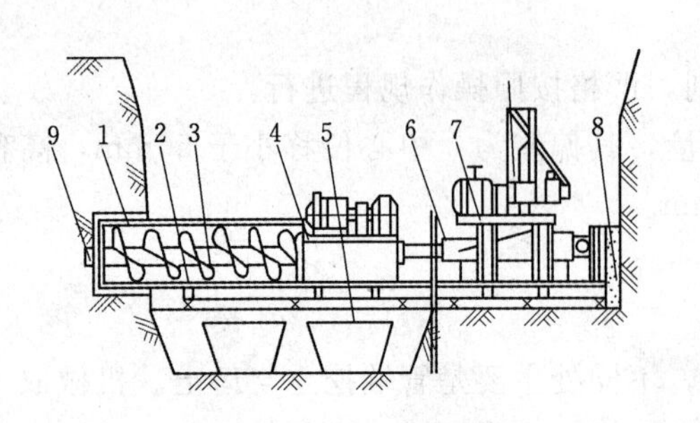

图 5.34　螺旋掘进机

1—管节；2—道轨机架；3—螺旋输送器；4—传送机构；5—土斗；6—液压机构；7—千斤顶；8—后背；9—钻头

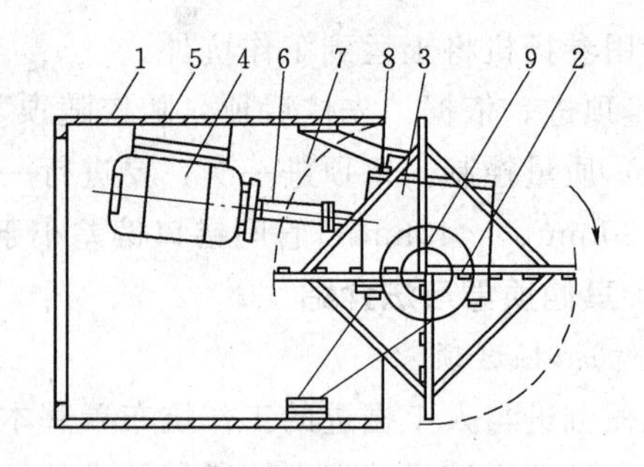

图 5.35　"机械手"掘进机

1—工具管；2—刀臂；3—减速箱；4—电机；5—机座；6—传动轴，7—底架；8—翼板；9—锥形圆筒

采用机械顶管法改善了工作条件，减轻劳动强度，一般土质均能顺利顶进。但在使用中也存在一些问题，影响推广使用。

2. 水力掘进顶管

水力掘进主要设备在首节混凝土管前端装工具管。工具管内包括封板、喷射管、真空室、高压水管、排泥系统等。其装置如图 5.36 所示。

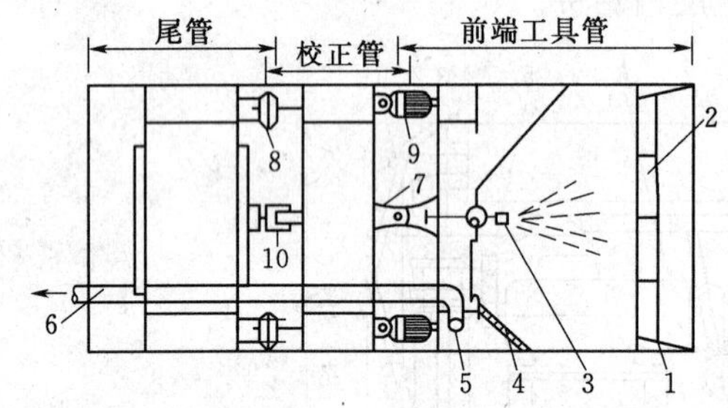

图 5.36　水力掘进装置

1—刀刃；2—格栅；3—水枪；4—格网；5—泥浆吸入口；6—泥浆管；7—水平铰；8—垂直铰；9—上下纠偏千斤顶；10—左右纠偏千斤顶

水力掘进顶管依靠环形喷嘴射出的高压水，将顶入管内的土冲散，利用中间喷射水枪将工具管内下方的碎土冲成泥浆，经过格网流入真空室，依靠射流原理将泥浆输送至地面储泥场。

校正管段设有水平铰、垂直铰和相应纠偏千斤顶。水平铰起纠正中心偏差作用，垂直铰起高程纠偏作用。

水力掘进便于实现机械化和自动化，边顶进、边水冲、边排泥。水力掘进就控制土壤冲成的泥浆在工具管内进行，防止高压水冲击管外，造成扰动管外土层，影响顶进的正常进行或发生较大偏差。所以顶入管内土壤应有一段长度，俗称土塞。

水力掘进顶管法的优点是：生产效率高，其冲土、排泥连续进行；设备简单，成本低；改善劳动条件，减轻劳动强度。但是，需要耗用大量的水，顶进时方向不易控制，容易发生偏差；而且需要有存泥浆场地。

3. 挤压土顶管

挤压土顶管不用人工挖土装土，甚至顶管中不出土。使顶进、挖土、装土 3 个工序成一个整体，提高了劳动生产率。

挤压顶管的应用取决于土质，覆土厚度，顶进距离，施工环境等因素。

挤压土顶管分为出土挤压顶管和不出土顶管两种。

(1) 出土挤压土顶管。主要设备包括带有挤压口的工具管、割土工具和运土工具。工具管如图 5.37 所示，工具管内部设有挤压口，工具管口加直径应大于挤压口直径，两者或偏

心布置。挤压口的开口率一般取50%，工具管一般采用10～20mm厚的钢板卷焊而成。要求工具管的椭圆度不大于3mm，挤压口的整圆度不大于1mm，挤压口中心位置的公差不大于3mm。其圆心必须落于工具管断面的纵轴线上。刃脚必须保持一定的刚度。焊接刃脚时坡口一定要用砂轮打光。

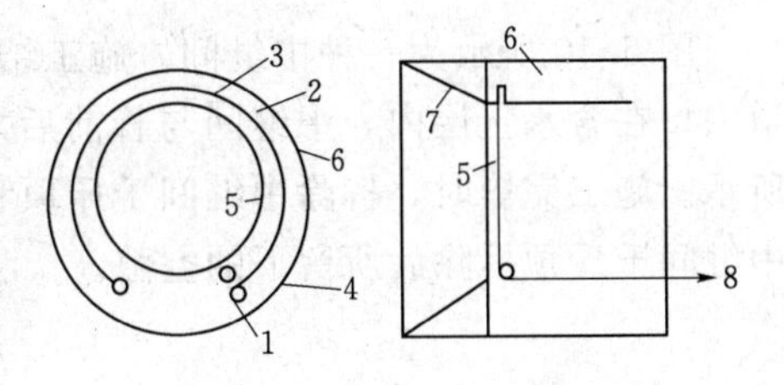

图5.37 挤压切土工具管

1—钢丝绳固定点；2—钢丝绳；3—R形卡子；4—定滑轮；5—挤压口；6—工具管；7—刃角；8—钢丝绳与卷扬机连接

割土工具沿挤压口周围布置成一圈且用钢丝绳固定，每隔200mm左右使用R形卡子。用卷扬机拖动旋转进行切割土柱。

运土工具是将切割的土柱运至工作坑，再经吊车吊出工作坑的斗车。

主要工作程序为：安管→顶进→输土→测量。正常操作，在激光测量导向下，能保证上下左右的误差在10～20mm以内，方向稳定。

(2) 不出土顶管。不出土顶管是利用千斤顶将管子直接顶入土内，管周围的土被挤压密实。不出土顶管的应用取决于土质，一般应用在天然含水量的黏性土、粉土。

管材以钢管为主、也可以用于铸铁管。管径一般要小于300mm，管径越小效果越好。不出土顶管的主要设备是挤密土层的管尖和挤压切土的管帽，如图5.38所示。

管尖安装在管子前端，顶进时土不能挤进管内。管帽安装在管子前端，顶进时管前端土挤入管帽内，挤进长度为管径的4～6倍时，土就不再挤入管帽内，而形成管内土塞。再继续顶进，土沿管壁挤入邻近土的空隙内，使管壁周围形成密实挤压层、挤压层和原状层3种土层。

4. 长距顶进

由于一次顶进长度受顶力大小、管材强度、后背强度诸因素的限制，一次顶进长度为40～50m，若再要增长，可采用中继间、泥浆套顶进等方法。提高一次顶进长度，可减少工作坑数目。

(1) 中继间顶进。中继间是在顶进管段中间设置的接力顶进工作间，此工作间内安装中继千斤顶，担负中继间之前的管段顶进。中继间千斤顶推进前面管段后，主压千斤顶再推进中继间后面的管段。此种分段接力顶进方法，称为中继间顶进，如图5.39所示。

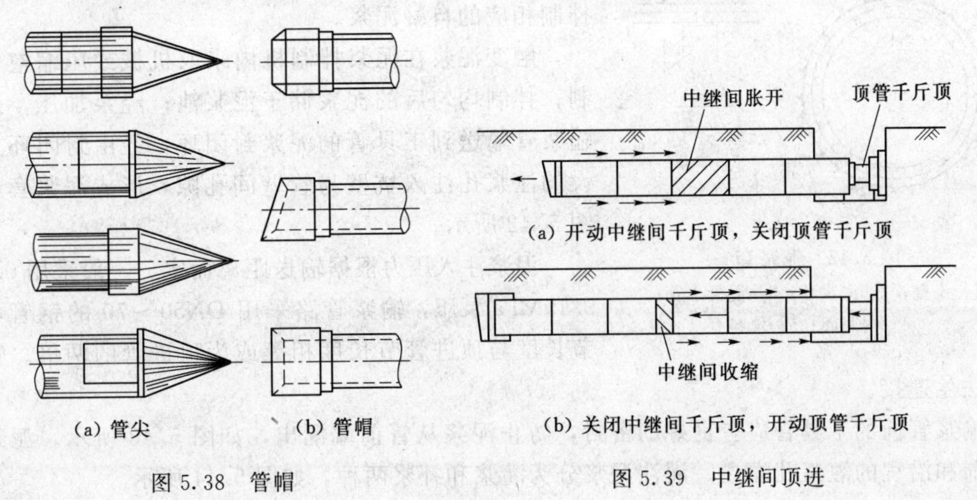

图5.38 管帽

图5.39 中继间顶进

图5.40所示为一种中继间。施工结束后，拆除中继千斤顶，而中继间钢外套环留在坑道内。在含水土层内，中继间与管前后之间连接应有良好的密封；另一类中继间如图5.41所示。施工完毕时，拆除中继间千斤顶和中继间接力环。然后中继间将前管段顶进，弥补前中继间千斤顶拆除后所留下的空隙。

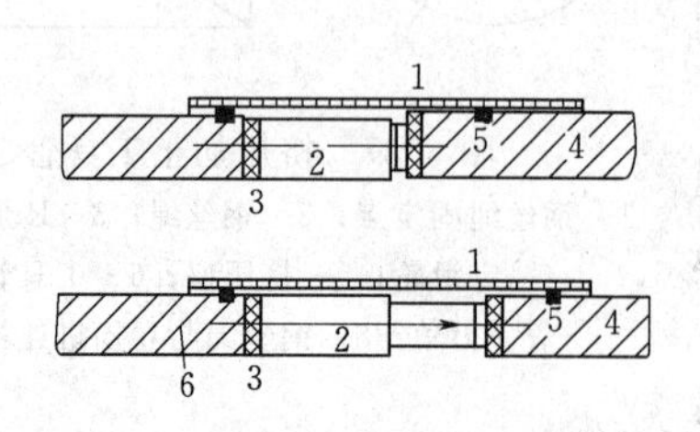

图5.40　顶进中继间（一）

1—中继间钢套；2—中继千斤顶；3—垫料；4—前管；5—密封环；6—后背

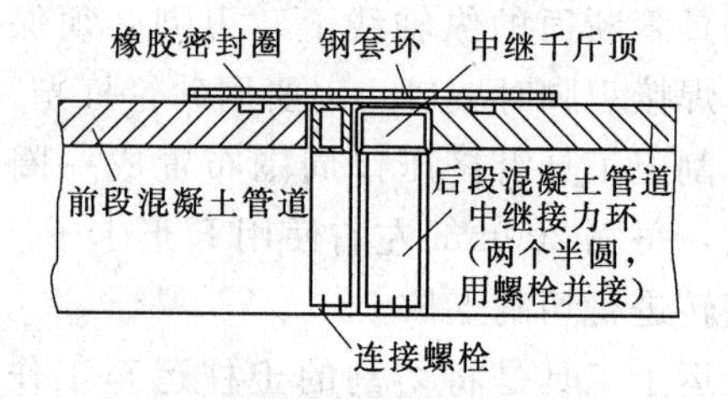

图5.41　顶进中继间（二）

中继间的特点是减少顶力效果显著，操作机动，可按顶力大小自由选择，分段接力顶进。但也存在设备较复杂、加工成本高、操作不便、降低工效的不足。

（2）泥浆套顶进。在管壁与坑壁间注入触变泥浆，形成泥浆套，可减少管壁与土壁之间的摩擦力，一次顶进长度可较非泥浆套顶进增加2～3倍。长距离顶管时，经常采用中继进一泥浆套顶进。

触变泥浆的要求是泥浆在输送和灌注过程中具有流动性、可变性和一定的承载力，经过一定的固结时间，产生强度。

触变泥浆主要成分是膨润土和水。膨润土是粒径小于2μm，主要矿物成分是Si-Al-Si（硅-铝-硅）的微晶高岭土。膨润土的相对密度为2.5～2.95，密度为（0.83～1.13）×10^3kg/m^3。

在地面不允许产生沉降的顶进时，需要采取自凝泥浆。自凝泥浆除具有良好的润滑性和造壁性外，还具有后期固化后有一定强度，达到加大承载效果的性能。

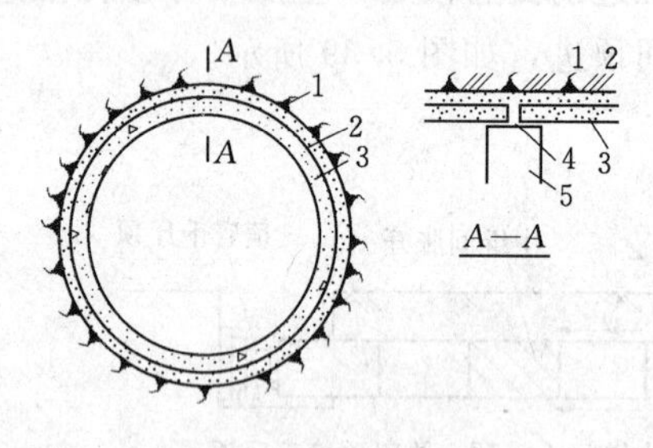

图5.42　泥浆套

1—土壁；2—泥浆套；3—混凝土管；4—内胀圈；5—填料

自凝泥浆多种多样，应根据施工情况、材料来源，拌制相应的自凝泥浆。

触变泥浆在泥浆拌制机内采取机械或压缩空气拌制；拌制均匀后的泥浆储于泥浆池；经泵加压，通过输浆管输送到工具管的泥浆封闭环，经由封闭环上开设的注浆孔注入坑壁与管壁间孔隙，形成泥浆套，如图5.42所示。

泥浆注入压力根据输送距离而定。一般采用0.1～0.15MPa泵压，输浆管路采用*DN*50～70的钢管，每节长度与顶进管节长度相等或为顶进管的两倍。管路采取法兰连接。

输浆管前的工具管应有良好的密封，防止泥浆从管前端漏出，如图5.43所示。泥浆通过管前和沿程的灌浆孔灌注。灌注泥浆分为灌浆和补浆两种，如图5.44所示。

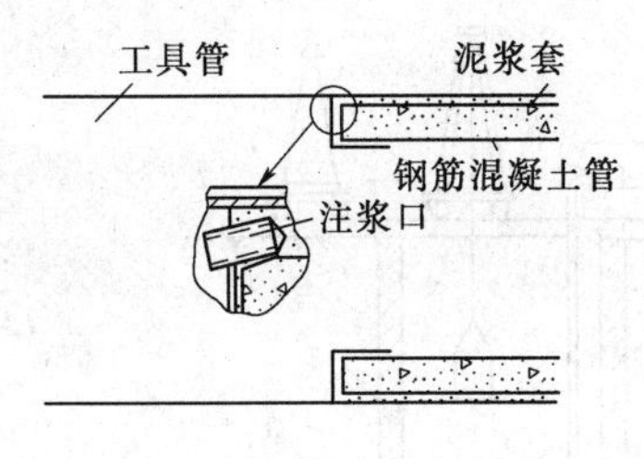

图 5.43 注浆工具管

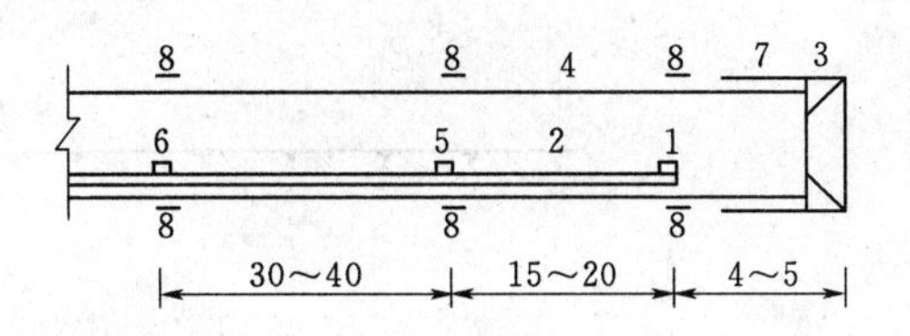

图 5.44 灌浆罐与补浆罐位置（单位：m）
1—灌浆罐；2—输浆管；3—刃；4—管体；
5、6—补浆罐；7—工具管；8—泥浆套

为防止灌浆后泥浆自刃脚处溢入管内，一般离刃脚 4～5m 处设灌浆罐，由罐向管外壁间隙处灌注泥浆，要保证整个管线周壁为均匀泥浆层所包围。为了弥补第一个灌浆的不足并补足流失的泥浆量，还要在距离灌浆罐 15～20m 处设置第一个补浆罐，此后每隔 30～40m 设置补浆罐，以保证泥浆充满管外壁。

为了在管外壁形成浆层，管前挖土直径要大于顶节管节的外径，以便灌注泥浆。泥浆套的厚度由工具管的尺寸而定，一般厚度为 15～20mm。

学习情境5.3 盾 构 施 工

盾构是集地下掘进和衬砌为一体的施工设备，广泛应用于地下给水给排水管沟、地下隧道、水下隧道、水工隧洞、城市地下综合管廊等工程。

盾构根据挖掘方式可分为手工挖掘和机械挖掘式盾构，根据切削环与工作面的关系可分为开口形与密闭形盾构。

盾构法与顶管法相比有下列特点：顶管法中被顶管道既起掘进空间的支护作用，又是构筑物的本身。顶管法与盾构法在这一双重功能上是相同的，所不同的是顶管法顶入土中的是管段，而盾构法接长的是以管片拼装而成的管环，拼装处是在盾构的后部。两者相比，顶管法适合于较小的管径，管道的整体性好，刚度大。盾构适合于较大的管径，管径越大越显示其优越性。

盾构施工表现的主要优点如下：

（1）因需顶进的是盾构本身，在同一土层中所需顶力为一常数，不受顶力大小的限制。

（2）盾构断面形状可以任意选择，而且可以形成曲线走向。

（3）操作安全，可在盾构设备的掩护下，进行土层开挖和衬砌。

（4）施工时不扰民，噪声小，影响交通少。

（5）盾构法进行水底施工，不影响航道通行。

（6）严格控制正面超挖，加强衬砌背面空隙的填充，可控制地表沉降。

盾构法施工概貌，如图 5.45 所示。

5.3.1 盾构施工准备

5.3.1.1 施工准备工作

盾构施工前根据设计提供图纸和有关资料，对施工现场应进行详细勘察，对地上、地下障碍物、地形、土质、地下水和现场条件等诸方面进行了解，根据勘察结果，编制盾构施工方案。

盾构施工的准备工作还应包括测量定线、衬块预制、盾构机械组装、降低地下水位、土

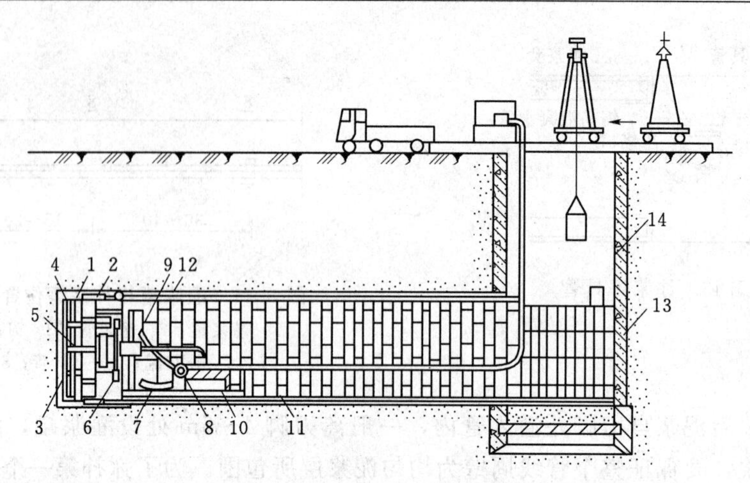

图 5.45　盾构法施工概貌

1—盾构；2—盾构千斤顶；3—盾构正面网格；4—出土转盘；5—出土皮带运输机；6—管片拼装机；7—管片；8—压浆泵；9—压浆孔；10—出土机；11—由管片组成的隧道衬砌结构；12—在盾尾空隙中的压浆；13—后盾管片；14—竖片

层加固以及工作坑开挖等。上述这些准备工作视情况选用，并编入施工方案中。

5.3.1.2　盾构壳体尺寸的确定

盾构壳体尺寸应适应隧道的尺寸，一般按下列几个模数确定。

1. 盾构的外径

盾构的内径 $D_{内}$ 应大于隧道衬砌的外径。

$$D=d+2(x+\delta) \tag{5.16}$$

式中　D——盾构外径，mm；

d——衬砌外径，mm；

x——盾构厚度，mm；

δ——盾构建筑间隙，mm。

根据盾构调整方向的要求，一般盾构建筑为衬砌外径的 0.8%～1.0%。其最小值要满足：

$$x=\frac{Ml}{d} \tag{5.17}$$

式中　l——盾尾内衬砌环上顶点能转动的最大水平距离，通常采用 $l=d/80$；

M——盾尾掩盖部分的衬砌长度。

所以 $x=0.0125M$，一般取用 30～60mm。

2. 盾构长度

盾构全长为前檐、切削环、支撑环和盾尾长度的总和，其大小取决于盾构开挖方法及预制衬砌环的宽度。也与盾构的灵敏度有关系。盾构灵敏度指盾构总长度 L 与其外径 D 的比例关系。灵敏度一般采用：

小型盾构（D=2～3m），L/D=1.5 左右；

中型盾构（D=3～6m），L/D=1.0 左右；

大型盾构 L/D=0.75 左右。

盾构直径确定后，选择适当灵敏度，即可决定盾构长度。

5.3.1.3 盾构推进时系统顶力计算

盾构的前进是靠千斤顶来推进和调整方向。所以千斤顶应有足够的力量，来克服盾构前进过程中所遇到的各种阻力。

(1) 外壳与周围土层间摩擦阻力 F_1：

$$F_1=\upsilon_1[2(P_V+P_h)LD] \tag{5.18}$$

式中 P_V——盾构顶部的竖向土压力，kN/m²；

P_h——水平土压力值，kN/m²；

υ_1——土与钢之间的摩擦系数，一般取0.2～0.6；

L——盾构长度，m；

D——盾构外径，m。

(2) 切削环部分刃口切入土层阻力 F_2：

$$F_2=D\pi L(P_V\tan\phi+c) \tag{5.19}$$

式中 ϕ——土的内摩擦角；

c——土的黏聚力，kN/m²；

其余符号意义同式(5.18)。

(3) 砌块与盾尾之间的摩擦力 F_3：

$$F_3=\upsilon_2 G'L' \tag{5.20}$$

式中 υ_2——盾尾与衬砌之间的摩擦系数，一般为0.4～0.5；

G'——环衬砌重量；

L'——盾尾中衬砌的环数。

(4) 盾构自重产生的摩擦阻力 F_4：

$$F_4=G\upsilon_1 \tag{5.21}$$

式中 G——盾构自重；

υ_1——钢土之间的摩擦系数，一般为0.2～0.6。

(5) 开挖面支撑阻力 F_5，应按支撑面上的主动土压力计算。

其余项阻力，需根据盾构施工时实际情况予以计算，叠加后组成盾构推进的总阻力。由于上述计算均为近似值，实际确定千斤顶总顶力时，尚需乘以1.5～2.0的安全系数。

有的资料提供经验公式确定盾构总顶力为

$$P=\frac{(700\sim1000)\pi D^2}{4}K_n \tag{5.22}$$

盾构千斤顶的顶力：小型断面用500～600kN；中型断面用1000～1500kN；大型断面(D>10m)用25000kN。我国使用的千斤顶多数为1500～2000kN。

5.3.2 盾构机械组装

盾构是用于地下开槽法施工时进行地层开挖及衬砌拼装起支护作用的施工设备。基本构造由开挖系统、推进系统和衬砌拼装系统3部分组成。

5.3.2.1 开挖系统

盾构壳体形状可任意选择，用于给排水管沟，由切削环、支撑环、盾尾3部分组成，由外壳钢板连接成一个整体。如图5.46所示。

1. 切削环部分

位于盾构的最前端，它的前端做成刃口，以减少切土时对地层的扰动。切削环也是盾构

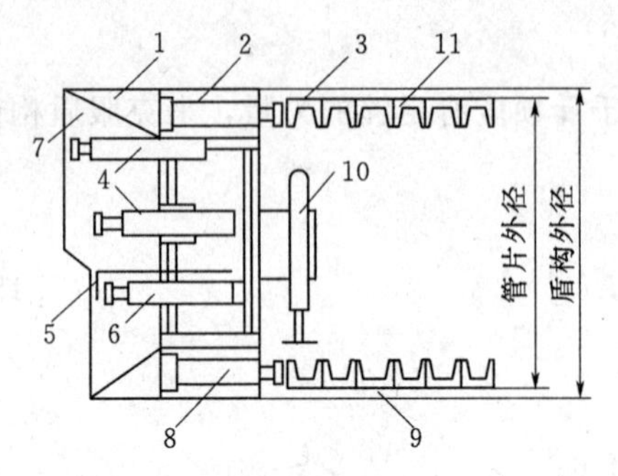

图 5.46　盾构构造简图

1—切口环；2—支撑环；3—盾尾部分；4—支撑千斤顶；5—活动平台；6—活动平台千斤顶；7—切口；8—盾构推进千斤顶；9—盾尾空隙；10—管片拼装管；11—管片

施工时容纳作业人员挖土或安装挖掘机械的部位。

盾构开挖系统均设置于切削环中。根据切削环与工作面的关系，可分开放式和密闭式两类。当土质不能保持稳定，如松散的粉细砂、液化土等，应采用密闭式盾构。当需要对工作面支撑，可采用气压盾构或泥水压力盾构，这时在切削环与支撑环之间设密封隔板分开。

2. 支撑环部分

位于切削环之后，处于盾构中间部位。它承担地层对盾构的土压力、千斤顶的顶力以及刃口、盾尾、砌块拼装时传来的施工荷载等。它的外沿布置千斤顶，大型盾构将液压、动力设备、操作系统、衬砌拼装机等均集中布置在支撑环中。在中、小型盾构中，可把部分设备放在盾构后面的车架上。

3. 盾尾部分

它的作用主要是掩护衬砌的拼装，并且防止水、土及注浆材料从盾尾间隙进入盾构。盾尾密封装置由于盾构位置千变万化，极易损坏，要求材质耐磨、耐拉并富有弹性。曾采用单纯橡胶的、橡胶加弹簧钢板的、充气式的、毛刷型的等多种盾尾密封装置，但至今效果不够理想，一般多采用多道密封及可更换盾尾密封装置。

5.3.2.2　推进系统

推进系统是盾构核心部分，依靠千斤顶将盾构向前移动。千斤顶控制采用油压系统，其组成由高压油泵、操作阀件和千斤顶等设备构成。盾构千斤顶液压回路系统如图 5.47 所示。

图 5.48 为阀门转换器工作示意图。当滑块处于左端时，高压油自进油管流入分油箱将千斤顶出镐；若需回镐时，将滑块移向右端，高压油从阀门转换器，推动千斤顶回镐，并将回油管中的油流向分油箱。

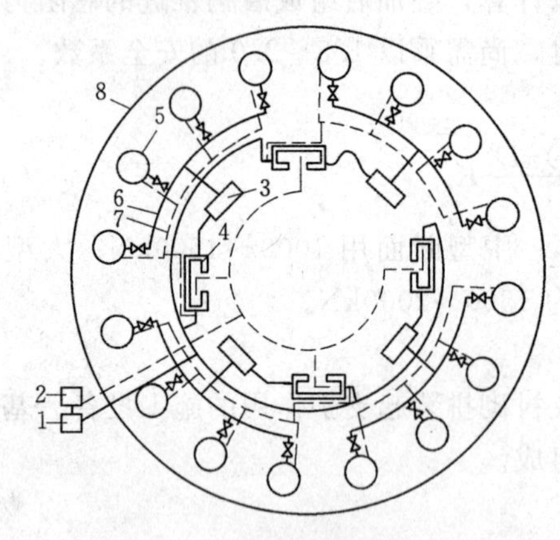

图 5.47　千斤顶液压回路系统

1—高压油泵；2—总油箱；3—分油箱；4—闭口转筒辊；5—千斤顶；6—进油管；7—回油管；8—结构体壳

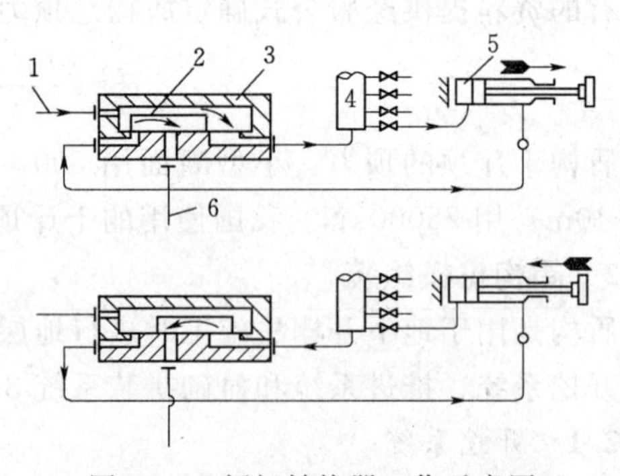

图 5.48　阀门转换器工作示意图

1—进油管；2—滑块；3—阀门转换器；4—分油箱；5—千斤顶；6—回油管

5.3.2.3 衬砌拼装系统

盾构顶进后应及时进行衬砌工作，衬砌块作为盾构千斤顶的后背，承受顶力，施工过程中作为支撑结构，施工结束后作为永久性承载结构。

砌块采用钢筋混凝土或预应力钢筋混凝土、砌块形状有矩形、梯形、缺形、中缺形等，砌块尺寸视衬砌方法。矩形砌块如图5.49所示，根据施工条件和盾构直径，确定每环的分割数。矩形砌块形状简单，容易砌筑，产生误差时容易纠正，但整体性差。梯形砌块的衬砌环的整体性较短形砌块为好。为了提高砌块环的整体性，可采用图5.50所示的中缺形砌块，但安装技术水平要求高，而且产生误差后不易调整。

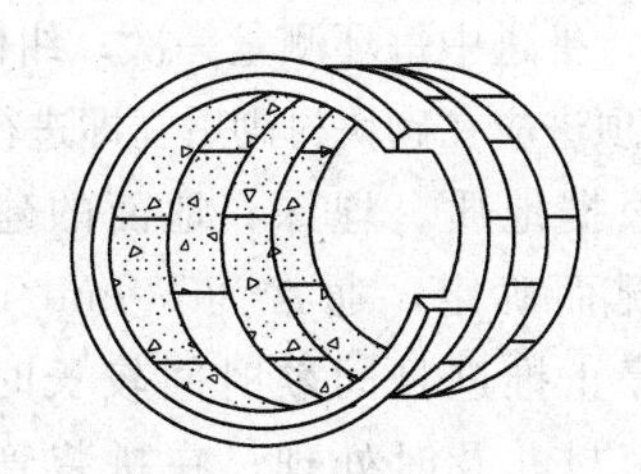

图5.49 矩形砌块

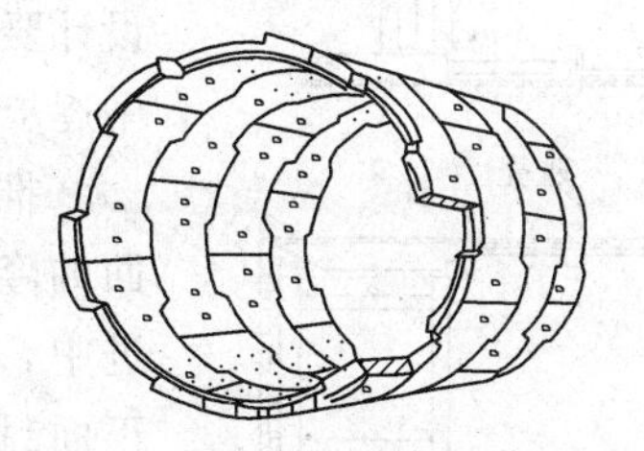

图5.50 中缺形砌块

5.3.3 工作坑开挖与始顶

盾构法施工也应当设置工作坑，作为盾构开始、中间、结束井。开始工作坑作为盾构施工起点，将盾构下入工作坑内；结束工作坑作为全线顶进完毕，需要将盾构取出；中间工作坑根据需要设置，如为了减少土方、材料地下运输距离或者中间需要放置检查井、车站等构筑物时而设置中间工作坑。

开始工作坑与顶管工作坑相同，其尺寸应满足盾构和其顶进设备尺寸的要求。工作坑同壁应做支撑或采用沉井或连续加固，防止坍塌，同样盾构顶进方向对面做好牢固后背。

盾构在工作坑导轨上至盾构完全进入土中的这一段距离，借助外部千斤顶顶进。与顶管方法相同，如图5.51所示。

当盾构进入土中后，在开始工作坑后背与盾构衬砌环，各设置一个木环，其大小尺寸与衬砌环相等，在两个木环之间用圆木支撑，如图5.51（b）所示。作为始顶段的盾构千斤顶的支撑结构。一般情况下，衬砌环长度达30～50m后，才能起后背作用，拆除工作坑内圆木支撑。

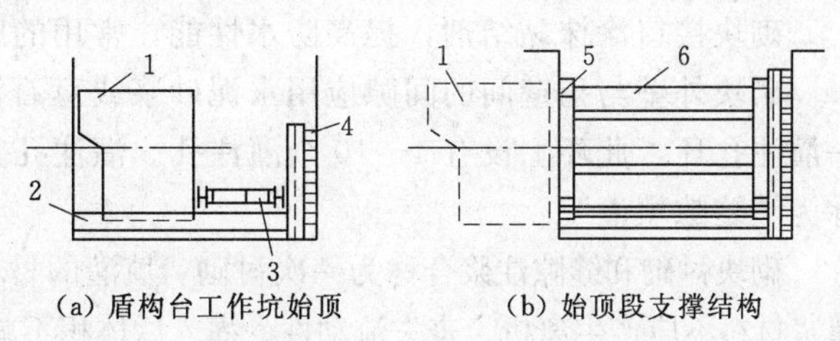

图5.51 始顶工作坑

1—盾构；2—导轨；3—千斤顶；4—后背；5—木环；6—撑木

始端开始后，即可起用盾构本身千斤顶，将切削环的刃口切入土中，在切削环掩护下进行掘土，一面出土一面将衬砌块运入盾构内，待千斤顶回镐后，其空隙部分进行砌块拼装。再以衬砌环为后背，启动千斤顶，重复上述操作，盾构便不断前进。

5.3.4 盾构掘进的挖土及顶进

盾构掘进的挖土方法取决于土的性质和地下水情况，手挖盾构适用于比较密实的土层。工人在切削环保护罩内挖土，工作面挖成锅底形，一次挖深一般等于砌块的宽度。为了保证坑道形状正确，减少与砌块间的空隙，贴进盾壳的土应由切削环切下，厚度为10～15cm。

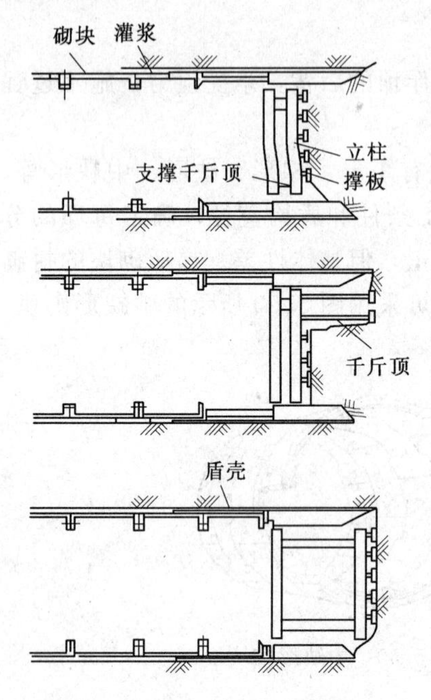

图 5.52 手挖盾构的工作面支撑

在工作中不能直立的松散土层中掘进时，将盾构刃脚先切入工作面，然后工人在保护罩切削环内挖土。根据土质条件进行局部挖土。局部挖出的工作面应支设支撑，如图 5.52 所示。应依次进行到全部挖掘面。局部挖掘从顶部开始，当盾构刃脚难于先切入工作面，如砂砾石层，可以先挖后顶，但必须严格控制每次掘进的纵深。

盾构推进时，应确保前方土体的稳定，在软土地层，应根据盾构类型采取不同的正面支护方法；盾构推进轴线应按设计要求控制质量，推进中每环测量一次；纠偏时应在推进中逐步进行；盾构顶进应在砌块衬砌后立即进行。

推进速度应根据地质、埋深、地面的建筑设施及地面的隆陷值等情况而确定，通常为 50mm/min。盾构推进中，遇有需要停止推进且间歇时间较长时，必须做好正面封闭、盾尾密封并及时处理；在拼装管片或盾构推进停歇时，应采取防止盾构后退的措施；当推进中盾构旋转时，采取纠正的措施。弯道、变坡掘进和校正误差时，应使用部分千斤顶。

根据盾构选型，施工现场环境，土方可以由斗车、矿车、皮带或泥浆等方式运出。

5.3.5 衬砌与灌浆

5.3.5.1 一次衬砌与灌浆

盾构顶进后应及时进行衬砌工作，衬砌的目的是：砌块作为盾构千斤顶的后背，随受顶力；掘进施工过程作为支撑；盾构施工结束后作为永久性承载结构。

按照设计要求，确定砌块形状和尺寸以及接缝方法，接口有平口、企口和螺栓连接。企口接缝防水性能好，但拼装复杂；螺栓连接整体性好，刚度大。

砌块接口涂抹黏结剂，提高防水性能，常用的胶黏剂有沥青、环氧胶泥等。

砌块外壁与土壁间的间隙应用水泥砂浆或豆石混凝土灌注。通常每隔 3～5 个衬砌环有一灌注孔环，此环上设有 4～10 个灌注孔。灌注孔直径不小于 36mm。这种填充空隙的作业称为“缝隙填灌”。

砌块衬砌和缝隙注浆合称为一次衬砌。填灌的材料有水泥砂浆、细石混凝土、水泥净浆等。灌浆材料不应产生离析、丧失流动性、灌入后体积不减少，早期强度不低于承受压力。灌浆作业应该在盾尾土方未坍塌前进行。灌入按自下而上、左右对称地进行。料浆灌入量应为计算孔隙量的 130%～150%，灌浆时应防止料浆漏入盾构内。因此，在盾尾与砌块外皮间应做止水。

1. 无注浆钢筋超前锚杆

锚杆可采用 $\phi22$ 螺栓钢筋，长度一般为 2.0～2.5m，环向排列，其间距视土壤情况确定，一般为 0.2～0.4m，排列至拱脚处为止。锚杆每一循环掘进打入一次。可用风动凿岩机打入拱顶上部，钢锚杆末端要焊接在拱架上。此法适用于拱顶土壤较好情况下，防止坍塌的一种有效措施。

2. 注浆小导管

当拱顶土层较差，需要注浆加固时，利用导管代替锚杆。导管可采用直径为 32mm 钢

管，长度为3～7m，环向排列间距为0.3m，仰角7°～12°。导管管壁设有出浆孔，呈梅花状分布。导管可用风动冲击钻机或PZ75型水钻机成孔，然后推入孔内。

3. 喷射混凝土

喷射混凝土是借助喷射机械，利用压缩空气或其他动力，将按一定配合比的拌和料，通过管道输送并以高速喷射到受喷面上凝结硬化而成的一种混凝土。

根据喷射混凝土拌和料的搅拌和运输方式，喷射方式一般分为干式和湿式两种。常采用干式。图5.53和图5.54为干式和湿式喷射混凝土工艺流程图。

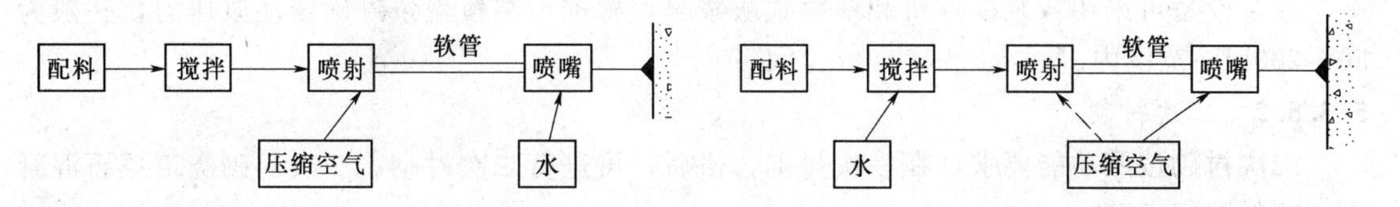

图5.53　干式喷射工艺流程　　图5.54　湿式喷射工艺流程

干式射喷是依靠喷射机压送干拌和料，在喷嘴处加水。在国内外应用较为普遍，它的主要优点是设备简单，输送距离长，速凝剂可在进入喷射机前加入。

湿式喷射是用喷射机压送湿拌和料（加入拌和水），在喷嘴处加入速凝剂。它的主要优点是拌和均匀，水灰比能准确控制，速凝剂加入也较困难。

喷射混凝土材料要求如下：

（1）水泥。喷射混凝土应选用不小于32.5级的硅酸盐或普通硅酸盐水泥，因为这两种水泥的C_3S和C_3A含量较高，同速凝剂的相容性好，能速凝、快硬，后期强度也较高。当遇有较高可溶性硫酸盐的地层或地下水时，应选用抗硫酸盐类水泥。当构筑物要求喷射混凝土早强时，可使用硫铝酸盐水泥或其他早强水泥。

（2）砂。喷射混凝土宜选用中粗砂，一般砂的颗粒级配应满足表5.6所示。砂子过细，会使干缩变形增大；砂子过粗，则会回弹增加。砂子中小于0.075mm的颗粒不应大于20%。

表5.6　砂的级配限度

筛孔尺寸/mm	通过百分数（以质量计）	筛孔尺寸/mm	通过百分数（以质量计）
4.75	95～100	0.6	25～60
2.36	80～100	0.3	10～30
1.18	50～85	0.15	2～10

（3）石子。宜选用卵石为好，为了减少回弹，石子最大粒径不宜大于20mm，石子级配应符合表5.7所示。若掺入速凝剂时，石子中不应含有二氧化硅的石料，以免喷射混凝土开裂。

表5.7　石子级配限度

筛孔尺寸/mm	通过每个筛子的质量百分比		筛孔尺寸/mm	通过每个筛子的质量百分比	
	级配Ⅰ	级配Ⅱ		级配Ⅰ	级配Ⅱ
19	100	—	5.0	0～15	10～30
16	90～100	100	2.5	0～5	0～10
9.5	40～70	85～100	1.25	—	0～5

（4）速凝剂。使用速凝剂主要是使喷射混凝土速凝快硬，减少回弹损失，防止喷射混凝土因重力作用引起脱落，可适当加大一次喷射厚度等。

喷射混凝土拌和料的砂率控制在45%～55%为好，水灰比0.4～0.5为宜。

4. 回填注浆

在暗挖法施工中，在初期支护的拱顶上部，由于喷射混凝土与土层未密贴，拱顶下沉形成空隙，为防止地面下沉，采用水泥浆液回填注浆。这样不仅挤密了拱顶部分的土体，而且加强了土体与初期支护的形体性，有效防止地面的沉降。

注浆设备可采用灰浆搅拌机和柱塞式灰浆泵，根据地层覆盖条件确定注浆压力，一般为50～200kPa范围内。

5.3.5.2 二次衬砌

二次衬砌按照功能要求，在一次衬砌合格后，可进行二次衬砌。二次衬砌浇筑豆石混凝土、喷射混凝土等。

完成初期支护施工之后，需进行洞体二次衬砌，二次衬砌采用现浇钢筋混凝土结构。混凝土强度选用C20以上，坍落度为18～20cm高流动混凝土。采用墙体和拱顶分步浇筑方案，即先浇侧墙，后浇拱顶。拱顶部分采用压力式浇筑混凝土。图5.55为二次衬砌施工图。

图5.55 二次衬砌施工图

5.3.6 质量检查与竣工验收

主要内容在前面已做详细介绍。盾构法施工的给排水管道允许偏差见表5.8。

表5.8 盾构法施工的给排水管道允许偏差

项目		允许偏差	项目	允许偏差
高程	给排水管道	+15～-150mm	圆环变形	8‰
	套管或管廊	每环±100mm	初期衬砌相邻环高差	≤20mm
轴线位移		150mm		

注 圆环变形等于圆环水平及垂直直径差值与标准内径的比值。

学习情境5.4 水平定向钻施工

定向钻的工作原理与液压钻机相类似。在钻先导孔过程中利用膨润土、水、气混合物来润滑、冷却和运载切削下来的土到地面。钻头上装有定向测控仪，可改变钻头的倾斜角度，如图5.56所示。钻孔的长度就是钻杆总长度。先导孔施工完成后，一般采用回扩，即在拉回钻杆的同时将先导孔扩大，随后拉入需要铺设的管道。

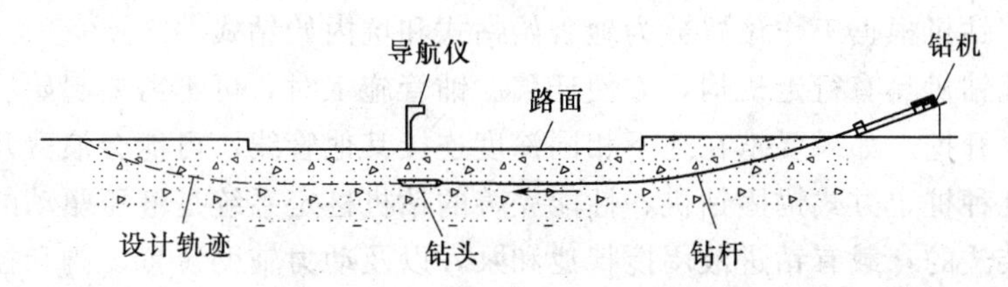

图5.56 定向钻施工先导孔示意图

地质情况不同，钻机的给进力、起拔力、扭矩、转速也是不同的，因此定向钻施工前要探明地质情况。这样有利于对钻机的选型或评价，确定是否能适用。另外还要探明地下障碍物的具体位置，如探明已有金属管线，已有各种电缆，以便绕过这些障碍物。

定向钻施工时不需要工作坑，可以在地面直接钻斜孔，钻到需要深度后再转弯。钻头钻进的方向是可以控制的，钻杆可以转弯，但转弯半径是有限制的，不能太小，最小转弯半径应大于30～42m。最小转弯半径取决于铺设管的管径和材料，一般管径较大或管道柔性较差时，转弯半径应加大，并且要有接收坑（兼下管坑），管道回拖时以平直状态为好。管径较小，管道柔性较好时，可不设接收坑，管道直接从地面拖入。

定向钻适用土层为黏土、粉质黏土、黏质粉土、粉砂土等。铺管长度根据土质情况和钻机的能力而定，在黏性土中，大型钻机可达300m。

水平定向钻施工特点如下：

(1) 定向钻穿越施工具有不会阻碍交通，不会破坏绿地植被，不会影响商店、医院、学校和居民的正常生活和工作秩序，解决了传统开挖施工对居民生活的干扰，对交通、环境、周边建筑物基础的破坏和不良影响。

(2) 现代化的穿越设备的穿越精度高，易于调整敷设方向和埋深，管线弧形敷设距离长，完全可以满足设计要求埋深，并且可以使管线绕过地下的障碍物。

(3) 城市管网埋深一般达到3m以下，穿越河流时，一般埋深在河床下9～18m，所以采用水平定向钻机穿越，对周围环境没有影响，不破坏地貌和环境，适应环保的各项要求。

(4) 采用水平定向钻机穿越施工时，没有水上、水下作业，不影响江河通航，不损坏江河两侧堤坝及河床结构，施工不受季节限制，具有施工周期短人员少、成功率高施工安全可靠等特点。

(5) 与其他施工方法比较，进出场地速度快，施工场地可以灵活调整，尤其在城市施工时可以充分显示出其优越性，并且施工占地少工程造价低，施工速度快。

(6) 大型河流穿越时，由于管线埋在地层以下9～18mm，地层内部的氧及其他腐蚀性物质很少，所以起到自然防腐和保温的功用，可以保证管线运行时间更长。

5.4.1　系统组成及设备安装

各种规格的水平定向钻机都是由钻机系统、动力系统、控向系统、泥浆系统、钻具及辅助机具组成，它们的结构及功能介绍如下。

1. 钻机系统

钻机系统是穿越设备钻进作业及回拖作业的主体，它由钻机主机、转盘等组成，钻机主机放置在钻机架上，用以完成钻进作业和回拖作业。转盘装在钻机主机前端，连接钻杆，并通过改变转盘转向和输出转速及扭矩大小，达到不同作业状态的要求。

(1) 钻机。钻机根据工作位置分为地表始钻式和坑内始钻式。

地表始钻式钻机具有行走机构，方便迁移。铺管施工时，可不需要起始坑和出口坑，但管线连接时需要开挖。如果要求在地下相同深度连接其他管线，可能会浪费几米新管。地表始钻式钻机有几种桩定方式锚固钻机，性能完善的钻机桩定系统是液压驱动的。一些地表始钻式钻机是整装式的，载有钻进液用搅拌池和泵，以及动力辅助装置、阀和控制系统，有的还配置有钻杆自动装卸系统，定长的钻杆装在一个"传送盘"上，随钻进或回扩的过程自动地从钻杆柱上加、减钻杆；有的搅拌池和泵等设备是分离配置的。

坑内始钻式钻机一般体积较小，施工时在钻孔的两端都需要挖坑，可在操作空间受限的地方使用。坑内始钻钻机固定在发射坑中，利用坑的前、后壁承受回拉力和给进力。一些设计紧凑的钻机的起始坑，比接钻杆所需的坑稍大一点即可。钻杆单根长度受坑的尺寸限制，这对铺设速度和钻杆成本造成影响。

(2) 钻杆。钻杆要求有很高的物理机械性能，必须有足够的轴向强度承受钻机给进力和回拖力；足够的抗扭强度承受钻机施加的扭矩；足够的柔韧性以适应钻进时的方向改变；还要尽可能地轻，以方便运输和使用；同时，还要耐磨损。

选择合适的钻杆非常重要，钻杆的外径和壁厚对钻孔弯曲半径有影响。大直径钻杆不能安全地进行小曲率半径的弯曲，因而不能用于短距离弯曲孔。钻杆直径越小，越易弯曲，在适当的地层条件下更适合短距离孔。设计的钻孔弯曲半径应大于欲铺设的钢管和钻杆的允许弯曲半径，或至少是其直径的1200倍。用其他非刚性材料的管道，如高密度聚乙烯管HDPE，弯曲半径可以更小。钻孔弯曲半径越大，回拉时铺设管线越安全。相反，如果钻孔轨迹设计按管材计算的最小弯曲半径，则没有误差的余地。

如要使用孔底泥浆马达，需要最大的钻杆内径或水眼，以提供合适的钻进液流量，将地表压力损失和钻杆压力损失降到最低，这样可给钻头提供最大水马力。钻杆、胶管、单动接头及其他接头的内径（水眼）是保证足够流量的重要因素。

2. 动力系统

动力系统由液压动力源和发电机组成动力源是为钻机系统提供高压液压油作为钻机的动力，发电机为配套的电气设备及施工现场照明提供电力。

3. 导向系统

多数水平定向钻进技术要依靠准确的钻孔定位和导向系统。随着电子技术的进步，导向仪器的性能已有明显改善，能获得相当高的精度。

导向系统有几种类型，最常用是"手持式跟踪（walk - over）"系统，它以一个装在钻头后部空腔内的探测器或探头为基础。探头发出的无线电信号由地面接收器接收，除了得到地下钻头的位置和深度外，传输的信号还包括钻头倾角、斜面面向角、电池电量和探头温度

等等。这些信息通常也转送到钻机附属接收器上，使钻机操作者可直接掌握孔内信息，从而据此做出必要的轨迹调整。

手持式跟踪系统的主要限制是：必须要直接到达位于钻头上部的地面，这一不足可采用有缆式导向系统或装有电子罗盘的探头来克服。有缆式导向系统用通过钻杆柱的电缆从发射器向控制台传送信号。虽然缆线增加了复杂性，但由于不依靠无线电传送信号，对钻孔的导向可以跨越任何地形，且可用于受电磁干扰的地方。

为使电子元件免受严重动载，一种基于磁性计的导向系统用于有冲击作用的干式水平定向钻进系统上。系统的永久磁铁装在冲击锤体上，当其旋转时即产生磁场，磁场的强度及变化由地表磁力计探测，数据交由计算机处理，计算出钻头的位置，深度及面向角。

4. 钻进液（泥浆）系统

钻进液（泥浆）系统由泥浆混合搅拌罐、泥浆泵及泥浆管路组成，为钻机系统提供适合钻进工况的泥浆。

多数定向钻机采用泥浆作为钻进液。钻进液可冷却、润滑钻头、软化地层、辅助破碎地层、调整钻进方向、携带碎屑、稳定孔壁、回扩和拖管时润滑管道；还可以在钻进硬地层时为泥浆马达提供动力。常用的钻进液/泥浆是膨润土和水的混合物。导向孔施工完成后，泥浆可稳定孔壁，便于回扩。钻进岩石或其他硬地层时，可用钻进液驱动孔底“泥浆马达”。

一些钻机采用空气作为钻进液（泥浆），又称为“干式钻进工艺”。其操作简单，废弃物少，不需要太多的现场设备，但受铺管尺寸和地层条件的限制。与采用泥浆钻进工艺不同，干式钻机施工采用高频气动锤钻进。与采用泥浆钻进工艺一样，干钻的钻头也有一个斜面，当在某个方位停止回转冲击钻进时，可控制钻孔轨迹。铺设小直径的管道、导管或电缆线，可使用镶有碳化钨合金齿的锥形扩孔器，这种扩孔器安装有空气喷嘴，气流通过钻杆柱进入，在回扩时空气气流清除钻屑。对于大直径管道铺设，采用气动锤扩孔器，同样在其后部用单动接头连接管道。此时回扩孔起主要作用的是气动锤扩孔器的冲击作用，而不是钻机的回拉力，而且回扩过程中可不回转。

5. 钻具及辅助机具

（1）钻具。钻具是钻机钻进中钻孔和扩孔时所使用的各种机具。钻具主要有适合各种地质的钻杆、钻头、泥浆马达、扩孔器、切割刀等。辅助机具包括卡环、旋转活接头和各种管径的拖拉头。

一般指孔内钻头至钻杆之间的所有钻进装置，又称孔底钻具组合（BHA），BHA应根据使用的定位系统、土层条件和穿越深度的变化而改变。典型的BHA装配如下：

软土层/手持式跟踪——BHA由可改变角度和方向的喷射或铲形钻头、探头室和钻杆组成。

中-硬土层/手持式跟踪——BHA由铣齿牙轮钻头、改变角度和方向控制的弯接头、探头室和钻杆组成。

硬土或岩石层/手持式跟踪——BHA由镶齿牙轮钻头、预先安置好弯头的泥浆马达、探头室和钻杆组成，如图5.57所示。

软土层/有缆式——BHA由钻头、弯接头、浮动接头、装有探头的定向接头、泥浆马达、无磁钻铤和钻杆组成。除钻头外，整个BHA由无磁性钢材组成。

硬土或岩石层/有缆式——BHA由钻头、泥浆马达、浮动接头、定向接头、无磁钻铤和钻杆组成，如图5.58所示。

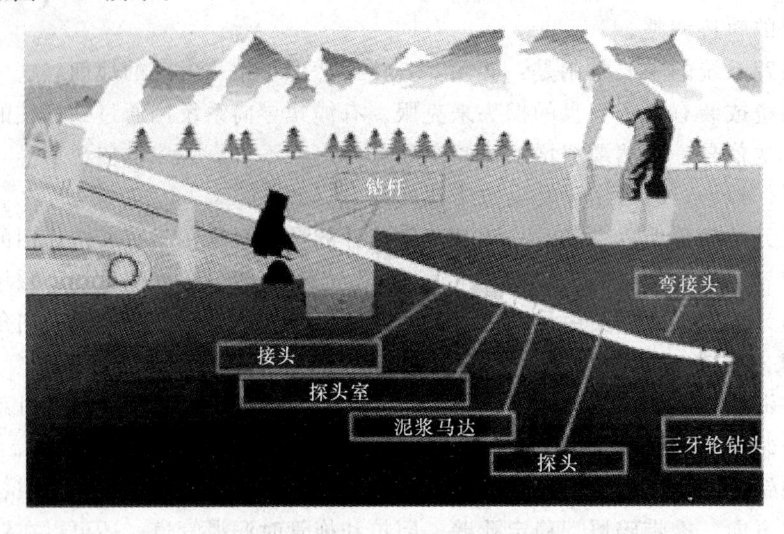

图5.57 硬土或岩石层/手持式跟踪

图5.58 硬土或岩石层/有缆式

(2) 辅助机具。大量的附属和辅助设备在水平定向钻进施工中起着重要的作用。

1) 拉头。拉管的拉头类型很多，包括压力密封式拉头和专用于水平定向钻进的改进型拉头。水平定向钻进拉头的一个重要作用是防止钻进液或碎屑进入成品管，这对铺设饮用水管特别重要。

2) 单动接头。单动接头（又称旋转接头）是扩孔和拉管操作中的基本构件，应设计成防止泥浆和碎屑进入密封式轴承。

3) 安全接头。可使用安全接头保护成品管，该接头上有一系列在预定载荷下断开的销钉，可根据成品管的允许拉伸载荷断开接头。这种断开式接头不仅可以减少因疏忽造成损失的风险，而且可防止操作者试图追求高效率采用超过允许载荷回拉力。

4) 其他辅助设备。包括聚乙烯管焊接机、管道支护滚筒和电缆牵引器。在一些特殊条件下，还可采用管道顶推装置辅助拉管。

5.4.2 施工准备

5.4.2.1 施工场地

水平定向钻进穿越工程需要两个分离的工作场地：设备场地（钻机的工作区）和管线场地（与设备场地相对的钻孔出土点工作区）。场地大小取决于设备类型、铺管直径和钻进穿越长度。

1. 设备场地

如图5.59所示，安放设备、施工操作需要充足的工作面积。一般应保证钻进设备周围具有至少大于钻杆单根长度的操作空间，设备上方应无障碍以保证吊放和防止落物。如果设备是可分离的，摆放设备位置可由一些较小的、不规则的面积组成。

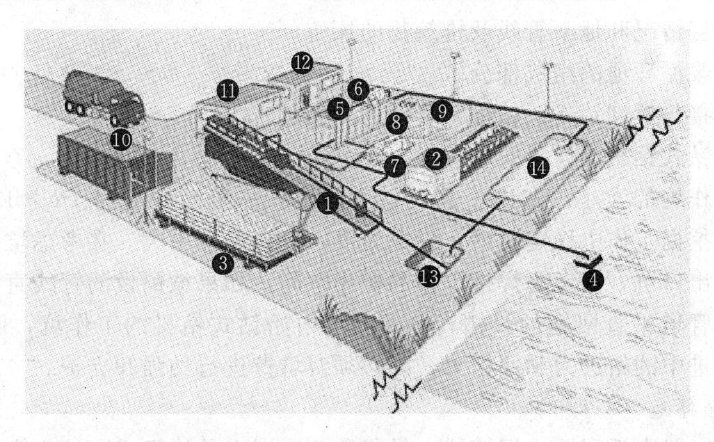

图5.59 设备场地

1—水平定向钻机；2—电力供应设备；3—钻杆；4—水泵；5—泥浆搅拌池；6—泥浆净化设备；7—泥浆泵；8—泥浆材料仓库；9—发电机；10—仓库；11、12—现场办公室；13—入口坑；14—钻屑处理池

2. 管线场地

如图5.60所示，应提供足够长的工作空间便于欲铺设管子的连接。穿越工程的设计，应尽量设法将欲铺设的管线做到全长度一次性拉入，并尽可能避免水平方向的弯曲。多次回拉连接管线会增加施工风险。

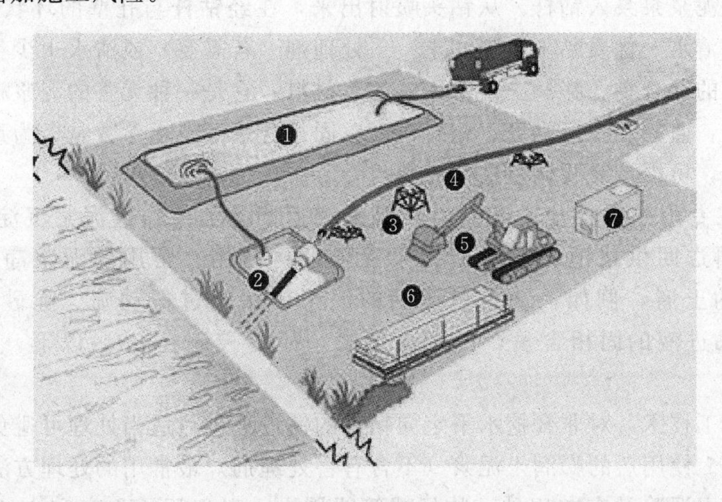

图5.60 管线场地

1—钻屑处理池；2—出口坑；3—施工设备；4—管线导轮；5—生产管线；6—钻杆；7—仓库

在城市市区施工时，由于受街道围墙的限制或必须在拥挤的小胡同、人行道、风景区或特殊的公共通道的地方工作，设备须线性排列，占据空间不超过单行道宽度。

施工场地还应考虑可能干扰钻架或起重机操作的空中设施，以及可能影响设计轨迹线和钻机布置的地下设施。交通高峰期对工作时间的限制也影响施工场地的充分利用。

施工场地还须考虑开挖进、出口坑和泥浆循环池。尽管水平定向穿越对公共设施的破坏最小，但必须告知财产所有者或管理机关，这些坑是定向穿越施工的必要组成部分。

5.4.2.2　工作坑

进、出口工作坑是非常重要的，其作用如下：

（1）兼作地层情况和地下管线及构筑物的探坑。

（2）用作泥浆循环池的组成部分。

（3）作为连接与拆卸钻具、钻杆、管线的工作坑。

（4）坑内始钻式钻机的设备安放位置。

进、出口工作坑的大小，取决于其功能和深度，一般至少应为1m×1m，当深度较深时，还必须考虑挖掘工作中稳定坑壁，形成坡度，坑口尺寸更大。在考虑坑的功用时，如欲用于接管工作的出口坑，需考虑焊接工作的操作空间；如果欲铺设的管线直径大，则出口坑必须延长成适合管道平直回拖的长槽；等等。坑内始钻式钻机的工作坑，因需要利用坑的前、后壁承受钻进中的给进力和回拉力，则必须对坑壁进行加强和支护。

5.4.2.3　泥浆循环池

泥浆循环池一般由返回池、沉淀池、供浆池3个以上的池组成。池之间由沟槽连接，其间还可有泥浆净化设备或装置。泥浆循环池的大小根据泥浆返回量的多少确定，一般至少应为1m×1m×1m，为保证泥浆自由沉淀的效果，沉淀池可大一些或多1～2个。

5.4.2.4　钻进液

钻进液通常是钻进泥浆。钻进泥浆有许多功能，最基本的是维持钻孔的稳定性。另外，泥浆还有携带钻屑、冷却钻头、喷射钻进等功能。钻进液的成分根据底层条件、使用要求作调整。管道与孔壁环状空间里的钻进液还有悬浮和润滑作用，有利于管道的回拖。

钻进泥浆经泥浆泵泵入钻杆，从钻头喷射出来，在经钻杆与孔壁的环状间隙还回地面。钻进液是一种由清水＋优质黏土（膨润土）＋处理剂（若需要）或清水＋少量的聚合物＋处理剂（若需要）的混合物。膨润土是常用的泥浆材料，它是一种无害的泥浆材料。

钻进过程中，监控和维持黏度、相对密度、固相含量等技术参数是极为重要的。当孔内情况有所改变时，可以按需要调整这些参数。

钻进液应在专用的搅拌池中配制。从钻孔中返回的泥浆需经泥浆沉淀池或泥浆净化设备处理后，再送回供浆池，或与新泥浆混合后再使用。常用的泥浆净化方法是分级滤出不同粒径的土屑，例如，从孔口返回的泥浆依次通过振动筛、除砂器、沉淀池处理。钻屑增加钻进液的固相含量，固相含量必须始终控制在30％以下，这样才能保证堵塞钻孔。

作为环保施工技术，对非开挖水平定向钻进的钻进液进行适当处理可避免在地表不能存放钻进液的问题。使用后的膨润土泥浆（不含有害处理剂）最常用的处理方法是散布在田野里，用后的膨润土泥浆散布在田地、牧场或管线周围，对工程承包商和土地主人都是有利的。预先设计好泥浆处理技术可降低实际处理成本。

5.4.2.5 管线制作

1. 原则

根据适用的规则和规范制作、装配管线。

2. 焊缝

拉管前需用焊缝检测仪对管线进行连续检测，发现问题及时进行修理。

3. 过度弯曲

控制最小允许弯曲半径和最大允许拉伸间距范围，可保证管线受力始终低于规定的最小屈服强度。

4. 减阻

对于大直径管线，为了控制拉力在所用钻机的允许范围之内，需进行减阻。减阻还有减少对涂覆层的磨损作用。

5. 回拖

回拖期间，钻机操作者必须监测和记录相关数据，如拉力、扭矩、拉管速度和钻井液流量等。应注意不超过管线的最大允许拉力。

6. 管线涂层

保护层有抗腐蚀和抗磨蚀的作用。定向穿越往往会遇到不同的地层情况，管道回拉时经常受磨蚀，所以需要在管线外层涂保护层。涂层与管线应有很好的黏结力以抵抗地层的破坏，并且表面应光滑结实减少摩擦力。在管线施工中，推荐的保护层应与现场的接头保护层或内保护层一致。

(1) 接头保护层。焊接部位也应涂敷保护层，这是防磨蚀管道的一个关键野外工序。为防止回拖时接头保护层脱落，不应使用缠绕式保护层。

(2) 保护层的修复。回拖施工可能造成小面积的保护层损坏，对此应进行手工修补，如采用油漆刷或滚筒进行涂敷修复。胶带缠绕式修补不能用于回拉损坏保护层的修复。

(3) 抗磨外层。穿越中管线遇石头、卵砾石或坚硬岩石时，推荐在防腐层之外再涂敷高强度耐磨层。

5.4.3 施工设计计算

5.4.3.1 轨迹测量

一旦选择确定了施工位置，就应该对钻孔轨迹进行测量并准备详细的图纸。钻孔轨迹和基准线的最后精度取决于测量资料的精度。

5.4.3.2 轨迹设计参数

1. 覆盖深度

完成岩土勘察，确定了穿越的轨迹，就可确定穿越的覆盖深度，需要考虑的因素包括钻孔施工对地面道路、建筑物或河流的影响，以及对该位置已有管线的影响。推荐穿越的最小覆盖深度大于钻孔最终扩孔直径的6倍以上；在穿越河床时，覆盖深度应在河床断面最低处以下至少5m。

2. 入、出土角和曲率半径

8°～20°的入、出土角适用于大多数的穿越工程。对地面始钻式、入土角和出土角应分别为6°～20°（取决于欲铺设管的直径等）；对坑内始钻式，入土角和出土角一般应采用0°或近似水平。进行大曲率的弯曲以前最好钻进一段直线段。曲率半径的确定由欲铺设管的弯曲特性确定，管径越大曲率半径越大。

铺设金属管材的最小允许弯曲半径可用下列公式计算。但是，为了利于铺管，最小弯曲半径应尽可能大。

$$R_{\min}=\frac{206DS}{K_z} \tag{5.23}$$

式中　$R_{\min}$——最小弯曲半径，m；

D——管子的外径，mm；

S——安全系数，一般取1～2；

K_z——管子的屈服极限，N/mm^2。

3. 辅助参数

入土点或出土点与欲穿越的第一个障碍物之间的距离（例如道路、沟渠等）应至少大于3根钻杆的长度。与水体的最小距离应至少为5～6m，以保证不发生泥浆喷涌。

从钻进技术方面考虑，第一段和最后一段钻杆柱应是直线的，即没有垂直弯曲和水平弯曲，这两段钻杆柱的长度应至少为10m。

入土点与出土点有高差时，应专门另做讨论。

4. 钻进测量与精度

孔内测量工具是测量倾角（上/下控制）、方位角（左/右控制）和深度等参数的电子装置。

钻孔轨迹精度很大程度上取决于孔内测量的精度。当有干扰时，例如，无线电发射台、大型钢结构（桥梁、桩及其他管线等）和电力运输线，会影响测量结果。合理的钻孔轨迹精度应是：导向孔出口处左右±1m，上下±1m。

5. 钻孔轨迹控制

钻进导向孔时，每2～3m应进行一次测量计算。工程承包商在这些测量计算基础上作出钻孔轨迹图。

5.4.3.3　管材壁厚的选择

表5.9给出了根据金属管直径选择壁厚的推荐值，这些推荐值仅供设计时参考。在最后的设计中，应根据计算应力进行选择。

表5.9　　管材壁厚的选择

直径 D/mm	壁厚 t/mm	直径 D/mm	壁厚 t/mm
≤152	6.25	305～762	12.70
152～305	9.25	≥762	$D/t<50$

对高密度聚乙烯管（HDPE管），推荐D/t值小于或等于11，并且咨询制造厂家。

另外，选择管线壁厚应考虑铺管长度。铺管长度越长，管壁应越厚。

5.4.3.4　校核计算

（1）开始拉管时的管线应力（摩擦力、重力）。

（2）全部拉入时的管线应力（摩擦力、浮力、弯曲）。

(3) 由于过度弯曲造成的管线应力（出土角度）。

(4) 拉入过程中的管线应力（内部压力、温度、弯曲、过度弯曲）。

(5) 钻机的锚固力（水平和垂直）。

(6) 钻进设备的尺寸（土壤、管线尺寸、钻孔剖面）。

在最后的校核设计计算中，必须计算管道在施工和使用时的应力大小，校核是否在材料强度允许的范围内。计算中，每一阶段的应力都必须从单独受力和联合受力分别考虑。例如，拉管时，滚柱间跨距造成的应力、做静压试验产生的应力、铺设时的拉力、管入孔时弯曲和钻孔轨迹弯曲产生的应力、钻孔内的附加力和工作应力。

计算出施工各个阶段的单独受力和联合受力后，必须与许用应力比较，进行强度校核。一般，许用应力按以下计算：

轴向最大许用应力：最小屈服强度的80%；

径向最大许用应力：最小屈服强度的72%；

组合应力下的许用应力：最小屈服强度的90%。

5.4.4 施工工艺

使用水平定向钻机进行管线穿越施工，一般分为两个阶段：第一阶段是按照设计曲线尽可能准确的钻一个导向孔；第二阶段是将导向孔进行扩孔，并将产品管线（一般为PE管道，光缆套管，钢管）沿着扩大了的导向孔回拖到导向孔中，完成管线穿越工作。

1. 钻导向孔

钻进导向孔是水平定向穿越施工的最重要阶段，它决定铺设管线的最终位置。要根据穿越的地质情况，选择合适的钻头和导向板或地下泥浆马达，钻杆按设计的进入点以预先确定的8°～12°角度钻入地层，在钻进液喷射钻进的辅助作用下，钻孔向前延伸。在坚硬的岩层中，需要泥浆马达钻进，钻杆的末端有一个弯接头控制轨迹的方向。在每一根钻杆钻入后，应利用手持式跟踪或有缆式定位仪测量钻头位置，推荐至少钻进每根钻杆应测量一次。对有地下管线、关键的出口点或调整钻孔轨迹时，应增加测量点。将测量数据与设计轨迹进行比较，确定下一段要钻进的方向。钻头在出口处露出地面，测量实际出口是否在误差范围之内。如果钻孔的一部分超出误差范围，可能要拉回钻杆，重新钻进钻孔的偏斜部分。如此反复，直到钻头在预定位置出土，完成整个导向孔的钻孔作业。钻导向孔工艺如图5.61所示。当出口位置满足要求时，取下钻头和相关钻具，开始扩孔和回拉。钻机被安装在入土点一侧，从入土点开始，沿着设计好的线路，钻一条从入土点到出土点的曲线，作为预扩孔和回拖管线的引导曲线。

图5.61 钻导向孔示意图

2. 预扩孔

导向孔完成后，必须将钻孔扩大至适合成品管铺设的直径。一般在钻机对面的出口坑将扩孔器连接于钻杆上，再回拉进行回扩，在其后不断地加接钻杆。根据导向孔与适合成品管铺设孔的直径大小和地层情况，扩孔可一次或多次进行。推荐最终扩孔直径按下式计算：

$$D'=K_1D \tag{5.24}$$

式中　D'——适合成品管铺设的钻孔直径；

D——成品管外径；

K_1——经验系数，一般 $K_1=1.2\sim1.5$，当地层均质完整时，K_1 取小值，当地层复杂时，K_1 取大值。

一般情况下，使用小型钻机时，直径大于 200mm 时，就要进行预扩孔，使用大型钻机时，当产品管线直径大于 350mm 时，就需进行预扩孔。预扩孔示意如图 5.62 所示。

图 5.62　预扩孔示意图

3. 回拖管线（拉管）（图 5.63）

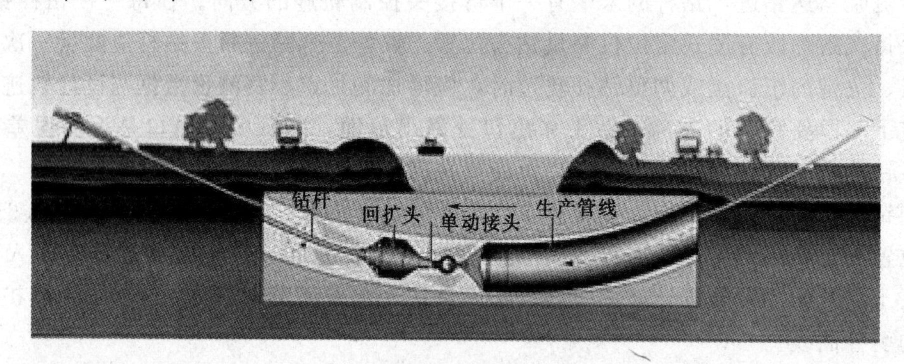

图 5.63　回拖管线示意图

扩孔完成后，即可拉入需铺设的成品管。管子最好预先全部连接妥当，以利于一次拉入。当地层情况复杂，如钻孔缩径或孔壁垮塌，可能对分段拉管造成困难。拉管时，应将扩孔器接在钻杆上，然后通过单动接头连接到管子的拉头上，单动接头可防止管线与扩孔器一起回转，保证管线能够平滑地回拖成功。

回拖产品管线时，先将扩孔工具和管线连接好，然后，开始回拖作业，并由钻机转盘带动钻杆旋转后退，进行扩孔回拖，产品管线在回拖过程中是不旋转的。由于扩好的孔中充满泥浆，所以产品管线在扩好的孔中是处于悬浮状态，管壁四周与孔洞之间由泥浆润滑，这样

既减少了回拖阻力，又保护了管线防腐层。经过钻机多次预扩孔，最终成孔直径一般比管子直径大200mm，所以不会损伤防腐层。

5.4.5 质量检查与竣工验收

主要内容在前面已做详细介绍，在这里不再赘述。

思考题与习题

1. 不开槽施工的优缺点是什么？目前不开槽法施工包括哪些类型？
2. 掘进顶管施工过程，怎样设计工作坑？
3. 顶进设备包括什么？安装时应注意什么？
4. 掘进顶管如何控制中心与高程？
5. 中继间顶管特点及操作过程是什么？
6. 泥浆套层顶进法特点及操作过程是什么？
7. 水力掘进顶管法装置及适用场合是什么？
8. 挤压顶管法装置及适用场合分别是什么？
9. 盾构法施工有什么特点？
10. 盾构法施工开始顶进时的装置是什么？
11. 盾构法砌块型式及砌筑方法？
12. 不开槽法施工中遇有地下水或土质易于坍塌时怎样采取对策？
13. 什么叫一次衬砌？喷射混凝土的具体要求是什么？
14. 水平定向钻施工的工作原理和特点是什么？
15. 试述水平定向钻的系统组成。
16. 水平定向钻施工的主要施工工艺包括哪些？

学习项目6　室外排水管道附属构筑物施工

【学习目标】　学生通过本学习项目的学习，能够掌握室外排水管道附属构筑物的主要施工技能；掌握对检查井、化粪池、雨水口进行检查与验收的技能。同时理解主要砌材和黏结材料的性能及其检验方法；理解钢筋的技术性能及检验思路。

学习情境6.1　检 查 井 施 工

检查井，也称普通窨井，是为便于对管渠系统做定期检查和清通，设置在排水管道交会、转弯、管渠尺寸或坡度改变、跌水等处以及相隔一定距离的直线管渠上的井式地下构筑物。当检查井内衔接的上下游管渠的管底标高跌落差大于1m时，为消减水流速度，防止冲刷，在检查井内应有消能措施，这种检查井称跌水井。当检查井内具有水封设施，以便隔绝易爆、易燃气体进入排水管渠，使排水管渠在进入可能遇火的场地时不致引起爆炸或火灾，这样的检查井称为水封井。

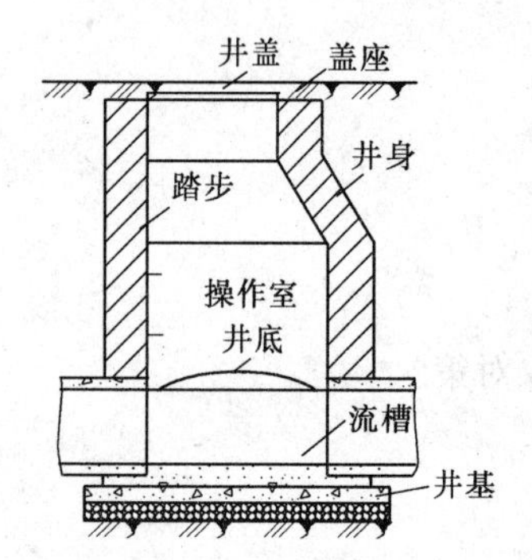

图6.1　检查井的组成

检查井由井底（包括基础）、井身和井盖（包括盖底）3部分组成，如图6.1所示。

6.1.1　检查井施工图的识读

1. 总平面图中的检查井

在总平面图中，当排水检查井的数量超过1个时，应进行编号。

编号方法为：检查井代号—编号；在检查井处引一指引线，在指引线的水平线上面标注井底标高，水平线下面标注用管道种类及编号组成的检查井标号，如W为污水管，Y为雨水管，标号顺序按水流方向，从管的上游向下游顺序编号。

检查井的编号顺序宜为：从上游到下游，先干管后支管。

2. 检查井详图的识读

检查井详图包括检查井平面图、立面图、剖面图，井盖及盖座详图。

识读整套图纸时应按照“总体了解、顺序识读、前后对照、重点细读”的方法；读单张图纸时，应由外向里、由大到小、由粗到细、详图与说明交替、有关图纸对照看的方法，重点看轴线及各种尺寸的关系。

阅读施工图时，应注意以下几个问题：

（1）具备用正投影原理读图的能力，掌握正投影基本规律，并会运用这种规律在头脑中将平面图形转变成立体实物。同时，还要掌握建筑物的基本组成，熟悉构筑物基本构造及常

用构配件的几何形状及组合关系等。

(2) 检查井做法以及构配件所使用的材料种类繁多，它们都是按照建筑制图国家标准规定的图例符号表示的，因此，必须先熟悉各种图例符号。

(3) 图纸上的线条、符号、数字应互相核对。要把施工图中的平面图、立面图、剖面图和详图对照查看清楚，必要时还要与施工图中的所有相应部位核对一致。

(4) 阅读施工图，了解工程性质，不但要看图，还要查看相关的文字说明。

图 6.2 为砖砌圆形排水检查井的详图。由于检查井外形简单，需要表达清楚的是内部管子连接和检查井、管沟的构造情况，所以三个投影均画成剖面图。立面图是Ⅰ—Ⅰ全剖面，剖切位置通过管子和检查井的中心线；平面图是Ⅲ—Ⅲ全剖面，剖切位置通过管子的轴线。剖面图图是Ⅱ—Ⅱ旋转剖面，剖切位置通过两极管子的轴线。检查井的材料、构造、尺寸、详细做法如图 6.2 所示。钢筋混凝土盖座和井盖详图如图 6.3 所示。

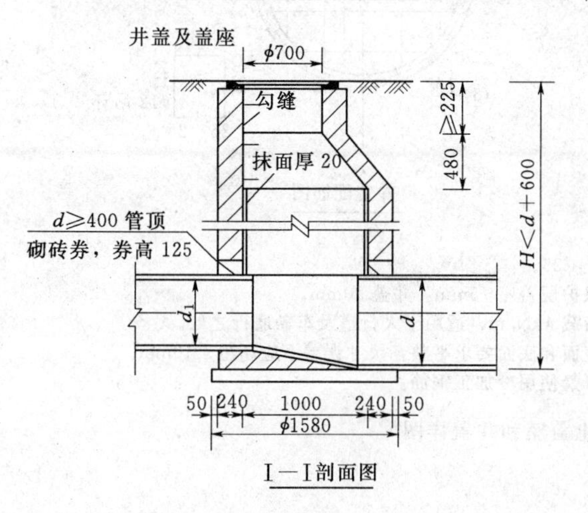

Ⅰ—Ⅰ剖面图

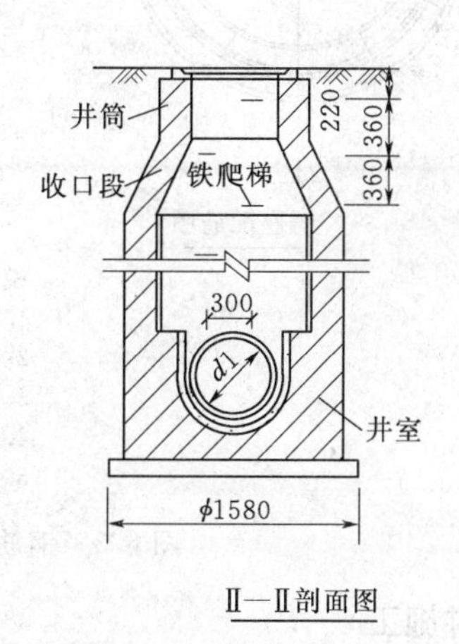

Ⅱ—Ⅱ剖面图

Ⅱ

Ⅰ　ϕ700　Ⅰ

Ⅱ

平面图

工程数量表

管径 d	砖砌体/m³			C15 混凝土 /m³	砂浆抹面 /m²
	7.62	7.62	7.62		
200	0.39	1.98	0.71	0.20	7.62
300	0.39	2.10	0.71	0.20	7.62
400	0.39	2.21	0.71	0.20	7.62
500	0.39	2.32	0.71	0.22	7.62
600	0.39	2.41	0.71	0.24	7.62

说明：

1. 井墙用M7.5水泥砂浆砌MU10砖；无地下水时，可用M5混合砂浆砌MU10砖。
2. 抹面、勾缝均用 1∶2 水泥砂浆。
3. 遇到地下水时，井外壁抹面至地下水位以上 500mm，厚 20mm，井底铺碎石，厚 100mm。
4. 井室高度，自井底至收口段一般为 d+1800，当埋深不允许时，可酌情减少。
5. 井基材料采用 C15 混凝土，厚度等于干管管基厚度，若干管为土基时，井基厚度为 100mm。

图 6.2　检查井的材料、构造、尺寸、详细做法

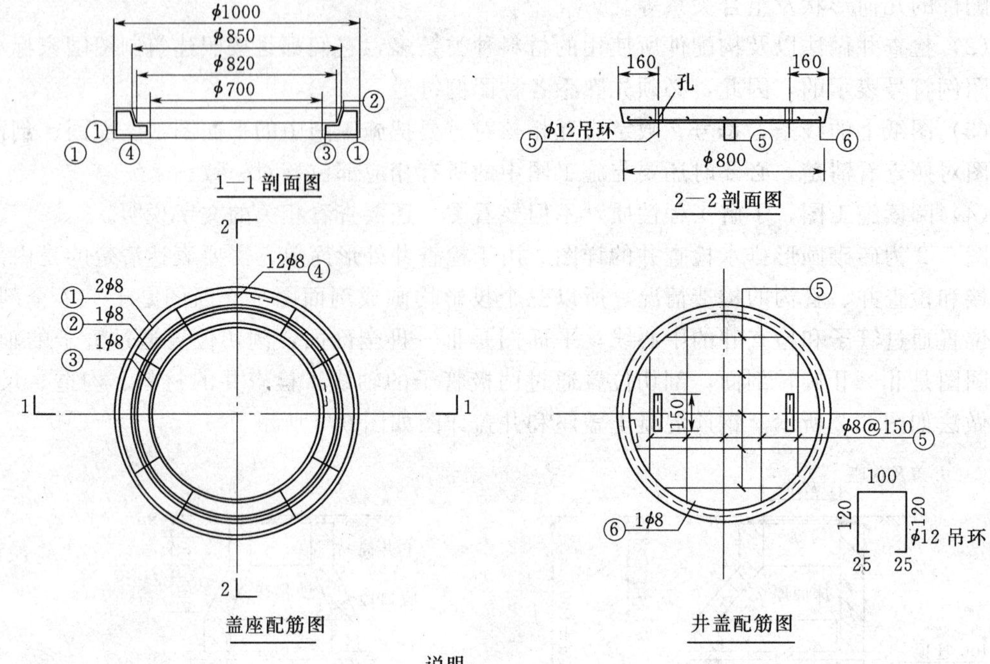

说明：
1. 混凝土 C25。
2. 钢筋保护层盖座 75mm，井盖 20mm。
3. 设计荷载 4kN/m，适用于人行道及车辆通行之处。
4. 构件表面和底面要求平整，尺寸误差不应超过±10mm。
5. 吊环严禁使用冷加工钢筋。

图 6.3　钢筋混凝土盖座和井盖详图

6.1.2　检查井施工

市政排水设施需砌筑检查井等构筑物，传统的做法是用黏土砖砌或黏土砖、混凝土混合两类。国务院要求所有城市从 2010 年起全面禁止使用实心黏土砖，但是黏土砖砌筑的检查井在我国很多城市还占有相当大的比例。

6.1.2.1　检查井类型

检查井按材料和砌筑方式可分为：砖砌检查井、预制装配式混凝土检查井、混凝土模块式检查井。

1. *砖砌检查井*

砖砌检查井的主要缺点：

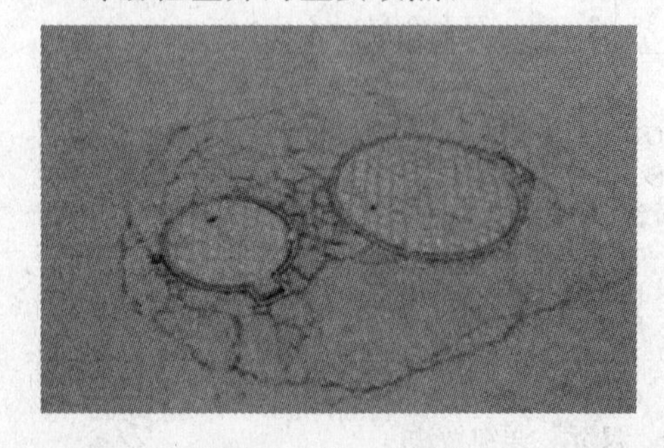

图 6.4　检查井下沉

（1）黏土砖强度低、耐久性差，使用 7～8 年就会发生因腐蚀而使黏土砖酥烂的现象，导致检查井下沉，引起路面凹坑，影响道路行车质量，如图 6.4 所示。

（2）易渗漏。砖块酥烂后渗漏更为严重，污水的泄漏，引起地下水质下降。

（3）机械化施工水平低，现场作业时间长、湿作业工作量大、养护时间长，开槽后较长时间

不能回填，不利于道路缩短施工工期、快速放行的要求，甚至影响四周环境和建筑物的安全，给人民生活带来不便。

（4）烧制黏土砖，大量毁坏农田。

2. 预制装配式混凝土检查井

预制装配式混凝土检查井井室、井筒由预制钢筋混凝土调节拼块拼装而成，如图6.5所示。检查井的形状有圆形、扇形或矩形，如图6.6所示。各调节拼块之间，垂直方向的接缝为企口连接，由聚氨酯、橡胶圈或水泥砂浆密封；水平方向的接缝是螺栓连接，由聚氨酯或水泥砂浆密封。井室和管道有插口或承口，接口处由密封圈或砂浆密封。井室和井筒由不同模数的调节拼块层叠或侧连拼装而成；承插式钢筋混凝土排水管道无管基敷设，配合预制装配式混凝土检查井，可与柔性接口排水管配套，实现管道装配化快速施工。

图6.5 装配式检查井井筒

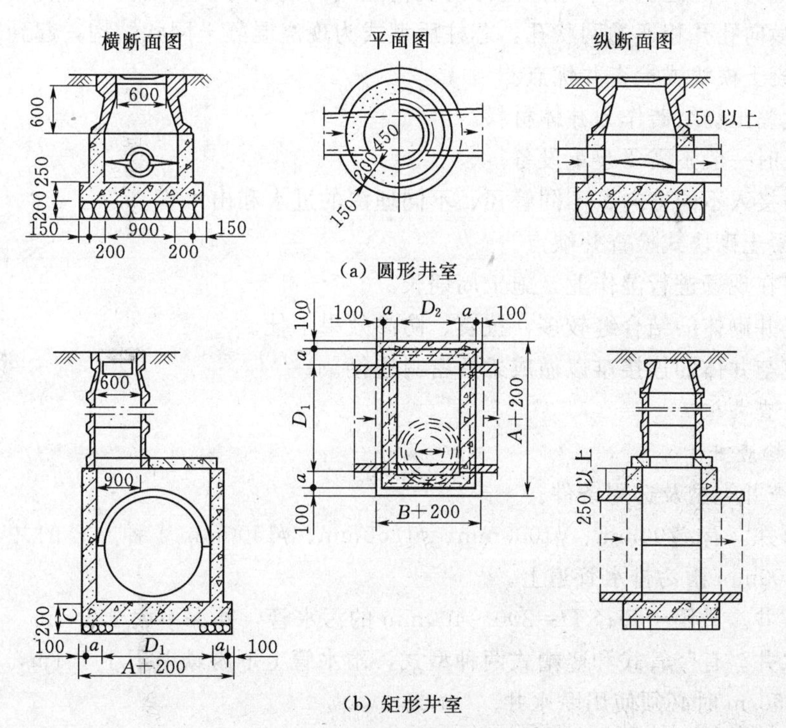

图6.6 预制装配式检查井形状

（1）预制装配式混凝土检查井优点。

1）不需要在现场进行大量湿作业，可以明显提高检查井的施工速度，可以实现管道装配化快速施工。

2）整体性好，抗震能力强。

3）容易做到井体和管材之间及井体各部件之间的接缝严密，或做成橡胶密封圈柔性连接，避免渗漏，防止对地下水源的污染。

4）检查井刚度大，可用强夯提高检查井四周回填土的密实度，减少回填土下沉，提高道路质量。

5）耐久性好，使用寿命长。

（2）装配式混凝土检查井缺点。

1）自重大，施工中一般需用起重设备配合。

2）井壁预留孔位置、方向由设计预定，在现场施工连接支管时改动较为困难。

3）在已有的检查井中接入支管，因混凝土强度高，开孔的难度及工作量较砖砌检查井大。

3. *混凝土模块式检查井*

混凝土模块由砂、石、水泥、粉煤灰等原材料按照一定配合比经高频振捣，垂直挤压成型。应用于圆形检查井的弧形模块的基本尺寸是将各类井型进行整体切割，利用周长与直径的关系形成单元块尺寸规格，用少数几种型式的模块，即可满足各类井型的应用需要，形成系列化尺寸模块。模块的上下左右四面设有凹凸槽结构，组成砌筑后形成链锁，使井壁墙体各个方向的抗剪力远远优于平摩擦砌体的机构型式。模块为中空结构，组合砌筑后形成纵向孔孔相贯，横向孔孔相通的网状孔，芯柱后型式为现浇混凝土网状结构，起到闭水作用。

（1）混凝土模块式检查井优点。

1）替代黏土烧结砖作为井体材料。

2）施工时一般不需要起重设备。

3）容易接入不同方向、不同管径、不同埋深的进水和出水管。

（2）混凝土砌块式检查井缺点。

1）仍需在现场进行湿作业，施工周期长。

2）检查井砌体的结合缝较多，抗震、防渗效果不佳。

3）管道与井体的连接难以做成柔性密封连接。

6.1.2.2 检查井施工

1. *砖砌检查井*

（1）检查井类型及选用条件。

1）圆形井。有ϕ700mm、ϕ1000mm、ϕ1250mm、ϕ1500mm 4种井径的井，适用于管径D=200～1000mm雨污排水管道上。

2）小方井。适用于管径D=200～400mm的污水管，井深不大于1.5m，不下人。

3）跌水井。有竖管式和竖槽式两种型式，雨水管上下游跌差不小于1m，污水管上下游跌差不小于50cm时必须使用跌水井。

（2）采用材料。

1）砖砌体。采用MU10机制标准砖，用M7.5砂浆砌筑，内、外壁粉20mm厚1∶2水泥砂浆（分层抹灰）。

2）钢筋混凝土。盖板：C25、井圈：C30；钢筋：Φ－HPB235。

3）井基。采用C10混凝土。

4）抹面。采用1∶2（体积比）防水水泥砂浆抹面厚20mm。

5）流槽。采用与井墙一次砌筑的砖砌流槽，如改用C10混凝土时，浇筑前应先将检查

井之井基、井墙洗刷干净，以保证共同受力。

6）预制盖板。应在适当位置加吊环。

（3）砖砌检查井施工工艺。放出中心线→按检查井尺寸（半径）摆出井壁砖墙大样→井壁砌筑→踏步安装→井盖安装→内墙抹灰→分层压实。

1）在已安装好混凝土管检查井处，放出检查井中心位置，按内径尺寸摆出井壁砖墙位置。

2）检查井壁砌筑时应随时检查井径尺寸及垂直度。井筒砌筑采用M7.5水泥砂浆砌MU10砖，井筒内壁抹20mm厚1∶2防水水泥砂浆。

3）踏步安装：按标准图要求安装，向心安放，外露长度应一致，必须安装牢固，位置正确。检查井内的踏步要随砌随安，埋入半壁的位置准确，踏步安装后，在砌筑砂浆或混凝土未达到规定抗压强度前不得踩踏。

4）砌完井室后，应及时安装盖座。安装时砖墙顶面用水冲净后铺砂浆，按设计高程找平。

5）井口抹面后直径制作模具进行控制；采用两遍法施工，砂浆全部为1∶2水泥砂浆。必须做到抹面压光，无空鼓、裂纹，严禁刷浆。

6）检查井砌筑至规定高程后，应及时安装井圈、盖好井盖，以保证现场施工安全。

（4）砖砌检查井的施工注意事项。

1）砌筑所用材料应符合设计要求，砖强度达到规定等级，砂采用中砂、粗砂，采用设计规定的标号并保证具有良好的流动性、保水性、拌和均匀性。

2）砌筑前应将砖用水浸透，保证砌筑砖含水量为10%～15%。砌筑应满铺满挤、上下搭砌，水平缝厚度与竖向缝厚度宜为10mm，并不得有竖向通缝，必须为上、下错缝，内外搭接。如井身不能一次砌完，在二次接高时，将原砖面上的泥土杂物清理干净，然后用水清洗砖面并浸透。

3）砌筑井室，用水冲净基础后，先铺一层砂浆，再压砖砌筑，做到满铺满挤，砖与砖间灰缝保持1cm。

4）壁面处理前必须清除表面污物、浮灰等。

5）盖板、井盖安装时加1∶2防水砂浆坐浆及抹三角灰，井盖顶面要求与路面相平。

6）混凝土盖板均为底层配筋，盖板在运输时不得倒置。

7）若支、干管基础落于井室肥槽中时，肥槽须进行处理。其做法：用级配砂石、混凝土或砖填实。

8）钢筋及混凝土的制作要求，按《混凝土结构工程施工质量验收规范》有关条款执行。

9）回填土必须在隐蔽工程验收后进行。回填土时，先将盖板坐浆盖好，在井墙和井筒周围同时回填，回填土密度根据路面要求而定，但不应低于95%。回填土前要清除肥槽内杂物，要严格控制回填土质量，回填时土中不得含碎砖、石块及大于10cm硬土块。检查井周围还土要严格分层夯实，确保检查井周围不沉降。

2.预置装配式钢筋混凝土排水检查井

（1）检查井类型及选用条件。

1）使用时应根据接入管的管径、数量、方向、转角、高程、覆土厚度和有无井室盖板等条件选用井型。

2）接入圆形检查井和矩形检查井的支管（接户管或连接管）数不宜超过3条。

3）矩形三通、四通式检查井适用于上游管中心线与下游管中心线分别成90°、180°、270°交角的管道上。

4）井盖和踏步可选用国标图集《井盖及踏步》（97S501-1）及《双层井盖》（02S501）或由设计人自行设计。步距为360mm，流槽处设置脚窝。

5）圆形检查井和矩形检查井适用范围，见表6.1和表6.2。

表6.1　　圆形检查井井型适用范围表

检查井井径 ϕ	下游管顶覆土厚度 /m	适用管径范围 /mm	检查井井径 ϕ	下游管顶覆土厚度 /m	适用管径范围 /mm
700	≤1	≤400	1200	≤5	600～700
800	≤1	≤400	1500	≤5	700～800
1000	≤5	≤600			

表6.2　　矩形检查井井型适用范围表

检查井尺寸	下游管顶覆土厚度/m	适用管径范围/mm
1360×1360	≤5	700～800
1600×1600	≤5	700～800

（2）采用材料。

1）混凝土最低强度等级为C30，抗渗等级为S8，最大水灰比为0.50，最小水泥用量为300kg/m^3，最大氯离子含量0.1%，最大碱含量为3.0kg/m^3。

2）钢筋采用HPB235、HRB335，钢筋的混凝土保护层厚度一般为：井室底板下层筋及盖板下层筋保护层为40mm，其他部位为35mm。

3）构件吊环所用钢筋采用HPB235级，严禁使用冷加工钢筋。吊环应焊接或绑扎在钢筋骨架上。

4）井室井筒采用塑钢或铸铁小踏步。

（3）预置装配式钢筋混凝土排水检查井施工工艺。铺筑碎石砂垫→井底板、底座吊装→排水干管接入→井室段吊装→支管插入段安装→收缩口段吊装→现浇混凝土井环→管接口处理→防盗井盖安装。

1）吊装。装配式检查井由各预制配件组合构成，施工时采用吊机由下至上，逐一吊装各预制配件，混凝土配件的装嵌要严格按照设计要求施工。每段预制井构件设计有4个装配吊环，对称分布在构件外壁四周，吊时起吊角必须大于60°，防止出现过大的水平应力造成构件受损。起吊过程中调节绳索长度保证构件平放，现场由人工配合起重机械进行安装，如图6.7所示。

2）管接口处理。检查井每段预制件安装完后，在预制件顶部安装止水胶圈，止水胶圈为2cm厚的橡胶圆环，安装好后即可进行下段预制件吊装。为保证橡胶圈的止水效果，预制件搭接处的内外空隙部位，要用水泥浆填封。支管口接入时应插进井筒内壁，伸出的管头用铁锤砸掉后用砂浆修整平顺。预制构件连接，利用机械油封原理由上部井身自重将接口橡胶条压紧即可，大大节约施工时间，且能很好适应现场施工环境，对辅助措施（如抽水、支护等）要求大大降低。

图 6.7 装配式检查井的吊装

3）预制井装嵌完毕后，现浇 C35 井环混凝土，井盖按设计要求放置平稳，与路面的高差由井环高度调节。完工后确保与路面标高保持一致。

（4）预置装配式钢筋混凝土排水检查井的制作及施工安装注意事项。

1）预制混凝土检查井与管道接口接触面均应“凿毛”处理。

2）接缝做法。检查井与钢筋混凝土管、混凝土管及铸铁管连接时采用 1∶2 水泥砂浆或采用聚氨酯掺合水泥砂浆，掺合量为代替 20%～50%的水量，接缝厚度为 10～15mm。当采用塑料管等其他管材时，应按其管材要求进行。

3）填土时，在井室或井筒周围同时回填，回填土密实度根据路面要求而定，但不应低于 95%。冻土深度范围内，应回填 300mm 宽的非冻胀土。

4）若支、干管基础落于井室肥槽中时，肥槽须进行处理。其做法：可用混凝土、级配砂石或其他无毛细吸水性能的土料，并控制压实密度，压实系数不应低于 97%。

5）检查井底板下铺 100mm 厚碎石层。

6）检查井井筒和圆形检查井井室钢筋采用滚焊机成型，其余绑扎成型，预留孔处钢筋截断并做加强处理。

7）厂家可利用现有成熟制管工艺制造圆形构件，矩形井及圆形井的构件质量应符合钢筋混凝土管道产品标准。

8）吊环严格按照图纸所示位置设置，严禁在预留孔位置上方安装起吊环。

3. 混凝土模块式排水检查井

（1）检查井类型及选用条件。

1）圆形井。有 ϕ700mm、ϕ800mm、ϕ900mm、ϕ1100mm、ϕ1300mm、ϕ1500mm 6 种直径的井，分别适用于管径 D=200～800mm 的雨污水管道上。

2）矩形井。分为直线井、90°三通井及 90°四通井，分别适用于管径 D=900～2000mm 的雨水管道上，管径 D=900～1500mm 的污水管道上。

3）跌水井。有竖管式、竖槽式和阶梯式 3 种型式，适用于污水管上下游跌差不小于 0.5m 的情况。

（2）采用材料。

1）井壁材料。

混凝土井壁墙体模块：MU10。

砌筑砂浆：M10 砌块专用水泥砂浆。

灌芯混凝土：C25。

包封混凝土：C25。

勾缝、坐浆、抹三角灰：1：2（防水）水泥砂浆。

2）盖板。C25钢筋混凝土盖板。

3）底板。

圆形井 ϕ<900mm，采用C25素混凝土。

圆形井 $\phi\geqslant$900mm，采用C25钢筋混凝土。

矩形井，采用C25钢筋混凝土。

4）垫层。C15素混凝土。

5）流槽。采用C15素混凝土浇筑或采用与检查井配套的材料砌筑。

6）井筒。井筒直径 ϕ700mm、ϕ800mm，其做法参见 ϕ700mm、ϕ800mm圆形检查井。

7）钢筋。HPB235级钢或HRB335级钢。

8）混凝土最大碱含量不得大于3.0kg/m^3。

9）钢筋保护层厚度。

圈梁：两侧迎水面为40mm，上下面为25mm。

底板：40mm，顶板：35mm。

（3）混凝土模块式排水检查井施工工艺。准备工作→混凝土垫层→井室砌筑→流槽→踏步安装→盖板安装→井筒砌筑→抹面勾缝→井圈及井盖安装。

1）放线。圆形井以两节管预留间距中心为圆心画圆，矩形井以两节管预留间距中心按设计尺寸向四边放线。为防止塌方，放线时要随时跟踪放坡大小，同时要根据图纸控制好检查井标高。

2）砌筑。如图6.8所示，首层混凝土模块应按设计图纸要求定位，根据检查井尺寸正确的摆放模块。圆形井每层模块数量为 d/100（其中 d 为检查井的直径）。例如，ϕ1100圆形检查井采用1100弧形块，每层为11块。矩形井根据标准块、转角块的尺寸来确定每层砌块排放数量。当连接接入管时，模块可用切割机切割，切割后的连接缝应控制在10～15mm，坐浆应密实，凹凸槽口衔接牢固，以便流入砂浆，防止渗漏。

图6.8　混凝土模块式检查井的砌筑

3）灌芯。混凝土灌芯前应将杂物及落灰清理干净，墙体做必要的支撑加固。分次灌注时，应灌至灌注最上层砌块的2/3，剩下的1/3灌注容量要等下次灌注施工时灌注（图6.9），混凝

土灌芯应分层捣固（图 6.10），但两个灌层灌注间隔时间不得超过下层混凝土的冷凝时间。芯浇灌最好连续，确保混凝土连续性和整体黏结性。

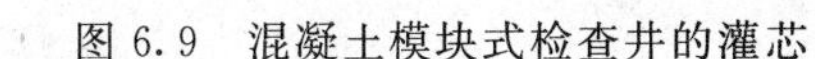

图 6.9　混凝土模块式检查井的灌芯

图 6.10　混凝土模块式检查井的捣固

4）勾缝。井壁应进行勾缝，随砌随勾缝，勾缝采用 1：2（防水）水泥砂浆，在砌筑检查井时应同时安装预留支管，预留支管的管径、方向、高程应符合设计要求，管道与井壁衔接处应严密。

5）流槽。流槽与井室同时进行砌筑。流槽表面采用 20mm 厚 1：2.5 水泥砂浆抹面，压实抹光，与上下游管道平顺一致，以减少摩阻。

6）踏步安装（图 6.11）。踏步可直接镶嵌于两层砌块之间，用切割机在设计安装位置切割数刀，凿出槽孔，放入踏步，用混凝土包裹严实，同时调整好踏步夹角、平整度，外露长度。踏步安装，应随砌随安，混凝土凝固前不得踩踏步。

7）安装盖板、井圈、井盖（图 6.12）。检查井砌筑或安装至规定高程后，应及时浇筑或安装盖板、井圈，盖好井盖。检查井施工完毕后，应加强养护，混凝土及砂浆未达到设计强度前不得进行回填，如有特殊要求，由设计人员确定回填时间，并提出相应的技术保障措施。

图 6.11　混凝土模块式检查井踏步安装

图 6.12　混凝土模块式检查井井盖安装

（4）施工注意事项。

1）所有砌体均应灌芯，砌体施工质量控制等级为 B 级。

2）预制和现浇混凝土构件须保证表面平整、光滑。

3）混凝土模块进入施工现场必须提供产品的合格证，标明生产厂家、模块的强度等级、型号、批次和生产日期等。

4）井筒或井室在地面至地面以下1500mm范围内以及寒冷地区地面至冻土线以下800mm范围内应配筋，每孔内配1ф12竖筋，工程量自行计算。

5）流槽施工前应先将检查井之井基、井墙及模块接触表面洗刷干净。

6）混凝土盖板均为底层配筋，盖板在运输及堆放时不得倒置。

7）盖板、井盖安装时加1∶2防水水泥砂浆坐浆及抹三角灰，井盖顶面标高要求与铺装路面相平，设于非铺装地面时顶面应高出地面50mm或由设计人员确定。

8）回填土前应先将盖板盖好，井墙与井筒周围回填土需同时进行，回填土压实系数根据路面要求确定，但不应低于0.95，在寒冷地区井壁在冰冻线以上回填时，沿井壁外侧加填300mm宽的非冻胀土并满足路基要求（用于车行道下）。

9）支、干管基础落于井室肥槽土中，肥槽须进行处理。其做法为：用级配砂石或素混凝土等填实。

10）圈梁遇管道时断开，圈梁主筋锚入管道包封内35d（d为钢筋直径）。

11）砌筑前应清理模块表面和孔洞内的杂物及污物，气候炎热干燥时，砌筑前1～2小时应将模块喷水湿润。

12）首层混凝土模块应按设计图纸要求定位。

13）砌筑时宜采用专用工具施工，确保砂浆饱满，灰浆均匀，井壁应进行勾缝，随砌随勾缝，勾缝采用1∶2（防水）水泥砂浆。严禁使用断裂、壁肋上有竖向裂缝的模块砌筑。当砌筑3～4层时，应备好模板，紧锢器将模块周边收紧，防止模块移位，同时随砌随复核井室尺寸。

14）砌筑中应注意上下层对孔、错缝，严禁在模块砌体上留设脚手架孔。

15）灌芯混凝土应符合有关的规范及规程的要求，当采用泵送混凝土时，其坍落度为140～160mm。灌芯时混凝土灌注量应达到计算需用量，质量检查时，用小锤敲击砌体，应无异常无空洞，必要时应凿开异常声响处的模块，进行灌芯混凝土质量检查。

6.1.2.3　质量检查与竣工验收

1. 质量检验

（1）钢筋工程。

1）保证项目。

a. 钢筋的品种和质量必须符合设计要求和有关标准规定。进口钢筋焊接前必须进行化学成分检验和焊接试验，符合有关规定后方可焊接。检查钢筋出厂质量证明书和试验报告。

b. 钢筋表面应保持清洁。带有颗粒状或片状老锈，经除锈后仍有麻点的钢筋严禁按原规格使用。

c. 钢筋对焊或电焊焊接接头：按规定取试件，其机械性能试验结果必须符合钢筋焊接及验收的专门规定。

2）基本项目。

a. 钢筋的绑扎、缺扣、松扣的数量不超过绑扣数的10%，且不应集中。

b. 弯钩的朝向正确。绑扎接头应符合施工规范的规定，其中搭接长度均不少于规定值。

c. 用Ⅰ级钢筋或冷拔低碳钢丝制作的箍筋，其数量、弯钩角度和平直长度均应符合设计要求和施工规范的规定。

d. 对焊接头无横向裂纹和烧伤，焊包均匀，接头处弯折不大于4°，轴线位移不大于0.1d且不大于2mm。电弧焊接头、焊缝表面平整，无凹陷、焊瘤、接头处无裂纹、气孔、夹渣及咬边。接头处不大于4°，轴线位移不大于0.1d，且不大于3mm，焊接厚不大于0.05d，宽不小于0.1d，长不小于0.5d。

3）允许偏差项目。见表6.3。

表6.3　圈梁、板缝钢筋绑扎允许偏差

项次	项目		允许偏差	检验方法
1	骨架的宽度、高度		±5	尺量检查
2	骨架的长度		±10	尺量检查
3	受力钢筋	间距	±10	尺量两端中间各一点取最大值
		排距	±5	
4	箍筋、构造筋间距		±20	尺量连续三挡取其最大值
5	焊接预埋件	中心线位移	5	尺量检查
		水平高差	+3，0	
6	受力筋保护层		±5	尺量检查

（2）模板工程。

1）保证项目。模板及其支架必须具有足够的强度、刚度和稳定性，其支撑部分应有足够的支撑面积，如安装在基土上，基土必须坚实，并有排水措施。对湿陷性黄土，必须有防水措施；对冻胀性土，必须有防冻融措施。

2）基本项目。

a. 模板接缝处应严密，预埋件应安置牢固，缝隙不应超过1.5mm。

b. 模板与混凝土的接触面应清理干净并采取防止黏结措施，黏浆和漏刷隔离剂累计面积应不大于400cm^2。如模板涂刷隔离时应涂刷均匀，不得漏刷或沾污钢筋。

3）模板工程允许偏差项目。见图6.4。

表6.4　模板工程允许偏差项目

项次	项目	允许偏差/mm		检验方法
		单层、多层	多层大模	
1	轴线位移	5	5	尺量检查
2	标高	±5	±5	用水准仪或拉线和尺量检查
3	截面尺寸：柱、梁	+4、−5	±2	尺量检查
4	每层垂直度	3	3	用2m托线板检查
5	相邻两板表面高低差	2	2	用直尺和尺量检查
6	表面平整度	5	2	用2m靠尺和楔形塞尺检查
7	预埋钢板中心线位移	3	3	拉线和尺量检查

（3）抹灰工程。

1）保证项目。所用的材料品种，质量必须符合设计要求，各抹灰层之间及抹灰层与基体之间必须黏结牢固、无脱层、空鼓、面层无爆灰和裂缝（风裂除外）等缺陷。

2）抹灰工程允许偏差项目。见表6.5。

表 6.5　　墙面一般抹灰允许偏差

项　次	项　目	允许偏差/mm		检　验　方　法
		中级	高级	
1	立面垂直	5	3	用 2m 托线板检查
2	表面平整	4	2	用 2m 靠尺及楔形塞尺检查
3	阴阳角垂直	4	2	用 2m 托线板检查
4	阴阳角方正	4	2	用 2m 方尺及楔形塞尺检查
5	分格条（缝）平直	3	—	拉 5m 小线和尺量检查

（4）回填土工程。

1）保证项目。

a. 基底处理必须符合设计要求或施工规范的规定。

b. 回填的土料，必须符合设计要求或施工规范的规定。

c. 回填土必须按规定分层夯压密实。取样测定压实后的干土质量密度，其合格率不应小于 90%；不合格的干土质量密度的最低值与设计值的差，不应大于 0.08g/cm^3，且不应集中。环刀取样的方法及数量应符合规定。

2）回填土工程允许偏差项目。见表 6.6。

表 6.6　　回填土工程允许偏差

项　次	项　目	允许偏差/mm	检　验　方　法
1	顶面标高	0，−50	用水准仪或拉线尺量检查
2	表面平整度	20	用 2m 靠尺和楔形塞尺尺量检查

2. 检查井质量验收

（1）井壁必须互相垂直，不得有通缝，必须保证灰浆饱满，灰缝平整，抹面压光，不得有空鼓、裂缝等现象。

（2）井内流槽应平顺，踏步应安装牢固，位置准确，不得有建筑垃圾等杂物。

（3）井框、井盖必须完整无损，安装平稳，位置正确。

（4）检查井允许偏差应符合表 6.7 的规定。

表 6.7　　检查井允许偏差

项　目		允许偏差/mm	检验频率		检　验　方　法
			范围	点数	
井身尺寸	长、宽	±20	每座	2	用尺量、长宽各计 1 点
	直径	±20	每座	2	用尺量
井盖高程	非路面	±20	每座	1	用水准仪测量
	路面	与道路的规定一致	每座	1	用水准仪测量
井底高程	D<1000mm	±10	每座	1	用水准仪测量
	D>1000mm	±15	每座	1	用水准仪测量

学习情境6.2 雨 水 口 施 工

雨水口，一般设在交叉路口、路面最低点以及道路路牙边每隔一定距离处（图 6.13），其作用是及时地将路面雨水收集并排入雨水管渠内。雨水口的设置位置，应能保证迅速有效地收集地面雨水，如图 6.14 所示。

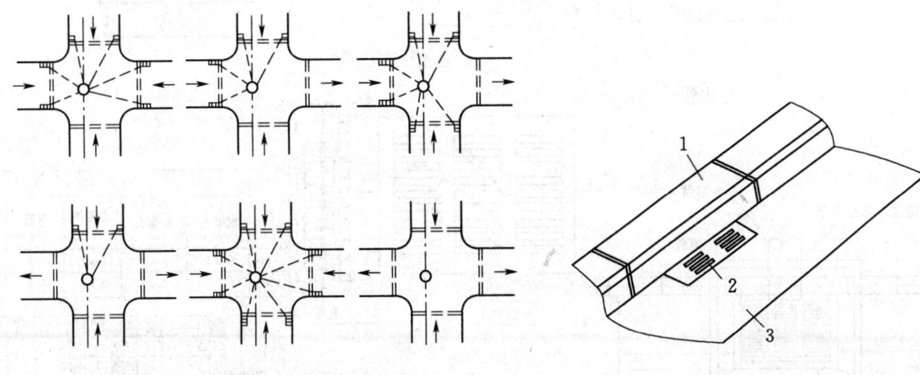

图 6.13 路口雨水口布置

图 6.14 雨水口位置

1—路边石；2—雨水口；3—道路路面

雨水口按进水箅在街道上的设置位置可分为以下几种：

（1）边沟雨水口，进水箅稍低于边沟底水平放置。

（2）边石雨水口，进水箅嵌入边石垂直放置。

（3）联合式雨水口，在边沟底和边石侧面都安放进水箅，如图 6.15 所示。

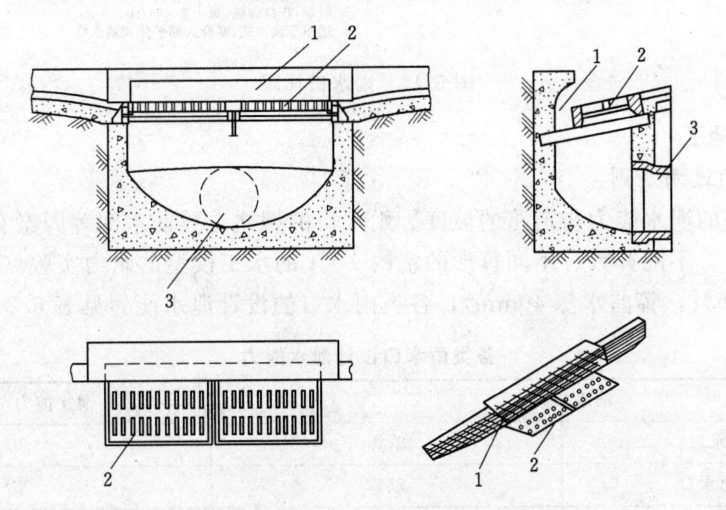

图 6.15 双箅联合式雨水口

1—边石进水箅；2—边沟进水箅；3—连接管

6.2.1 雨水口施工图的识读

雨水口施工图的识读方法和检查井施工图识读方法相同，在此不再赘述。如图 6.16 所示雨水口施工详图。

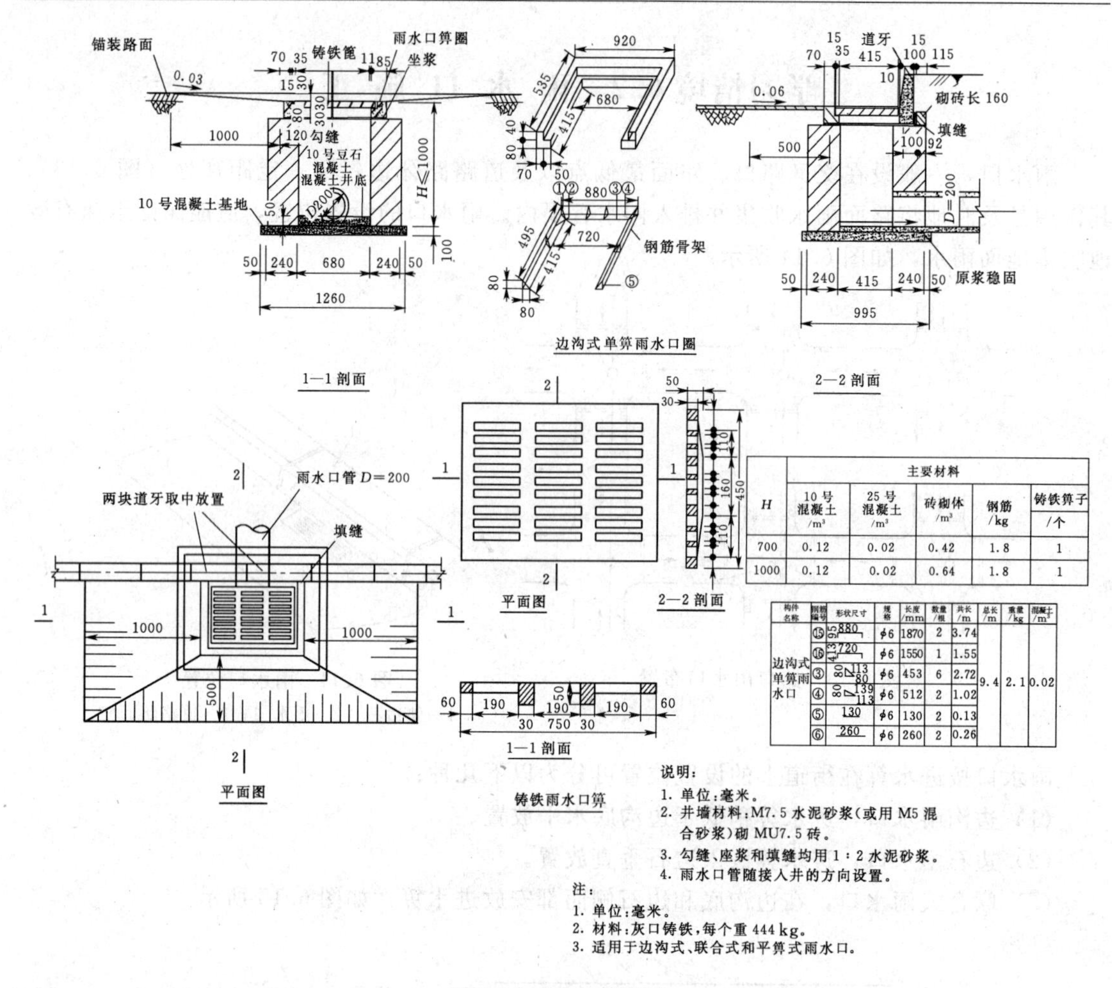

H	主要材料				
	10号混凝土/m³	25号混凝土/m³	砖砌体/m³	钢筋/kg	铸铁箅子/个
700	0.12	0.02	0.42	1.8	1
1000	0.12	0.02	0.64	1.8	1

构件名称	钢筋编号	形状尺寸	规格	长度/mm	数量/根	共长/m	总长/m	重量/kg	混凝土/m³
边沟式单箅雨水口	⑮	95 880	$\phi6$	1870	2	3.74	9.4	2.1	0.02
	⑯	413 720	$\phi6$	1550	1	1.55			
	③	80 113 80	$\phi6$	453	6	2.72			
	④	80 139 113	$\phi6$	512	2	1.02			
	⑤	130	$\phi6$	130	2	0.13			
	⑥	260	$\phi6$	260	2	0.26			

图 6.16　雨水口详图

6.2.2　雨水口施工

1. 雨水口的选用原则

（1）雨水口的泄水能力与道路的坡度、雨水口的型式、箅前水深等因素有关。根据对不同型式的雨水口、不同箅数、不同箅形的室内1：1的水工模型的水力实验（道路纵坡3‰～3.5‰、横坡1.5%，箅前水深40mm），各类雨水口的设计泄水能力见表6.8。

表 6.8　　各类雨水口设计泄水能力

雨水口型式		泄水能力/（L/s）
平箅雨水口	单箅	20
偏沟式雨水口	双箅	35
立箅式雨水口	多箅	15
联合式雨水口	单箅	30
	双箅	50
	多箅	20

（2）串联雨水口连接管管径，宜根据表6.9选用。

表 6.9 **串联雨水口连接管管径选用表**

串联雨水口数量/个 雨水连接管管径/mm 雨水口型式		1	2	3
联合式雨水口	单箅	200	300	300
	双箅	300	300	400
	多箅	300	300	400

注 此表只适用于同型式雨水口串联，如为不同型式雨水口串联，由计算确定。

2. 采用材料

(1) 混凝土预制构件材料。

1) 井圈、过梁、盖板。

2) 混凝土：C30。

3) 钢筋：Φ－HPB235，Φ－HRB335，Φ^{cp}－CPB550。

(2) 预制混凝土装配式雨水口预制构件。

1) 混凝土墙：C30，S4，F150（根据需要选用）。

2) 底板：C25，S4，F150（根据需要选用）。

3) 钢筋：Φ－HPB235，Φ－HRB335。

混凝土总碱含量最大限值要求符合国家现行有关标准《混凝土碱含量限值标准》(CECS 53—93) 的相关规定。

3. 雨水口施工工艺

测量放线→挖槽→混凝土基础→墙体砌筑及勾缝→混凝土泛水找坡→过梁安装、井圈及井箅安装。

(1) 基槽开挖。人工开挖雨水口基槽，按照所放开挖边线进行开挖。开挖过程中，核对雨水口位置，有误差时以支管为准，平行于路边修正位置。

(2) 混凝土基础。在浇筑混凝土基础之前，对槽底仔细夯实，槽底松软时换填 3∶7 的灰土。混凝土浇筑过程中，采用人工振捣，表面用木抹子抹毛面。浇筑完成后，及时进行养护。

(3) 井室砌筑及勾缝。

1) 雨水口混凝土基础强度达到后，方可进行雨水口砌筑。根据试验室提供的水泥砂浆配合比，现场搅拌水泥砂浆。

2) 测放雨水墙体的内外边线、角桩，据此进行墙体砌筑。按雨水口墙体位置挂线，先砌筑一层砖，根据长度尺寸核对对角线尺寸，核对方正。墙体砌筑，灰缝上、下错缝，相互搭接。

3) 雨水口砌筑灰缝控制在 8～12mm。灰缝须饱满，随砌随勾缝。每砌筑 300mm 将墙体肥槽及时回填夯实。回填材料采用二灰混合料或低强度等级混凝土。

4) 雨水支管与墙体间砂浆须饱满，管口与墙面齐平。

5) 为确保雨水口与路面顶面的平顺，按照设计高程，在路面上面层施工前，安装完成雨水口井圈及井盖。

6）道路雨水口顶面高程比此处道路路面高，便于雨水排出。

（4）混凝土返水找坡。雨水口砌筑完成后，底部用混凝土抹出向雨水支管集水的返水坡。

（5）过梁、井圈及井箅安装。

1）雨水口预制过梁安装时要位置准确，顶面高程符合要求；安装牢固、平稳。

2）预制混凝土井圈安装时，底部铺20mm厚1：3水泥砂浆，位置要求准确，与雨水口内壁一致，井圈顶与路面平齐或稍低30mm，不得突出。

4. 雨水口施工注意事项

（1）雨水口井圈表面高程应比该处道路路面低30mm（立箅式雨水口立箅下沿高程应比该处道路路面低50mm），并与附近路面接通。当道路无路面结构时（土路），应在雨水口四周浇筑混凝土路面，路面做法按道路标准。当雨水口在绿地里时，可不做路面，只需满足上述高程及范围。

（2）砌体砂浆必须饱满，砌筑不应有竖向通缝。

（3）雨水口管及雨水口连接管的敷设、接口、回填土都应视同雨水管，按有关技术规程施工，管口与井内墙齐平。

（4）联合式雨水口的盖板下应满铺水泥砂浆，并在砂浆未初凝时稳固在砖墙上。

（5）雨水口管坡度不得小于1%。

（6）砖材料应选用满足耐水性、抗冻性及强度等级要求的烧结普通砖（实心砖）。

（7）当有冻胀影响时，雨水口肥槽回填土要求采用矿渣等非冻结材料；对于预制混凝土装配式雨水口肥槽回填土，要求四周同时进行分层夯实，防止预制构件错位。

（8）雨水口出水管的方向随接入井的方向设置。

（9）预制混凝土装配式雨水口的预制构件应注意在制造、运输、堆放及安装的过程中保持构件的完好性，避免破损。

（10）雨水口箅子必须有可靠的措施连接在雨水口井圈（或雨水口井墙）上，以防丢失，具体构造做法由生产厂家确定。

6.2.3　质量检查与竣工验收

1. 质量检验

钢筋、模板、抹灰、回填土等工程等质量检验与检查井相同。

2. 质量验收

（1）位置、尺寸应符合设计条件，平面尺寸误差不超过±10mm，高程误差不超过±10mm；混凝土井圈加工尺寸误差±2mm；预制混凝土装配式雨水口所有预制构件尺寸误差不超过±2mm，对角线尺寸误差不超过±2mm；铸铁箅子及铸铁井圈尺寸误差不超过±1mm。

（2）位置应符合设计要求，不得歪扭。

（3）雨水支管的管口应与井墙平齐。

（4）雨水口与检查井的连管应直顺、无错口；坡度应符合设计规定；雨水口底座及连管应设在坚实土质上。

（5）雨水口允许偏差符合表6.10的规定。

表 6.10　　雨水口允许偏差

项　目	允许偏差/mm	检验频率		检验方法
		范　围	点　数	
井圈与井壁吻合	10	每座	1	用尺量
井口高	0～10	每座	1	与井周路面比
雨水口与路边线平行位置	20	每座	1	用尺量
井内尺寸	0～20	每座	1	用尺量

学习情境 6.3　化 粪 池 施 工

化粪池指的是将生活污水分格沉淀，及对污泥进行厌氧消化的小型处理构筑物。它是处理粪便并加以过滤沉淀的设备，其原理是：固化物在池底分解，上层的水化物体，进入管道流走，防止了管道堵塞，给固化物体（粪便等垃圾）有充足的时间水解。

化粪池按照材料、砌筑方式分为砖砌化粪池、钢筋混凝土化粪池、混凝土砌块化粪池、玻璃钢化粪池。

6.3.1　化粪池施工图的识读

化粪池施工图的识读方法和检查井、雨水口施工图识读方法相同。图 6.17 和图 6.18 所示为圆形、矩形化粪池施工详图。

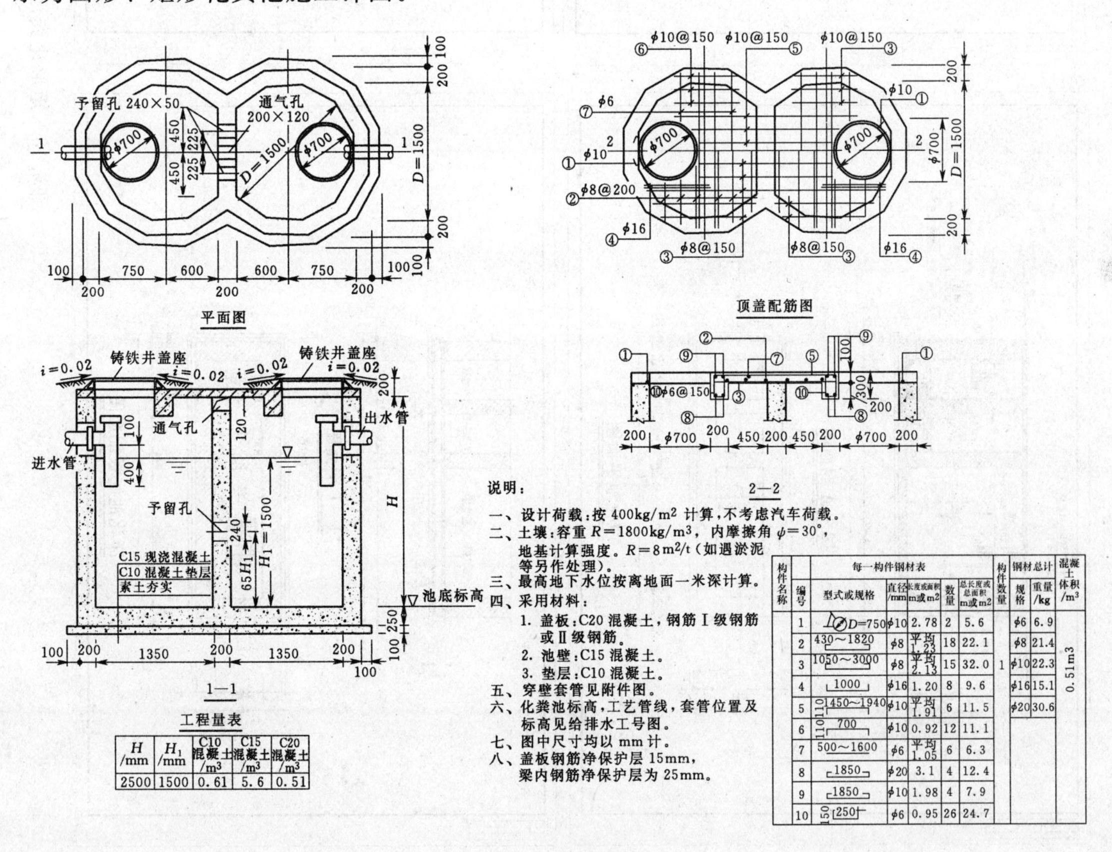

工程量表

H /mm	H_1 /mm	C10 混凝土 /m³	C15 混凝土 /m³	C20 混凝土 /m³
2500	1500	0.61	5.6	0.51

构件名称	编号	型式或规格	直径 /mm	长度或面积 m或m2	数量	总长度或总面积 m或m2	构件数量	规格	重量 /kg	混凝土体积 /m³
	1	D=750	ϕ10	2.78	2	5.6	1	ϕ6	6.9	0.51m3
	2	430～1820	ϕ8	平均 1.23	18	22.1		ϕ8	21.4	
	3	1050～3000	ϕ8	平均 2.13	15	32.0		ϕ10	22.3	
	4	1000	ϕ16	1.20	8	9.6		ϕ16	15.1	
	5	110 1450～1940	ϕ10	平均 1.91	6	11.5		ϕ20	30.6	
	6	110 700	ϕ10	0.92	12	11.1				
	7	500～1600	ϕ6	平均 1.05	6	6.3				
	8	1850	ϕ20	3.1	4	12.4				
	9	1850	ϕ10	1.98	4	7.9				
	10	150 250	ϕ6	0.95	26	24.7				

图 6.17　圆形化粪池详图

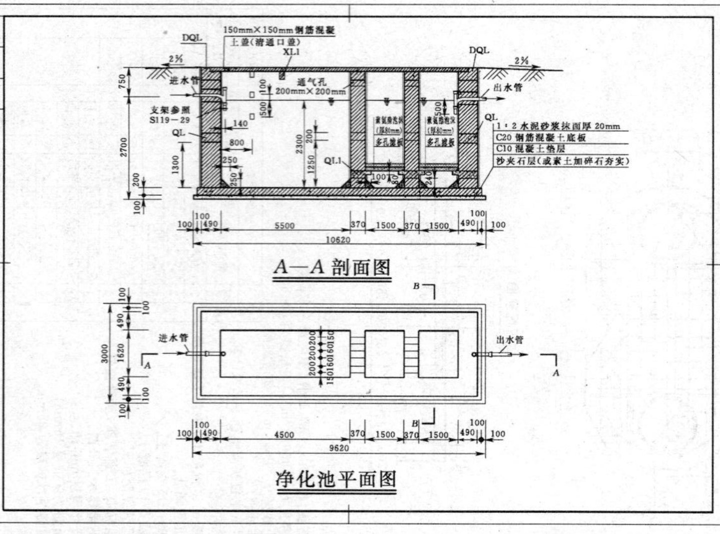

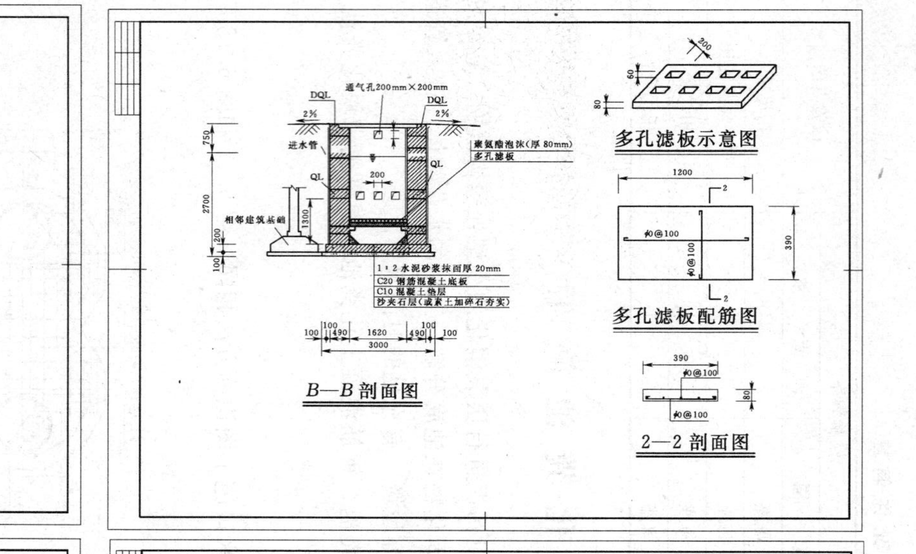

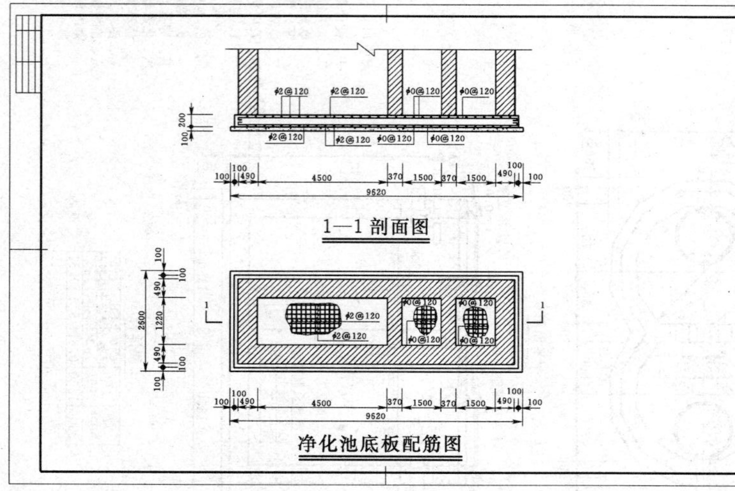

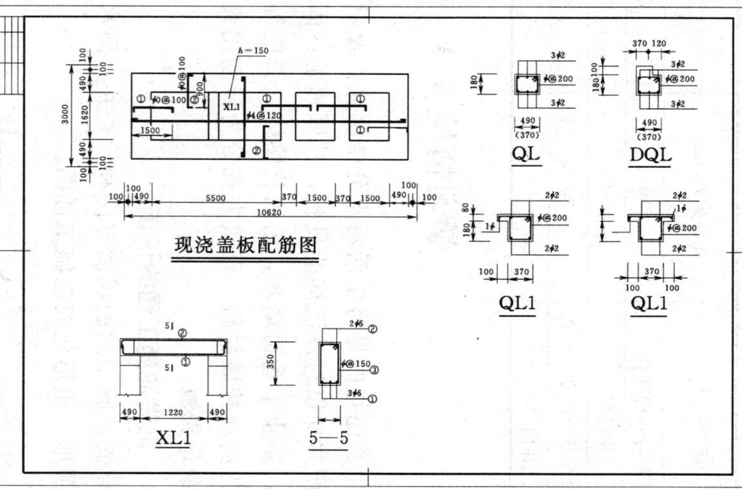

图 6.18　矩形化粪池详图

6.3.2 化粪池施工

1. 化粪池类型

(1) 砖砌化粪池。

池壁施工（图6.19）；砖砌化粪池池井盖施工（图6.20）；钢筋混凝土化粪池施工现场，如图6.21所示；混凝土模块式化粪池施工现场，如图6.22所示。

(2) 玻璃钢化粪池（图6.23）。是指以合成树脂为基体、玻璃纤维或其织物为增强材料制成的专门用于处理粪便污水及生活污水的池子。

图6.19 砖砌化粪池池壁施工图

2. 化粪池的选用

(1) 化粪池的选用表给出了不同建筑物，不同用水量标准，不同的清掏周期，粪便污水与生活废水合流及粪便污水单独排入化粪池等情况下，计算的化粪池设计总人数，设计人员可直接按表查出。如表内各项参数与具体工程设计参数不符时，由设计人员另作计算确定。

图6.20 砖砌化粪池井盖施工图

图6.21 钢筋混凝土化粪池施工图

(2) 化粪池分无覆土和有覆土两种情况。20～50m^3 及沉井式化粪池 6～30m^3 按无覆土和有覆土两种情况设计；75m^3、100m^3（单池及双池）均按有覆土设计。

(3) 在选用化粪池时，应注意工程地质情况和地下水位的深度。无地下水，指地下水位

图 6.22　混凝土模块式化粪池施工图

图 6.23　玻璃钢化粪池施工图

在池底以下；有地下水，指地下水位在池底以上，最高达设计地面以下 0.5m 处。

(4) 化粪池的设置地点，距离生活饮用水水池不得小于 10m，距离地下取水构筑物不得小于 30m，化粪池外壁距离建筑物外墙净距不宜小于 5m，并不得影响建筑基础。

(5) 选用化粪池时，应注意地面是否过汽车，化粪池顶面不过汽车时的活荷载标准值为 $10kN/m^2$，顶面可过汽车时的活荷载为过汽车——超 20 级重车。

(6) 井盖。不过汽车时，采用加锁轻型双层井盖及盖座；可过汽车时，采用加锁重型双层井盖及盖座。

(7) 化粪池均设置通气管。通气管设置位置：无覆土化粪池可由池顶接出，或由侧壁接出；有覆土化粪池由人孔的井壁接出。设计人员应根据工程的具体情况将通气管引至与室内排水管的通气管相连，或设置于不影响交通安全和环保的草坪上，并在管口加盖管罩。通气管也可以引至高空（距设计地面以上 2.5m）排放，但必须符合建筑给水排水设计规范的要求，在通气管口周围 4m 以内有门窗时，通气管应高出窗顶 0.6m，或引向无门窗的一侧。

(8) 无覆土化粪池考虑到小区绿化的需要，或道路广场铺砌的需要，在池顶上留有 200mm 的覆土，井盖与地面平。在有铺砌地面处，井盖可适当降低至铺砌地面砖下，但井盖上的铺砌地面砖必须在需要打开井盖时可以开启。

(9) 化粪池进、出水管有 3 个方向由设计人员任选，进出水管必须设置三通导流管。导流管管材：当 $DN \leqslant 200mm$ 时，选用机制排水铸铁管；当 $DN > 200mm$ 时，宜用给水铸

铁管。

(10) 在寒冷地区，当地采暖计算温度小于－10℃时，必须采用有覆土化粪池，人孔加保温井口详见《井盖及踏步（标准图集）》(97S501-1)，在最冷月平均气温低于－13℃的地区，设计人员在考虑化粪池的设置深度时，化粪池的水面应设置在该地区的冰冻线以下为宜。

3. 采用材料

(1) 钢筋混凝土化粪池。池壁、底板及盖板，混凝土强度等级采用C25或C30，垫层采用C10。当环境类别为二类b时，混凝土强度等级最低用C30。

砖砌化粪池。池壁：砖采用MU10级烧结黏土砖，烧结粉煤灰砖，烧结页岩砖，烧结煤矸石砖（均为实心砖），或等强度代用砖。砂浆采用M10级水泥砂浆。当采用其他代用砖，应保证砌体强度不降低。

(2) 钢筋。HPB235级、HRB335级；焊条E43、E50。

(3) 抹面。池顶盖及井筒内外均用防水砂浆（1：2水泥砂浆内掺水泥重量的5%的防水剂）抹面，厚20mm。

(4) 混凝土的密实性应满足抗渗要求，抗渗等级为S6。

(5) 混凝土的含碱量应符合《混凝土结构设计规范》(GB 50010—2010) 的规定。

(6) 当地下水具有硫酸盐侵蚀性时，要求用火山灰水泥或矿渣硅酸盐水泥。

(7) 混凝土中可根据需要适当采用外加剂，但不得采用氯盐防冻、早强掺合料。采用外加剂时应符合现行国家标准。

4. 钢筋混凝土化粪池施工工艺及施工注意事项

施工流程：化粪池基坑土方开挖→基坑土体护坡加固→基坑降水→基坑底部清槽→铺垫层下卵石或碎石层→混凝土垫层→砌筑池壁支模、绑筋、浇筑混凝土→化粪池顶盖及圈梁支模、绑筋、浇筑混凝土→化粪池顶盖预制板制作→化粪池顶盖拆模→抹化粪池内壁、外壁防水砂浆，化粪池外壁涂热沥青→化粪池24h灌水试验→土方回填→化粪池预制顶盖安装。

(1) 混凝土构件必须保证构件平整光滑无蜂窝麻面，制作尺寸误差不大于3mm。

(2) 壁面处理前，必须清除表面污物灰尘等。

(3) 现浇盖板与各个盖板之间的缝隙用1：2水泥砂浆填实，预制盖板的支承长度为90mm。

(4) 预制盖板。现浇盖板在浇筑混凝土时，随打随抹光。

(5) 所有外露铁件均涂防锈漆两道。

(6) 各个型号的化粪池底板均为双层钢筋，要求施工时在上下层钢筋之间加马凳，用Φ10钢筋，间距@600，梅花形布置，所需材料另计。

(7) 池壁双层钢筋间需加拉接筋，用Φ10钢筋，间距@600，梅花形布置，所需用料另计。

(8) 受拉钢筋位于同一连接区段内的搭接钢筋面积百分率为25%，其绑扎搭接长度L_1=1.2La，且不小于300mm。

(9) 在化粪池满水试验后，安装混凝土盖板，然后在其周围进行回填土，要求对称均匀回填分层夯实。

(10) 在寒冷地区化粪池在冰冻线以上回填土时，沿池外壁加填300mm厚的松散的砂土或煤渣，防止池壁因土壤冰冻膨胀挤压而引起开裂。

（11）在有地下水或雨季施工时，要做好排水措施，防止基坑内集水及边坡坍塌。

（12）管道穿井（池）壁及盖板处防水做法：要预埋防水套管。

（13）进出水管、通气管的材料、管径由设计人员选定。

（14）井盖及盖座，井口施工时必须根据到货的井盖及盖座尺寸与土建密切配合施工，以确保施工质量。

6.3.3　质量检查与竣工验收

1. 质量检验

钢筋、模板、抹灰、回填土等工程的质量检验与检查井、雨水口相同。

2. 质量验收

（1）主控项目。

1）化粪池的底板强度必须符合设计要求。

检验方法：现场观察和尺量检查，检查混凝土强度报告。

2）化粪池的底板及进、出水管的标高，必须符合设计，其允许偏差为±5mm。

检验方法：用水准仪及尺量检查。

（2）一般项目。

1）化粪池的规格、尺寸和位置应正确，砌筑和抹灰符合要求。

检验方法：观察及尺量检查。

2）盖板选用应正确，标志应明显，标高应符合设计要求。

检验方法：观察、尺量检查。

思考题与习题

1. 检查井有哪些类型，各有哪些优缺点？
2. 简述砖砌检查井、预制装配式混凝土检查井、混凝土模块式检查井的施工工艺。
3. 检查井识图方法及应注意哪些方面？
4. 雨水口的设置位置有哪些？
5. 试述雨水口、化粪池施工注意事项。
6. 简述室外排水管道附属构筑物所用主要材料、工序质量检验内容和方法。

学习项目 7　室外排水管道施工综合实训

【学习目标】 学生通过本学习项目的学习，能够熟悉室外排水工程设计文件和排水管道施工规范；能够掌握管道施工测量放样方法；能够掌握排水管道的质量检测和选择方法；能够掌握排水管道施工现场的施工技术和质量检测试验方法，能理解排水管道施工质量控制的主要方法。

学习情境 7.1　排水管道测量实训

7.1.1　水准仪测量实训

1. 实验目的

(1) 了解水准仪的构造，熟悉各部件的名称、功能及作用。

(2) 初步掌握其使用方法，学会水准尺的读数。

2. 实验器具

每组借领水准仪 1 台套，水准尺 1 对，尺垫 1 对，记录夹 1 个。

3. 实验内容

(1) 熟悉 DS_3 型水准仪各部件名称及作用。

(2) 学会利用圆水准器整平仪器。

(3) 学会瞄准目标，消除视差及利用望远镜的中丝在水准尺上读数。

(4) 学会测定地面两点间的高差。

4. 实验步骤

(1) 水准仪的安置和粗平。水准仪的安置主要是使圆水准器气泡居中，仪器大致水平。其操作方法是：选好仪器安置点，将仪器用连接螺旋安装在三脚架上，先踏实两脚架尖，摆动另一只脚架使水准器泡概略居中，然后转动脚螺旋，使气泡精确居中。转动脚螺旋使气泡居中的操作规律是：气泡需要向哪个方向移动，左手拇指就向哪个方向转动脚螺旋。如图 7.1 (a) 所示，气泡偏离在 a 的位置，首先按箭头所指的方向同时转动脚螺旋①和②，使气泡移到 b 的位置，如图 7.1 (b) 所示，再按箭头所指方向转动脚螺旋③，使气泡居中。

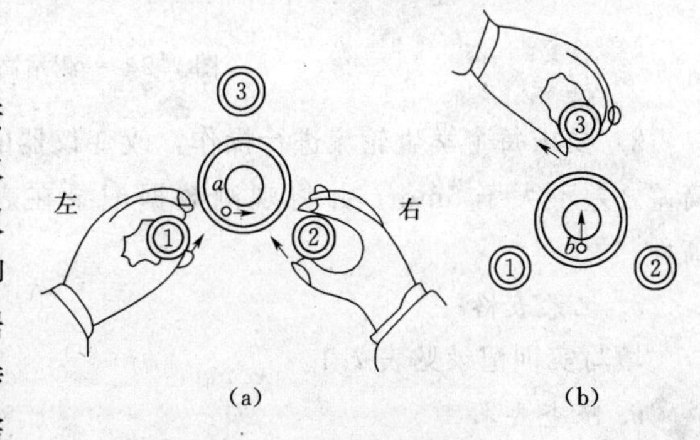

图 7.1　圆准器整平

(2) 练习用望远镜照准水准尺并消除视差。首先用望远镜对着明亮背景，转动目镜对光螺旋，使十字丝清晰可见。然后松开制动螺旋，转动望远镜，利用镜筒上的准星和照门照准水准尺，旋紧制动螺旋。再转动物镜对光螺旋，使尺像清晰。此时如果眼睛上、下晃动，十字丝横丝在标尺上错动则可确认有视差，说明标尺物像没有呈现在十字丝平面上，这将影响读数的准确性。消除视差时要仔细进行物镜对光，使水准尺看得最清楚。这时如十字丝不清楚或出现重影，再旋转目镜对光螺旋，直至完全消除视差为止，最后利用微动螺旋使十字丝精确照准水准尺。

(3) 练习水准仪的精确整平。转动微倾螺旋使管水准器的符合水准气泡两端的影像符合。转动微倾螺旋要稳重，慢慢地调节，避免气泡上下不停错动。

(4) 练习读数。以十字丝横丝为准，读出水准尺上的数值。读数前，要对水准尺的分划、注记分析清楚，找出最小刻划单位、整分米、整厘米的分划及米数的注记。读出米、分米、厘米数，再估读毫米数。应立即查看气泡是否仍然符合，否则应重新使气泡符合后再读数。

(5) 练习测量两点高差。

1) 实验示意图：如图7.2所示，选定A、B两点，测定两点高差。

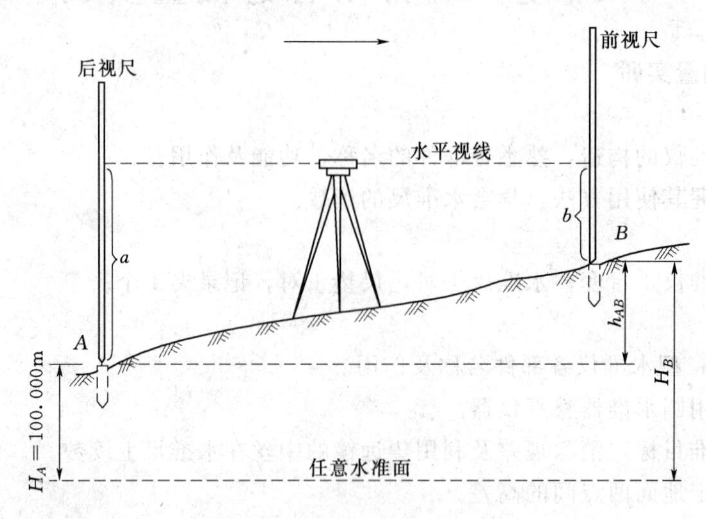

图7.2　一测站高差观测方法

2) 要求每个学生轮流进行操作，改变仪器的高度，独立操作测定A、B两点高差h_{AB}，高差之差不大于5mm。并将观测数据记录在表7.1上，假设$H_A=30.000$m，求出B点高程。

5. 记录表格

填写实训记录见表7.1。

6. 限查要求

(1) 两次仪器高度不同所测高差之差不大于5mm。

(2) 改变仪器高度要求在10cm以上。

7. 注意事项

(1) 脚架高度要适中，高度不高于使用者的肩膀，脚架要旋紧，仪器要连接好。

(2) 转动仪器要轻，要注意先松开制动螺旋再转动仪器，不要用力转动仪器。

(3) 水准尺要立直，不用时要放好。

(4) 实验结束，仪器装箱锁好，清点工具，交还仪器室。

表 7.1　　普通水准测量记录表

仪器型号：　　天气：　　观测者：　　记录者：　　日期：

测站编号	立尺点号	水准尺中丝读数/m		高差/m	高程/m	备注
		后视 a	前视 b			

7.1.2　普通水准测量实训

1. 实验目的

(1) 掌握普通水准测量的观测、记录、计算及校核方法。

(2) 熟悉普通水准测量的主要限差要求，水准路线的布设及闭合差的计算。

2. 实验器具

DS_3 水准仪 1 台，水准尺 1 对，尺垫 2 个，记录板 1 块。

3. 实验内容

(1) 用普通水准方法观测一闭合路线。

(2) 进行高差闭合差的调整与高程计算。

4. 实验步骤

选好一条闭合水准路线，按下列顺序进行逐站观测。

(1) 在有已知高程的水准点上立水准尺，作为后视尺。

(2) 在路线的前进方向上的适当位置放置尺垫，在尺垫上竖立水准尺作为前视尺。仪器到两水准尺间的距离应基本相等，最大视距不大于 100m。

(3) 安置仪器，使圆水准器气泡居中。照准后视标尺，消除视差，用微倾螺旋调节水准管气泡并使其精确居中，用中丝读取后视读数并记入手簿（表 7.2）。

(4) 照准前视尺，使水准管气泡精确居中，用中丝读取前视读数并记入手簿。

(5) 将仪器迁至第二站，此时，第一站的前视尺不动，变成第二站的后视尺，第一站的后移尺移至前面适当位置成为第二站的前视尺，按第一站相同的观测程序进行第二站测量。

(6) 如此连续观测、记录，直至测到原来起点的已知水准点。

5. 记录表格

填写实训记录：将观测数据记入表 7.2 中相应栏中，并及时算出测站高差和各测段高差。

表 7.2　　　　　　　　**普通水准测量手簿**

仪器：　　　　　　日期：　　　　　　观测者：　　　　　　记录者：

测站编号	立尺点号	水准尺中丝读数/m		高差/m	高程/m	备注
		后视 a	前视 b			

内业计算：根据各站的高差，计算高差闭合差。当高差闭合差符合限差要求时，进行闭合差的调整及计算各待定点的高程。高差闭合差及高程计算按表 7.3 填写。

表 7.3　　　　　　　　**高差闭合差及高程计算表**

班级：　　　　　　日期：　　　　　　计算者：　　　　　　学号：

点号	测站数或路线长度	测得高差/m	高差改正数/m	改正后高差/m	高程/m	点号

高差闭合差：$f_k=$　　　；$\sum k=$

高差闭合差容许值：$f_{h容}=$

6. 限差要求

(1) 视线长度小于100m，前、后视距应大致相当。

(2) 高差闭合差应不超过$\pm 12\sqrt{n}$mm或$\pm 40\sqrt{L}$mm，式中n为测站数、L为水准路线长度（km）。

7. 注意事项

(1) 每次读数前水准管气泡要严格居中。

(2) 注意用中丝读数，不要读成上、下丝的读数，读数时要消除视差。

(3) 后视尺垫在水准仪搬动之前不得移动。仪器迁站时，前视尺垫不能移动。在已知高程点上和待定高程点上不得放尺垫。

(4) 水准尺必须扶直，不得前后左右倾斜。

7.1.3 经纬仪测量实训

1. 实验目的

(1) 了解DJ_6、DJ_2型光学经纬仪的基本构造和各部件名称及作用。

(2) 具有经纬仪的对中、整平、瞄准、读数的能力。

(3) 每个学生独立测出两个方向间的水平角，角度互差符合要求。

2. 实验器具

(1) 每组领借：DJ_6经纬仪1台套，花杆2根，雨伞1把，记录板1块。

(2) 自备：铅笔、计算器、草稿纸。

3. 实验内容

(1) 认识经纬仪各部件的名称及作用。

(2) 经纬仪的对中、整平、照准和读数。

(3) 每个学生轮流操作，独立观测两个方向间水平角。

4. 实验步骤

(1) 对中与整平。在经纬仪角度测量之前，必须先将经纬仪对中、整平。首先拧松三脚架架腿固定螺旋并将架腿收拢，根据操作者的身高将三脚架架腿调成等长且合适的高度，并拧紧架腿固定螺旋。打开三脚架将仪器固定到三脚架上中间，将三个脚螺旋调至中间高度位置。旋转光学对中器的目镜，看清分画板上圆圈，外拉或内推光学对中器使能看清晰地面上的影像，然后按以下步骤安置仪器：

1) 粗略对中。将经纬仪安置于测站点上，目估3个脚腿叉开角度均等，并使3个脚腿着地点至所对点距离等同，这时仪器自然大致对中，基本能在光学对中器中找到地面上要对点的位置，然后采稳一条架腿，双手移动另外两条架腿，前后、左右移动，眼睛观察对中器使所对测站点进入同心圆的小圈，放稳并踩实架脚。

2) 精确对中。由于踩实架脚影响对中，所以检查光学对中器中心是否仍对准测站点，如有少量偏差，可打开中心连接螺旋，将仪器在架面上缓慢移动，再次使对中器的中心对准测站点，然后拧紧中心连接螺旋。

3) 粗略整平。在三脚架脚尖着地点位置不动的情况下，根据圆水准器气泡往高处移动的规律，通过伸缩三条架腿长度调节圆水准器，使圆水准器气泡居中。

4) 精确整平。将照准部水准管平行一对脚螺旋，调节脚螺旋使照准部水准管气泡居中，再将照准部水准管管旋转90°，调节第3个螺旋使照准部水准管气泡居中，如图7.3

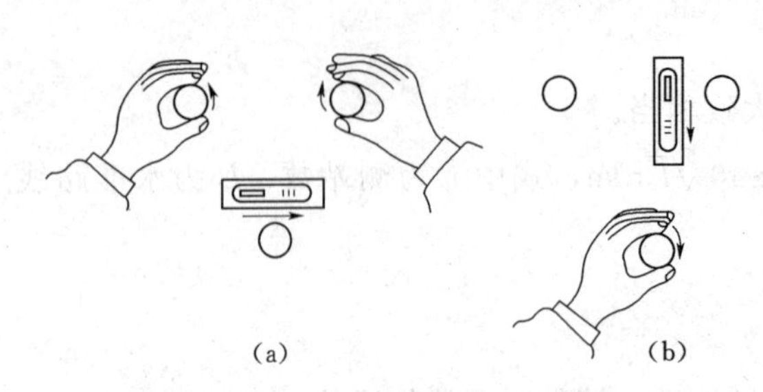

图 7.3 调节脚螺旋整平照准部水准管示意图

所示。

5）精确对中和精确整平反复进行。由于精确整平调节了脚螺旋影响对中，所以检查光学对中器中心是否仍对准测站点，如有可打开中心连接螺旋精确对中。即将仪器在架面上缓慢移动（平移仪器，不要旋转仪器），再次使对中器的中心对准测站点，拧紧中心连接螺旋。观察照准部水准管气泡，若偏离，则重复步骤4)、2)，直到精平与对中均满足要求为止。一般光学对中误差应小于3mm。气泡允许偏离零点的量以不超过1格为宜。

（2）照准和读数。

1）照准。

a. 先松开水平制动螺旋和望远镜制动螺旋，将望远镜指向天空白色明亮背景。

b. 调节目镜对光螺旋使十字丝清晰。

c. 先用望远镜上的粗瞄器对准目标，固定水平制动螺旋和望远镜制动螺旋，此时目标像应已在望远镜视线范围内。

d. 调节物镜对光螺旋，使目标清晰并消除视差。

e. 转动水平微动螺旋和竖直微动螺旋，使十字丝交点精确照准目标最底部中间位置。

2）读数。读取水平度盘的读数或竖直度盘读数，如图 7.4 所示。水平度盘读数为70°07.7′(70°07′42″)，竖盘读数为 87°53.0′（87°53′00″）。

（3）测量两个方向间的水平角（测回法）。

1）如图 7.5 所示，将仪器安置于测站点 O 上。

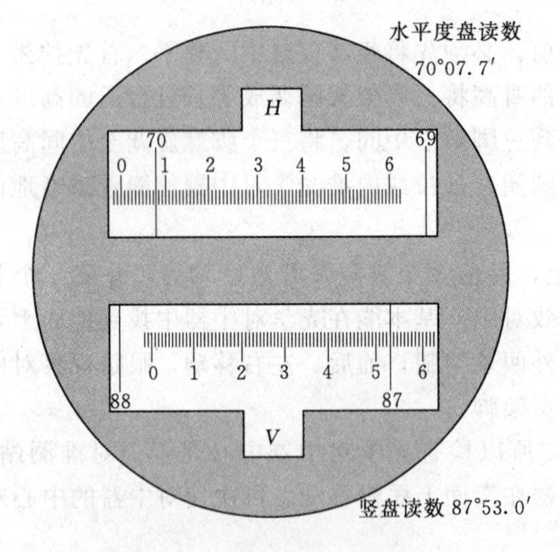

图 7.4 分微尺测微器读数方法

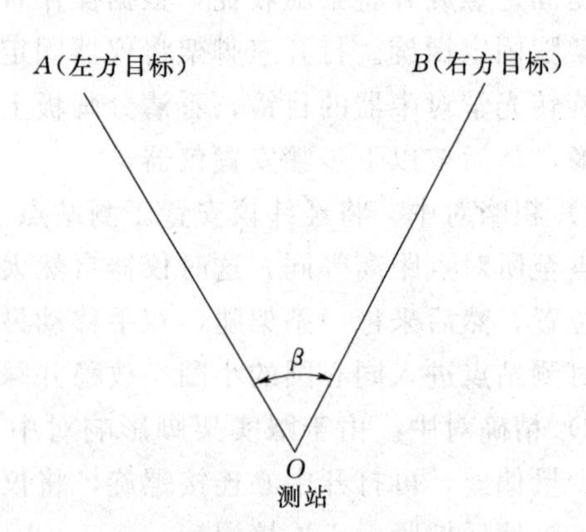

图 7.5 测量两方向间水平角

2）盘左（正镜）。照准左方目标 A，转动度盘变换手轮使度盘读数在稍大于0°上，关好手护盖，并检查是否照准目标，确认照准目标，读数 a 记入手簿。

3）松开制动螺旋，顺时针方向旋转照准部，照准右目标 B，读数 b，记入手簿。则上

半测回角值为

$$\beta_{左}=ba \tag{7.1}$$

4）盘右（倒镜）。倒镜反时针旋转照准右方目标 B 读数 b'，记入手簿。

5）逆时针旋转照准左方目标 A，读数 a'，记录。则下半测回角值：

$$\beta_{右}=b'a' \tag{7.2}$$

6）当上、下半测回角度之差符合要求，则计算一测回角值：

$$\beta=\frac{1}{2}(\beta_{左}+\beta_{右}) \tag{7.3}$$

至此便完成了一个测回的观测。如上半测回角度值和下半测回角度值之差没有超限（不超过±40″），则取其平均值作为一测回的角度观测值，也就是这两个方向之间的水平角。

如果观测不止一个测回，而是要观测 n 个测回，要重新设置水平度盘起始读数。即对左方目标每测回在盘左观测时，水平度盘应设置 $180°/n$ 的整倍数来观测。

5. 记录表格

填写实训记录表 7.4。

表 7.4　　水平角观测记录表（测回法）

仪器编号：　　　　日期：　　　　小组：　　　　观测者：

测站	竖盘位置	目标	水平度盘读数 /(° ′ ″)	半测回角值 /(° ′ ″)	一测回角值 /(° ′ ″)	各测回平均角值 /(° ′ ″)	备注
	盘左						
	盘右						
	盘左						
	盘右						
	盘左						
	盘右						
	盘左						
	盘右						

6. 限差要求

（1）经纬仪对中误差在 3mm 以内。

（2）照准部水准管气泡不能偏差1格。

（3）半测回差、测回差规定见表7.5。

表7.5　　水平角观测限差

仪器	半测回差	测回差
DJ_6	40″①	24″
DJ_2	18″	12″

① 对于 DJ_6 经纬仪，由于度盘刻画误差大，没有规定半测回之差限度。

7. 注意事项

（1）仪器从箱中取出前，应看好它的放置位置，以免装箱时不能恢复到原位。

（2）仪器在三脚架上未固定好前，手必须握住仪器不得松手，以防仪器跌落，摔坏仪器。

（3）仪器入箱后，要及时上锁；提动仪器前检查是否存在事故危险。

（4）转动望远镜或照准部之前，必须先松开制动螺旋，用力要轻；一旦发现转动不灵，应及时检查原因，不可强行转动。

（5）一测回观测过程中，当水准管气泡偏离值大于1格时，应整平后重测。

（6）所设观测目标不应过大，否则以单丝平分目标或双丝夹住目标均有困难。

7.1.4　全站仪的使用及实训练习

1. 实验目的

（1）了解全站仪的基本构造、各部件的名称、功能，熟悉各旋钮、按键的使用方法。

（2）练习使用全站仪进行水平角、竖直角、水平距离、倾斜距离、高差等基本测量工作。

2. 实验器具

（1）由仪器室借领：全站仪1套、记录板1块、测伞1把，对中杠2个。

（2）自备：计算器、铅笔、草稿纸。

3. 实验内容

（1）了解全站仪各部件的名称、功能及作用。

（2）掌握全站仪安置方法。

（3）熟悉全站仪操作面板各按键名称及作用。

（4）掌握角度测量、距离测量的方法。

4. 实验步骤

（1）将仪器安置在三脚架上，精确进行对中和整平，其操作方法同光学经纬仪。

（2）了解全站仪各个部件的功能及操作方法。

1）各部件名称。南方 NTS-350 型全站仪，各部件的名称如图7.6所示。

2）键盘功能和信息显示。南方 NTS-350 型全站仪操作键名称及功能见图7.7及表7.6，显示符号的名称见表7.7。

（3）水平角和垂直角测量。

1）水平角测量。按角度测量键 ANG 确认处于角度测量模式。按表7.8和表7.9进行水平角测量操作。

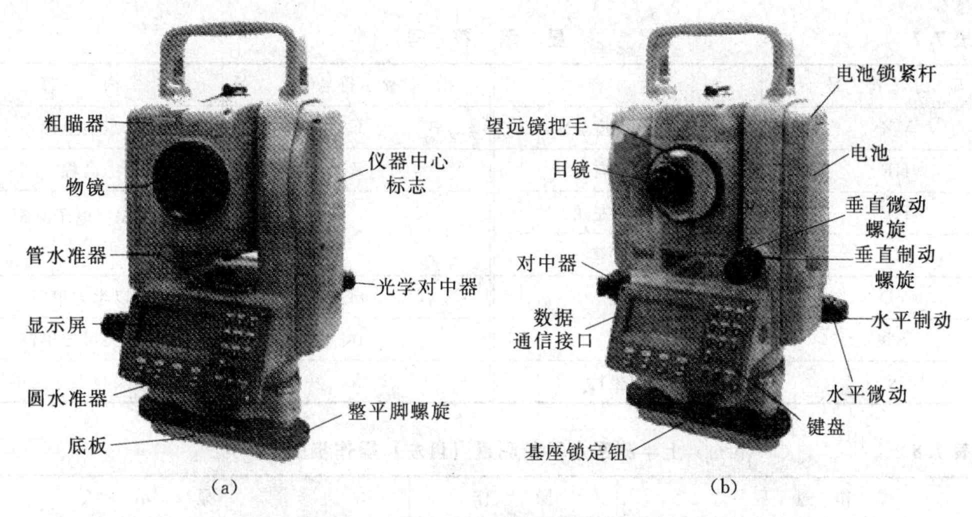

图 7.6　NTS-350 型全站仪部件名称

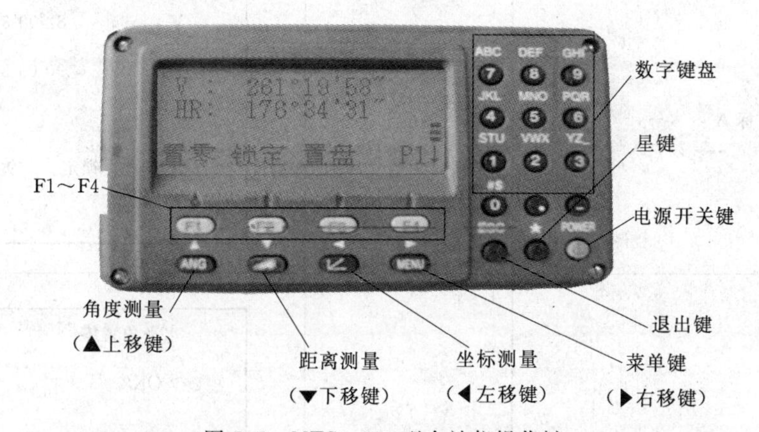

图 7.7　NTS-350 型全站仪操作键

表 7.6　　**NTS 型全站仪操作键功能**

按　键	名　称	功　能
ANG	角度测量键	进入角度测量模式（▲上移键）
	距离测量键	进入距离测量模式（▼下移键）
	坐标测量键	进入坐标测量模式（◀左移键）
MENU	菜单键	进入菜单模式（▶右移键）
ESC	退出键	返回上一级状态或返回测量模式
POWER	电源开关键	电源开关
F1～F4	软键（功能键）	对应于显示的软键信息
0～9	数字键	输入数字和字母、小数点、负号
★	星键	进入星键模式

表 7.7　显示符号

显示符号	内容	显示符号	内容
V%	垂直角（坡度显示）	E	东向坐标
HR	水平角（右角）	Z	高程
HL	水平角（左角）	*	EDM（电子测距）正在进行
HD	水平距离		
VD	高差	m	以米为单位
SD	倾斜	ft	以英尺为单位
N	北向坐标	fi	以英尺与英寸为单位

表 7.8　上半测回水平角测量（盘左）操作步骤

操作过程	操作	显示
①照准第一个目标 A	照准 A	V：　82°09′30″ HR：　90°09′30″ 置零　锁定　置盘 P1↓
②设置目标 A 的水平角为 0°00′00″ 按 F1（置零）键和 F3（是）键	F1 F3	水平角置零 >OK? …　[是] [否] V：　82°09′30″ HR：　0°00′00″ 置零　锁定　置盘　P1↓
③照准第二个目标 B，显示目标 B 的 V/HR。上半测回水平角为 67°09′30″	照准目标 B	V：　92°09′30″ HR：　67°09′30″ 置零　锁定　置盘　P1↓

表 7.9 水平角（右角/左角）切换和下半测回水平角测量（盘右）操作步骤

操作过程	操作	显示
①按 F4（↓）键两次转到第 3 页功能	F4 两次	V： 122°09′30″ HR： 90°09′30″ 置零 锁定 置盘 P1↓ 倾斜 … V% P2↓ H—蜂鸣 R/L 竖角 P3↓
②按 F2（R/L）键。右角模式（HR）切换到左角模式（HL）	F2	V： 122°09′30″ HL： 269°50′30″ H—蜂鸣 R/L 竖角 P3↓
③按 F4（↓）键转到第 1 页功能，照准右方目标 B 置零，以左角 HL 模式进行测量	照准目标 B F1 F3	V： 267°50′20″ HL： 0°00′00″ 置零 锁定 置盘 P1↓
④照准左方目标 A，显示目标 B 的 V/HL。下半测回水平角为 67°09′40″	照准目标 A	V： 277°50′20″ HL： 67°09′40″ H—蜂鸣 R/L 竖角 P3↓

2）竖直角测量。按角度测量键［ANG］确认处于角度测量模式。按表 7.10 进行竖直角测量操作。

（4）距离和高差测量。在进行距离、高差测量前通常需要确认大气改正的设置和棱镜常数的设置，再进行距离、高差测量。操作步骤见表 7.11。大气改正的设置：预先测得测站周围的温度和气压，由距离测量或坐标测量模式按 F3（S/A）键，再按键 F3（T－P）输入温度与气压。按 F4 执行［回车］确认输入。棱镜常数的设置：由距离测量或坐标测量模式按 F3（S/A），再按 F1（棱镜）键输入棱镜常数，按 F4 执行［回车］确认输入。棱镜常数为－30，设置棱镜改正为－30，如使用其他常数的棱镜，则在使用之前应先设置一个相应的常数，即使电源关闭，所设置的值也仍被保存在仪器中。

表 7.10　竖直角测量（盘左、盘右）操作步骤

操作过程	显示	备注
①盘左：照准目标 P，显示竖直角 L＝78°33′45″	V：　78°33′45″ HR：　93°08′35″ 置零　锁定　置盘　P1↓	$\alpha_{左}=90°-L$ $\alpha_{右}=270°-R$ 仪器高：i＝1.28m
②盘右：照准目标 P，显示竖直角 R＝271°26′20″	V：　271°26′20″ HR：　273°08′36″ 置零　锁定　置盘　P1↓	

表 7.11　距离、高差测量操作步骤

操作过程	操作	显示
①照准棱镜中心	照准	V：　90°10′20″ HR：　170°30′20″ H—蜂鸣　R/L　竖角　P3↓
②按◢键，距离测量开始 显示水平距离 HD 和仪器中心与棱镜中心之间高差 VD	◢	HR：170°30′20″ HD＊[r] ≪m VD： m 测量　模式　S/A　P1↓ HR：170°30′20″ HD＊ 235.343m VD： 36.551m 测量　模式　S/A　P1↓

续表

操 作 过 程	操作	显 示
再次按◢键，显示变为水平角HR、垂直角V和斜距SD	◢	V：90°10′20″ HR：170°30′20″ SD＊ 241.551m 测量 模式 S/A P1↓

5. 记录表格

水平角实训记录表7.12，竖直角实训记录表7.13，距离和高差测量记录表7.14。

表7.12 **水平角观测记录表**

仪器编号： 日期： 小组： 观测者：

测站	竖盘位置	目标	水平度盘读数/(° ′ ″)	半测回角值/(° ′ ″)	一测回角值/(° ′ ″)	各测回平均角值/(° ′ ″)	备注
	盘左						
	盘右						
	盘左						
	盘右						
	盘左						
	盘右						
	盘左						
	盘右						
	盘左						
	盘右						
	盘左						
	盘右						

表 7.13　　　　竖直角观测记录表

仪器编号：　　　　日期：　　　　小组：　　　　观测者：

测站	目标	竖盘位置	竖直度盘读数/(°′″)	半测回竖直角值/(°′″)	一测回竖直角值/(°′″)	竖直指标差/(°′″)	各测回平均竖直角/(°′″)	备注
		盘左						
		盘右						
		盘左						
		盘右						
		盘左						
		盘右						
		盘左						
		盘右						
		盘左						
		盘右						
		盘左						
		盘右						
		盘左						
		盘右						

表 7.14　　　　距离和高差测量表

仪器编号：　　　　日期：　　　　小组：　　　　观测者：

边名	温度/℃	气压/hPa	水平距离/m	高差/m	平均值/m	平均值/m	实际地面两点高差/m	备注

6. 限差要求

(1) 全站仪对中误差不超过 3mm，整平误差长水准管气泡偏离不超过 1 格。

(2) 正确进行初始设置，包括气压设置、温度设置、棱镜常数设置等。

(3) 水平角观测上、下半测回角值差不超过 40′，各测回角值差不超过 24′。

(4) 竖直角观测，各测回角值差不超过 25′，竖盘指标差之差不超过 25′。

(5) 距离测量一测回读数差不超过 5mm。

7. 注意事项

(1) 仪器安装至三脚架上或拆卸时，要一只手先握住仪器，以防仪器跌落，注意安全操作。

(2) 作业前应仔细全面检查仪器，确信仪器各项指标、功能、电源、初始设置和改正参数符合要求时再进行作业。

(3) 严禁直接用望远镜瞄准太阳，以免造成电路板烧坏或眼睛失明，若在太阳下作业，应安装滤光器。

(4) 确保仪器提柄固定螺栓和三角基座制动控制杆紧固可靠。

(5) 操作过程中，旋转制动螺旋时用力不要太大，以免造成滑丝。

学习情境 7.2 排水管道质量检测实训

7.2.1 排水管道产品分类

(1) 产品按名称、尺寸（直径×长度）、荷载、标准编号顺序进行标记。

示例：公称内径为 300mm 的Ⅰ级混凝土管，其标记如下：

C 300×1000－Ⅰ－GB 11836

公称内径为 500mm 的Ⅱ级钢筋混凝土管，其标记如下：

RC 500×2000－Ⅱ－GB 11836

(2) 混凝土管和钢筋混凝土管按其规格、尺寸和外压荷载系列分为Ⅰ级和Ⅱ级，其规格尺寸及外压荷载见表 7.15 和表 7.16。

表 7.15　混凝土管规格尺寸及外压荷载系列表

公称内径 D_0 /mm	最小长度 L /mm	Ⅰ级管		Ⅱ级管	
		最小厚度 h /mm	破坏荷载 P_p /(kN/m)	最小厚度 h /mm	破坏荷载 P_p /(kN/m)
100	1000	19	11.5	25	18.9
150		19	8.1	25	13.5
200		22	8.3	27	12.2
250		25	8.6	33	14.6
300		30	10.3	40	17.8
350		35	12.0	45	19.4
400		40	13.7	47	18.7
450		45	15.5	50	18.9
500		50	17.2	55	20.6
600		60	20.625	65	24.0

表 7.16 钢筋混凝土管规格尺寸及外压荷载系列表

公称内径 D_0/mm	最小长度 L /mm	Ⅰ 级 管			Ⅱ 级 管		
		最小厚度 h /mm	荷载/(kN/m)		最小厚度 h /mm	荷载/(kN/m)	
			裂缝 P_c	破坏 P_p		裂缝 P_c	破坏 P_p
300	2000	30	15	23	30	19	29
400		35	17	26	40	27	41
500		42	21	32	50	32	48
600		50	25	37.5	60	40	60
700		55	28	42	70	47	71
800		65	33	50	80	54	81
900		70	37	56	90	61	92
1000		75	40	60	100	69	100
1100		85	44	66	110	74	110
1200		90	48	72	120	81	120
1350		105	55	83	135	90	140
1500		115	60	90	150	99	150
1650		125	66	99	165	110	170
1800		140	72	110	180	120	180
2000		155	80	120	200	134	200
2200		175	84	130	220	145	220
2400		185	90	140	240	152	230

(3) 按管子接口型式分为：套环式、企口式、承插式 3 种。按管子接口采用的密封材料分为刚性接口和柔性接口两种。柔性接口胶圈或用于顶管施工的管子接口尺寸，由供需双方商定。

7.2.2 排水管道技术要求

1. 原材料

原材料应符合附件 A（7.2.6.1 节）的要求。

2. 构造要求

(1) 混凝土强度。离心、悬辊、立式振动成型的管子，其管壁混凝土 28d 抗压强度不得低于 30MPa，立式挤压成型的管子，以达到外压试验荷载的前提下，其管壁混凝土 28d 抗压强度不得低于 20MPa。

产品出厂强度均不得低于设计强度的 80%。

(2) 钢筋骨架。

1) 环筋的内、外混凝土保持层最小厚度，当壁厚小于 30mm 时，应不小于 12mm；当壁厚大于 30mm 或小于 100mm 时，应不小于 15mm；当壁厚大于 100mm 时，应不小于 20mm。

2) 环向钢筋接头采用手工绑扎或电弧焊接，必须符合《钢筋混凝土工程施工及验收规范》(GBJ 204) 中有关钢筋的焊接和绑轧的规定。

3）钢筋骨架的环向钢筋间距不得大于150mm，并不得大于壁厚的3倍，钢筋直径不得小于2.3mm，两端的环向钢筋应密缠1～2圈；钢筋骨架的纵向钢筋直径不得小于2.3mm，根数不得小于6根。手工绑扎骨架的纵向钢筋间距不得大于300mm；焊接骨架的纵向钢筋间距不得大于400mm。

3. 外观质量

（1）管子内、外表面应光洁平整，无蜂窝、塌落、露筋、空鼓。

（2）混凝土管不允许有裂缝；钢筋混凝土管外表面不允许有裂缝，管内壁裂缝宽度不得超过0.05mm。表面的龟裂和砂浆层的干缩裂缝不在此限。

（3）合缝处不应漏浆。

（4）有下列情况的管子，允许修补：

1）塌落面积不超过管内表面积的1/20，并没有露出环向钢筋。

2）外表面凹深不超过5mm；黏皮深度不超过壁厚的1/5，其最大值不超过10mm；黏皮、蜂窝、麻面的总面积不超过外表面积的1/20，每块面积不超过100cm^2。

3）合缝漏浆深度不超过管壁厚度的1/3，长度不超过管长的1/3。

4）端面碰伤纵向深度不超过100mm，环向长度限值不得超过表7.17规定。

表7.17　　端面碰伤长度限值

公称内径 D_0/mm	碰伤长度限值/mm
100～200	40～45
300～500	50～60
600～900	85～105
1000～1500	110～120
1600～2400	

4. 尺寸与尺寸偏差

（1）尺寸。产品外形尺寸应符合本标准要求，或按设计图纸制造。

（2）尺寸偏差。

1）套环接口的混凝土管和钢筋混凝土管及套环尺寸允许偏差见相关技术标准。

2）企口接口钢筋混凝土管及企口尺寸允许偏差见相关技术标准。

3）承插式混凝土管及甲型接口尺寸允许偏差见相关技术标准。

4）承插式钢筋混凝土管乙型接口尺寸允许偏差见相关技术标准。

5）端面倾斜和弯曲度允许偏差见表7.18。

表7.18　　端面倾斜和弯曲度允许偏差

公称内径 D_0/mm	产品等级	端面倾斜度/%	弯曲度/%
100～2400	优等品	1	0.1
	一等品	1.5	0.2
	合格品	2.0	0.3

注　1. 端面倾斜度按外径的百分比计算。

2. 弯曲度按管子长度的百分比计算。

5. 物理力学性能

(1) 外压荷载。管子外压试验荷载应不低于表7.15及表7.16的规定。

(2) 内水压。

1) 产品在进行内水压试验时，在规定的试验压力下允许有潮片，但不得有水珠流淌；各等级品的检验要求见表7.19。

表7.19 各类管的内水压检验压力

名称		内水压检验压力/MPa	检验要求		
管类别	产品等级		优等品	一等品	合格品
混凝土管	Ⅰ级	0.02	完好，无潮片	潮片面积小于总表面积的2%	潮片面积小于总表面积的5%
	Ⅱ级	0.04			
钢筋混凝土管	Ⅰ级	0.06			
	Ⅱ级	0.10			

2) 雨水管及套环无特殊要求时，可不做内水压试验。

(3) 吸水率。立式挤压成型的管子，其吸水率不得超过9%；其他成型工艺制作的管子，其吸水率不得超过6%。

7.2.3 排水管道检验方法

1. 外观尺寸

(1) 长度、内径、厚度用精度为0.05mm的游标卡或精度为0.5mm的钢尺以及其他专用仪器测量。

(2) 弯曲度用专门的直角偏差测量仪或用拉线与直尺测量。

(3) 端部倾斜用特制的直角尺测量。

(4) 合缝漏浆深度用专用缝隙深度测定仪测量。

(5) 裂缝宽度用不小于20倍读数放大镜测量。

2. 物理力学性能

物理力学性能试验包括混凝抗压强度、外压荷载、内水压及吸水率试验。

(1) 混凝土抗压强度。混凝土抗压强度试验方法参照《混凝土管用混凝土抗压强度试验方法》(GB 11837) 进行；亦可按成型工艺采用其他方法进行试验。

(2) 外压荷载。外压荷载试验方法按三点法进行，见附件B (7.2.6.2节)。外压荷载值按表7.15或表7.16规定。

在试验过程中，裂缝宽度达到0.2mm时的荷载值称裂缝荷载；管子已经破坏不能继续受荷载的荷载值称为破坏荷载。

(3) 内水压。内水压试验方法见附件C (7.2.6.3节)。内水压检验压力值按表7.19的规定。当检验压力达到规定压力值时，恒压10min。

(4) 吸水率。吸水率试样可在作外压荷载试验的管子上钻（截）取，试样组数应与管子数量相等。钻（截）取部位在管子两端和中央位置各钻（截）取一个试样，每个试样面积不得小于$10cm^2$，芯样直径不得小于5cm。吸水率取三个试样的平均值，吸水率试验方法见附件D (7.2.6.4节)。

7.2.4　检验规则

1. 检验项目

产品检验分为出厂检验与型式检验两类。

(1) 出厂检验。包括外观质量、尺寸及允许偏差、混凝土强度、外压裂缝荷载及内水压试验。

(2) 型式检验。包括外观质量、尺寸及允许偏差、混凝土强度、外压破坏荷载及内水压、吸水率试验。

2. 出厂检验

(1) 抽样。按批量采用随机抽样方法取样。

(2) 批量。出厂产品以同一种规格、相同原材料、相同工艺成型的管子为一个批量。不同管径批量数的划分见表 7.20。管子总数不足一批量时也作为一个批量检验。

表 7.20　　出厂检验批量总数的划分

品　种	公称内径 D_0/mm	产品批量总数/根
混凝土管	100～300	1000
	350～600	900
钢筋混凝土管	300～600	800
	700～1350	700
	1500～2400	600

(3) 外观质量。逐根检验。

(4) 尺寸及允许偏差。从每批产品中抽样 10 根进行检验。如符合某一等级的管子为 7 根，则为合格；如不符合这一等级的管子数超过 3 根，为不合格。

(5) 混凝土强度。当混凝土配合比、所用材料变更时或连续生产一周，应用三组与产品同养护条件的试块进行强度检验，一组用作脱模强度检验；一组用作设计强度检验；另一组备用或用作出厂强度检验。

(6) 外压裂缝荷载及内水压试验。从外观质量、尺寸及允许偏差检验合格的管子中抽取 2 根，其中 1 根做外压裂缝荷载试验，1 根做内水压试验，如检验不合格，允许抽取双倍数量的产品进行复验，如仍有 1 根管子达不到标准要求时，则认为该批产品不合格。

3. 型式检验

(1) 在下列情况时，进行型式检验：

1) 新产品（或老产品转产）生产定型鉴定。

2) 正式生产后，如结构、材料、工艺有较大改变，可能影响产品性能时。

3) 正常生产中定期或积累一定数量的产品后，应按周期进行检验。

4) 产品长期停产，恢复生产时。

5) 出厂检验结果与上一次型式检验有较大差异时。

6) 国家质量监督机构提出进行型式检验的要求时。

7) 当每种规格产品连续生产半年或生产总数达到表 7.21 规定时。

(2) 外观、尺寸及允许偏差检验在每批产品中抽取 10 根。

(3) 混凝土强度试验同前面所述，亦可从管体中钻取芯样进行试验。

表 7.21　　型式检验产品总数

品　种	公称内径 D_0/mm	产品总数/根
混凝土管	100～300	1000
	350～600	7500
钢筋混凝土管	300～600	5000
	700～1350	3500
	1500～2400	1800

(4) 外压破坏荷载及内水压试验，在外观质量、尺寸偏差合格产品中抽取6根，其中3根作外压破坏荷载试验，3根做内水压试验。

(5) 吸水率试验，每6个月进行一次，或在进行型式检验时，同时进行检验。

4. 判定规则

(1) 优等品。符合排水管道外观质量无缺陷的单位产品，混凝土抗压强度符合设计要求，尺寸及允许偏差、内水压检验项目全部符合优等品标准者，其外压荷载达到表7.15或表7.16规定的等级要求时，均按相应等级的优等品验收。

(2) 一等品。符合排水管道外观质量要求规定中的部分指标，在允许修补范围内有两处以上缺陷的单位产品，混凝土抗压强度符合设计要求，尺寸及允许偏差、内水压检验项目中符合合格品标准者，其外压荷载达到表7.15或表7.16规定的等级要求时，均按相应等级的合格品验收。

5. 修复

凡在制造或搬运中不慎碰坏、稍有损伤的管子，在允许修补范围内采取有效措施修复，并能符合技术要求者经检验合格后方可验收。

6. 型式检验不合格者

该种规格产品应立即停止生产，并须在采取措施后可以恢复生产前，再次进行型式检验，合格后方能投入生产。

7.2.5　标志、包装、运输、储存

1. 标志与出厂证明书

(1) 标志。在产品外表面按规定格式用打凹印或涂上防水油漆的方法注明品种、规格和级别、制造日期及制造厂标记。表示方法如下：

公称内径×长度

制造厂名称——产品名称·级别

制造日期

(2) 出厂证明书。凡经检验合格准许出厂的产品，应填写出厂证明书，其内容应包括：

1) 证明书编号。

2) 制造厂名称及制造日期。

3) 产品规格及数量。

4) 外观及尺寸检查结果。

5) 混凝土强度检验结果。

6) 物理力学性能检验结果。

7）制造厂检验部门及检验人员签章。

2. 包装

根据用户要求为防止碰撞损坏管子，在管子两端头可用草绳或软织物包扎。

3. 运输

产品在装卸、起吊、运输过程中，应轻起轻落，严禁碰撞。

4. 储存

产品按其品种、规格及生产顺序分批堆放，堆放层数一般不超过表 7.22 的规定。

表 7.22　　产品堆放层数

公称内径 D_0/mm	100～200	250～400	450～600	700～900	1000～1350	1500～1800	2000～2400
层数	7	6	5	4	3	2	1

7.2.6　附件

7.2.6.1　附件 A——原材料要求

（1）水泥应采用不低于 32.5 级的硅酸盐水泥、普通硅酸盐水泥，抑或采用不低于 32.5 级的矿渣硅酸盐水泥、快硬硅酸盐水泥、抗硫酸盐硅酸盐水泥。其性能应符合《硅酸盐水泥、普通硅酸盐水泥》（GB 175）、《快硬硅酸盐水泥》（GB 199）、《矿渣硅酸盐水泥、火山灰质硅酸盐水泥及粉煤灰硅酸盐水泥》（GB 1344）及《抗硫酸盐硅酸盐水泥》（GB 748）的规定。

（2）集料除应符合《普通混凝土用砂质量标准及试验方法》（JGJ 52）、《普通混凝土用碎石或卵石质量标准及试验方法》（JGJ 53）和《钢筋混凝土工程施工及验收规范》（GBJ 204）规定外，粗集料的软弱颗粒含量不应大于 5%，针片状颗粒含量不应大于 15%，石子最大粒径对混凝土管不得大于管壁厚度的 1/2，对钢筋混凝土管不得大于管壁厚度的 1/3，并不得大于环向钢筋净距的 3/4。细集料宜采用硬质中粗砂，细度模数为 2.3～3.0。

（3）混凝土允许掺加掺合料及外加剂，但应符合有关的标准或规范的要求。

（4）钢材应采用一般用途的冷拔低碳钢丝或普通低碳钢热轧圆盘条，其性能应符合《一般用途低碳钢丝》（GB 343）或《普通低碳钢热轧圆盘条》（GB 701）的规定。

7.2.6.2　附件 B——混凝土和钢筋混凝土排水管外压荷载试验方法

1. 方法原理及适用范围

（1）方法原理。本方法采用三点试验法，通过机械压力的传递，求得管体最大线性荷载值。

（2）适用范围。本方法适用于测试混凝土和钢筋混凝土排水管的外压荷载值，产品进行出厂检验或型式检验时采用。

2. 试样

按照前面规定进行抽样。凡自然养护的产品抽取 28d 以后的试件进行试验。凡蒸汽养护的产品抽取不少于 14d 以后的试件进行试验。

3. 设备和仪器

（1）外压试验机。外压试验机必须有足够的强度和刚度，不至影响荷载的均匀分布，设备的组合除主机外，还有上、下两个支承梁组成。上、下支承梁均延伸到试件的整个长度上。试压时，通过刚性上支承梁将荷载传递到试件整个长度上。

上支承梁为一刚性梁，上装一根与梁同长，与底面同宽，厚度不小于25mm的橡胶条，其硬度为邵氏硬度45～60。

下支承梁由两块硬木条组合而成，其断面尺寸、宽度不小于50mm，厚度不小于25mm。硬木条与管子接触处应做半径为12.5mm的圆弧，两木条之间的净距离为管子外径的1/12，但不得小于25mm。

外压试验机的示值误差为±2%。

(2) 仪器。用以测量裂缝宽度的20倍读数放大镜。

用以测量管子变形的百分表以及配套使用的磁性表座。

4. 试验步骤

(1) 经过外观、尺寸偏差检查判定合格的排水管，方可进行外压荷载试验。

(2) 调整外压试验机刻度盘（或压力表），使指针回零，无故障时方可进行试压。

(3) 将试件安置于外压试验机的下支承梁上，使管子轴线与两根硬木梁平行。然后将上支承梁安置于管子上，使上、下支承梁与管轴线对中。

(4) 开动外压试验机油泵，使压板与上支承梁接触，均匀加荷。

1) 裂缝荷载的加荷速度，按每分钟不大于5kN/m均匀地分级加荷，每级加荷量为裂缝荷载的20%，恒压时间1min。逐级加荷至裂缝荷载的80%时，观察裂缝出现，无裂缝时再按裂缝荷载的10%加荷至裂缝荷载（或继续加荷至裂缝宽度达到0.2mm，读取裂缝荷载值），恒压3min，观察裂缝并测量其宽度，做好记录。

2) 继续按破坏荷载的加荷速度，每分钟不大于5kN/m均匀地分级加荷，每级加荷量为破坏荷载的20%，恒压时间1min。逐级加荷至破坏荷载80%时，观察有无破坏现象，若未破坏可继续按破坏荷载的10%加荷至破坏荷载，恒压时间3min，检查破坏情况，如未破坏可继续分级加荷至破坏。

(5) 结果计算和评定。

1) 结果计算。外压试验荷载值按式（7.4）计算：

$$\rho=\frac{F}{L} \tag{7.4}$$

式中 F——总荷载值，kN；

L——管体实际受压长度，m；

ρ——试验荷载值，kN/m。

2) 结果评定。管子试验结果按前面的相关规定进行评定和验收。

7.2.6.3 附件C——混凝土和钢筋混凝土排水管内水压试验方法

1. 适用范围

本方法适用于混凝土和钢筋混凝土排水管的内水压试验。

2. 试样

按照规定，与作外压荷载试验的试件同时取样。

3. 试验设备

内水压试验机分为卧式和立式两种。

4. 试验步骤

(1) 将试件安置在内压试验机上的两堵头板之间，管子两端与堵板连接处垫以橡胶板

(或麻垫圈) 将两块堵头锁紧，然后向管内充水。

(2) 先使管内残余空气排尽，管内充满水后关闭排气阀门，开始采用加压泵加压。

(3) 试压制度。

1) 混凝土排水管。

Ⅰ级混凝土排水管升压至0.02MPa，恒压10min。

Ⅱ级混凝土排水管升压至0.02MPa，恒压为5min，继续升压至0.04MPa，恒压10min。

2) 钢筋混凝土排水管。

Ⅰ级钢筋混凝土排水管升压至0.04MPa，恒压5min，继续升压至0.06MPa，恒压10min。

Ⅱ级钢筋混凝土排水管升压至0.06MPa，恒压5min，继续升压至0.10MPa，恒压10min。

5. 结果评定

样管进行内水压试验时，在规定压力下恒压10min，观察表面渗漏情况。

7.2.6.4 附件D——混凝土和钢筋混凝土排水管吸水率试验方法

1. 适用范围

本方法适用于各种工艺成型的混凝土和钢筋混凝土排水管的管体混凝土吸水率的测定。

2. 试件

取样方法和试件尺寸按照前面的有关规定进行。

3. 试验设备

(1) 混凝土切割机或金刚石钻机。

(2) 托盘天平，最大称量10kg (感量为1g)。

(3) 蒸煮锅。

(4) 烘干箱。

4. 试验步骤

(1) 试件放入蒸煮锅内煮沸5h，然后放入净水冷却14～24h。

(2) 试件冷却后，放在对流通风的烘箱中，用105～115℃的温度干燥处理；干燥试件在不少于6h的时间里连续称量两次，与试件最后烘干质量相比，损失增量不大于0～10%时，说明试件已达到烘干要求。

对于壁厚小于38mm的试件进行干燥处理时间最少24h。

对于壁厚为38～76mm的试件进行干燥处理时间最少48h。

对于壁厚超过76mm的试件进行干燥处理的时间最少72h。

(3) 干燥试件称量。从烘箱中取出烘干试件之后马上称量。

(4) 浸水和蒸煮。经过称重的干燥试件放入盛有净水 (水温为10～24℃) 的容器中，在1～2h内把水加热到沸腾状态，在加热结束之前，不要往水中通入新蒸汽，应持续蒸煮5h，达到5h蒸煮期后，切断电源，停止加热，使试件在水中自然降温。在不少于14h，不多于24h时间内，使其达到室内温度。

(5) 称量试件。从水中将经过冷却的试件取出。放在一个多孔排水网架上，排水1min，用一块干燥的吸水布或纸，迅速吸去试件表面存留的水，抹净之后立即称量试件，做好记录。

5. 结果计算及评定

(1) 结果计算。吸水率按式 (7.5) 计算：

$$W=\frac{G_1-G}{G}\times 100 \tag{7.5}$$

式中　W——吸水率，%；

G——试件烘干后的重量，g；

G_1——试件放入沸水中煮过的重量，g。

(2) 评定。

1) 取三个试件试验结果的算术平均值，作为该组试件的吸水率，精确至 0.001。

2) 如果三个试件中的过大或过小吸水率值与中间值相比超过 15%时，以中间值代表该组混凝土试件吸水率。

7.2.6.5　混凝土和钢筋混凝土排水管质量检测引用标准

(1)《硅酸盐水泥、普通硅酸盐水泥》(GB 175)。

(2)《快硬硅酸盐水泥》(GB 199)。

(3)《一般用途低碳钢丝》(GB 343)。

(4)《普通低碳钢热轧圆盘条》(GB 701)。

(5)《抗硫酸盐硅酸盐水泥》(GB 748)。

(6)《矿渣硅酸盐水泥、火山灰质硅酸盐水泥及粉煤灰硅酸盐水泥》(GB 1344)。

(7)《混凝土管用混凝土抗压强度试验方法》(GB 11837)。

(8)《钢筋混凝土工程施工及验收规范》《GBJ 204》。

(9)《普通混凝土用砂质量标准及试验方法》(JGJ 52)。

(10)《普通混凝土用碎石或卵石质量标准及试验方法》(JGJ 53)。

学习情境 7.3　排水管道开槽施工方案实例

7.3.1　工程概况

上海临港新城两港大道一期工程西起重大装备区的规划 E5 道路，北至白玉兰大道，长度约 14.33km，包括道路两侧绿化林带总宽度为 160m。工程内容包括高架桥梁、地面道路、跨河桥梁、排水工程、电气工程、绿化与景观工程等。

其中高架桥段 K3+933.407～K4+600，即施工四区，主要包括高架桥 K3+933.407～K4+468.877，以及匝道和部分主线路基段落 K4+468.877～K4+600。

拟建道路沿线主要为果园、村庄，河网交错、河塘密布。这些段落地面高程在 3.5～4.5m 之间，地势平坦，稍有起伏。

该段的地质情况自上而下为：①层为 0.2～5.4m（一般土层厚度）松散的耕植土；②$_1$ 层为 0.3～3.0m 软塑状的粉质黏土夹黏质粉土，土质较好；②$_{3-1}$层为 1.2～5.1m 稍密状态的砂质粉土；②$_{3-2}$层为 5.3～11.8m 中密状态的灰色粉砂。

该段的雨水排水区域属于自流为主，强排为辅的排水区，就近排入附近河道。由于河道众多，纵横交错，因此雨水管道埋置深度较浅，一般都在 1.0～2.5m 范围内，布置于高架桥的两侧和中间，管径为 DN400、DN600、DN800 和 DN1200 4 种，其中 DN400 及

*DN*400 以下管径的雨水管管材为 UPVC 管，其余管径管材为钢筋混凝土管道。另外，在同盛大道两港大道交叉口处雨水管管径局部还有 *DN*1000、*DN*1500、*DN*1800 等，该区域强排区，其埋深较深，在 3.0～4.5m。该段设计规划为一根污水总管，过河均采用一根同管径的倒虹管，布置于道路的右侧（即道路的东侧）。污水管道埋置深度较深，在 6.0～8.0m 范围内，管径有 *DN*400、*DN*600、*DN*800、*DN*1500、*DN*1650、*DN*1800 6 种，其中 *DN*400 管径采用硬聚氯乙烯 UPVC 加筋管，管径 *DN*600、*DN*800 的采用玻璃钢夹砂管，*DN*1500、*DN*1650、*DN*1800 管径的采用企口式钢筋混凝土管（或称丹麦管）。

倒虹管管材采用 F 形接口钢筋混凝土管。钢筋混凝土管和硬聚氯乙烯 UPVC 加筋管管道覆土深度超过《上海市排水管道通用图》和《硬聚氯乙烯（UPVC）加筋管室外排水管道工程设计通用图》所规定的最大覆土深度，须由管道生产厂对管道的配筋进行加强设计（管道订货时应注意，并在提供的管道上标明）。

7.3.2　施工准备

由于路线较长，工期较紧，需要做好充足的施工准备。

（1）施工队伍进场后，必须先进行场地的整理，及时进行测量放样，准确放出管道布置的轴线和沟槽开挖的边线。机械设备与材料可以从老果公路、果园路等通过施工便道运进工地。

（2）落实管道供应厂家，进行认真考查和认可，选定供应厂商，在保证质量的前提下，要求其具备足够的日生产能力，保证供应，满足施工进度要求。

（3）雨污水管道施工所需的材料设备必须准备齐全，要满足规范设计要求。

（4）管道施工前进行认真的技术质量安全交底，分工明确，责任到人。

7.3.3　施工安排及方法总说明

条件具备后，尽早开始形成工作面，须先进行一段试验段的施工，得出经验数据，以指导后续施工。根据总体进度计划要求，我部在该段安排两个雨污水管道施工队伍，每个施工队必须有 2～3 个作业面，形成流水作业，以保证施工进度。

由于雨水管埋置深度较浅，一般都在 1.0～2.0m 之间，管道沟槽采用挖掘机放坡开挖，在沟槽里设置排水槽、集水井，用水泵抽水排除积水，以保持沟槽干燥。对于同盛大道两港大道交叉口处局部埋深大于 2.0m 的雨水管道施工时，可采用浅层井点法降水，然后开挖沟槽，沟槽采用挡土板和顶撑进行支护。

对于污水管道的施工，由于埋深较深，先将表土（黏性土）挖除一层（1.5m 左右），有效降低沟槽深度，然后进行井点降水，打设挡土板桩，然后开挖沟槽，采用 2～3 道顶撑支护，铺设管道。

施工顺序：先高架桥段后道路段，先横向（同盛大道交叉口）后纵向，交叉处先污水后雨水，先深后浅，形成流水作业，以保证施工的连续性和施工进度。

7.3.4　雨水管道施工方案

为收集两港道路附近的雨水，本工程雨水管主要沿道路两侧敷设，主要管径为 *DN*400、*DN*600、*DN*800 和 *DN*1200，其中 *DN*400 管径的雨水管管材为 UPVC 管，其余管径管材为钢筋混凝土管道，自流方式汇入附近河道。管道埋深一般为 1.0～2.5m，管道坡度 1.5‰～2.0‰。局部深度在 3.0～4.5m（同盛大道两港大道交叉口）。

1. 雨水管道施工工艺流程

测量放线→沟槽挖土和支护（局部先进行浅层井点降水）→管道基础施工→铺设管道→砖砌窨井→管道坞膀→沟槽回填。

2. 测量放线

根据设计图，测设管道中心线和井中心位置，设立中心桩。管道中心线和井中心位置须经监理复核。

根据施工管道直径大小，按规定的沟槽宽定出边线，开挖前用白粉画线来控制，在沟槽外窨井位置的两侧设置控制桩，并记录两桩至窨井中心的距离，以备校核。

3. 沟槽开挖和支护及排水设施

雨水管的埋深较浅，管道埋深一般为1.5～2.5m。该地区土质情况：上层为素填土，以黏性土为主，局部为粉土，土质松散。

据此，雨水管的沟槽采用放坡开挖，明排水施工，边坡1：1。沟槽用反铲挖掘机开挖，人工修坡，开挖时，应在设计槽底高程以上保留一定余量，避免超挖，槽底以上20cm必须用人工修整底面，槽底的松散土、淤泥、大石块等要及时清除，并保持沟槽干燥，两侧不进行边坡支护，修整好底面，立即进行基础施工。

槽边堆土高度不宜高于1.5m（堆土边坡内侧按照1：1.5控制），在电杆、变压器附近堆土时其高度要考虑到距电线的安全距离，离槽边距离不得小于1.2m，施工机具设备停放离沟槽距离不得小于0.8m。

管道沟槽开挖的深度一般在2m左右，采用明沟排水法进行施工排水，具体方法如下：在沟槽的开挖过程中，在槽底设置排水沟，将地表水或槽底、槽坡渗流出来的地下水汇集到槽底的排水沟内，然后通过排水沟流入集水井，再用水泵将水抽走，抽出的水直接排入附近排水明沟，以保持沟槽干燥，如图7.8所示。

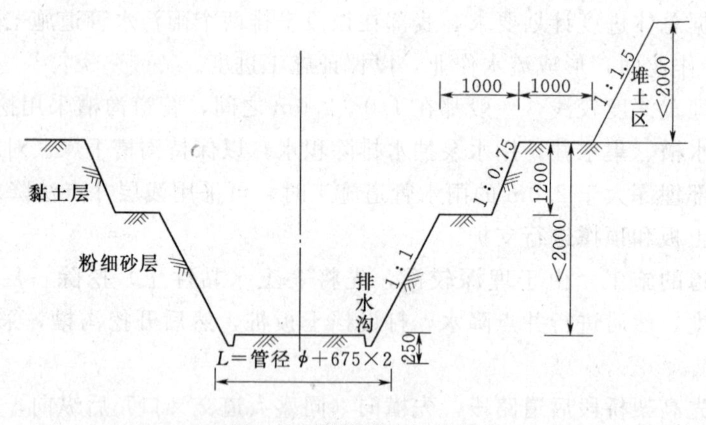

图7.8　明沟排水示意图

排水沟深度比沟槽底低0.2m，集水井比排水沟低0.3～0.5m，并保持水流畅通。

对于同盛大道两港大道交叉口处局部深度在3.0～4.5m，需先进行开挖，将表层1.5m的黏土挖除，上口宽度为15m左右，边坡为1：1.5，下层土基本上为粉细砂，然后在底面进行井点布置，根据管径大小，两排井点的布置宽度，一般在5.5～6.5m，井点管距坑壁不小于1m，间距为0.8～1.6m，滤管要埋在比槽底低0.9～1.2m处。井点降水2～3天后，

进行沟槽开挖，边开挖边进行沟槽支护，支护采用组合钢撑板，其尺寸为厚 6～6.4cm、宽 16～20cm，长 3～4m，横向放置，竖撑采用 20cm×20cm 方木，中间采用长 6mm 的 ϕ63.5 钢管作为撑柱。如图 7.9 所示。

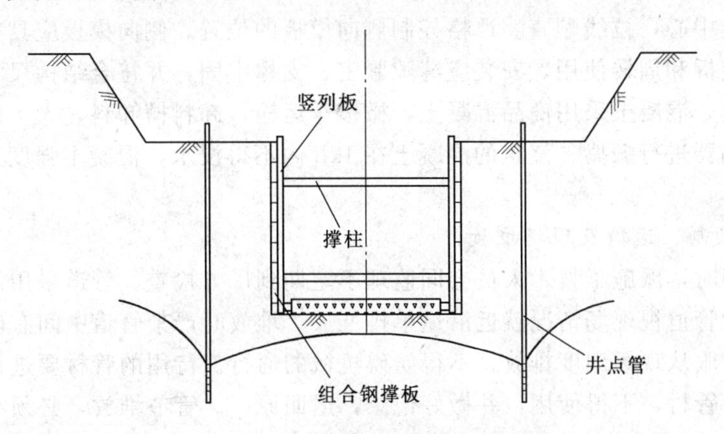

图 7.9　雨水管道沟槽支护示意图

4. 管道基础施工

本工程管道基础严格按照"上海市排水管道通用图"及施工图纸要求进行施工。硬聚氯乙烯 UPVC 加筋管管道基础按照《硬聚氯乙烯 UPVC 加筋管室外排水管道工程设计通用图》，管道基础采用碎石或砾石砂，碎石粒径为 25～38mm，砾石砂的粒径为不大于 60mm。钢筋混凝土管道基础采用混凝土基础。

在沟槽开挖完毕后，在槽口上方每隔 20m 或 30m 设置一个龙门板，基础施工前，必须及时复核高程样板标高，以控制挖土、垫层和基础面标高。龙门板必须稳定牢固，有一定刚度且不易变形，其顶部保持水平，用全站仪将中心位置测设在龙门板上并钉上中心钉，安装时在中心钉上系上锤球，确定中心位置，以中心线为准放出基础或垫层边线，如图 7.10 所示。基础的底层土应人工挖除，修整槽底，如有超挖应用砾石砂或碎石等填实。

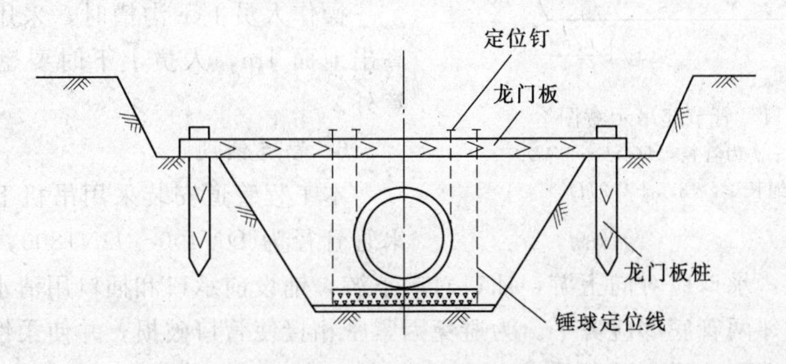

图 7.10　沟槽开挖定线示意图

砾石砂垫层的铺设：当管道沟槽挖成，验槽达到设计要求，可以从高程样板上测出铺筑高度，插入木桩控制标高，即可进行砾石砂铺设。砾石砂最大粒径应小于 7cm，铺筑前槽内不得有积水和淤泥。砾石砂以相应的管道基础宽度，进行铺筑、摊平、拍实。

对于硬聚氯乙烯 UPVC 加筋管管道基础采用垫层基础，对于一般的土质地段，垫层可为一层砂垫层（中粗砂），厚度为 100mm；对处于地下水位以下的软土地基，垫层可采用

150mm厚、颗粒尺寸为5～40mm的碎石或砾石砂，上面再铺50mm厚砂垫层（中粗砂）。管道基础夯实平整，密实度满足要求。

混凝土基础施工：砾石砂垫层上浇筑混凝土基础应按相应管道基础宽度安装侧向模板。基础定位于管道中心，拉线顺直。严格控制侧向模板的位置。侧向模板应具有一定的强度和刚度，以便于装拆和周转使用，安装应缝隙紧密、支撑牢固，并符合结构尺寸要求，一般可选用木板或钢模，混凝土采用商品混凝土，橄榄车运输，卸料槽卸料，人工摊铺，插入式振捣器或平板振捣器进行振捣。浇筑的混凝土在12h内不得浸水，混凝土强度达到2.5MPa以上后方可拆模。

5. 管节的预制、运输及现场堆放

管道在预制时，派施工技术人员会同监理不定期到厂方检查。管道采用汽车运输。

运至现场的管道视现场情况就近沿途单排堆放。堆放时严禁管道中间有硬物顶撞，防止管道碰坏，同时服从现场调度排放，不得妨碍机械的通行。待用的管材要进行检查验收，如有裂缝等缺陷的管材，不得使用，并做好记录，退回原厂。管节堆放，必须在起重机工作幅度范围内。两节管间要有一定间隙，以便捆管。管节捆绑生扣，可滚管，也可在地上开槽穿绳。钢丝绳不得从管心串过吊装。

吊绳宜采用$\phi 3.65$钢丝绳（抗拉强度为1961MPa），所有绳扣均采用插辫方法，每扣不少于7花以便卸扣，如图7.11所示。

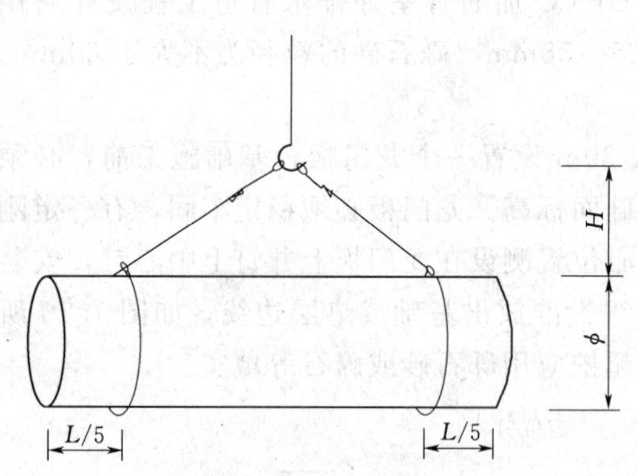

图7.11　管节起吊示意图
（L为管长；ϕ为管径，$H \geqslant L-2/5L$；单根绳长$\geqslant \phi \times 3.5+1.2H$）

根据现场施工条件，管节重量大小选择起重设备。采用汽车吊（或者履带吊、挖掘机等）下管，下管应轻落，防止造成管材损坏和混凝土基础断裂。

下管用的起吊设备应停放在坚实的基础上，若地面软弱，要用方木、钢板等铺垫进行加固。下管时要有专人指挥。

操作人员上下沟槽时，采用扶梯，扶梯要高出地面1m，人员上下时要密切配合，防止意外。

6. 管道铺设

本工程管道安装采用吊机下管、稳管，雨水管管径为$DN400 \sim DN1800$，在施工时以逆流方向进行铺设，承口应对向上游，插口对向下游，铺设前承口和插口用清水刷净。

稳管时，相邻两管底部应齐平。为避免因紧密相接使管口破损，并使柔性接口能承受少量弯曲，管子两端面之间应预留约1cm的间隙。

排管前需检查混凝土基础的标高、轴线，清除基础表面的污泥、杂物及积水，在基础上弹出排管中心线。标高经复核后方可排管，排管时以控制管内底标高为准。

管道铺设要严格按照操作规程进行，管道接口需严密，管道间隙要符合设计要求，管枕、垫尖、管道不得左右晃动。

管道中心线垂直引至撑柱上，拉好中线，吊好锤球。管节铺设采用起吊设备在垂直方向吊管，采用两组手扳葫芦在管的左右两侧水平方向拉管。

排管铺设结束后，必须进行一次综合检查，当线形、标高、接口、管枕等符合质量要求时，方可进行下道工序的施工。

管道铺设质量验收标准应符合《市政排水管道工程施工及验收规程》（DBJ 08—220—96）的有关要求，具体指标如下：

管道中心线允许偏差：20mm；

管内底标高允许偏差：－10～＋20mm；

承口、插口之间外表隙量允许偏差：小于9mm。

（1）中线控制。本次施工采用边线法，即将管边线用钉子钉在龙门板桩上，通过锤球定位线定出边线，在基础上做好记号，稳管时通过锤线控制管道边线，这样管道就处于中心位置，用这种方法对中，比中心线法速度快。

（2）高程控制。管道高程控制采用水准仪复测，龙门板控制高程。相邻两板的高程钉分别到管底标高的垂直距离应相等，则两高程钉之间连线的坡度即为管道坡度，该连线为坡度线。坡度线上任何一点到管底的垂直距离为一常数。

高程控制时，使用丁字形高程尺，将高程尺垂直放在管底，当标记和坡度线重合时，表明高程正确。管线平面位置与高程误差必须符合规范要求。管中心控制与高程控制必须同时进行。

7. 附属构筑物、检查井及雨水口施工

雨水管道检查井及雨水口为砖石砌筑，在施工时，井底基础应与管道基础同时浇筑。排水管检查井内的流槽，宜与井壁同时进行砌筑，流槽应与上下游管线底部接顺，井底基础与相邻管道基础同时浇筑，使两者基础浇筑条件一致，同时能减少接缝，避免了因接茬不好的因素，产生裂缝引起不均的沉降。

井内的踏步应随砌随安，位置准确，踏步安装后，未达砌筑强度前不得踩踏。此外，检查井的预留支管应随砌随安，预留管的直径、方向、标高应符合设计要求，管与井壁衔接处应严密，预留支管口宜用砂浆砌筑封口并抹平。

依据标准图集，雨水管出水口采用垫层、砌石基础，浆砌块石墙身。施工中用挖掘机根据图纸位置及标高挖出施工作业面，并用人工加以修整。浆砌块石采用砂浆将块石人工砌筑形成。砌筑时注意按照图纸尺寸并注意砂浆饱满。

8. 管道坞膀

本工程设计的管道坞膀，胸腔覆土采用中粗砂，钢筋混凝土管、玻璃钢夹砂管以及UPVC加筋管管道位于车行道下，回填土须回填至管顶以上500mm处，中粗砂干重不小于16kN/m^3。管道位于绿化带内，胸腔覆土采用中粗砂，钢筋混凝土管须回填至管中心，玻璃钢夹砂管以及UPVC加筋管须回填至管顶。回填需对称均匀，洒水振实拍平，密实度满足要求。

9. 沟槽回填

沟槽回填是管道工程中的一道重要工序，沟槽回填后，管顶以上的回填土将变为管道上的竖向土压力施加在管道结构上，因此，采取措施减小竖向土压力强度就意味着减少管道的荷载，采用“中松侧实法”，先用手扶式振动夯、冲击夯将管道两侧分层回填压实，分层厚度为20cm，到管顶以上50cm后，再采用大型压实机械回填。

7.3.5　污水管道施工方案

高架桥段K3+933.407～K4+600布置一根污水管，分布在道路右侧（即为道路东侧），在与同盛大道交叉处布置着横向污水管，在同盛大道范围内，属于本次工程施工范围。污水管管径为$DN400$～$DN1800$，其中主线污水管管径为$DN1800$、$DN400$，与同盛大道交叉口的污水管管径为$DN600$、$DN800$、$DN1500$、$DN1650$ 4种，埋深6.0～8.0m，管材为：$DN400$管径采用硬聚氯乙烯UPVC加筋管；管径为$DN600$、$DN800$采用玻璃钢夹砂管；$DN1500$、$DN1650$、$DN1800$管径的采用企口式钢筋混凝土管（或称丹麦管），倒虹管管材采用F形接口钢筋混凝土管。

1. 污水管道施工工艺流程

测量放线→第一次土方开挖→布置井点降水→打设槽钢板桩→沟槽开挖及支护→管道基础施工→铺设管道→污水井施工→磅水（闭水）试验→管道坞膀→沟槽回填。

2. 测量放线

根据设计施工图，测设管道中心线和污水井中心位置，设立中心桩。管道中心线和井中心位置经监理复核后方可在施工中使用。

根据施工管道直径大小，按规定的沟槽宽定出边线，开挖前用白粉画线来控制，在沟槽外井位置的两侧设置控制桩，并记录两桩至井中心的距离，以备校核。

3. 第一次土方开挖

按照测量放出的开挖线，进行第一次开挖，将表层1.5m厚的黏土层开挖，上口宽度为13m左右，坡度为1∶1.5，这样可以有效降低沟槽的深度，挖出的土离槽口尽量远，堆土高度宜小于1.5m。

4. 井点降水

由于污水管的埋深多在5.0m以上，管底最深为8.0m，为防止土层液化或管涌，沟槽采用板桩密排支撑，井点降水。

井点布置在沟槽两侧，60m左右为一流水作业段。井点管埋设前视污水管埋深，保证降低后的地下水位与槽底的最小深度大于0.5m，来确定井点管的长度和井点间距。

井点施工程序如下：

放线定位→冲孔→安装井点管→填砂砾滤料→铺设总管→连接管连接井点管与集水总管→与抽气设备连通→安装集水箱和排水管→开动真空泵排气→开动离心水泵抽水→观察地下水位变化。

井点降水如图7.12所示。

井点设备采用真空泵组合，即每套设备由5.5kW真空泵1台、2.8kW离心式水泵1台和1台气水分离器组成。每套井点设备有效抽水距离为60m，深度为地面以下6～8m。

为提高井点降水效果将井点管单排双侧布置，间距为0.8～1.0m，距离沟槽边1m左右，井点管入土深度要比设计沟槽底深0.9～1.2m。井点下端滤管长为1～1.5m，滤管上要先包一层细滤网，再包一层粗滤网，并用铁丝绑扎加以保护，滤管必须埋入含水层内。

井管长度H（不包括滤管长度l）应符合下式要求：

$$H \geqslant H_1 + h_1 + h_2 + iL$$

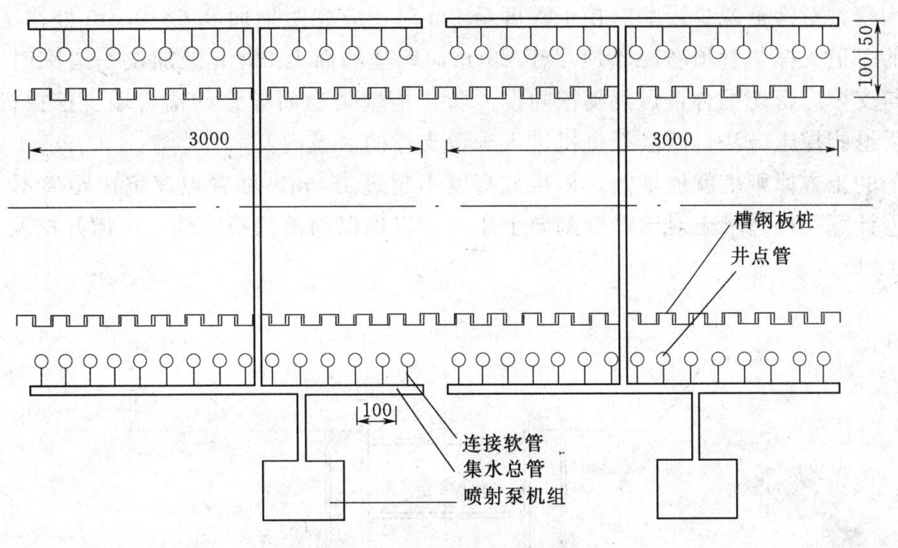

图 7.12　井点降水示意图

式中　H_1——沟槽深度，m；

h_1——降低后的地下水位与槽底的最小深度，应大于 0.5m；

i——地下水计算降落坡度，环状井点为 1/10，线状井点为 1/3～1/4；

L——井管至需要降低地下水位的水平距离，环状或双排井点为井管至沟槽中心的距离，单排井点为井管至沟槽对侧底的距离，m；

h_2——井管露出槽顶的高度，一般为 0.2～0.3m。

当井点管入土完毕后再安装集水总管，安装时应沿抽水水流方向有 0.25%～0.5%的上仰坡度。最后集水总管与井点管、真空泵连接，所有连接管都必须密封防止漏气。

为保证井点连续不断地抽水，应配备双电源，以防断电，造成滤管堵塞。一般抽水 3～5 天后水位斗基本趋于稳定，正常出水规律为先大后小、先混后清。如不上水或水一直较混，或出现先清后又混等情况，应立即检查纠正。

5. 打设槽钢板桩

在第一次土方开挖的梯形沟槽中施打槽钢板桩，打设前，在最后矩形沟槽两边外侧 10cm 放出打设线。板桩材料选用槽钢，按照沟槽深度不同选用不同的长度。根据上海地区的特点和施工经验，板桩入土深度（T）沟槽深度（H）比值 α（$\alpha=T/H$），在一般土质条件下，沟槽深度 5m 以内，α 值宜取 0.35；5～7m 时宜取 0.5；7m 以上时，沟宜取 0.65。板桩排列根据土质和沟槽深度等情况，采用咬口排列。咬口板桩应咬合紧密，板桩挺直，板桩打拔采用 $1m^3$ 履带式挖掘机配备振动沉桩锤进行施工，板桩的垂直度不能大于露出高度的 1.5%。

施打板桩前应查明地下管线或地下构筑物，如有，先将管线外露，采取施工保护措施后再打设，或局部跳空采取其他支护措施。打设时，若出现板桩入土过慢，桩锤回弹过大，应查明原因，进行处理方可继续施打。

6. 沟槽开挖及支护

沟槽开挖采用挖掘机进行，沟槽深度较大的，采用两台以上挖掘机传递挖土，将开挖土方运离沟槽，对沟槽减少影响。挖土深度至2m时，应先距地面0.6～0.8m处撑头道支撑。管顶上的一道支撑与管顶净距不应小于20cm，离基础面上20cm处加设一道临时支撑。沟槽挖土与支撑应密切配合，做到随挖随撑。防止槽壁失稳而导致沟槽坍塌。挖掘机挖土时，应采取后退式挖土方法，严禁挖掘机进入未设支撑的区域内。

开挖的土方原则上就地堆置，但堆放高度不超过1.5m，堆置点离坑边距离不小于2m。施工时需计算沟槽边堆土对沟槽壁侧向土压力，以确保沟槽的稳定性。沟槽开挖及支护示意如图7.13所示。

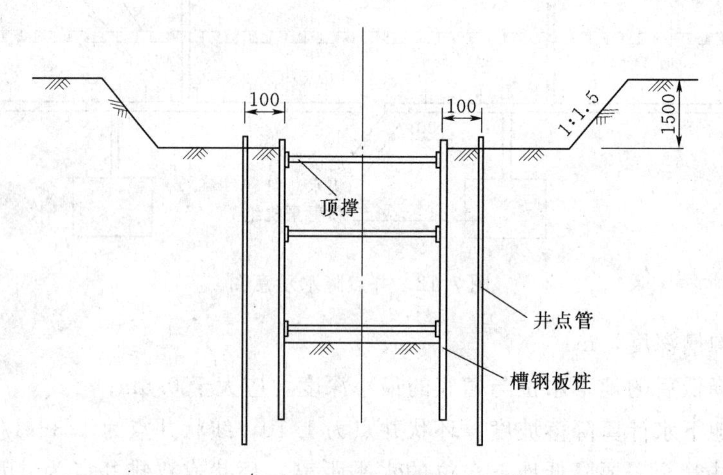

图7.13　污水管道沟槽支护示意图

7. 管道基础施工

按照设计要求，钢承口式钢筋混凝土管及丹麦管管道基座根据土质及降水效果选用基础型式，设计采用C25钢筋混凝土基础，横向配筋Φ8 @200（上下层）、纵向配筋Φ10 @200（上下层）。若底板位于填土层上时，应将其全部挖除，再用级配砾石砂分层夯实回填至基底标高，压实度满足要求。硬聚氯乙烯UPVC加筋管管道基础按照《硬聚氯乙烯UPVC加筋管室外排水管道工程设计通用图》，管道基础采用碎石或砾石砂，碎石粒径为25～38mm，砾石砂的粒径为不大于60mm。玻璃钢夹砂管管道基础按照《玻璃纤维增强塑料夹砂排水管道施工及验收规程》（DGJ 08—234—2001），在土基上铺设厚度为$DN/4$且不小于50mm但不大于150mm的中粗砂基础，当采用其他颗粒材料作基础时，最大粒径不大于15mm。基础须夯实且表面平整。

基础施工前必须复核高程样板的标高。基础的底层土人工挖除，修整槽底，清除淤泥和碎土，如有超挖，应用砾石砂或旧料填实，不得用土回填。

8. 管道铺设

管节的预制、运输及现场堆放，管道铺设与雨水管道施工相同。

所有管道接口处在管道就位后，覆土前包裹两层土工布，宽度为800mm，土工布接缝搭接宽度为200mm。

本工程的管道接口：企口式钢筋混凝土管采用q形橡胶圈接口；玻璃钢夹砂管采用O形橡胶圈接口；钢承口式钢筋混凝土管采用齿形橡胶圈接口；硬聚氯乙烯UPVC加筋管采用T形橡胶圈接口。钢筋混凝土管O形橡胶圈接口采用防水涂料施工工艺；q形橡胶圈接

口采用硅油润滑剂，不可用“牛油”，即黄油。

本工程污水管道中采用钢筋混凝土管的须考虑管道防腐，防腐做法可采用防腐防水涂料。钢筋混凝土管内壁防腐涂料工程一般按“一底二中二面”要求施工，高压无气喷涂“一底三面”施工。施工前对基层的清洁、平整度、修补养护、含水率等质量指标进行验收，并作记录。认可后方可涂装施工。

9. 附属构筑物、检查井等施工

施工时，井底基础应与管道基础同时浇筑，井底基础板为双向受力，采用钢筋笼施工。排水管检查井内的流槽，宜与井壁同时进行砌筑，流槽应与上下游管线底部接顺，井底基础与相邻管道基础同时浇筑，使两者基础浇筑条件一致，同时能减少接缝，避免了因接茬不好的因素，产生裂缝引起不均的沉降。

依据标准图集及设计要求进行施工。

10. 闭水（磅水）试验

根据规范要求，污水管道必须逐节（两检查井之间的管道为一节）作闭水检验，检验合格后才能进行管道坞膀。

直径不大于 800mm 的管道可采用磅筒磅水，直径不小于 1000mm 的管道可采用检查井磅水。磅水前，接缝砂浆及混凝土应达到设计强度要求，并在管道预先充满水 24h 以上才能磅水。

磅水时按照要求水头高度先加水试磅 20min，待水位稳定后才进行正式磅水，计算 30min 内水位下降的平均值。磅水水头为检验段上游管道内顶以上 2m，直径不小于 1000mm 的管道采用检查井磅水，若其井顶内顶的距离小于 2m 时，则磅水水头高度至检查井井顶为止。

正式磅水时，应仔细检查每个接缝和沟管的渗漏情况，做好记录，若磅水不合格，应进行修补重磅，直至磅水合格为止。

11. 管道坞膀

管道坞膀与雨水管道坞膀相同。

12. 沟槽回填

污水管道沟槽回填与雨水管道相同。

7.3.6 排水管道施工的质量工期保证措施

根据本区域雨污水管道工程施工的特点，在施工过程中除强化管理，确保质量保证体系正常运行外，技术上也要采取相应的措施，使工程质量和工期有一个充分的保证。主要采取以下措施：

（1）注重管道的测量放样工作，对龙门板桩要重点加以保护，及时进行复核，保证管道铺设的轴线和管底标高的准确性。

（2）天气因素对管道施工影响很大，施工中，要时刻注意天气变化，掌握近期和长远期的天气情况，定出施工计划。

（3）对管道必须进行认真验收，不合格的管道不允许出现在工程中；同时在施工过程中，对管道须进行保护，尤其在卸车、移管、铺设、接口、坞膀、回填过程中。

（4）要充分考虑施工作业的流水性和连续性，根据不同的管道施工难度和不同的天气情况，采取相应措施。如果施工难度大、天气情况不是很好，施工段落可以相应缩短，作业面缩小，提高工效，保证施工的连续。

（5）沟槽开挖严格按照交底要求进行施工，对于不同的管道埋深采用不同的开挖方式，以保证沟槽的稳定性，保证施工的质量。对于放坡开挖进行沟槽施工的，周围要做好排水沟和集水井，积水应及时排除，防止基础浸泡，完成后要及时回填。

（6）管道的铺设、接口处理、坞膀回填施工中，严格按照设计规范要求。加强过程质量控制，加大检查力度，以保证施工质量。

7.3.7　排水管道施工的安全文明施工保证措施

针对排水工程施工的特点，根据安全风险分析，沟槽塌方和机械事故等一般较多，需重点防范。在加强全员安全教育，提高安全风险意识和防范意识的同时，拟采取以下措施：

（1）施工便道要保证畅通，及时修整。原材料运输车辆要勤检查、勤保养，保证行驶和制动系统的完好。

（2）管道卸车、管道铺设时要对吊重设备进行认真检查，尤其是钢丝绳等，必须满足要求。配合吊装人员要戴好安全帽及手套，必须由专人指挥，以哨令、旗示或手示进行指挥。所采用的"令示"必须规范，并与吊重人员预先沟通好。当管节离开地面，配合吊装人员必须避开被吊物，移动过程中要注意不要被障碍物所绊倒。

（3）沟槽开挖时如遇到异常地质或异常物体等情况，及时向有关单位部门汇报并作记录，处理结束后再行施工；沟槽开挖时要随时注意槽壁的稳定情况，由专人负责查看，并采取有效的支护措施，防止塌方伤人，所有人员不得在沟槽内坐卧、休息。

（4）管道铺设范围内，事先要通过有关部门摸清有无管线，如有，必须采取措施，进行搬迁或加固等，否则不得施工。

（5）在沟槽两侧须采取一定防护措施，尤其是在村庄道路附近施工时，须设置路障、警示牌等，夜间须增设红灯示警。

（6）沟槽所用的支撑、挡土板等必须可靠牢固，随着沟槽挖深，及时加以顶撑支护。开挖出的土方必须按照要求堆放，不得随意堆放。

（7）夜间欠安全的原因一般不安排施工作业，若要施工，要求配足照明设备，特别在边坡、转弯处要加大照明亮度。车辆进入施工便道后，要求慢速行驶。

（8）该段雨污水管道工程施工用电主要采用箱变，同时备两台75kW的发电机。加强用电管理，规范各类电气设备使用，电箱、电源线等勤检查。发现破损及有碍安全使用的及时更换。

学习情境7.4　排水管道不开槽（顶管）施工方案实例

7.4.1　工程概况

本工程原设计采用机械顶管施工，但由于工期紧、施工场地有限、现场交通繁杂、地下管线复杂、有可能遇上地下障碍物等情况，将影响本工程机械顶管正常施工的不利因素，故将本工程中的顶管工程改用人工顶管。管材采用 *DN*800 及 *DN*1200 的玻璃钢管埋深约为 5～7m。改用人工顶管后，工作井、接收井及检查井的井位和管段长度将根据现场实际情况（顶进长度、地下障碍物、交通影响等）而确定。

7.4.2 施工部署

1. 施工组织安排

本工程需要采用人工顶管的管段为计划用4套顶管设备，分成两个阶段顶进：第一阶段为工作井、接收井的施工；第二阶段为人工顶管的实施。其中工作井、接收井的施工可以交叉作业，速度较快，设备也能得到充分的利用。

2. 顶管施工工艺流程

（1）工作井施工。

（2）设备安装。

（3）管吊装就位。

（4）施工准备。

（5）开机顶进。

（6）回收掘进机头。

（7）结束。

（8）测量控制及纠偏复。

（9）废泥外运。

（10）施工下一节。

3. 施工顺序

施工顺序为：工作井施工→顶进设备安装调试→吊装混凝土管到轨道上→连接好工具管→装顶铁→开启油泵顶进→出泥→管道贯通→拆工具管→砌检查井。

7.4.3 施工准备工作

1. 生产准备

（1）进行施工测量和现场放线工作。

（2）确定管线范围内及施工需用场地内所有障碍物，如管线、电线杆、树木及附近房屋等的准确位置。

（3）按施工平面布置图修建临时设施，安装临时水、电线路，并试水、试电。

（4）进行顶管所用设备的加工制作。

（5）根据顶进长度，准备好各类管线和所需的辅助物（固定架等）。

（6）根据材料计划，分期分批组织材料进场。

2. 技术准备

（1）审查施工图纸和进行各专业图纸会审，进行施工技术交底工作。

（2）做好标高点控制，施工测量和现场放线工作。

（3）按照规划局提供的永久水准点，引临时水准点至井下，施工中经常进行校正。

7.4.4 施工技术方案

7.4.4.1 人工顶管顶力的计算

（1）对于顶管顶进深度范围土质好的，管前挖土能形成拱，可采用先挖后顶的方法施工。根据经验公式：

$$P=nP_0 \tag{7.6}$$

式中 P——总顶力，kN；

n——土质系数；

P_0——顶进管子全部自重。

土质系数取值可根据以下两种情况选取：①土质为黏土、亚黏土及天然含水量较大的亚砂土，管前挖土能成拱者，取1.5～2.0；②土质为中粗砂及含水量较大的粉细砂，管前挖土不易成拱者，取3～4。取n为2.0。

顶进的每节管自重约为2t，最长段以60m计，每节管长2m，共要顶进33.5节管，则$P_0=2\times33.5=60$（t）。

则总的顶力为：$P=nP_0=2.0\times60=120$（t）

考虑地下工程的复杂性及不可预见因素，顶管设备取1.3倍左右的储备能力，设备顶进应力为156t，取总的顶力$F=200$t，选用两个千斤顶作为顶进动力设备，每个千斤顶的顶力应为100t。

（2）对于顶管顶进深度范围土质较差的，即开挖时容易引起塌方的，可采用先顶后挖的方法施工。

根据顶管工程力学参数确定，先顶后挖时，顶管的推力就是顶管过程管道所受的阻力，主要包括工具管切土正压力、管壁摩擦阻力。

1）工具管正压力。与土层密实度、土层含水量、工具管格栅形态及管内挖土状况有关。根据有关工程统计资料，软土层一般为20～30t/m²，硬土层通常在30～60t/m²。大于40t/m²时表明土质较好。

$$F_1=S_1K_1 \tag{7.7}$$

式中　F_1——顶管正阻力，t；

S_1——顶管正面积，m²；

K_1——顶管正阻力系数，t/m²。

$$F_1=S_1K_1=\pi r^2K_1=3.14\times0.85\times0.85\times35=79.40(\text{t})$$

2）管壁摩擦阻力。管壁与土间摩擦系数及土压力大小有关。根据有关工程统计资料，管壁摩擦阻力一般在0.1～0.5t/m²之间。

$$F_2=S_2K_2 \tag{7.8}$$

式中　F_2——顶管侧摩擦力，t；

S_2——顶管侧面积，m²；

K_2——顶管侧阻力系数，t/m²。

$$F_2=S_2K_2=\pi DLK_2=3.14\times1.7\times60\times0.5=160.14\ (\text{t})$$

顶管阻力为以上两种阻力之和，顶进长度按最长管段60m计算，总顶力：

$$F=F_1+F_2=239.54(\text{t})$$

因此，取总的顶力$F=300$t，选用两个150t的千斤顶作为顶进动力设备。

7.4.4.2 工作井和接收井的施工

工作井和接收井的施工方法采用人工挖孔护壁法施工。

1. 工作井施工

工作井采用人工挖孔护壁支护结构。工作井尺寸净空为4.5m×4m，开挖深度为4.5～8.5m，壁厚30cm。

（1）施工工艺。采用分层开挖，分层浇筑井壁的方法施工，每节开挖护壁的高度最多不超过100cm。

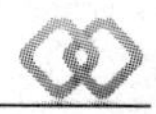

（2）施工流程。

（3）施工技术要求。

1）每层开挖深度不大于 1.0m。

2）钢筋搭接长度不小于 $35d$。

3）模板拼装要平整、牢固。

4）层与层之间搭接部分的泥土要清洗干净，并凿毛。

5）护壁的下一节和上一节的搭接长度不小于 10cm。

6）钢筋的配置必须按照有关标准和规范进行，浇筑的混凝土必须使用振动棒进行振捣，要浇筑混凝土是否到设计标高，回填 300mm 厚碎石垫层；底板浇筑；测量控制；绑扎钢筋；立护壁模板；设置足够的支撑，防止“跑模”现象的发生。

7）井内的积水由集水井（长×宽×高为 30cm×30cm×40cm）及时排走，抽水时要注意用电安全。

8）严格控制后靠背、洞口墙的水平度和垂直度。洞心的标高和洞口的直径要符合设计要求。

9）浇筑完后，养生 72h，才能拆模并开挖下一层。

10）第一层护壁必须钩挂在井口周边。

11）确保工作井的净空尺寸满足设备要求。

12）底板的标高要符合设计要求。

2. 接收井施工

接收井是直径为 2.5m 的圆井，其护壁厚 30cm，具体配筋方案见设计图纸。

7.4.4.3　顶管工作井内设备安装

1. 导轨安装

严格控制导轨的中心位置和高程，确保顶入管节中心及高程能符合设计要求。

（1）由于工作井底板浇筑了原 20cm 的混凝土，地基稳定，导轨直接放置在工作井的底板上。

（2）严格控制导轨顶面的高程，其纵坡与管道纵坡一致。

（3）导轨采用浇筑混凝土予以固定，导轨长度采用 2～3m，间距设置为 60cm。

（4）导轨必须直顺。严格控制导轨的高程和中心。

2. 下管、顶进、出土和挖土设备

采用电动卷扬机下管，用千斤顶、高压油泵作为顶进设备，用斗车、垂直牵引的卷扬机作为出土设备，用空气压缩机带风镐机作为挖土设备。

3. 照明设备

井内使用电压不大于 12V 的低压照明。

4. 通风设备

人工挖土前和挖土过程中，采用轴流鼓风机通过通风管进行送风。

风量的计算：

（1）按洞内同时工作的最多人数计算：

$$Q=kmq \tag{7.9}$$

式中　Q——所需风量，m^3/min；

k——风量备用常用系数，常取 $k=1.1 \sim 1.2$；

m——洞内同时工作的最多人数；

q——洞内每人每分钟需要新鲜空气量，通常按 $3m^3/min$ 计算。

现管内有两人工作，一人开挖，一人负责运余泥，取 $k=1.1$，$m=2$，则有

$$Q=kmq=1.1\times 2\times 3=6.6(m^3/min)$$

(2) 漏风计算：

$$Q_{供}=PQ \tag{7.10}$$

式中　Q——计算风量；

P——漏风系数。

采用 ϕ200PVC 管，每百米漏风率一般可控制在 2%以下。取 $P=1.02$，则 $Q_{供}=PQ=6.6\times 1.02=6.73$ (m^3/min)。

取风量大于 7000L/min 离心鼓风机（或高压空气压缩机）作为通风设备则可以满足要求。

5. 工作棚架

作为防雨及安装吊运设备。工作坑上设活动式工作平台，平台用 20 号工字钢梁。在工作平台上设起重架，井旁边装置电动卷扬机。

7.4.4.4　引入测量轴线及水准点

(1) 将地面的管道中心桩引入工作井的侧壁上（两个点），作为顶管中心的测量基线。

(2) 将地面上的临时水准点引入工作井底不易碰撞的地方，作为顶管高程测量的临时水准点。

7.4.4.5　下管

(1) 下管前，要严格检查管材，不合格的严禁使用。

(2) 第一节管下到导轨上时，应测量管的中线及前后端管底高程，以校正导轨安装的准确性。

(3) 要安装护口铁或弧形顶铁保护管口。

7.4.4.6　千斤顶和顶铁的安装

千斤顶是掘进顶管的主要设备，由前面顶力计算可知，本工程最长管段的顶力为 300t，拟采用 2 台 150t 液压千斤顶。

(1) 千斤顶的高程及平面位置。千斤顶的工作坑内的布置采用并列式，顶力合力作用点与管壁反作用力作用点应在同一轴线，防止产生顶时力偶，造成顶进偏差。根据施工经验，采用机械挖运土方，管上部管壁与土壁有间隙时，千斤顶的着力点作用在管子垂直直径的 1/4～1/5 处为宜。

(2) 安装顶铁应无歪斜、扭曲现象，必须安装直顺。

(3) 每次退千斤顶加放顶铁时，应安放最长的顶铁，保持顶铁数目最少。

(4) 顶进中，顶铁上面和侧面不能站人，随时观察有无扭曲现象，防止顶铁崩离。

7.4.4.7　顶进施工

工作坑内设备安装完毕，经检查各部分处于良好状态。即可进行试顶。首先校测设备的水平及垂直标高是否符合设计要求，合格后即可顶进工具头，然后安放混凝土管节，再次测量标高，核定无误后进行试顶，待调整各项参数后即可正常顶进施工。在施工过程中，做到

勤挖勤顶勤测，加强监控。顶进施工时，主要利用风镐在前取土，千斤顶出镐在后背不动的情况下将污水管向前顶进，其操作过程如下：

(1) 安装好顶铁挤牢，工具管前端破取一定长度后，启动油泵，千斤顶进油，活塞伸出一个工作行程，将管子推向一定距离。

(2) 停止油泵，打开控制阀，千斤顶回油，活塞回缩。

(3) 添加顶铁，重复上述操作，直至需要安装下一节管子为止。

(4) 卸下顶铁，下管，用环形橡胶环连接混凝土管，以保证接口缝隙和受力均匀，保证管与管之间的连接安全。

7.4.4.8　顶进施工中的重点工序

1. 测量

(1) 测量次数。在顶第一节管时及校正顶进偏差过程中，应每顶进 20～30cm，即对中心和高程测量一次；在正常顶进中，应每顶进 50～100cm 时，测量一次。

(2) 中心测量。根据工作井内测设的中心桩、挂中心线，利用中心尺，测量头一节管前端的轴线中心偏差。

(3) 高程测量。使用水准仪和高程尺，测首节管前端内底高程，以控制顶进高程；同时，测首节管后端内底高程，以控制坡度。工作井内应设置两个水准点，以便闭合之用，经常校正水准点，提高精度。

(4) 一个管段顶完后，应对中心和高程再做一次竣工测量，一个接口测一点，有错口的测两点。

2. 纠偏

当测量发现偏差在 10～20mm 时，采用超挖纠偏法，即在偏向的反侧适当超挖，在偏向侧不超挖，甚至留坎，形成阻力，施加顶力后，使偏差回归。

当偏差大于 20mm 时，采用千斤顶纠偏法，当超挖纠偏不起作用时，用小型千斤顶顶在管端偏向的反侧内管壁上，另一端斜撑在有垫板的管前土壁上，支顶牢固后，即可施加顶力。同时配合超挖纠偏法，边顶边支，直至使偏差回归。

3. 管前挖土要求

(1) 在道路和重要构筑物下，不得超越管段以外 100mm，管周不得超挖，并随挖随顶。

(2) 在一般顶管地段，如土质良好，可超挖管端 300～500mm，在管周上面允许超挖 15mm，下面 135°范围内，不得超挖。

(3) 接口的处理。由于顶管的管材为 F 形接口，顶管完毕后，对于管与管之间的缝隙，采用膨胀水泥砂浆压实填抹。选用硅酸盐膨胀水泥和洁净的中砂，配合比（质量比）为：膨胀水泥：砂：水＝1：1：0.3，随拌随用，一次拌和量应在半小时内用完。填抹前，将接口湿润，再分层填入，压实填抹平整后，在潮湿状态下养护。

7.4.4.9　工作井内管道施工

管道完成后，按设计图在井内用砖砌筑检查井，井内外批防水砂浆。待砂浆达到一定强度后，回填石屑至管顶面，用水充实。

7.4.5　质量保证措施

(1) 顶管施工前编制顶管组织设计，提交监理和业主审定才能进行施工。

(2) 顶管前，项目部向作业班组进行详细的技术交底工作，每道工序开工和员工上岗前进行简短的质量要求和技术交底，由各专业工程人员负责实施，使每个员工上岗前做到人人心中有数，以确保工程质量。

(3) 摸清施工沿线的地下管线的详细情况，并制定详细的技术措施。

(4) 做好施工资料管理工作，及时填写原始记录和隐蔽工程记录（含照片），及时完成竣工资料。

(5) 认真做好施工计划，保证施工作业连续均衡、紧凑，从而有效可靠地控制质量，保证工程质量。

(6) 顶进过程中，应严格控制顶力在允许的范围内，并留有足够的安全系数。

(7) 顶管控制在质量标准范围以内，如果在顶进过程中，发现方向失控，应该立即停止顶进，逐级上报，经研究同意后，方可以继续顶进。

(8) 做好地质勘察及资料整理工作，认真编制好施工方案和通过不同土层的技术措施及纠偏措施，确保管道的顺利顶进。

(9) 加强操作控制，使顶管均匀平稳，受力均匀，尽可能减少顶进过程中的倾斜、偏移、扭转，防止管壁出现裂缝、变形。

附　录

附录 1.1　钢筋混凝土圆管（满流 $n=0.013$）计算图

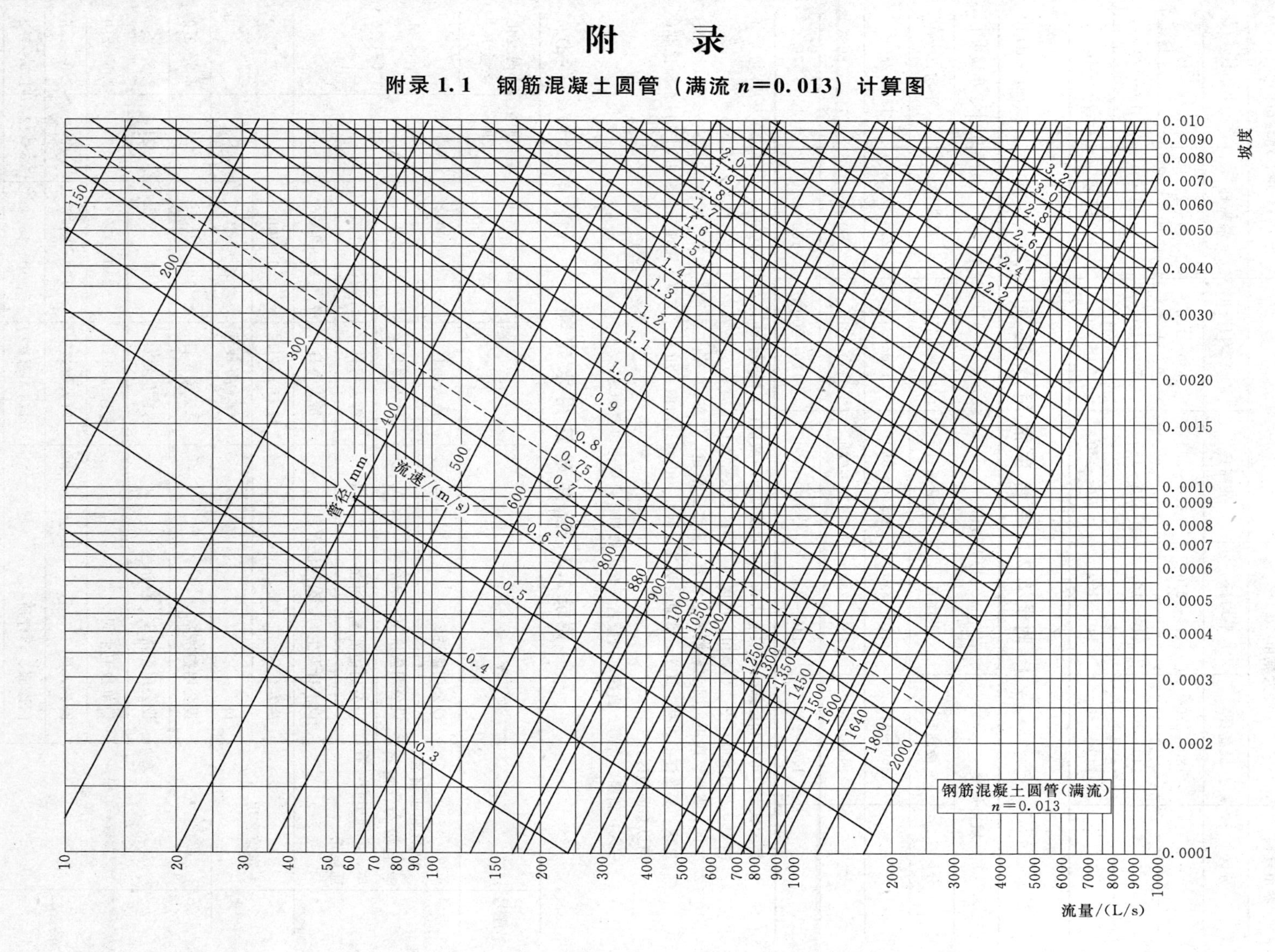

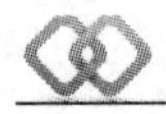

附录 2.1　居民生活用水定额

单位：L/(cap・d)

城市规模	特大城市		大城市		中、小城市	
分区	最高日	平均日	最高日	平均日	最高日	平均日
一	180～270	140～210	160～250	120～190	140～230	100～170
二	140～200	110～160	120～180	90～140	100～160	70～120
三	140～180	110～150	120～160	90～130	100～140	70～110

附录 2.2　综合生活用水定额

单位：L/(cap・d)

城市规模		特大城市		大城市		中、小城市
分区	最高日	平均日	最高日	平均日	最高日	平均日
一	260～410	210～340	240～390	190～310	220～370	170～280
二	190～280	150～240	170～260	130～210	150～240	110～180
三	170～270	140～230	150～250	120～200	130～230	100～170

注　1. 特大城市：市区和近郊区非农业人口100万及以上的城市；大城市：市区和近郊区非农业人口50万及以上，不满100万的城市；中、小城市：市区和近郊区非农业人口不满50万的城市。

2. 一区：贵州、四川、湖北、湖南、江西、浙江、福建、广东、广西、海南、上海、云南、江苏、安徽、重庆；
二区：黑龙江、吉林、辽宁、北京、天津、河北、山西、河南、山东、宁夏、陕西、内蒙古河套以东和甘肃黄河以东的地区；
三区：新疆、青海、西藏、内蒙古河套以西和甘肃黄河以西的地区。

附录 2.3　公共建筑用水定额

单位：L/(cap・d)

序号	建筑物名称		单位	最高日生活用水定额/L	使用时数/h	小时变化系数 K_h
1	单身职工宿舍、学生宿舍、招待所、培训中心、普通旅馆	设公用盥洗室	每人每日	50～100	24	3.0～2.5
		设公用盥洗室、淋浴室	每人每日	80～130		
		设公用盥洗室、淋浴室、洗衣室	每人每日	100～150		
		设单身卫生间、公用洗衣室	每人每日	120～200		
2	宾馆客房	旅客	每床位每日	250～400	24	2.5～2.0
		员工	每人每日	80～100		
3	医院住院部	设公用盥洗室	每床位每日	100～200	24	2.5～2.0
		设公用盥洗室、淋浴室	每床位每日	150～250	24	2.5～2.0
		设单独卫生间	每床位每日	250～400	24	2.5～2.0
		医务人员	每人每班	150～200	8	2.0～1.5
		门诊部、诊疗所	每病人每次	10～15	8～12	1.5～1.2
		疗养院、休养所住房部	每床位每日	200～300	24	2.0～1.5

续表

序号	建筑物名称		单位	最高日生活用水定额/L	使用时数/h	小时变化系数 K_h
4	养老院、托老院	全托	每人每日	100～150	24	2.5～2.0
		日托	每人每日	50～80	10	2.0
5	幼儿园、托儿所	有住宿	每儿童每次	50～100	24	3.0～2.5
		无住宿	每儿童每次	30～50	10	2.0
6	公共浴室	淋浴	每顾客每次	100	12	
		浴盆、淋浴	每顾客每次	120～150	12	2.0～1.5
		桑拿浴（淋浴、按摩池）	每顾客每次	150～200	12	
7	理发室、美容院		每顾客每次	40～100	12	2.0～1.5
8	洗衣房		每千克干衣	40～80	8	1.5～1.2
9	餐饮业	中餐酒楼	每顾客每次	40～60	10～12	1.5～1.2
		快餐店、职工及学生食堂	每顾客每次	20～25	12～16	1.5～1.2
		酒吧、咖啡馆、茶座、卡拉OK房	每顾客每次	5～15	8～18	1.5～1.2
10	商场员工及顾客		每平方米营业厅面积每日	5～8	12	1.5～1.2
11	办公楼		每人每班	30～50	8～10	1.5～1.2
12	教学、实验楼	中小学校	每学生每日	20～40	8～9	1.5～1.2
		高等院校	每学生每日	40～50	8～9	1.5～1.2
13	电影院、剧院		每观众每场	3～5	8～12	1.5～1.2
14	健身中心		每人每次	30～50	8～12	1.5～1.2
15	体育场（馆）	运动员淋浴	每人每次	30～40	—	3.0～2.0
		观众	每人每场	3	4	1.2
16	会议厅		每座位每次	6～8	4	1.5～1.2
17	客运站旅客、展览中心观众		每人次	3～6	8～16	1.5～1.2
18	菜市场地面冲洗及保鲜用水		每平方米每日	10～20	8～10	2.5～2.0
19	停车库地面冲洗水		每平方米每次	2～3	6～8	1.0

附录 2.4 职工生活用水定额

用水种类	车间性质	用水量/[L/(人·班)]	时变化系数 K_h
生活用水	一般车间	25	3.0
	热车间	35	2.5
淋浴用水	一般车间	40	每班淋浴时间以60min计算，时变化系数为1
	热车间	60	

附录 2.5　同一时间内的火灾次数表

名　称	基地面积/hm²	附近居住人数/万人	同一时间内的火灾次数	备　注
工厂	≤100	≤1.5	1	按需水量最大的一座建筑（或堆场、储罐）计算
	>100	>1.5	2	工厂、居住区各一次
		不限	2	按需水量最大的两座建筑物（或堆场、储罐）计算
仓库民用建筑	不限	不限	1	按需水量最大的一座建筑（或堆场、储罐）计算

注　采矿、选矿等工业企业，如各分散基地有单独的消防给水系统时，可分别计算。

附录 2.6　城镇、居住区室外消防用水量

人数/万人	同一时间内的火灾次数/次	一次灭火用水量/(L/s)	人数/万人	同一时间内的火灾次数/次	一次灭火用水量/(L/s)
≤1.0	1	10	≤140.0	2	65
≤2.5	1	15	≤150.0	3	75
≤5.0	2	25	≤160.0	3	85
≤10.0	2	35	≤170.0	3	90
≤20.0	2	45	≤180.0	3	95
≤30.0	2	55	≤100.0	3	100

注　城镇室外消防用水量包括居住区、工厂、仓库（含堆场、储罐）和民用建筑的室外消防用水量。当工厂、仓库、民用建筑的室外消防用水量超过本表规定时，仍应确保其室外消防用水量。

附录 2.7　建筑物的室外消火栓用水量

单位：L/s

耐火等级	建筑名称及类型		建筑物体积/m³					
			≤1500	1501～3000	3001～5000	5001～20000	20001～50000	>50000
1、2级	厂房	甲、乙、丙、丁、戊	10	15	20	25	30	35
			10	15	20	25	30	40
			10	10	10	15	15	20
	库房	甲、乙、丙、丁、戊	15	15	25	25	—	—
			15	15	25	25	35	45
			10	10	10	15	15	20
	民用建筑		10	15	15	20	25	30
3级	厂房或库房	乙、丙	15	20	30	40	45	—
		丁、戊	10	10	15	20	25	35
	民用建筑		10	15	20	25	30	—
4级	丁、戊类厂房或库房		10	15	20	25	—	—
	民用建筑		10	15	20	25	—	—

注　1. 室外消火栓用水量按需水量最大的一座建筑物或一个防火分区计算，成组布置的建筑物应按消防需水量较大的相邻两座计算。

2. 火车站、码头和机场的中转库房，其室外消火栓用水量应按照相应耐火等级的丙类物品库房确定。

3. 国家级文物保护单位的重点砖木，木结构的建筑物室外消火栓用水量，按3级耐火民用建筑消防用水量确定。

附录 2.8 铸铁管水力计算表

Q		DN/mm									
		50		75		100		125		150	
m^3/s	L/s	v	$1000i$	v	$1000i$	v	$1000i$	v	$1000i$	v	$1000i$
1.80	0.5	0.26	4.99								
2.16	0.6	0.32	6.90								
2.52	0.7	0.37	9.09								
2.88	0.8	0.42	11.6								
3.24	0.9	0.48	14.3	0.21	0.92						
3.60	1.0	0.53	17.3	0.23	2.31						
3.96	1.1	0.58	20.6	0.26	2.76						
4.32	1.2	0.64	24.1	0.28	3.20						
4.68	1.3	0.69	27.9	0.30	3.69						
5.04	1.4	0.74	32.0	0.33	4.22						
5.40	1.5	0.79	36.3	0.35	4.77	0.20	1.17				
5.76	1.6	0.85	40.9	0.37	5.34	0.21	1.31				
6.12	1.7	0.90	45.7	0.39	5.95	0.22	0.45				
6.48	1.8	0.95	50.8	0.42	6.59	0.23	1.61				
6.84	1.9	1.01	56.2	0.44	7.28	0.25	1.77				
7.20	2.0	1.06	61.9	0.46	7.98	0.26	1.94				
7.56	2.1	1.11	67.9	0.49	8.71	0.27	2.11				
7.92	2.2	1.17	74.0	0.51	9.47	0.29	2.29				
8.28	2.3	1.22	80.3	0.53	10.3	0.30	2.48				
8.64	2.4	1.27	87.5	0.56	11.1	0.31	2.66	0.20	0.902		

续表

Q		DN/mm									
		50		75		100		125		150	
m³/s	L/s	v	1000i	v	1000i	v	1000i	v	1000i	v	1000i
9.00	2.5	1.33	94.9	0.58	11.9	0.32	2.88	0.21	0.966		
9.36	2.6	1.38	103	0.60	12.8	0.34	3.08	0.215	1.03		
9.72	2.7	1.43	111	0.63	13.8	0.35	3.30	0.22	1.11		
10.08	2.8	1.48	119	0.65	14.7	0.36	3.52	0.23	1.18		
10.44	2.9	1.54	128	0.67	15.7	0.38	3.75	0.24	1.25		
10.80	3.0	1.59	137	0.70	16.7	0.39	0.98	0.25	1.33		
11.16	3.1	1.64	146	0.72	17.7	0.40	4.23	0.26	1.41		
11.52	3.2	1.70	155	0.74	18.8	0.42	4.47	0.265	1.49		
11.23	3.3	1.75	165	0.77	19.9	0.43	4.73	0.27	1.57		
12.24	3.4	1.80	176	0.79	21.0	0.44	4.99	0.28	1.66		
12.60	3.5	1.86	186	0.81	22.2	0.45	5.26	0.29	1.75	0.20	0.723
12.96	3.6	1.91	197	0.84	23.2	0.47	5.53	0.30	1.84	0.21	0.755
13.32	3.7	1.96	208	0.86	24.5	0.48	5.81	0.31	1.93	0.212	0.794
13.68	3.8	2.02	219	0.88	25.8	0.49	6.10	0.315	2.03	0.22	0.834
14.04	3.9	2.07	231	0.91	27.1	0.51	6.39	0.32	2.12	0.224	0.874
14.40	4.0	2.12	243	0.93	28.4	0.52	6.69	0.33	2.22	0.23	0.909
14.76	4.1	2.17	255	0.95	29.7	0.53	7.00	0.34	2.31	0.235	0.952
15.12	4.2	2.23	268	0.98	31.1	0.55	7.31	0.35	12.42	0.24	0.995
15.48	4.3	2.28	281	1.00	32.5	0.56	7.63	0.36	2.53	0.25	1.04
15.84	4.4	2.33	294	1.02	33.9	0.57	7.96	0.364	2.63	0.252	1.08

续表

Q		DN/mm											
		50		75		100		125		150		200	
m^3/s	L/s	v	$1000i$	v	$1000i$	v	$1000i$	v	$1000i$	v	$1000i$	v	$1000i$
16.20	4.5	2.39	308	1.05	35.3	0.58	8.29	0.37	2.74	0.26	1.12		
16.56	4.6	2.44	321	1.07	36.8	0.60	8.63	0.38	2.85	0.264	1.17		
16.92	4.7	2.49	335	1.09	38.3	0.61	8.97	0.39	2.96	0.27	1.22		
17.28	4.8	2.55	350	1.12	39.8	0.62	9.33	0.40	3.07	0.275	1.26		
17.64	4.9	2.60	365	1.14	41.4	0.64	9.68	0.41	3.20	0.28	1.31		
18.00	5.0	2.65	380	1.16	43.0	0.65	10.0	0.414	3.31	0.286	1.35		
18.36	5.1	2.70	395	1.19	44.6	0.66	10.4	0.42	3.43	0.29	1.40		
18.72	5.2	2.76	411	1.21	46.2	0.68	10.8	0.43	3.56	0.30	1.45		
19.08	5.3	2.81	427	1.23	48.0	0.69	11.2	0.44	3.68	0.304	1.50		
19.44	5.4	2.86	443	1.26	49.8	0.70	11.6	0.45	3.80	0.31	1.55		
19.80	5.5	2.92	459	1.28	51.7	0.72	12.0	0.455	3.92	0.315	1.60		
20.16	5.6	2.97	476	1.30	53.6	0.73	12.3	0.46	4.07	0.32	1.65		
20.52	5.7	3.02	493	1.33	55.3	0.74	12.7	0.47	4.19	0.33	1.71		
20.88	5.8			1.35	57.3	0.75	13.2	0.48	4.32	0.333	1.77		
21.24	5.9			1.37	59.3	0.77	13.6	0.49	4.47	0.34	1.81		
21.60	6.0			1.39	61.5	0.78	14.0	0.50	4.60	0.344	1.87		
21.96	6.1			1.42	63.6	0.79	14.4	0.505	4.74	0.35	1.93		
22.32	6.2			1.44	65.7	0.80	14.9	0.551	4.87	0.356	1.99		
22.68	6.3			1.46	67.8	0.82	15.3	0.52	5.03	0.36	2.08	0.20	0.505
23.04	6.4			1.49	70.0	0.83	15.8	0.53	5.17	0.37	2.10	0.206	0.518

续表

Q		DN/mm											
		50		75		100		125		150		200	
m^3/s	L/s	v	$1000i$	v	$1000i$	v	$1000i$	v	$1000i$	v	$1000i$	v	$1000i$
23.40	6.5			1.51	72.2	0.84	16.2	0.54	5.31	0.373	2.16	0.21	0.531
23.76	6.6			1.53	74.4	0.86	16.7	0.55	5.46	0.38	2.22	0.212	0.545
24.12	6.7			1.56	76.7	0.87	17.2	0.555	5.62	0.384	2.28	0.215	0.559
24.48	6.8			1.58	79.0	0.88	17.7	0.56	5.77	0.39	2.34	0.22	0.577
24.84	6.9			1.60	81.3	0.90	18.1	0.57	5.92	0.396	2.41	0.222	0.591
25.20	7.0			1.63	83.7	0.91	18.6	0.58	6.09	0.40	2.46	0.225	0.605
25.56	7.1			1.65	86.1	0.92	19.1	0.59	6.24	0.41	2.53	0.228	0.619
25.92	7.2			1.67	88.6	0.93	19.6	0.60	6.40	0.413	2.60	0.23	0.634
26.28	7.3			1.70	91.1	0.95	20.1	0.604	6.56	0.42	2.66	0.235	0.653
26.64	7.4			1.72	93.6	0.96	20.7	0.61	6.74	0.424	2.72	0.238	0.668
27.00	7.5			1.74	96.1	0.97	21.2	0.62	6.90	0.43	2.79	0.24	0.683
27.36	7.6			1.77	98.7	0.99	21.7	0.63	7.06	0.436	2.86	0.244	0.698
27.72	7.7			1.79	101	1.00	22.2	0.64	7.25	0.44	2.93	0.248	0.718
28.08	7.8			1.81	104	1.01	22.8	0.65	7.41	0.45	2.99	0.25	0.734
28.44	7.9			1.84	107	1.03	23.3	0.654	7.58	0.453	3.07	0.254	0.749
28.80	8.0			1.86	109	1.04	23.9	0.66	7.75	0.46	3.14	0.257	0.765
29.16	8.1			1.88	112	1.05	24.4	0.67	7.95	0.465	3.21	0.26	0.781
29.52	8.2			1.91	115	1.06	25.0	0.68	8.12	0.47	3.28	0.264	0.802
29.884	8.3			1.93	118	1.08	25.6	0.69	8.30	0.476	3.35	0.267	0.819
30.24	8.4			1.95	121	1.09	26.2	0.70	8.50	0.48	3.43	0.27	0.835

续表

Q		DN/mm													
		75		100		125		150		200		250		300	
m^3/s	L/s	v	$1000i$	v	$1000i$	v	$1000i$	v	$1000i$	v	$1000i$	v	$1000i$	v	$1000i$
30.60	8.5	1.98	123	1.10	26.7	0.704	8.68	0.49	3.49	0.273	0.851				
30.96	8.6	2.00	126	1.12	27.3	0.71	8.86	0.493	3.57	0.277	0.874				
31.32	8.7	2.02	129	1.13	27.9	0.72	9.04	0.50	3.65	0.28	0.891				
31.68	8.8	2.05	132	1.14	28.5	0.73	9.25	0.505	3.73	0.283	0.908				
32.04	8.9	2.07	135	1.16	29.2	0.75	9.44	0.51	3.80	0.287	0.930				
32.40	9.0	2.09	138	1.17	29.9	0.745	9.63	0.52	3.91	0.29	0.942				
33.30	9.25	2.15	146	1.2	31.3	0.77	10.1	0.53	4.07	0.30	0.989				
34.20	9.5	2.21	154	1.23	33.0	0.79	10.6	0.54	4.28	0.305	1.04				
35.10	9.75	2.27	162	1.27	34.7	0.81	11.2	0.56	4.49	0.31	1.09				
36.00	10.0	2.33	171	1.30	36.5	0.83	11.7	0.57	4.69	0.32	1.13	0.20	0.384		
36.90	10.25	2.38	180	1.33	38.4	0.85	12.2	0.59	4.92	0.33	1.19	0.21	0.400		
37.80	10.5	2.44	188	1.36	40.3	0.87	12.8	0.60	5.13	0.34	1.24	0.216	0.421		
38.70	10.75	2.50	197	1.40	42.2	0.89	13.4	0.62	5.37	0.35	1.30	0.22	0.438		
39.60	11.0	2.56	207	1.43	44.2	0.91	14.0	0.63	5.59	0.354	1.35	0.226	0.456		
40.50	11.25	2.62	216	1.46	46.2	0.93	14.6	0.64	5.82	0.36	1.41	0.23	0.474		
41.40	11.5	2.67	226	1.49	48.3	0.95	15.1	0.66	6.07	0.37	1.46	0.236	0.492		
42.30	11.75	2.73	236	1.53	50.4	0.97	15.8	0.67	6.31	0.38	1.52	0.24	0.510		
43.20	12.0	2.79	246	1.56	52.6	0.99	16.4	0.69	6.55	0.39	1.58	0.246	0.529		
44.10	12.25	2.85	256	1.59	54.8	1.01	17.0	0.70	6.82	0.394	1.64	0.25	0.552		
45.00	12.5	2.91	267	1.62	57.1	1.03	17.7	0.72	7.07	0.40	1.70	0.26	0.572		

续表

Q		DN/mm													
		75		100		125		150		200		250		300	
m^3/s	L/s	v	$1000i$	v	$1000i$	v	$1000i$	v	$1000i$	v	$1000i$	v	$1000i$	v	$1000i$
45.90	12.75	2.96	278	1.66	59.4	1.06	18.4	0.73	7.32	0.41	1.76	0.262	0.592		
46.80	13.0	3.02	289	1.69	61.7	1.08	19.0	0.75	7.60	0.42	1.82	0.27	0.612		
47.70	13.25			1.72	64.1	1.10	19.7	0.76	7.87	0.43	1.88	0.272	0.632		
48.60	13.5			1.75	66.6	1.12	20.4	0.77	8.14	0.434	1.95	0.28	0.653		
49.50	13.75			1.79	69.1	1.14	21.2	0.79	8.43	0.44	2.01	0.282	0.674		
50.40	14.0			1.82	71.6	1.16	21.9	0.80	8.71	0.45	2.08	0.29	0.695		
51.30	14.25			1.85	74.2	1.18	22.6	0.82	8.99	0.46	2.15	0.293	0.721		
52.20	14.5			1.88	76.8	1.20	23.3	0.83	9.30	0.47	2.21	0.30	0.743	0.20	0.301
53.10	14.75			1.92	79.5	1.22	24.1	0.85	9.59	0.474	2.28	0.303	0.766	0.21	0.312
54.00	15.0			1.95	82.2	1.24	24.9	0.86	9.88	0.48	2.35	0.31	0.788	0.212	0.320
55.80	15.5			2.01	87.8	1.28	26.6	0.89	10.5	0.50	2.50	0.32	0.834	0.22	0.338
57.60	16.0			2.08	93.5	1.32	28.4	0.92	11.1	0.51	2.64	0.33	0.886	0.23	0.358
59.40	16.5			2.14	99.5	1.37	30.2	0.95	11.8	0.53	2.79	0.34	0.935	0.233	0.377
61.20	17.0			2.21	106	1.41	32.0	0.97	12.5	0.55	2.96	0.35	0.985	0.24	0.398
63.00	17.5			2.27	112	1.45	33.9	1.00	13.2	0.56	3.12	0.36	1.04	0.25	0.421
64.80	18.0			2.34	118	1.49	35.9	1.03	13.9	0.58	3.28	0.37	1.09	0.255	0.443
66.60	18.5			2.40	125	1.53	37.9	1.06	14.6	0.59	3.45	0.38	1.15	0.26	0.464
68.40	19.0			2.47	132	1.57	40.0	1.09	15.3	0.61	3.62	0.39	1.20	0.27	0.486
70.20	19.5			2.53	139	1.61	42.1	1.12	16.1	0.63	3.80	0.40	1.26	0.28	0.509
72.00	20.2			2.60	146	1.66	44.3	1.15	16.9	0.64	3.97	0.41	1.32	0.283	0.532

续表

Q		DN/mm																	
		100		125		150		200		250		300		350		400		450	
m^3/s	L/s	v	$1000i$	v	$1000i$	v	$1000i$	v	$1000i$	v	$1000i$	v	$1000i$	v	$1000i$	v	$1000i$	v	$1000i$
73.8	20.5	2.66	1554	1.70	46.5	1.18	17.7	0.66	4.16	0.42	1.38	0.29	0.556	0.213	0.264				
75.60	21.0	2.73	161	1.74	48.8	1.20	18.4	0.67	4.34	0.43	1.44	0.30	0.580	0.22	0.275				
77.40	21.5	2.79	169	1.78	51.2	1.23	19.3	0.69	4.53	0.44	1.50	0.304	0.604	0.223	0.286				
79.20	22.0	2.86	177	1.82	53.6	1.26	20.2	0.71	4.73	0.45	1.57	0.31	0.629	0.23	0.300				
81.00	22.5	2.92	185	1.86	56.1	1.29	21.2	0.72	4.93	0.46	1.63	0.32	0.655	0.234	0.311				
82.80	23.0	2.99	193	1.90	58.6	1.32	22.1	0.74	5.13	0.47	1.69	0.325	0.681	0.24	0.323				
84.60	23.5			1.95	61.2	1.35	23.1	0.76	5.35	0.48	1.77	0.33	0.707	0.244	0.335				
86.40	24.0			1.99	63.8	1.38	24.1	0.77	5.56	0.49	1.83	0.34	0.734	0.25	0.347				
88.20	24.5			2.03	66.5	1.41	25.1	0.79	5.77	0.50	1.90	0.35	0.765	0.255	0.362				
90.00	25.0			2.07	69.2	1.43	26.1	0.80	5.98	0.51	1.97	0.354	0.793	0.26	0.375				
91.80	25.5			2.11	72.0	1.46	27.2	0.82	6.21	0.52	2.05	0.36	0.821	0.265	0.388	0.20	0.204		
93.60	26.0			2.15	74.9	1.49	28.3	0.84	6.44	0.53	2.12	0.37	0.850	0.27	0.401	0.207	0.211		
95.40	26.5			2.19	77.8	1.52	29.4	0.85	6.67	0.54	2.19	0.375	0.879	0.275	0.414	0.21	0.218		
97.20	27.0			2.24	80.7	1.55	30.5	0.87	6.90	0.55	2.26	0.38	0.910	0.28	0.430	0.215	0.225		
99.00	27.5			2.28	83.8	1.58	31.6	0.88	7.14	0.56	2.35	0.39	0.939	0.286	0.444	0.22	0.233		
100.8	28.0			2.32	86.8	1.61	32.8	0.90	7.38	0.57	2.42	0.40	0.969	0.29	0.458	0.223	0.240		
102.6	28.5			2.36	90.0	1.63	34.0	0.92	7.62	0.58	2.50	0.403	1.00	0.296	0.472	0.227	0.248		
104.4	29.0			2.40	93.2	1.66	35.2	0.93	7.87	0.59	2.58	0.41	1.03	0.30	0.486	0.23	0.256		
106.2	29.5			2.44	96.4	1.69	36.4	0.95	8.13	0.61	2.66	0.42	1.06	0.31	0.803	0.235	0.264		
108.0	30.0			2.48	99.6	1.72	37.7	0.96	8.40	0.62	2.75	0.424	1.10	0.312	0.518	0.24	0.271		

续表

Q		DN/mm																	
		100		125		150		200		250		300		350		400		450	
m^3/s	L/s	v	$1000i$	v	$1000i$	v	$1000i$	v	$1000i$	v	$1000i$	v	$1000i$	v	$1000i$	v	$1000i$	v	$1000i$
109.8	30.5			2.53	103	1.75	38.9	0.98	8.66	0.63	2.83	0.43	1.13	0.32	0.533	0.243	0.280		
111.6	31.0			2.57	106	1.78	40.2	1.00	8.92	0.64	2.92	0.44	1.17	0.322	0.548	0.247	0.288		
113.4	31.5			2.61	110	1.81	41.5	1.01	9.19	0.65	3.00	0.45	1.20	0.33	0.563	0.25	0.296		
115.2	32.0			2.65	113	1.84	42.8	1.03	9.46	0.66	3.09	0.453	1.23	0.333	0.582	0.255	0.304	0.20	0.172
117.0	32.5			2.69	117	1.86	44.2	1.04	9.74	0.67	3.18	0.46	1.27	0.34	0.597	0.26	0.313	0.204	0.176
118.8	33.0			2.73	121	1.89	45.6	1.06	10.0	0.68	3.27	0.47	1.30	0.343	0.613	0.263	0.322	0.207	0.181
120.6	33.5			2.77	124	1.92	47.0	1.08	10.3	0.69	3.36	0.474	1.34	0.35	0.629	0.267	0.330	0.21	0.187
122.4	34.0			2.82	128	1.95	48.4	1.09	10.6	0.70	3.45	0.48	1.37	0.353	0.646	0.27	0.339	0.214	0.192
124.2	34.5			2.86	132	1.98	49.8	1.11	10.9	0.71	3.54	0.49	1.41	0.36	0.665	0.274	0.346	0.217	0.196
126.0	35.0			2.90	136	2.01	51.3	1.12	11.2	0.72	3.64	0.495	1.45	0.364	0.682	0.28	0.355	0.22	0.201
127.8	35.5			2.94	140	2.04	52.7	1.14	11.5	0.73	3.74	0.50	1.49	0.37	0.699	0.282	0.364	0.223	0.206
129.6	36.0			2.98	144	2.06	54.2	1.16	11.8	0.74	3.83	0.51	1.52	0.374	0.716	0.286	0.373	0.226	0.211
131.4	36.5			3.02	148	2.09	55.7	1.17	12.1	0.75	3.93	0.52	1.56	0.38	0.733	0.29	0.382	0.23	0.216
133.2	37.0					2.12	57.3	1.19	12.4	0.76	4.03	0.523	1.60	0.385	0.754	0.294	0.392	0.233	0.223
135.0	37.5					2.15	58.8	1.21	12.7	0.77	4.13	0.53	1.64	0.39	0.772	0.30	0.401	0.236	0.228
136.8	38.0					2.18	60.4	1.22	13.0	0.78	4.23	0.54	1.68	0.395	0.789	0.302	0.411	0.24	0.233
138.6	38.5					22.21	62.0	1.24	13.4	0.79	4.33	0.545	1.72	0.40	0.808	0.306	0.420	0.242	0.238
140.4	39.0					2.24	63.6	1.25	13.7	0.80	4.44	0.55	1.76	0.405	0.826	0.31	0.430	0.245	0.242
142.2	39.5					2.27	65.3	1.27	14.1	0.81	4.54	0.56	1.81	0.41	0.848	0.314	0.440	0.248	0.249
144.0	40.0					2.29	66.9	1.29	14.4	0.82	4.63	0.57	1.85	0.42	0.866	0.32	0.450	0.25	0.254

续表

Q		DN/mm																	
		150		200		250		300		350		400		450		500		600	
m^3/s	L/s	v	1000i	v	1000i	v	1000i	v	1000i	v	1000i	v	1000i	v	1000i	v	1000i	v	1000i
147.6	41	2.35	70.3	1.32	15.2	0.84	4.87	0.58	1.93	0.43	0.904	0.33	0.471	0.26	0.267	0.21	0.160		
151.2	42	2.41	73.8	1.35	15.9	0.86	5.09	0.59	2.02	0.44	0.943	0.334	0.492	0.264	0.278	0.214	0.167		
154.8	43	2.47	77.4	1.38	16.7	0.88	5.32	0.61	2.10	0.45	0.986	0.34	0.513	0.27	0.289	0.22	0.174		
158.4	44	2.52	81.0	1.41	17.5	0.90	5.56	0.62	2.19	0.46	1.03	0.35	0.534	0.28	0.302	0.224	0.181		
162.0	45	2.58	84.7	1.45	18.3	0.92	5.79	0.64	2.29	0.47	1.07	0.36	0.557	0.283	0.314	0.23	0.188		
165.6	46	2.64	88.5	1.48	19.1	0.94	6.04	0.65	2.38	0.48	1.11	0.37	0.579	0.29	0.326	0.234	0.196		
169.2	47	2.70	92.4	1.51	19.9	0.96	6.27	0.66	2.48	0.49	1.15	0.374	0.602	0.293	0.338	0.24	0.203		
172.8	48	2.75	96.4	1.54	20.8	0.99	6.53	0.68	2.57	0.50	1.20	0.38	0.625	0.30	0.353	0.244	0.211		
176.4	49	2.81	100	1.58	21.7	1.01	6.78	0.69	2.67	0.51	1.25	0.39	0.649	0.31	0.365	0.25	0.218		
180.0	50	2.87	105	1.61	22.6	1.03	7.05	0.71	2.77	0.52	1.30	0.40	0.673	0.314	0.378	0.255	0.228		
183.6	51	2.92	109	1.64	23.5	1.05	7.30	0.72	2.87	0.53	1.34	0.41	0.697	0.32	0.393	0.26	0.236		
187.2	52	2.98	113	1.67	24.4	1.07	7.58	0.74	2.99	0.54	1.39	0.414	0.722	0.33	0.406	0.265	0.244		
190.8	53	3.04	118	1.70	25.4	1.09	7.85	0.75	3.09	0.55	1.44	0.42	0.747	0.333	0.420	0.27	0.252		
194.4	54			1.74	26.3	1.11	8.13	0.76	3.20	0.56	1.49	0.43	0.773	0.34	0.433	0.275	0.260		
198.0	55			1.77	27.3	1.13	8.41	0.78	3.31	0.57	1.54	0.44	0.799	0.35	0.449	0.28	0.269		
201.6	56			1.80	28.3	1.15	8.70	0.79	3.42	0.58	1.59	0.45	0.826	0.352	0.463	0.285	0.277		
205.2	57			1.83	29.3	1.17	8.99	0.81	3.53	0.59	1.64	0.454	0.853	0.36	0.477	0.29	0.286		
208.8	58			1.86	30.4	1.19	9.29	0.82	3.64	0.60	1.70	0.46	0.876	0.365	0.494	0.295	0.295	0.20	0.122
212.4	59			1.90	31.4	1.21	9.58	0.83	3.77	0.61	1.75	0.46	0.905	0.37	0.509	0.30	0.304	0.21	0.127
216.0	60			1.93	32.5	1.23	9.91	0.85	3.88	0.62	1.81	0.48	0.932	0.38	0.524	0.306	0.315	0.212	0.130

续表

Q		DN/mm																	
		150		200		250		300		350		400		450		500		600	
m^3/s	L/s	v	$1000i$	v	$1000i$	v	$1000i$	v	$1000i$	v	$1000i$	v	$1000i$	v	$1000i$	v	$1000i$	v	$1000i$
219.6	61			1.96	33.6	1.25	10.2	0.86	4.00	0.63	1.86	0.485	0.960	0.383	0.539	0.31	0.324	0.216	0.134
223.2	62			1.99	34.7	1.27	10.6	0.88	4.12	0.64	1.91	0.49	0.989	0.39	0.557	0.316	0.333	0.22	0.137
226.8	63			2.03	35.8	1.29	10.9	0.89	4.25	0.65	1.97	0.50	1.02	0.40	0.572	0.32	0.343	0.223	0.142
230.4	64			2.06	37.0	1.31	11.3	0.91	4.37	0.67	2.03	0.51	1.05	0.402	0.588	0.326	0.352	0.226	0.145
234.0	65			2.09	38.1	1.33	11.7	0.92	4.50	0.68	2.09	0.52	1.08	0.41	0.606	0.33	0.362	0.23	0.150
237.6	66			2.12	39.3	1.36	12.0	0.93	4.64	0.69	2.15	0.525	1.11	0.415	0.622	0.336	0.372	0.233	0.153
241.2	67			2.15	40.5	1.38	12.4	0.95	4.76	0.70	2.20	0.53	1.14	0.42	0.639	0.34	0.382	0.237	0.158
244.8	68			2.19	41.7	1.40	12.7	0.96	4.90	0.71	2.27	0.54	1.17	0.43	0.658	0.346	0.392	0.24	0.161
248.4	69			2.22	43.0	1.42	13.1	0.98	5.03	0.72	2.33	0.55	1.20	0.434	0.674	0.35	0.402	0.244	0.166
252.0	70			2.25	44.2	1.44	13.5	0.99	5.17	0.73	2.39	0.56	1.23	0.44	0.691	0.356	0.412	0.248	0.171
255.6	71			2.28	45.5	1.46	13.9	1.00	5.30	0.74	2.46	0.565	1.27	0.45	0.708	0.36	0.425	0.25	0.175
259.2	72			2.31	46.8	1.48	14.3	1.02	5.45	0.75	2.52	0.57	1.30	0.453	0.729	0.367	0.435	0.255	0.180
262.8	73			2.35	48.1	1.50	14.7	1.03	5.59	0.76	2.59	0.58	1.33	0.46	0.746	0.37	0.446	0.26	0.183
266.4	74			2.38	49.4	1.52	15.1	1.05	5.74	0.77	2.65	0.59	1.37	0.465	0.764	0.377	0.457	0.262	0.189
270.0	75			2.41	50.8	1.54	15.5	1.06	5.88	0.78	2.71	0.60	1.40	0.47	0.785	0.38	0.468	0.265	0.192
273.6	76			2.44	52.1	1.56	15.9	1.07	6.02	0.79	2.78	0.605	1.43	0.48	0.803	0.387	0.479	0.27	0.198
277.2	77			2.48	53.5	1.58	16.3	1.09	6.17	0.80	2.85	0.61	1.46	0.484	0.821	0.39	0.490	0.272	0.201
280.8	78			2.51	54.9	1.60	16.7	1.10	6.32	0.81	2.92	0.62	1.50	0.49	0.840	0.397	0.501	0.276	0.207
284.8	79			2.54	56.3	1.62	17.2	1.12	6.48	0.82	2.99	0.63	1.54	0.50	0.858	0.40	0.513	0.28	0.211
288.0	80			2.57	57.8	1.64	17.6	1.13	6.63	0.83	3.06	0.64	1.58	0.503	0.880	0.407	0.524	0.283	0.216

续表

Q		DN/mm																			
		200		250		300		350		400		450		500		600		700		800	
m^3/s	L/s	v	$1000i$	v	$1000i$	v	$1000i$	v	$1000i$	v	$1000i$	v	$1000i$	v	$1000i$	v	$1000i$	v	$1000i$	v	$1000i$
291.6	81	2.60	59.2	1.66	18.1	1.15	6.79	0.84	3.13	0.645	1.61	0.51	0.899	0.41	0.536	0.286	0.220	0.21	0.104		
295.2	82	2.64	60.7	1.68	18.5	1.16	6.94	0.85	3.20	0.65	1.64	0.516	0.922	0.42	0.550	0.29	0.226	0.213	0.107		
298.8	83	2.67	62.2	1.70	19.0	1.17	7.10	0.86	3.28	0.66	1.68	0.52	0.941	0.423	0.562	0.293	0.230	0.216	0.110		
302.4	84	2.70	63.7	1.73	19.4	1.19	7.26	0.87	3.35	0.67	1.72	0.53	0.961	0.43	0.574	0.297	0.235	0.218	0.112		
306.0	85	2.73	65.2	1.75	19.9	1.20	7.41	0.88	3.42	0.68	1.76	0.534	0.981	0.433	0.586	0.30	0.241	0.22	0.114		
309.6	86	2.77	66.8	1.77	20.4	1.22	7.58	0.89	3.50	0.684	1.80	0.54	1.00	0.44	0.598	0.304	0.245	0.223	0.116		
313.2	87	2.80	68.3	1.79	20.8	1.23	7.76	0.90	3.57	0.69	1.83	0.55	1.02	0.443	0.610	0.308	0.2551	0.226	0.119		
316.8	88	2.83	69.9	1.81	21.3	1.24	7.94	0.91	3.65	0.70	1.87	0.553	1.04	0.45	0.623	0.31	0.256	0.228	0.121		
320.4	89	2.86	71.5	1.83	21.8	1.26	8.12	0.93	3.73	0.71	1.91	0.56	1.07	0.453	0.635	0.315	0.261	0.23	0.123		
324.0	90	2.89	73.1	1.85	22.3	1.27	8.30	0.94	3.80	0.72	1.95	0.57	1.09	0.46	0.648	0.32	0.266	0.234	0.126		
327.6	91	2.93	74.8	1.87	22.8	1.29	8.49	0.95	3.88	0.724	1.98	0.572	1.11	0.463	0.661	0.322	0.272	0.236	0.128		
331.2	92	2.96	76.4	1.89	23.3	1.30	8.68	0.96	3.96	0.73	2.03	0.58	1.13	0.47	0.674	0.325	0.276	0.24	0.131		
334.8	93	2.99	78.1	1.91	23.8	1.32	8.87	0.97	4.05	0.74	2.07	0.585	1.16	0.474	0.690	0.33	0.282	0.242	0.134		
338.4	94	3.02	79.8	1.93	24.3	1.33	9.06	0.98	4.12	0.75	2.12	0.59	1.18	0.48	0.703	0.332	0.287	0.244	0.136		
342.0	95			1.95	24.8	1.34	9.25	0.99	4.20	0.76	2.16	0.60	1.20	0.484	0.716	0.336	0.291	0.247	0.139		
345.6	96			1.97	25.4	1.36	9.45	1.00	4.29	0.764	2.20	0.604	1.23	0.49	0.730	0.34	0.2998	0.25	0.141		
349.2	97			1.99	25.9	1.37	9.65	1.01	4.37	0.77	2.24	0.61	1.25	0.494	0.743	0.343	0.304	0.252	0.144		
352.8	98			2.01	26.4	1.39	9.85	1.02	4.46	0.78	2.29	0.62	1.27	0.50	0.757	0.347	0.311	0.255	0.147		
356.4	99			2.03	27.0	1.40	10.0	1.03	4.54	0.79	2.33	0.622	1.29	0.504	0.771	0.35	0.315	0.257	0.149		
360.0	100			2.05	27.5	1.41	10.2	1.04	4.62	0.80	2.37	0.63	1.32	0.51	0.784	0.354	0.322	0.26	0.152	0.20	0.08

续表

Q		DN/mm																			
		200		250		300		350		400		450		500		600		700		800	
m^3/s	L/s	v	$1000i$	v	$1000i$	v	$1000i$	v	$1000i$	v	$1000i$	v	$1000i$	v	$1000i$	v	$1000i$	v	$1000i$	v	$1000i$
367.2	102			2.09	28.6	1.44	10.7	1.06	4.80	0.81	2.46	0.64	1.37	0.52	0.813	0.36	0.333	0.265	0.157	0.203	0.0827
374.4	104			2.14	29.8	1.47	11.1	1.08	4.98	0.83	2.55	0.65	1.42	0.53	0.844	0.37	0.345	0.27	0.163	0.207	0.0856
381.6	106			2.18	30.9	1.50	11.5	1.10	5.16	0.84	2.64	0.67	1.47	0.54	0.873	0.375	0.357	0.275	0.168	0.21	0.0885
388.8	108			2.22	32.1	1.53	12.0	1.12	5.34	0.86	2.73	0.68	1.52	0.55	0.903	0.38	0.369	0.28	0.175	0.215	0.0915
396.0	110			2.26	33.3	1.56	12.4	1.14	5.53	0.88	2.83	0.69	1.57	0.56	0.933	0.39	0.381	0.286	0.180	0.22	0.0945
403.2	112			2.30	34.5	1.58	12.9	1.16	5.72	0.89	2.92	0.70	1.62	0.57	0.963	0.40	0.394	0.29	0.186	0.223	0.0976
410.4	114			2.34	35.8	1.61	13.3	1.18	5.91	0.91	3.02	0.72	1.68	0.58	0.997	0.403	0.406	0.296	0.192	0.227	0.101
417.6	116			2.38	37.0	1.64	13.8	1.21	6.09	0.92	3.12	0.73	1.73	0.59	1.03	0.41	0.419	0.30	0.197	0.23	0.104
424.8	118			2.42	38.3	1.67	14.3	1.23	6.31	0.94	3.22	0.74	1.79	0.60	1.06	0.42	0.432	0.307	0.204	0.235	0.107
432.0	120			2.46	39.6	1.70	14.8	1.25	6.52	0.95	3.32	0.75	1.84	0.61	1.09	0.424	0.445	0.31	0.210	0.24	0.110
439.2	122			2.51	41.0	1.73	15.3	1.27	6.74	0.97	3.43	0.77	1.90	0.62	1.13	0.43	0.458	0.32	0.216	0.243	0.114
446.4	124			2.55	42.3	1.75	15.8	1.29	6.96	0.99	3.53	0.78	1.96	0.63	1.16	0.44	0.474	0.322	0.222	0.247	0.117
453.6	126			2.59	43.7	1.78	16.3	1.31	7.19	1.00	3.64	0.79	2.02	0.64	1.20	0.45	0.487	0.33	0.229	0.25	0.120
460.8	128			2.63	45.1	1.81	16.8	1.33	7.42	1.02	3.75	0.80	2.09	0.65	1.23	0.453	0.501	0.333	0.236	0.255	0.124
468.0	130			2.67	46.5	1.84	17.3	1.35	7.65	1.03	3.85	0.82	2.15	0.66	1.27	0.46	0.515	0.34	0.242	0.26	0.127
475.2	132			2.71	48.0	1.87	17.9	1.37	7.89	1.05	3.96	0.83	2.21	0.67	1.30	0.47	0.530	0.343	0.249	0.263	0.131
482.4	134			2.75	49.4	1.90	18.4	1.39	8.13	1.07	4.08	0.84	2.27	0.68	1.34	0.474	0.544	0.35	0.256	0.267	0.134
489.6	136			2.79	50.9	1.92	19.0	1.41	8.38	1.08	4.19	0.85	2.34	0.69	1.38	0.48	0.559	0.353	0.262	0.27	0.138
496.8	138			2.83	52.4	1.95	19.5	1.43	8.62	1.10	4.31	0.87	2.40	0.70	1.41	0.49	0.573	0.36	0.270	0.274	0.140
504.0	140			2.88	53.9	1.98	20.1	1.46	8.88	1.11	4.43	0.88	2.46	0.71	1.45	0.495	0.588	0.364	0.277	0.28	0.144

续表

Q		DN/mm																			
		300		350		400		450		500		600		700		800		900		1000	
m^3/s	L/s	v	$1000i$	v	$1000i$	v	$1000i$	v	$1000i$	v	$1000i$	v	$1000i$	v	$1000i$	v	$1000i$	v	$1000i$	v	$1000i$
511.2	142	2.01	20.7	1.48	9.13	1.13	4.55	0.89	2.53	0.72	1.49	0.50	0.603	0.37	0.284	0.282	0.148	0.22	0.0837		
518.4	144	2.04	21.3	1.50	9.39	1.15	4.67	0.91	2.59	0.73	1.53	0.51	0.619	0.374	0.291	0.286	0.152	0.226	0.0857		
525.6	146	2.07	21.8	1.52	9.65	1.16	4.79	0.92	2.66	0.74	1.57	0.52	0.634	0.38	0.2998	0.29	0.155	0.23	0.0877		
532.8	148	2.09	22.5	1.54	9.92	1.18	4.92	0.93	2.73	0.75	1.61	0.523	0.650	0.385	0.306	0.294	0.159	0.233	0.0905		
540.0	150	2.12	23.1	1.56	10.2	1.19	5.04	0.94	2.80	0.76	1.65	0.53	0.666	0.39	0.313	0.30	0.163	0.236	0.0925		
547.2	152	2.15	23.7	1.58	10.5	1.21	5.16	0.96	2.87	0.77	1.69	0.544	0.684	0.395	0.321	0.302	0.167	0.24	0.0946		
554.4	154	2.18	24.3	1.60	10.7	1.23	5.29	0.97	2.94	0.78	1.73	0.545	0.700	0.40	0.328	0.306	0.171	0.242	0.0967		
561.6	156	2.21	24.0	1.62	11.0	1.24	5.43	0.98	3.01	0.79	1.77	0.55	0.718	0.405	0.335	0.31	0.175	0.245	0.0989		
568.8	158	2.24	25.6	1.64	11.3	1.26	5.57	0.99	3.08	0.80	1.81	0.56	0.733	0.41	0.343	0.314	0.179	0.248	0.101		
576.0	160	2.26	26.2	1.66	11.6	1.27	5.71	1.01	3.14	0.81	1.85	0.57	0.750	0.416	0.352	0.32	0.183	0.25	0.103	0.20	0.0624
583.2	162	2.29	26.9	1.68	11.9	1.29	5.86	1.02	3.22	0.83	1.90	0.573	0.767	0.42	0.360	0.322	0.187	0.255	0.106	0.206	0.0635
590.4	164	2.32	27.6	1.70	12.2	1.31	6.00	1.03	3.29	0.84	1.94	0.58	0.7884	0.426	0.367	0.326	0.191	0.258	0.108	0.209	0.0651
597.6	166	2.35	28.2	1.73	12.5	1.332	6.15	1.04	3.37	0.85	1.98	0.59	0.802	0.43	0.375	0.33	0.195	0.26	0.111	0.21	0.0662
604.8	168	2.38	28.9	1.75	12.8	1.34	6.30	1.06	3.44	0.86	2.03	0.594	0.819	0.436	0.383	0.334	0.200	0.264	0.113	0.214	0.0679
612.0	170	2.40	29.6	1.77	13.1	1.35	6.45	1.07	3.52	0.87	2.07	0.60	0.837	0.44	0.392	0.34	0.204	0.267	0.115	0.216	0.0690
619.2	172	2.43	30.3	1.79	13.4	1.37	6.50	1.08	3.59	0.88	2.12	0.61	0.855	0.447	0.400	0.342	0.208	0.27	0.117	0.219	0.0707
626.4	174	2.46	31.0	1.81	13.7	1.38	6.76	1.09	3.67	0.89	2.16	0.615	0.873	0.45	0.409	0.346	0.2113	0.273	0.120	0.22	0.0719
633.6	176	2.49	31.8	1.83	14.0	1.40	6.91	1.11	3.75	0.90	2.21	0.62	0.891	0.457	0.417	0.35	0.217	0.277	0.123	0.224	0.0736
640.8	178	2.52	32.5	1.85	14.3	1.42	7.07	1.12	3.83	0.91	2.26	0.63	0.909	0.46	0.425	0.354	0.222	0.28	0.125	0.227	0.0753
648.0	180	2.55	33.2	1.87	14.7	1.43	7.23	1.13	3.91	0.92	2.31	0.64	0.931	0.47	0.435	0.36	0.226	0.283	0.128	0.23	0.0765

续表

Q		DN/mm																			
		300		350		400		450		500		600		700		800		900		1000	
m^3/s	L/s	v	$1000i$	v	$1000i$	v	$1000i$	v	$1000i$	v	$1000i$	v	$1000i$	v	$1000i$	v	$1000i$	v	$1000i$	v	$1000i$
655.2	182	2.57	34.0	1.89	15.0	1.45	7.39	1.14	3.99	0.93	2.35	0.64	0.95	0.47	0.443	0.36	0.231	0.286	0.130	0.232	0.078
662.4	184	2.60	34.7	1.91	15.3	1.46	7.56	1.16	4.08	0.94	2.40	0.65	0.97	0.48	0.452	0.36	0.235	0.29	0.132	0.234	0.080
669.6	186	2.63	35.5	1.93	15.7	1.48	7.72	1.17	4.16	0.95	2.45	0.66	0.99	0.48	0.461	0.37	0.240	0.292	0.135	0.237	0.081
676.8	188	2.66	36.2	1.95	16.0	1.50	7.89	1.18	4.24	0.96	2.50	0.66	1.01	0.49	0.469	0.37	0.244	0.295	0.137	0.24	0.083
684.0	190	2.69	37.0	1.97	16.3	1.51	8.06	1.19	4.33	0.97	2.55	0.67	1.03	0.49	0.480	0.38	0.249	0.30	0.141	0.242	0.084
691.2	192	2.72	37.8	2.00	16.7	1.53	8.23	1.21	4.41	0.98	2.60	0.68	1.05	0.50	0.488	0.38	0.254	0.302	0.143	0.244	0.086
698.4	194	2.74	38.6	2.02	17.0	1.54	8.40	1.22	4.50	0.99	2.65	0.69	1.07	0.50	0.497	0.38	0.2559	0.305	0.146	0.247	0.087
705.6	196	2.77	39.4	2.04	17.4	1.56	8.57	1.23	4.59	1.00	2.70	0.69	1.09	0.51	0.506	0.39	0.2263	0.308	0.148	0.25	0.089
712.8	198	2.80	40.2	2.06	17.7	1.58	8.75	1.24	4.69	1.01	2.75	0.70	1.11	0.51	0.515	0.39	0.268	0.31	0.151	0.252	0.091
720.0	200	2.83	41.0	2.08	18.1	1.59	8.93	1.26	4.78	1.02	2.81	0.71	1.13	0.52	0.526	0.40	0.273	0.314	0.153	0.255	0.093
730.8	203	2.87	42.2	2.11	18.7	1.62	9.20	1.28	4.93	1.03	2.88	0.72	1.16	0.53	0.539	0.400	0.281	0.32	0.158	0.26	0.095
741.6	206	2.91	43.5	2.14	19.2	1.64	9.47	1.30	5.07	1.05	2.96	0.73	1.19	0.53	0.554	0.41	0.288	0.324	0.162	0.262	0.097
752.4	209	2.96	44.8	2.17	19.8	1.66	9.75	1.31	5.22	1.06	3.04	0.74	1.22	0.54	0.569	0.42	0.296	0.33	0.166	0.266	0.100
763.2	212	3.00	46.1	2.20	20.3	1.67	10.0	1.33	5.37	1.08	3.13	0.75	1.25	0.55	0.585	0.42	0.303	0.333	0.170	0.27	0.102
774.0	215			2.23	20.9	1.71	10.3	1.35	5.53	1.09	3.21	0.76	1.29	0.56	0.600	0.43	0.311	0.34	0.175	0.274	0.1005
784.8	218			2.27	21.5	1.73	10.6	1.37	5.68	1.11	3.29	0.77	1.32	0.57	0.614	0.43	0.319	0.343	0.180	0.278	0.108
795.6	221			2.30	22.1	1.76	10.9	1.39	5.84	1.13	3.37	0.78	1.36	0.57	0.630	0.44	0.327	0.35	0.183	0.28	0.110
806.4	224			2.33	22.7	1.78	11.2	1.41	6.00	1.14	3.47	0.79	1.39	0.58	0.646	0.45	0.335	0.352	0.188	0.285	0.113
817.2	227			2.36	23.3	1.81	11.5	1.43	6.16	1.16	3.55	0.80	1.42	0.59	0.662	0.45	0.343	0.357	0.193	0.29	0.115
828.0	230			2.39	24.0	1.83	11.8	1.45	6.32	1.17	3.64	0.81	1.46	0.60	0.679	0.46	0.352	0.36	0.197	0.293	0.118

续表

Q		DN/mm																	
		350		400		450		500		600		700		800		900		1000	
m^3/s	L/s	v	$1000i$	v	$1000i$	v	$1000i$	v	$1000i$	v	$1000i$	v	$1000i$	v	$1000i$	v	$1000i$	v	$1000i$
838.8	233	2.42	24.6	1.85	12.1	1.47	6.49	1.19	3.73	0.82	1.49	0.605	0.693	0.463	0.359	0.366	0.202	0.297	0.121
849.6	236	2.45	25.2	1.88	12.4	1.48	6.66	1.20	3.81	0.83	1.53	0.61	0.710	0.47	0.367	0.37	0.207	0.30	0.123
860.4	239	2.48	25.9	1.90	12.7	1.50	6.83	1.22	3.91	0.85	1.56	0.62	0.727	0.475	0.376	0.376	0.212	0.304	0.126
871.2	242	2.52	26.5	1.93	13.1	1.52	7.00	1.23	4.00	0.86	1.60	0.63	0.744	0.48	0.384	0.38	0.216	0.31	0.129
882.0	245	2.55	27.2	1.95	13.4	1.54	7.17	1.25	4.10	0.87	1.64	0.64	0.762	0.49	0.393	0.385	0.221	0.312	0.132
892.3	248	2.58	27.8	1.97	13.7	1.56	7.35	1.26	1.21	0.88	1.67	0.644	0.777	0.493	0.402	0.39	0.226	0.316	0.1335
903.6	251	2.61	28.5	2.00	14.1	1.58	7.53	1.28	4.31	0.89	1.72	0.65	0.795	0.50	0.411	0.394	0.230	0.32	0.138
914.4	254	2.64	29.2	2.02	14.4	1.60	7.71	1.29	4.41	0.90	1.75	0.66	0.813	0.505	0.420	0.40	0.235	0.323	0.141
925.2	257	2.67	29.9	2.05	14.7	1.62	7.89	1.31	4.52	0.91	1.79	0.67	0.831	0.51	0.429	0.404	0.241	0.327	0.144
936.0	260	2.70	30.6	2.07	15.1	1.63	8.08	1.32	4.62	0.92	1.83	0.68	0.849	0.52	0.438	0.41	0.246	0.33	0.147
946.8	263	2.73	31.3	2.09	15.4	1.65	8.27	1.34	4.73	0.93	1.87	0.683	0.865	0.523	0.447	0.413	0.250	0.335	0.150
957.6	266	2.76	32.0	2.12	15.8	1.67	8.46	1.35	4.84	0.94	1.91	0.69	0.884	0.53	0.456	0.42	0.256	0.34	0.153
968.4	269	2.80	32.8	2.14	16.1	1.69	8.65	1.37	4.95	0.95	1.95	0.70	0.903	0.535	0.466	0.423	0.262	0.342	0.156
979.2	272	2.83	33.5	2.16	16.5	1.71	8.84	1.39	5.06	0.96	1.99	0.71	0.922	0.54	0.475	0.43	0.267	0.346	0.159
990.0	275	2.86	34.2	2.19	16.9	1.73	9.04	1.40	5.17	0.97	2.03	0.715	0.942	0.55	0.485	0.432	0.272	0.35	0.162
1000.8	278	2.89	35.0	2.21	17.2	1.75	9.24	1.42	5.29	0.98	2.07	0.72	0.958	0.553	0.495	0.44	0.277	0.354	0.166
1011.6	281	2.92	35.8	2.24	17.6	1.77	9.44	1.43	5.40	0.99	2.11	0.73	0.978	0.56	0.505	0.442	0.283	0.36	0.169
1022.4	284	2.95	36.5	2.26	18.0	1.79	9.64	1.45	5.52	1.00	2.15	0.74	0.997	0.565	0.514	0.446	0.288	0.362	0.172
1033.2	287	2.98	37.3	2.28	18.4	1.80	9.85	1.46	5.63	1.02	2.20	0.75	1.02	0.57	0.524	0.45	0.294	0.365	0.175
1044.0	290	3.01	38.1	2.31	18.8	1.82	10.0	1.48	5.75	1.03	2.24	0.753	1.03	0.58	0.534	0.456	0.299	0.37	0.178

续表

Q		DN/mm																	
		350		400		450		500		600		700		800		900		1000	
m^3/s	L/s	v	$1000i$	v	$1000i$	v	$1000i$	v	$1000i$	v	$1000i$	v	$1000i$	v	$1000i$	v	$1000i$	v	$1000i$
1054.8	293			2.33	19.2	1.84	10.3	1.49	5.87	1.04	2.28	0.76	1.05	0.583	0.545	0.46	0.305	0.373	0.182
1065.6	296			2.36	19.5	1.86	10.5	1.51	5.99	1.05	2.33	0.77	1.08	0.59	0.555	0.465	0.310	0.377	0.185
1076.4	299			2.38	19.9	1.88	10.7	1.52	6.11	1.06	2.37	0.78	1.10	0.595	0.565	0.47	0.316	0.38	0.189
1087.2	302			2.40	20.3	1.90	10.9	1.54	6.24	1.07	2.42	0.785	1.12	0.60	0.576	0.475	0.322	0.384	0.192
1098.0	305			2.43	20.8	1.92	11.1	1.55	6.36	1.08	2.46	0.79	1.14	0.61	0.586	0.48	0.327	0.39	0.195
1108.8	308			2.45	21.2	1.94	11.3	1.57	6.49	1.09	2.51	0.80	1.16	0.613	0.597	0.484	0.333	0.392	0.199
1119.6	311			2.47	21.6	1.96	11.6	1.58	6.61	1.10	2.55	0.81	1.18	0.62	0.608	0.49	0.340	0.396	0.203
1130.4	314			2.50	22.0	1.97	11.8	1.60	6.74	1.11	2.60	0.82	1.20	0.625	0.618	0.494	0.346	0.40	0.206
1141.2	317			2.52	22.4	1.99	12.0	1.61	6.87	1.12	2.64	0.824	1.22	0.63	0.629	0.50	0.351	0.404	0.210
1152.0	320			2.55	22.8	2.01	12.2	1.63	7.00	1.13	2.69	0.83	1.24	0.64	0.640	0.503	0.357	0.41	0.213
1166.4	324			2.58	23.4	2.04	12.5	1.65	7.18	1.15	2.76	0.84	1.27	0.645	0.655	0.51	0.365	0.412	0.217
1180.8	328			2.61	24.0	2.06	12.9	1.67	7.36	1.16	2.82	0.85	1.30	0.65	0.668	0.52	0.374	0.42	0.223
1195.2	332			2.64	24.6	2.09	13.2	1.69	7.54	1.17	2.88	0.86	1.33	0.66	0.683	0.522	0.382	0.423	0.228
1209.6	336			2.67	25.2	2.11	13.5	1.71	7.72	1.19	2.95	0.87	1.36	0.67	0.698	0.53	0.390	0.43	0.233
1224.0	340			2.71	25.8	2.14	13.8	1.73	7.91	1.20	3.01	0.88	1.39	0.68	0.714	0.534	0.398	0.433	0.238
1238.4	344			2.74	26.4	2.16	14.1	1.75	8.09	1.22	3.08	0.89	1.42	0.684	0.729	0.54	0.408	0.44	0.243
1252.8	348			2.77	27.0	2.18	14.5	1.77	8.28	1.23	3.15	0.90	1.45	0.69	0.745	0.55	0.416	0.443	0.248
1267.2	352			2.80	27.6	2.21	14.8	1.79	8.47	1.24	3.22	0.91	1.48	0.70	0.761	0.553	0.425	0.45	0.253
1281.6	356			2.83	28.3	2.24	15.1	1.81	8.67	1.26	3.30	0.93	1.51	0.71	0.777	0.56	0.434	0.453	0.258
1296.0	360			2.86	28.9	2.26	15.5	1.83	8.86	1.27	3.37	0.94	1.54	0.72	0.793	0.57	0.443	0.46	0.263

续表

Q		DN/mm															
		400		450		500		600		700		800		900		1000	
m^3/s	L/s	v	$1000i$	v	$1000i$	v	$1000i$	v	$1000i$	v	$1000i$	v	$1000i$	v	$1000i$	v	$1000i$
1310.4	364	2.90	29.6	2.29	15.8	1.85	9.06	1.29	3.45	0.95	1.58	0.724	0.809	0.572	0.451	0.463	0.268
1324.8	368	2.93	30.2	2.31	16.2	1.87	9.26	1.30	3.52	0.96	1.61	0.73	0.826	0.58	0.460	0.47	0.274
1339.2	372	2.96	30.9	2.34	16.5	1.89	9.46	1.32	3.60	0.97	1.64	0.74	0.843	0.585	0.470	0.474	0.280
1353.6	376	2.99	31.5	2.36	16.9	1.91	9.67	1.33	3.68	0.98	1.67	0.75	0.859	0.59	0.479	0.48	0.285
1368.0	380	3.02	32.2	2.39	17.3	1.94	9.88	1.34	3.76	0.99	1.71	0.76	0.876	0.60	0.488	0.484	0.291
1382.4	384			2.41	17.6	1.96	10.1	1.36	3.84	1.00	1.74	0.764	0.893	0.604	0.498	0.49	0.296
1396.8	388			2.44	18.0	1.98	10.3	1.37	3.92	1.01	1.77	0.77	0.911	0.61	0.508	0.494	0.302
1411.2	392			2.46	18.4	2.00	10.5	1.39	4.00	1.02	1.81	0.78	0.928	0.62	0.517	0.50	0.307
1425.6	396			2.49	18.7	2.02	10.7	1.40	4.08	1.03	1.84	0.79	0.946	0.622	0.526	0.504	0.313
1440.0	400			2.52	19.1	2.04	10.9	1.41	4.16	1.04	1.88	0.80	0.964	0.63	0.537	0.51	0.319
1458.0	405			2.55	19.6	2.06	11.2	1.43	4.27	1.05	1.92	0.81	0.986	0.64	0.549	0.52	0.326
1476.0	410			2.58	20.1	2.09	11.5	1.45	4.37	1.07	1.97	0.82	1.01	0.644	0.560	0.522	0.333
1494.0	415			2.61	20.6	2.11	11.8	1.47	4.48	1.08	2.01	0.83	1.03	0.65	0.573	0.53	0.340
1512.0	420			2.64	21.1	2.14	12.1	1.49	4.59	1.09	2.06	0.84	1.05	0.66	0.586	0.535	0.349
1530.0	425			2.67	21.6	2.16	12.3	1.50	4.70	1.10	2.10	0.85	1.08	0.67	0.599	0.54	0.356
1548.0	430			2.70	22.1	2.19	12.6	1.52	4.81	1.12	2.15	0.86	1.10	0.68	0.612	0.55	0.363
1566.0	435			2.74	22.6	2.22	12.9	1.54	4.92	1.13	2.20	0.87	1.12	0.684	0.626	0.554	0.371
1584.0	440			2.77	23.1	2.24	13.2	1.56	5.04	1.14	2.24	0.88	1.15	0.69	0.639	0.56	0.379
1602.0	445			2.80	23.7	2.27	13.5	1.57	5.15	1.16	2.29	0.89	1.17	0.70	0.651	0.57	0.387
1620.0	450			2.83	24.2	2.29	13.8	1.59	5.27	1.17	2.34	0.90	1.20	0.71	0.665	0.573	0.395

续表

Q		DN/mm															
		400		450		500		600		700		800		900		1000	
m^3/s	L/s	v	$1000i$	v	$1000i$	v	$1000i$	v	$1000i$	v	$1000i$	v	$1000i$	v	$1000i$	v	$1000i$
1638.0	455			2.86	24.7	2.32	14.2	1.61	5.39	1.18	2.39	0.91	1.22	0.715	0.679	0.58	0.402
1656.0	460			2.89	25.3	2.34	14.5	1.63	5.51	1.19	2.44	0.92	1.25	0.72	0.693	0.59	0.411
1674.0	465			2.92	25.8	2.37	14.8	1.64	5.63	1.21	2.49	0.93	1.27	0.73	0.707	0.592	0.419
1692.0	470			2.96	26.4	2.39	15.1	1.66	5.75	1.22	2.54	0.935	1.30	0.74	0.721	0.60	0.427
1710.0	475			2.99	27.0	2.42	15.4	1.68	5.85	1.23	2.59	0.94	1.32	0.75	0.736	0.605	0.436
1728.0	480			3.02	27.5	2.44	15.8	1.70	5.99	1.25	2.65	0.95	1.35	0.754	0.748	0.61	0.444
1746.0	485					2.47	16.1	1.72	6.12	1.26	2.70	0.96	1.38	0.76	0.763	0.62	0.452
1764.0	490					2.50	16.4	1.73	6.25	1.27	2.76	0.97	1.40	0.77	0.778	0.624	0.461
1782.0	495					2.52	16.8	1.75	6.38	1.29	2.82	0.98	1.43	0.78	0.793	0.63	0.469
1800.0	500					2.55	17.1	1.77	6.50	1.30	2.87	0.99	1.46	0.79	0.808	0.64	0.479
1836.0	510					2.60	17.8	1.80	6.77	1.33	2.99	1.01	1.51	0.80	0.838	0.65	0.496
1872.0	520					2.65	18.5	1.84	7.04	1.35	3.11	1.03	1.56	0.82	0.867	0.66	0.514
1908.0	530					2.70	19.2	1.87	7.31	1.38	3.23	1.05	1.62	0.83	0.899	0.67	0.532
1944.0	540					2.75	19.9	1.91	7.59	1.40	3.35	1.07	1.68	0.85	0.931	0.69	0.550
1980.0	550					2.80	20.7	1.95	7.87	1.43	3.48	1.09	1.74	0.86	0.962	0.70	0.569
2016.0	560					2.85	21.4	1.98	8.16	1.46	3.60	1.11	1.80	0.88	0.995	0.71	0.589
2052.0	570					2.90	22.2	2.02	8.45	1.48	3.73	1.13	1.86	0.90	1.03	0.73	0.609
2088.0	580					2.95	23.0	2.05	8.75	1.51	3.87	1.15	1.92	0.91	1.06	0.740	0.627
2124.0	590					3.00	23.8	2.09	9.06	1.53	4.00	1.17	1.98	0.93	1.10	0.75	0.648
2160.0	600							2.12	9.37	1.56	4.14	1.19	2.05	0.94	1.13	0.76	0.669

续表

Q		DN/mm									
		600		700		800		900		1000	
m^3/s	L/s	v	$1000i$	v	$1000i$	v	$1000i$	v	$1000i$	v	$1000i$
2196	610	2.16	9.68	1.59	4.28	1.21	2.11	0.96	1.17	0.78	0.690
2232	620	2.19	10.0	1.61	4.42	1.23	2.18	0.97	1.20	0.79	0.709
2268	630	2.23	10.3	1.64	4.56	1.25	2.25	0.99	1.24	0.80	0.731
2304	640	2.26	10.7	1.66	4.71	1.27	2.32	1.01	1.28	0.81	0.753
2340	650	2.30	11.0	1.69	4.86	1.29	2.39	1.02	1.31	0.83	0.775
2376	660	2.33	11.3	1.71	5.01	1.31	2.47	1.04	1.35	0.84	0.796
2412	670	2.37	11.7	1.74	5.16	1.33	2.54	1.05	1.39	0.85	0.819
2448	680	2.41	12.0	1.77	5.32	1.35	2.62	1.05	1.43	0.87	0.842
2484	690	2.44	12.4	1.79	5.47	1.37	2.70	1.08	1.47	0.88	0.864
2520	700	2.48	12.7	1.82	5.63	1.39	2.78	1.10	1.51	0.89	0.888
2556	710	2.51	13.1	1.84	5.79	1.41	2.86	1.12	1.55	0.90	0.912
2592	720	2.55	13.5	1.87	5.96	1.43	2.94	1.13	1.59	0.92	0.937
2628	730	2.58	13.9	1.90	6.13	1.45	3.02	1.15	1.63	0.93	0.959
2664	740	2.62	14.2	1.92	6.29	1.47	3.10	1.16	1.67	0.94	0.985
2700	750	2.65	14.6	1.95	6.47	1.49	3.19	1.18	1.72	0.95	1.01
2736	760	2.69	15.0	1.97	6.64	1.51	3.27	1.19	1.76	0.97	1.04
2772	770	2.72	15.4	2.00	6.82	1.53	3.36	1.21	1.80	0.98	1.06
2808	780	2.76	15.8	2.03	6.99	1.55	3.45	1.23	1.85	0.99	1.09
2844	790	2.79	16.2	2.05	7.17	1.57	3.53	1.24	1.89	1.01	1.11
2880	800	2.83	16.6	2.08	7.36	1.59	3.62	1.26	1.94	1.02	1.14

续表

Q		DN/mm									
		600		700		800		900		1000	
m^3/s	L/s	v	$1000i$	v	$1000i$	v	$1000i$	v	$1000i$	v	$1000i$
2916	810	2.86	17.1	2.10	7.54	1.61	3.72	1.27	1.99	1.03	1.16
2952	820	2.90	17.5	2.13	7.73	1.63	3.81	1.29	2.04	1.04	1.19
2988	830	2.94	17.9	2.16	7.92	1.65	3.90	1.30	2.09	1.06	1.22
3024	840	2.97	18.4	2.18	8.11	1.67	4.00	1.32	2.14	1.07	1.24
3060	850	3.01	18.8	2.21	8.31	1.69	4.09	1.34	2.19	1.08	1.27
3096	860			2.23	8.50	1.71	4.19	1.35	2.24	1.09	1.30
3132	870			2.26	8.70	1.73	4.29	1.37	2.30	1.11	1.33
3168	880			2.29	8.90	1.75	4.39	1.38	2.35	1.12	1.36
3204	890			2.31	9.11	1.77	4.49	1.40	2.40	1.13	1.39
3240	900			2.34	9.31	1.79	4.59	1.41	2.46	1.15	1.42
3276	910			2.36	9.52	1.81	4.69	1.43	2.51	1.16	1.45
3312	920			2.39	9.73	1.83	4.79	1.45	2.57	1.17	1.48
3348	930			2.42	9.94	1.85	4.90	1.46	2.62	1.18	1.51
3384	940			2.44	10.2	1.87	5.00	1.48	2.68	1.20	1.53
3420	950			2.47	10.4	1.89	5.11	1.19	2.74	1.21	1.57
3456	960			2.49	10.6	1.91	5.22	1.51	2.80	1.22	1.60
3492	970			2.52	10.8	1.93	5.33	1.52	2.85	1.24	1.63
3528	980			2.55	11.0	1.95	5.44	1.54	2.91	1.25	1.67
3564	990			2.57	11.3	1.97	5.55	1.56	2.97	1.26	1.70
3600	1000			2.60	11.5	1.99	5.66	1.57	3.03	1.27	1.74

附录 3.1 钢筋混凝土圆管（不满流 $n=0.014$）水力计算表

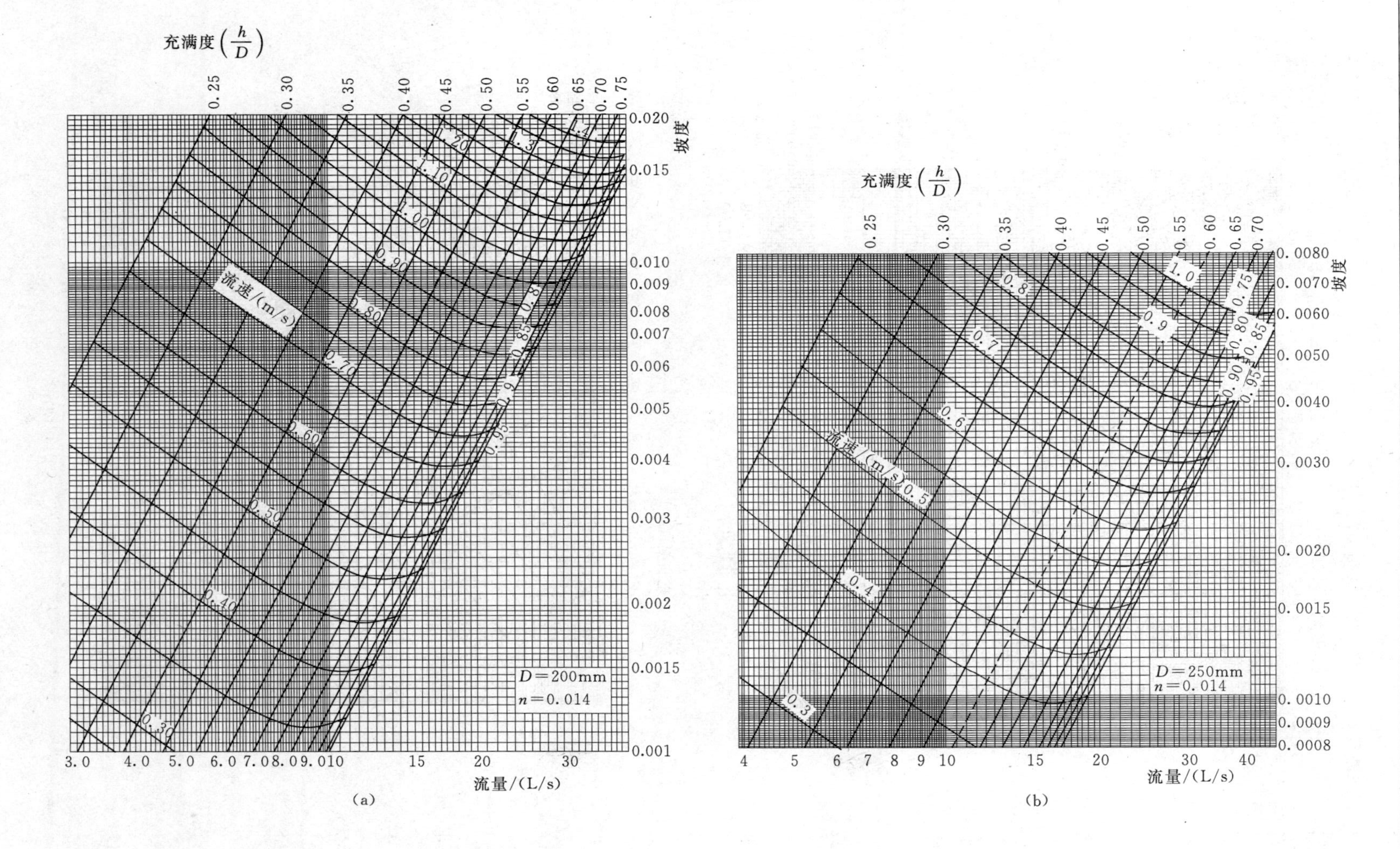

(a)

(b)

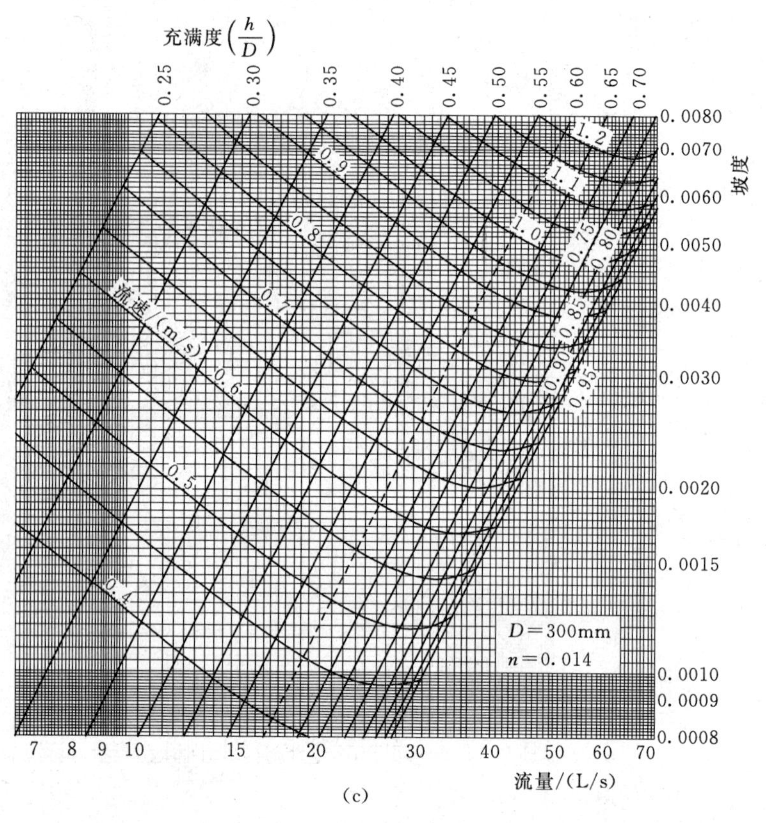
充满度($\frac{h}{D}$)
0.25
0.30
0.35
0.40
0.45
0.50
0.55
0.60
0.65
0.70
坡度
0.0080
0.0070
0.0060
0.0050
0.0040
0.0030
0.0020
0.0015
0.0010
0.0009
0.0008
流速/(m/s)
0.4
0.5
0.6
0.7
0.8
0.9
1.0
1.1
1.2
0.75
0.80
0.85
0.90
0.95
D=300mm
n=0.014
7
8
9
10
15
20
30
40
50
60
70
流量/(L/s)

(c)

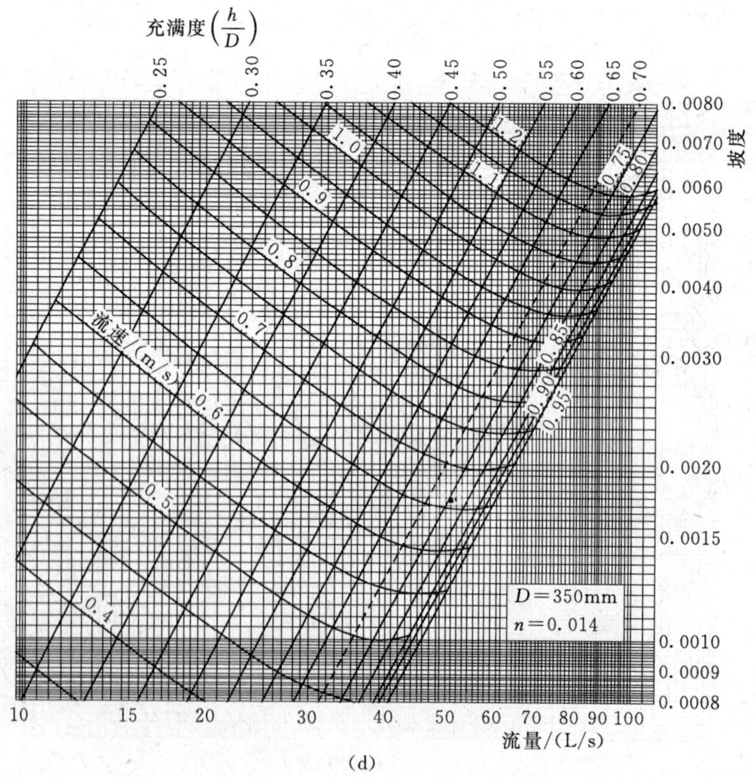
充满度($\frac{h}{D}$)
0.25
0.30
0.35
0.40
0.45
0.50
0.55
0.60
0.65
0.70
坡度
0.0080
0.0070
0.0060
0.0050
0.0040
0.0030
0.0020
0.0015
0.0010
0.0009
0.0008
流速/(m/s)
0.4
0.5
0.6
0.7
0.8
0.9
1.0
1.1
1.2
0.75
0.80
0.85
0.90
0.95
D=350mm
n=0.014
10
15
20
30
40
50
60
70
80
90
100
流量/(L/s)

(d)

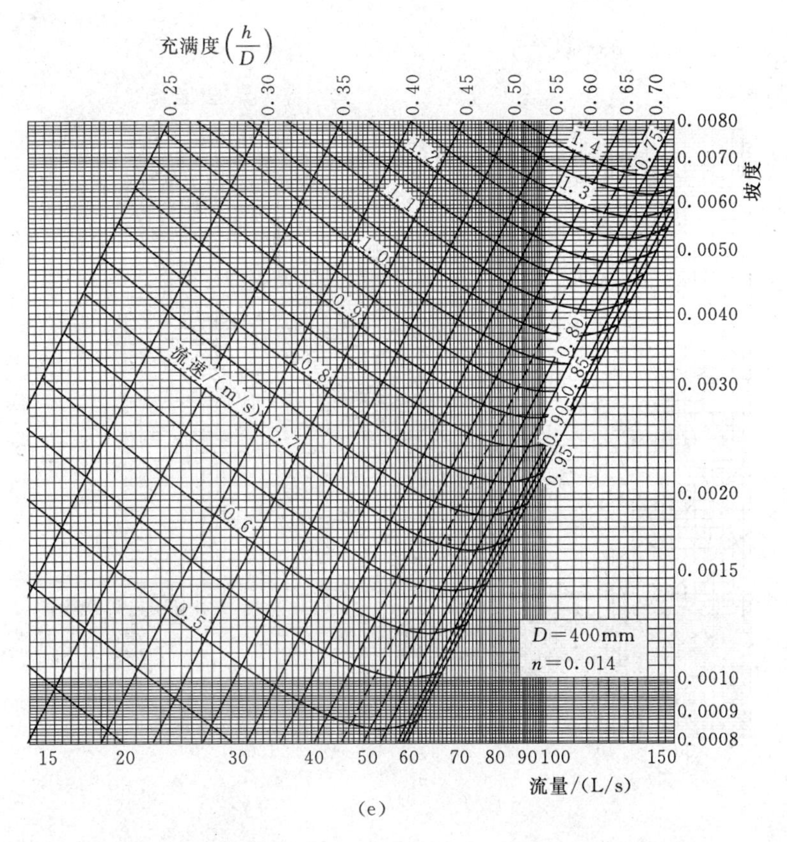

充满度$\left(\frac{h}{D}\right)$
0.25 0.30 0.35 0.40 0.45 0.50 0.55 0.60 0.65 0.70
0.0080 0.0070 0.0060 0.0050 0.0040 0.0030 0.0020 0.0015 0.0010 0.0009 0.0008
坡度
1.4 1.3 1.2 1.1 1.0 0.9 0.8 0.7 0.6 0.5
0.75 0.80 0.85 0.90 0.95
流速/(m/s)
D=400mm
n=0.014
15 20 30 40 50 60 70 80 90 100 150
流量/(L/s)

(e)

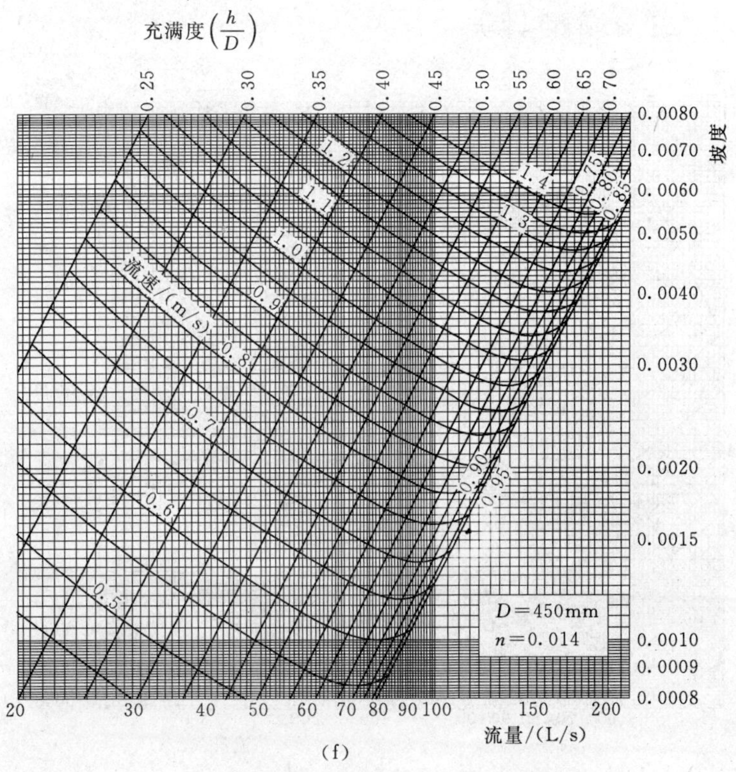

充满度$\left(\frac{h}{D}\right)$
0.25 0.30 0.35 0.40 0.45 0.50 0.55 0.60 0.65 0.70
0.0080 0.0070 0.0060 0.0050 0.0040 0.0030 0.0020 0.0015 0.0010 0.0009 0.0008
坡度
1.4 1.3 1.2 1.1 1.0 0.9 0.8 0.7 0.6 0.5
0.75 0.80 0.85 0.90 0.95
流速/(m/s)
D=450mm
n=0.014
20 30 40 50 60 70 80 90 100 150 200
流量/(L/s)

(f)

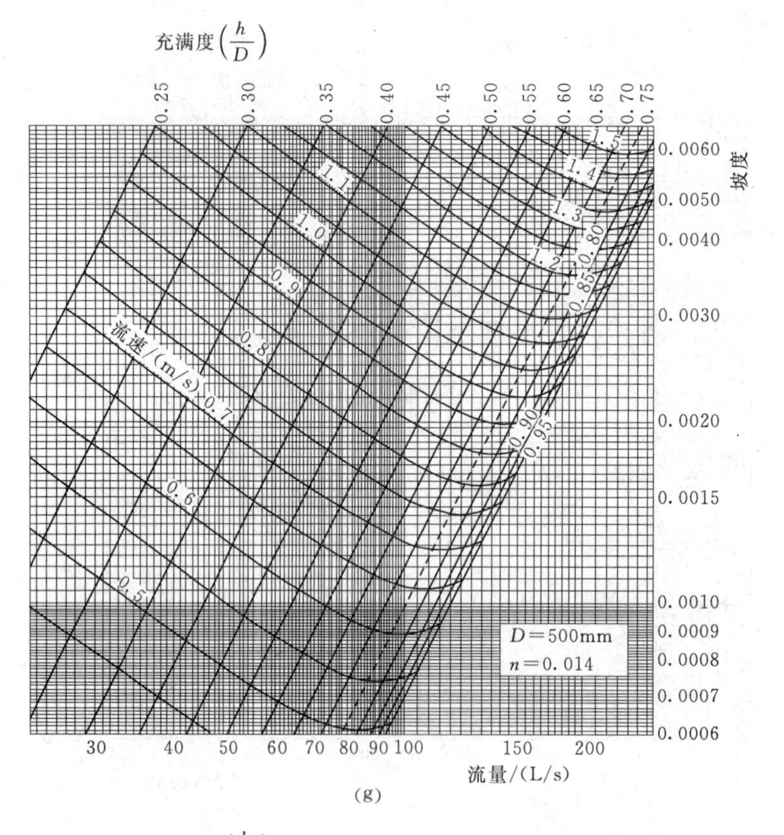
充满度$\left(\frac{h}{D}\right)$
0.25
0.30
0.35
0.40
0.45
0.50
0.55
0.60
0.65
0.70
0.75
坡度
0.0060
0.0050
0.0040
0.0030
0.0020
0.0015
0.0010
0.0009
0.0008
0.0007
0.0006
流速/(m/s)
1.5
1.4
1.3
1.2
1.1
1.0
0.9
0.8
0.7
0.6
0.5
0.80
0.85
0.90
0.95
D=500mm
n=0.014
30
40
50
60
70
80
90
100
150
200
流量/(L/s)

(g)

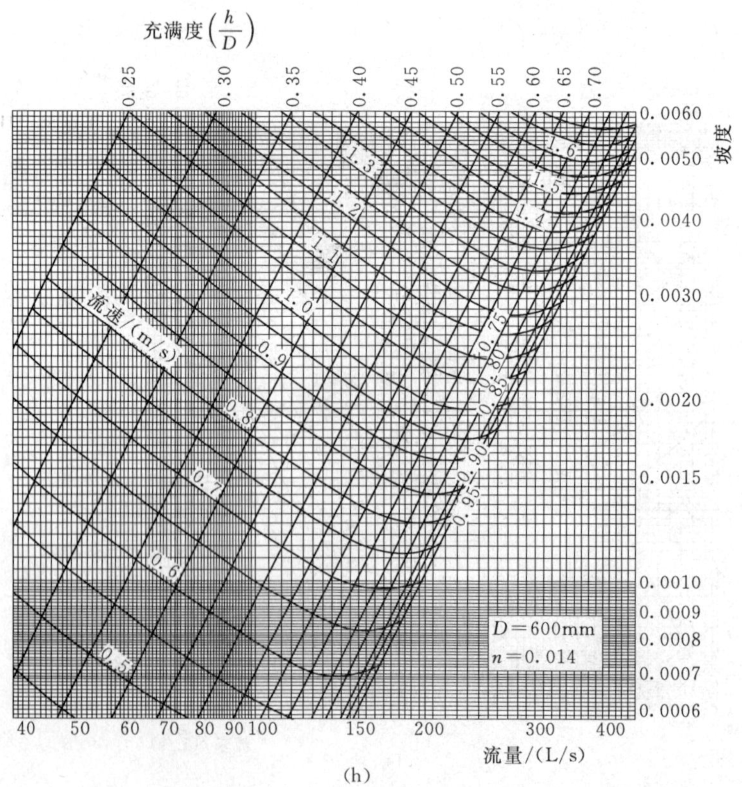
充满度$\left(\frac{h}{D}\right)$
0.25
0.30
0.35
0.40
0.45
0.50
0.55
0.60
0.65
0.70
坡度
0.0060
0.0050
0.0040
0.0030
0.0020
0.0015
0.0010
0.0009
0.0008
0.0007
0.0006
流速/(m/s)
1.6
1.5
1.4
1.3
1.2
1.1
1.0
0.9
0.8
0.7
0.6
0.5
0.75
0.80
0.85
0.90
0.95
D=600mm
n=0.014
40
50
60
70
80
90
100
150
200
300
400
流量/(L/s)

(h)

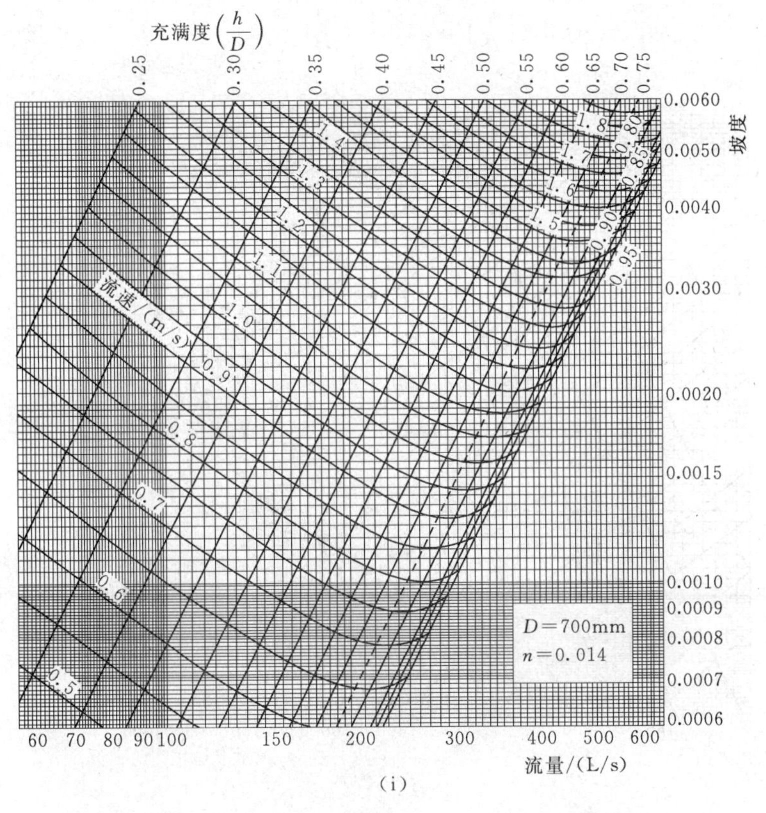

充满度$\left(\frac{h}{D}\right)$
0.25 0.30 0.35 0.40 0.45 0.50 0.55 0.60 0.65 0.70 0.75
0.80 0.85 0.90 0.95
流速/(m/s)
0.5 0.6 0.7 0.8 0.9 1.0 1.1 1.2 1.3 1.4 1.5 1.6 1.7 1.8
坡度
0.0060 0.0050 0.0040 0.0030 0.0020 0.0015 0.0010 0.0009 0.0008 0.0007 0.0006
D=700mm
n=0.014
60 70 80 90 100 150 200 300 400 500 600
流量/(L/s)

(i)

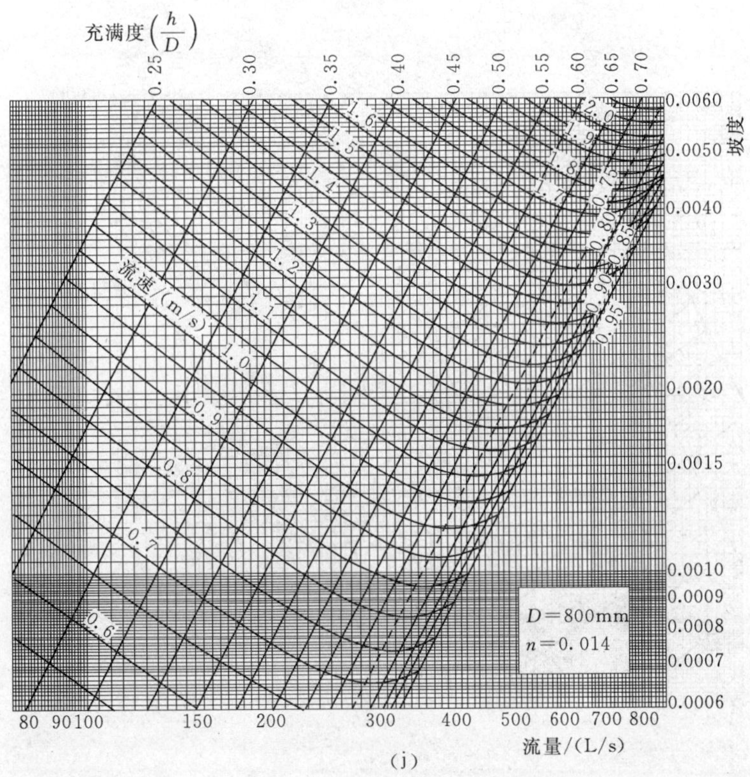

充满度$\left(\frac{h}{D}\right)$
0.25 0.30 0.35 0.40 0.45 0.50 0.55 0.60 0.65 0.70
0.75 0.80 0.85 0.90 0.95
流速/(m/s)
0.6 0.7 0.8 0.9 1.0 1.1 1.2 1.3 1.4 1.5 1.6 1.7 1.8 1.9 2.0
坡度
0.0060 0.0050 0.0040 0.0030 0.0020 0.0015 0.0010 0.0009 0.0008 0.0007 0.0006
D=800mm
n=0.014
80 90 100 150 200 300 400 500 600 700 800
流量/(L/s)

(j)

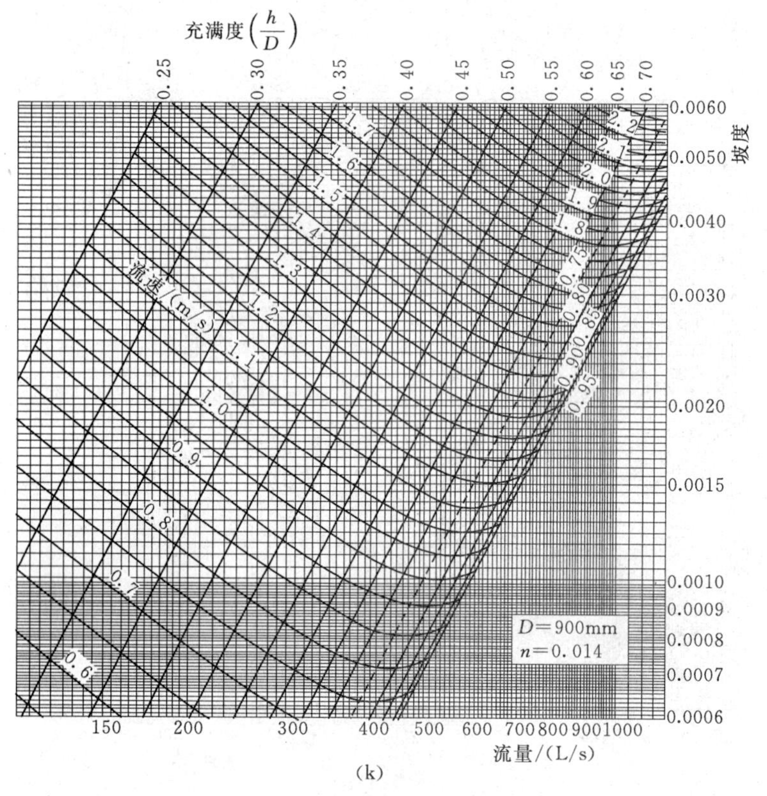
充满度$\left(\frac{h}{D}\right)$
0.25
0.30
0.35
0.40
0.45
0.50
0.55
0.60
0.65
0.70
0.75
0.80
0.85
0.90
0.95
流速/(m/s)
0.6
0.7
0.8
0.9
1.0
1.1
1.2
1.3
1.4
1.5
1.6
1.7
1.8
1.9
2.0
2.1
2.2
坡度
0.0060
0.0050
0.0040
0.0030
0.0020
0.0015
0.0010
0.0009
0.0008
0.0007
0.0006
D=900mm
n=0.014
150
200
300
400
500
600
700
800
900
1000
流量/(L/s)

(k)

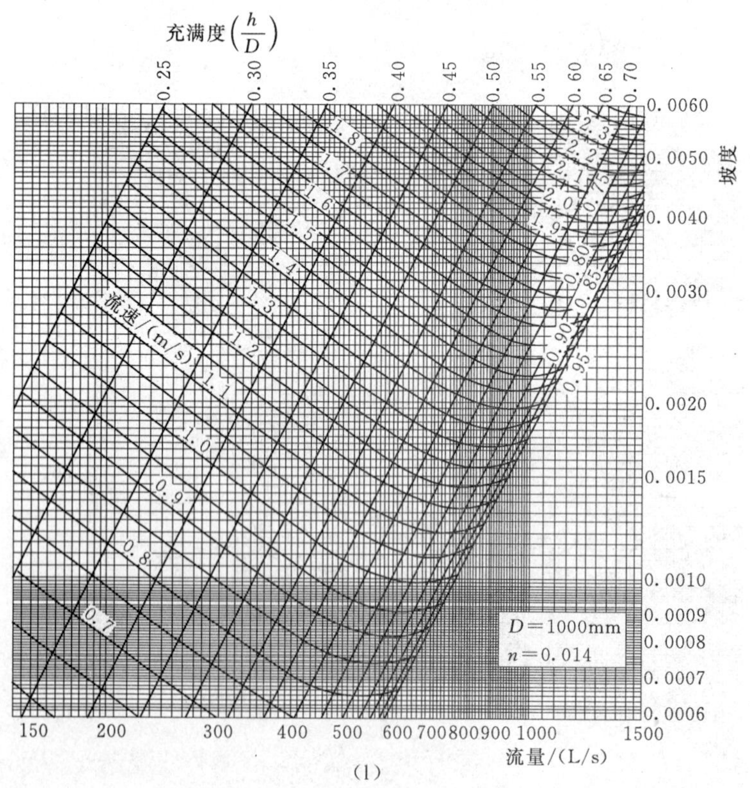
充满度$\left(\frac{h}{D}\right)$
0.25
0.30
0.35
0.40
0.45
0.50
0.55
0.60
0.65
0.70
0.75
0.80
0.85
0.90
0.95
流速/(m/s)
0.7
0.8
0.9
1.0
1.1
1.2
1.3
1.4
1.5
1.6
1.7
1.8
1.9
2.0
2.1
2.2
2.3
坡度
0.0060
0.0050
0.0040
0.0030
0.0020
0.0015
0.0010
0.0009
0.0008
0.0007
0.0006
D=1000mm
n=0.014
150
200
300
400
500
600
700
800
900
1000
1500
流量/(L/s)

(l)

参 考 文 献

[1] 边喜龙．给水排水工程施工技术 [M]．北京：中国建筑工业出版社，2006.

[2] 张勤，李俊奇．水工程施工 [M]．北京：中国建筑工业出版社，2005.

[3] 张奎．给排水管道工程 [M]．北京：中国建筑工业出版社，2009.

[4] 张力．市政工程识图与构造 [M]．北京：中国建筑工业出版社，2005.

[5] 白建国．市政管道工程施工 [M]．北京：中国建筑工业出版社，2007.

[6] 王云江．市政工程测量 [M]．北京：中国建筑工业出版社，2007.

[7] 张文华．给水排水管道工程 [M]．北京：中国建筑工业出版社，2000.

[8] 孙慧修．排水工程：上册 [M]．北京：中国建筑工业出版社，1999.

[9] 郑达谦．给水排水工程施工 [M]．北京：中国建筑工业出版社，1997.

[10] 张厚先，张志清．建筑施工技术 [M]．北京：机械工业出版社，2004.

[11] 赵志缙，应惠清．建筑施工 [M] 4 版．上海：同济大学出版社，2004.

[12] 中国建筑工业出版社．室外排水工程规范 [M]．北京：中国建筑工业出版社，2003.

[13] 中华人民共和国国家标准．GB 50014—2006 室外排水设计规范．北京：中国计划出版社，2006.

[14] 中华人民共和国国家标准．GB 50013—2006 室外给水设计规范．北京：中国计划出版社，2006.

[15] 中华人民共和国国家标准．GB 50015—2010 建筑给水排水设计规范．北京：中国计划出版社，2010.

[16] 中华人民共和国国家标准．GB 50016—2014 中华人民共和国国家标准建筑设计防火规范．北京：中国计划出版社，2014.

[17] 严煦世，范瑾初．给水工程 [M]．北京：中国建筑工业出版社，2011.

[18] 姜乃昌．泵与泵站 [M]．北京：中国建筑工业出版社，2007.